Teubner-Reihe Wirtschaftsinformatik

Wilfried Thoben

Wissensbasierte Bedrohungs- und Risikoanalyse
Workflow-basierter Anwendungssysteme

Teubner-Reihe Wirtschaftsinformatik

Herausgegeben von

Prof. Dr. Dieter Ehrenberg, Leipzig
Prof. Dr. Dietrich Seibt, Köln
Prof. Dr. Wolffried Stucky, Karlsruhe

Die „Teubner-Reihe Wirtschaftsinformatik" widmet sich den Kernbereichen und den aktuellen Gebieten der Wirtschaftsinformatik.

In der Reihe werden einerseits Lehrbücher für Studierende der Wirtschaftsinformatik und der Betriebswirtschaftslehre mit dem Schwerpunktfach Wirtschaftsinformatik in Grund- und Hauptstudium veröffentlicht. Andererseits werden Forschungs- und Konferenzberichte, herausragende Dissertationen und Habilitationen sowie Erfahrungsberichte und Handlungsempfehlungen für die Unternehmens- und Verwaltungspraxis publiziert.

Wissensbasierte Bedrohungs- und Risikoanalyse Workflow-basierter Anwendungssysteme

Von Dr. Wilfried Thoben
Oldenburger Forschungs- und Entwicklungsinstitut
für Informatik-Werkzeuge (OFFIS)

Springer Fachmedien Wiesbaden GmbH

Die Deutsche Bibliothek – CIP-Einheitsaufnahme
Ein Titeldatensatz für diese Publikation ist bei
Der Deutschen Bibliothek erhältlich.

1. Auflage September 2000

© Springer Fachmedien Wiesbaden 2000
Ursprünglich erschienen bei B. G. Teubner GmbH, Stuttgart/Leipzig/Wiesbaden 2000

www.teubner.de

Gedruckt auf säurefreiem Papier
Umschlaggestaltung: Peter Pfitz, Stuttgart

ISBN 978-3-519-00319-9   ISBN 978-3-663-05903-5 (eBook)
DOI 10.1007/978-3-663-05903-5

Vorwort

Bei der Entwicklung von Workflow–basierten Anwendungssystemen stehen die in dem Unternehmen vorhandenen Arbeitsabläufe im Mittelpunkt der Betrachtung. Sind in einer solchen Anwendung sicherheitstechnische Aspekte zu berücksichtigen, so wird der Entwickler heute nur unzureichend dahingehend unterstützt, diese innerhalb des Entwicklungsprozesses überhaupt beschreiben, sie anschließend analysieren und die ggf. ermittelten Problemfälle auch beheben zu können. Das vorliegende Buch beschäftigt sich aufgrund dieses Mangels mit der Integration der Konzepte und Methoden des Risiko–Managements in das Workflow–Management. Das verfolgte Ziel besteht darin, die Berücksichtigung und Umsetzung von Sicherheitsanforderungen in einem prozeßorientierten Vorgehen zur Anwendungsentwicklung zu etablieren und geeignet zu unterstützen, um somit einen Beitrag zur Entwicklung sicherer Workflow–basierter Anwendungssysteme leisten zu können. Das Buch richtet sich an Studierende der Wirtschaftsinformatik und Informatik sowie an Wissenschaftler auf den Gebieten des Risiko–Managements und des Workflow–Managements, die sich mit Sicherheitsaspekten in Workflow–basierten Anwendungen auseinandersetzen.

Der Inhalt des Buches entspricht weitgehend meiner Dissertation, die ich während meiner Tätigkeit als wissenschaftlicher Mitarbeiter am Fachbereich Informatik der Universität Oldenburg sowie dem Oldenburger Forschungs- und Entwicklungsinstitut für Informatik–Werkzeuge und –Systeme (OFFIS) erstellt habe. Da eine solche Arbeit nur erfolgreich abgeschlossen werden kann, wenn sowohl das berufliche wie auch private Umfeld stimmt, möchte ich mich an dieser Stelle bei einer Reihe von Personen bedanken.

An erster Stelle ist hier mein Doktorvater Prof. Dr. Hans–Jürgen Appelrath zu nennen. Er hat mir die Freiheiten zur Erstellung der Arbeit geschaffen, durch konstruktive Hinweise und wertvolle Anmerkungen zum Gelingen der Arbeit beigetragen und somit meinen bisherigen beruflichen Werdegang entscheidend geprägt. Darüberhinaus möchte ich mich bei Herrn Prof. Dr. Günther Pernul und Frau Prof. Dr. Stephanie Teufel für die Begutachtung meiner Dissertation und bei Herrn Prof. Dr. Wolffried Stucky für seine konstruktiven Anmerkungen zum Manuskript bedanken.

Weiterhin möchte ich meinem gesamten Arbeitsumfeld dafür danken, daß es mir den täglichen Weg zur Arbeit leicht gemacht hat. Insbesondere sind hier Vera Kamp, Jörg

Ritter und Frank Rump zu nennen, die durch ihre inhaltlichen Diskussionen, aber auch privaten Aktivitäten den Erfolg der Arbeit entscheidend beeinflußt haben. Auch unserer Sekretärin Claudia Martsfeld möchte ich für ihre Unterstützung und ihre immer gute Laune zu Beginn eines jeden Tages danken. Natürlich darf das gesamte CARLOS–Team nicht fehlen, dem ich für eine stets interessante und angenehme Zusammenarbeit ganz besonders danke.

Einen weiteren Baustein für den erfolgreichen Abschluss der Arbeit bilden meine Diplomanden, von denen Arndt Schönberg, Hartmut Janssen und Jens Lechtenbörger hervorzuheben sind. Durch inhaltliche Diskussionen über ihre Arbeiten sowie den dabei durchgeführten Implementierungen haben sie ihren Beitrag zu dieser Arbeit geleistet.

Schließlich möchte ich meiner Familie und meiner Frau Claudia dafür ganz besonders Dank sagen, daß sie mich in meinem Studium und während meiner Promotion durchgängig unterstützt haben.

Oldenburg, im Mai 2000   Wilfried Thoben

Inhaltsverzeichnis

Kapitel 1

Einleitung

Aufgrund der steigenden Abhängigkeit elementarer Arbeitsabläufe von der Unterstützung durch Anwendungssysteme spielt in Unternehmen die Sicherheit der Systeme eine zunehmend wichtigere Rolle. So kann z. B. der Defekt einer Systemkomponente und der daraus resultierende Ausfall von Dienstleistungsangeboten neben finanziellen Einbußen auch einen Imageverlust für das Unternehmen bedeuten. Um dies zu vermeiden, befassen sich die Unternehmen in verstärktem Maße, oft aber noch nicht ausreichend mit dem Thema „Sicherheit". Im Rahmen des sogenannten Risiko–Managements wird hierzu eine Analyse potentieller Bedrohungen und daraus resultierender Risiken für ein Anwendungssystem durchgeführt sowie durch die Integration von Sicherheitsmechanismen die Durchsetzung spezifizierter Sicherheitsanforderungen erreicht.

Bei der Entwicklung von Anwendungssystemen steht für die Unternehmen u. a. die effektive Durchführung der Arbeitsabläufe im Mittelpunkt. Eine solche prozeßorientierte Sichtweise führt zur verstärkten Entwicklung von sogenannten Vorgangsbearbeitungssystemen (engl. Workflow–Management–Systemen), mit denen die Arbeitsabläufe (Workflows) einer Anwendung möglichst automatisiert durchgeführt werden sollen. Handelt es sich bei der Anwendung um ein sicherheitskritisches System, so wird der Entwickler durch die heute verfügbaren Systeme nur unzureichend unterstützt, diese sicherheitsrelevanten Aspekte innerhalb des Entwicklungsprozesses überhaupt beschreiben, sie anschließend analysieren und die ggf. ermittelten Problemfälle auch beheben zu können. Es sind also bisher keine ausreichenden Hilfen zur Durchsetzung von Sicherheitsanforderungen für Workflow–basierte Anwendungssysteme vorhanden.

Aufgrund des beschriebenen Mangels unternimmt der im vorliegenden Buch beschriebene Ansatz den Versuch, Konzepte und Methoden des Risiko–Managements im noch relativ jungen Forschungsgebiet der Entwicklung Workflow–basierter Anwendungen nutzbar zu machen, indem er eine wissensbasierte Bedrohungs- und Risikoanalyse Workflow–basierter Anwendungssysteme konzipiert und realisiert. Das

damit verfolgte Ziel ist es, die Berücksichtigung und Umsetzung von Sicherheitsaspekten in einem prozeßorientierten Vorgehen zur Anwendungsentwicklung zu etablieren und geeignet zu unterstützen, um somit einen Beitrag zur *Entwicklung sicherer Workflow–basierter Anwendungssysteme* leisten zu können.

1.1   Entwicklung von Workflow–basierten Anwendungs-systemen

Der Paradigmenwechsel der Systementwicklung weg von den traditionellen Ansätzen
der 60er Jahre mit ihren funktionsorientierten sowie den in den 70er und 80er Jahren
durch die verstärkte Datenbanktechnologie entstandenen datenorientierten Betrachtungsweisen hin zu einer verhaltens– oder prozeßorientierten Sicht [Deu96] spiegelt
sich deutlich auch in der Entwicklung einer Vielzahl von Softwaresystemen, den
sogenannten Workflow–Management–Systemen, wider [JB96, JBS97, BS95]. Die dabei verfolgten Ziele sind nach [CKO97] die Förderung des Systemverständnisses,
die Unterstützung der Prozeßoptimierung und des Prozeß–Managements sowie die
automatische Prozeßausführung und –überwachung. Die aktuellen Forschungs– und
Entwicklungstätigkeiten im Rahmen des Workflow–Managements lassen sich in folgende drei Hauptrichtungen untergliedern:

Vorgehensmodelle und Entwicklungsmethoden Die Entwicklung von Workflow–basierten Anwendungssystemen orientiert sich an neuartigen Vorgehensmodellen auf Basis der Geschäftsprozeß– und Workflow–Modellierung [SHW97]. Neben der Entwicklung solcher Modelle werden z. B. Aspekte einer einfachen Integration von Fremdsystemen oder Ausnahmebehandlungen in Fehlersituationen
   behandelt. Weiterhin müssen geeignete Verfahren und Werkzeuge für die Definition und Analyse von Workflows bereitgestellt werden.

Workflow–Management–Systeme Die Basis für die automatisierte Ausführung
   und Steuerung von Arbeitsabläufen bildet ein Workflow–Management–System.
   Die aktuellen Forschungsaktivitäten beschäftigen sich mit der Entwicklung von
   adäquaten Systemarchitekturen sowie Schnittstellen zu Fremdsystemen. Zusätzlich spielen Partitionierungs– und Synchronisations– sowie geeignete Implemen-
   tierungstechniken für derartige Systeme eine gewichtige Rolle.

Standardisierung Im Rahmen des Workflow–Managements wird die Schaffung geeigneter Standardisierungen angestrebt. Die 1993 von Herstellern von Workflow–
   Management–Systemen, Anwendern und wissenschaftlichen Organisationen ge-
   gründete Workflow Management Coalition (WfMC) unternimmt hierzu den Versuch, hinsichtlich Terminologie und Aufbau eines Workflow–Management–Systems
   eine Standardisierung zu erreichen [Hol94, Coa96]. Das damit angestrebte Ziel ist
   eine verbesserte Interoperabilität zwischen bestehenden Werkzeugen verschiedener
   Hersteller.

Entscheidend beim Workflow–Management ist der durchgängig prozeßorientierte
Ansatz zur Entwicklung der Anwendungssysteme, wobei nach einer zunächst verstärkt betriebswirtschaftlichen Sichtweise auf Basis von Geschäftsprozessen anschließend eine eher informatikbezogene Betrachtung hinsichtlich ausführbarer Workflows
im Mittelpunkt steht. Dementsprechend werden zunächst betriebswirtschaftliche
Ziele wie hohe Kundenzufriedenheit oder kurze Durchlaufzeiten und anschließend
eher informationstechnische Aspekte wie eine einfache Integration von externen Anwendungssystemen oder eine flexible Modifikation von Workflows untersucht.

1.2   Risiko–Management

Die Entwicklung sicherer Systeme (z. B. nach [Mun94]) beginnt mit der Definition der Problemstellung und der Festlegung der Sicherheitsanforderungen für das
Anwendungssystem. Auf Basis dieser Anforderungen wird ein Sicherheitsmodell erstellt, welches anschließend durch die Integration von Sicherheitsmechanismen in
eine Sicherheitsarchitektur überführt wird. Die Sicherheitsanforderungen beschreiben die aus sicherheitstechnischer Sicht notwendigen Anforderungen für ein Anwendungssystem und bilden somit einen Ansatzpunkt zur Definition der Sicherheit eines
Systems. Demnach gilt ein Anwendungssystem genau dann als *sicher*, wenn alle für
das System definierten Sicherheitsanforderungen erfüllt sind.

Um für ein Unternehmen überhaupt den notwendigen Sicherheitsbedarf einer Anwendung ermitteln und anschließend umsetzen zu können, sind geeignete Analyseverfahren bereitzustellen. Das Risiko–Management, also die methodische Identifizierung und Bewältigung von Risiken, stellt derartige Konzepte zur Verfügung und
ermöglicht die Erarbeitung eines vollständigen und unternehmensübergreifenden Sicherheitskonzeptes [SB92]. Es untergliedert sich in eine Bedrohungs– und Risikoanalyse sowie eine Sicherheitsplanung, in der die Maßnahmen zur Bewältigung der
ermittelten Risiken umgesetzt werden [Opp92]. Zusätzlich können im Rahmen einer Katastrophenplanung nicht kalkulierbare Bedrohungen behandelt werden. Das
gesamte Verfahren muß in definierten Zeiträumen wiederholt werden, um sich den
i. allg. ändernden Randbedingungen einer Anwendung anpassen zu können, d. h. das
Risiko–Management ist ein permanent ablaufender Prozeß für ein Unternehmen.

Die Kernaufgabe des Risiko–Managements ist die Bedrohungs– und Risikoanalyse,
mittels derer die Bedrohungen und die daraus resultierenden Risiken für ein Anwendungssystem identifiziert und bewertet werden. Ein allgemeines Vorgehensmodell,
das im Rahmen des mehrjährigen „Computer Security Risk Management Model
Builders Workshops" [TKP+88, KPK+89] entwickelt worden ist und auf einem Modell beruht, welches die Abhängigkeiten zwischen Systemelementen, Sicherheitsmechanismen und Bedrohungen beschreibt, schlägt ein Vorgehen in drei Phasen vor. In
einem sogenannten Eingabeteil werden neben der Beschreibung des Anwendungssystems und der darin zu schützenden Werte auch die Sicherheitsanforderungen for-

muliert. Anschließend werden durch die Risikoabschätzung die potentiellen Risiken für das System ermittelt. Im letzten Schritt, der Bewertung, werden die Ergebnisse der beiden ersten Schritte miteinander verglichen. Hierbei wird entschieden, ob alle Anforderungen erfüllt oder die evtl. vorhandenen Restrisiken akzeptiert werden können. Ist letzteres nicht der Fall, so wird erneut mit der Eingabe begonnen, wobei z. B. durch die Modifikation des Anwendungssystems oder die Integration von Sicherheitsmechanismen die erkannten Schwachstellen behoben werden können.

1.3   Problemstellung und Zielsetzung

Betrachtet man die Entwicklung Workflow–basierter Anwendungssysteme und das Risiko–Management, so lassen sich aus den beiden unterschiedlichen Blickwinkeln folgende Situationen resümieren:

Sicht der Entwicklung Workflow–basierter Anwendungssysteme Die heute verfügbaren Konzepte und Methoden zur Entwicklung Workflow–basierter Anwendungssysteme konzentrieren sich in der frühen Phase auf betriebswirtschaftliche Aspekte. Die sich anschließende Phase der Umsetzung in ein lauffähiges Anwendungssystem ist ausschließlich auf eine effektive Ausführung der Arbeitsabläufe beschränkt. Sicherheitstechnische Belange werden bisher kaum bzw. überhaupt nicht als ein Zielkriterium angesehen, so daß Sicherheitsmechanismen häufig erst dann betrachtet werden, wenn Schwachstellen im entwickelten System aufgetreten sind. Die Modifikationen des Systems — sofern sie dann überhaupt noch möglich sind — erzeugen jedoch meist einen sehr hohen Aufwand und sind mit entsprechend hohen Kosten verbunden [Won92].

Sicht des Risiko–Managements Die Ermittlung und Durchsetzung von Sicherheitsanforderungen stellt einen nebenläufigen Prozeß zur eigentlichen Systementwicklung dar. Die Ergebnisse der einzelnen Phasen werden nicht wiederverwendet, sondern jeweils neu erhoben und für die unterschiedlichen Aufgaben — also entweder für den Entwicklungsprozeß oder für das Risiko-Management — eingesetzt. Weiterhin spielt der prozeßorientierte Systemgedanke im Rahmen der bisher vorhandenen Ansätze für die Bedrohungs- und Risikoanalyse keine Rolle. Es werden fast ausschließlich die statischen Aspekte eines Systems, d. h. die Systemelemente und deren Beziehungen, aber nicht die durch diese Systemelemente zu realisierenden Funktionen und Arbeitsabläufe betrachtet. Dies führt dazu, daß zwar ermittelt wird, welche Systemkomponente ggf. einmal ausfällt, jedoch nicht erkennbar ist, was dies für die im Unternehmen vorhandenen Arbeitsabläufe konkret bedeutet.

Die erkannten Mängel führen zu neuem Forschungsbedarf, der sich in drei unterschiedliche Bereiche untergliedern läßt:

❶ **Untersuchung der Sicherheit von Workflows:** Im ersten Schritt muß die Sicherheit der Workflows adäquat beschrieben und analysiert werden können,

d. h. der Workflow ist das Objekt, das nach Sicherheit „verlangt" und das es zu schützen gilt. Ein Workflow benötigt genau dann Sicherheit, wenn er nach der Geschäftsprozeß– und Workflow–Modellierung in den Betrieb übernommen wird und dort Probleme verursacht, die zum Zeitpunkt der Modellierung hätten berücksichtigt werden können oder müssen. Um dies zu erreichen, sind Konzepte zu entwickeln, die eine Modellierung und Analyse der Sicherheit von Workflows erlauben, d. h. die Durchsetzung von Sicherheitsanforderungen ermöglichen.

❷ **Workflows als Sicherheitsattacken:** Der zweite Ansatzpunkt sieht den Workflow als das Objekt, das selbst zu einer Bedrohung für die Sicherheit des Anwendungssystems werden kann. Wie zuvor festgelegt, wird ein Anwendungssystem genau dann als sicher definiert, wenn alle für das System definierten Sicherheitsanforderungen erfüllt sind. Der Einfluß von Bedrohungen, die auf das System wirken, kann jedoch zu Systemzuständen führen, die nicht den Sicherheitsanforderungen entsprechen. Ein Workflow selbst kann dann eine Bedrohung für ein Anwendungssystem darstellen, wenn er durch seine Ausführung den spezifizierten Sicherheitsanforderungen entgegenwirkt. In diesem Fall sind also Analysekonzepte notwendig, die den Einfluß der Workflows selbst auf die Sicherheit von Workflow–basierten Anwendungen untersuchen.

❸ **Realisierung von Sicherheitsmechanismen durch Workflows:** Ein dritter Aspekt sieht den Workflow als ein Mittel zur Durchsetzung von Sicherheit, d. h. der Workflow selbst realisiert einen Sicherheitsmechanismus. Darunter ist konkret zu verstehen, daß Workflows entwickelt werden, die als Bausteine in anderen Workflows verwendet werden können. Solche Workflows werden als Security–Workflows bezeichnet [KH98]. Sie sind vor allem für Systementwickler nutzbar, die keine sehr guten Kenntnisse auf dem Gebiet der Sicherheit besitzen und deshalb auf derartige Standardbausteine in einfacher Form zurückgreifen möchten. Die Konzeption derartiger Workflows muß von Sicherheitsexperten vorgenommen werden, die mit den zu verwendenden Systemen (z. B. kryptographischen Bibliotheken) vertraut sind und dem Systementwickler somit Sicherheitsfunktionalität in Form sicherheitsspezifischer Workflows zur Verfügung stellen können. Ein bisher ungelöstes Problem stellt die Frage dar, wie Workflows, die bestimmte Sicherheitsfunktionalitäten implementieren, möglichst automatisch in bestehende Anwendungen integriert werden.

Die Untersuchung der Sicherheit von Workflows (Punkt ❶) bildet die Basis zur Entwicklung sicherer Workflow–basierter Anwendungen. Die Punkte ❷ und ❸ kennzeichnen sinnvolle Erweiterungen. So würde die Betrachtung der Workflows als Sicherheitsattacken neue Analyseverfahren schaffen, die in die Entwicklung von sicheren Workflow–basierten Anwendungen integriert werden könnten. Die Bereitstellung von sicherheitsspezifischen Workflows eröffnet die Möglichkeit, eine leichtere Integration von Sicherheitsmechanismen in ein Anwendungssystem vorzunehmen und somit das gesamte Risiko–Management zu vereinfachen.

Das Buch beschäftigt sich mit dem erstgenannten Punkt. Konkret wird eine wissensbasierte Bedrohungs– und Risikoanalyse für Workflow–basierte Anwendungssysteme entwickelt, wobei sich folgende konkrete Aufgabenpakete identifizieren lassen:

Konzeption einer wissensbasierten Bedrohungs– und Risikoanalyse Workflow–basierter Anwendungssysteme

Ausgehend von bekannten Konzepten aus den Forschungsbereichen des Risiko–Managements und der Workflow–basierten Anwendungsentwicklung wird ein integrierter System– und Sicherheitsentwurf für diese Anwendungsklasse angestrebt. Dadurch kann erreicht werden, daß die Modellierung und Analyse von Sicherheitsanforderungen auch für ein Workflow–basiertes Anwendungssystem bereits im Rahmen des prozeßorientierten Systementwurfs möglich wird. Zur konkreten Umsetzung dieses Anliegens wird eine wissensbasierte Bedrohungs– und Risikoanalyse Workflow–basierter Anwendungen entwickelt, die folgende Gesichtspunkte speziell berücksichtigt:

❏ **Integriertes Vorgehen von System– und Sicherheitsentwurf:** Es muß ein *integriertes* Vorgehen von System– und Sicherheitsentwurf geben, welches die Modellierung und Analyse von Sicherheitsanforderungen im Rahmen der Entwicklung Workflow–basierter Anwendungen erlaubt.

❏ **Erweiterbares System– und Risikomodell:** Da es in der Workflow–basierten Anwendungsentwicklung bisher keine fest definierten Standards gibt, muß der Ansatz im Bereich der Modellierung des Anwendungssystems und der Arbeitsabläufe sowie die stete Weiterentwicklung des für die Analysemethoden benötigten Basiswissens *erweiterbar* sein. Für die Modellierung muß dem Anwender die Möglichkeit geboten werden, selbst neue Systemelement– und Beziehungstypen definieren zu können. Es muß daher ein System–Metamodell entwickelt werden, von dem beliebige Systemmodelle abgeleitet werden können, die dann durch Instantiierung die konkreten Anwendungssysteme beschreiben.

Da es sich bei einer Bedrohungs– und Risikoanalyse um einen Vorgang handelt, der zum größten Teil auf bereits vorhandenem Wissen von Sicherheitsexperten basiert, soll das gesamte Konzept als wissensbasierter Ansatz angelegt werden, wobei Wissensbasen für die unterschiedlichen Aspekte (z. B. Bedrohungen) vorab definiert und nutzbar sind. Das hierzu notwendige erweiterbare Risikomodell muß sich ausschließlich auf die Komponenten des System–Metamodells beziehen, um somit für alle abgeleiteten Systemmodelle und deren konkrete Instanzen (also Anwendungssysteme) verwendbar zu sein.

❏ **Explizite Modellierung der Sicherheitsanforderungen:** Die Sicherheitsanforderungen für ein Workflow–basiertes Anwendungssystem müssen *explizit* modelliert werden können, wodurch die Transparenz der erlangten Sicherheit für die Anwendung erhöht wird. Dazu ist es notwendig, für die einzelnen Phasen des Vorgehensmodells unterschiedliche Typen von Sicherheitsanforderungen zu identifizieren und geeignet zu spezifizieren.

❏ **Automatisierte Analyseverfahren:** Die Kontrolle der Sicherheitsanforderungen soll (soweit möglich) *automatisiert* werden. Hierzu sind Analyseverfahren zu konzipieren, mit denen die Sicherheitsanforderungen gegenüber dem Anwendungssystem kontrolliert und dem Anwender im Problemfall die dafür verantwortlichen Schwachstellen präsentiert werden.

❏ **Kombiniertes Bewertungskonzept:** Im Rahmen der Anwendungsentwicklung und –analyse sollen — je nach Modellierungsbedarf — durch den Entwickler sowohl kardinale als auch ordinale Bewertungen nutzbar sein. Während beim kardinalen Bewertungskonzept ausschließlich Zahlenwerte verwendet werden, werden beim ordinalen Bewertungskonzept die einzelnen Werte vordefinierten Kategorien zugeordnet. Angestrebt wird ein Bewertungskonzept, welches *beide* Bewertungskonzepte integriert.

Um eine einfache Erweiterbarkeit sowie eine Anwendbarkeit des System- und Risikomodells auch für Personengruppen gewährleisten zu können, für die eine Verwendung formaler Notationen nicht akzeptabel ist, wird auf eine formale Fundierung der einzelnen Komponenten beider Modelle verzichtet. So können zwar Systemelement- und Beziehungstypen als Teil eines Systemmodells modelliert werden, jedoch wird deren internes Verhalten nicht angegeben, d. h. es wird nicht spezifiziert, wie die Komponenten in unterschiedlichen Anwendungssituationen agieren. Diese Einschränkung führt dazu, daß Sicherheitsanforderungen, die beispielsweise temporal–logische Abhängigkeiten innerhalb der Arbeitsabläufe betrachten (z. B. wenn eine Aktivität A1 eintritt, dann muß danach die Aktivität A2 eintreten), nicht bewiesen werden können (siehe Abschnitt 3.5.4.3).

Entwicklung einer adäquaten Werkzeugunterstützung

Das gesamte Vorgehen zur Entwicklung sicherer Workflow–basierter Anwendungssysteme muß durchgängig durch ein Softwarewerkzeug unterstützt werden. Dieses Werkzeug soll eine graphische Komponente für die Systemmodellierung besitzen, die Erfassung der Sicherheitsanforderungen sowie des Analysewissens ermöglichen und durch einen hohen Automatisierungsgrad bei der Analyse der Sicherheitsanforderungen gekennzeichnet sein. Die Realisierung eines entsprechenden Softwarewerkzeugs soll im wesentlichen der Evaluierung der entwickelten Konzepte dienen.

Evaluierung des Konzeptes anhand eines Anwendungsszenarios

Um die Tauglichkeit des Gesamtkonzeptes und des Softwarewerkzeuges nachweisen zu können, muß das Gesamtkonzept sowie das Werkzeug anhand einer Szenarioanwendung evaluiert werden, in der sicherheitskritische Aspekte eine Rolle spielen. Hierbei ist darauf zu achten, daß es sich um eine Anwendung aus der Praxis handelt, in der unterschiedliche Typen von Sicherheitsanforderungen relevant sind.

1.4 Aufbau des Buches

Zur Erreichung der zuvor dargestellten Ziele ist das Buch in die folgenden drei Hauptteile untergliedert:

Grundlagen In Kapitel 2 werden die für das Konzept der wissensbasierten Bedrohungs– und Risikoanalyse Workflow–basierter Anwendungssysteme relevanten Grundlagen erarbeitet. Hierzu wird zunächst ein Überblick über das Risiko–Management und die zur Zeit existierenden Werkzeuge gegeben. Anschließend werden die Workflow–basierten Anwendungssysteme hinsichtlich ihrer aktuellen Konzepte, Methoden und Systemunterstützungen erläutert sowie eine Reihe kombinierter Ansätze vorgestellt, in denen Konzepte der beiden Forschungsgebiete miteinander verknüpft werden. Der Grundlagenteil schließt mit einem Überblick über die Grundlagen der Fuzzy–Logik, die im Rahmen des Bewertungskonzeptes genutzt wird.

Konzeption einer wissensbasierten Bedrohungs– und Risikoanalyse Das Kapitel 3 bildet den Kern des Buches. Hier wird die Integration der in den Grundlagen dargestellten Forschungsgebiete in Form des Konzeptes „KNOWLEDGE BASED THREAT AND RISK ANALYSIS OF WORKFLOW–BASED APPLICATIONS" (kurz **TRAW**) entwickelt. Nach einigen Vorüberlegungen beginnt die konkrete Umsetzung des Konzeptes mit einem integrierten Vorgehensmodell, dessen Phasen in den nachfolgenden Abschnitten detailliert ausgeführt werden. Die Basis für eine Modellierung von Anwendungssystemen bildet ein System–Metamodell, das eine Erweiterbarkeit der Systemmodellierung gewährleistet. Zur Beschreibung der Sicherheit werden verschiedene Typen von Sicherheitsanforderungen eingeführt, mit denen die unterschiedlichen sicherheitskritischen Aspekte eines Anwendungssystems beschrieben werden können. Im weiteren Verlauf wird dann eine Reihe von Analysealgorithmen konzipiert, die eine Kontrolle der unterschiedlichen Typen von Sicherheitsanforderungen gegenüber einem Anwendungssystem erlauben. Bedrohungsabhängige Sicherheitsanforderungen werden dabei auf Basis eines Risikomodells sowie eines unscharfen Bewertungskonzeptes untersucht, während bedrohungsunabhängige Sicherheitsanforderungen entweder direkt oder durch spezifische Analyse verdeckter Kanäle kontrolliert werden. Zum Abschluß des Hauptteils werden verschiedene Modifikationsansätze diskutiert sowie ein Vorschlag für die Integration von Sicherheitsmechanismen zur Bewältigung ermittelter Risiken entwickelt.

Realisierung und Anwendung Für das Konzept **TRAW** wird im dritten Teil des Buches in Kapitel 4 das Softwarewerkzeug **TRAW**$^\top$ realisiert, welches alle Phasen

des integrierten Vorgehensmodells unterstützt und einen hohen Automatisierungsgrad aufweist. In Kapitel 5 wird dann eine Evaluation des Konzeptes sowie des
Werkzeuges anhand eines konkreten Anwendungsszenarios vorgenommen. Bei der
Anwendung handelt es sich um das „Epidemiologische Krebsregister Niedersachsen" (EKN), in dem hochsensible Krebsdaten verarbeitet werden.

In Kapitel 6 wird der in diesem Buch entwickelte Ansatz zusammengefaßt und bewertet sowie ein Ausblick auf mögliche Erweiterungen gegeben. Der Anhang enthält
ein Abkürzungs- und ein Literaturverzeichnis sowie ein Glossar mit den wichtigsten
Begriffen. Das Stichwortverzeichnis beschließt das Buch.

Kapitel 2

Grundlagen

In diesem Kapitel werden die für das Konzept einer wissensbasierten Bedrohungs- und Risikoanalyse Workflow–basierter Anwendung notwendigen Grundlagen erläutert.

Konkret werden die beiden Forschungsgebiete des Risiko–Managements — hier speziell die Aspekte der Bedrohungs- und Risikoanalyse — und der Entwicklung Workflow–basierter Anwendungen betrachtet. Eine möglichst vollständige Darstellung dieser Gebiete ist nicht angestrebt, es werden jedoch zentrale Begriffe, Konzepte und Systeme erläutert und im Hinblick auf die Zielsetzungen des Buches bewertet. Außerdem werden kombinierte Ansätze untersucht, in denen bereits Konzepte beider Forschungsgebiete miteinander verknüpft wurden. Abschließend wird noch die Fuzzy–Logik vorgestellt, die im Rahmen des in diesem Buch entwickelten unscharfen Bewertungskonzeptes ihre Verwendung finden wird.

2.1 Risiko–Management

Das Risiko–Management kennzeichnet ein schon sehr lange untersuchtes Forschungsgebiet[1], dessen Kernkonzepte und Systeme in diesem Abschnitt dargestellt und bewertet werden sollen. In Abschnitt 2.1.1 wird zunächst ein kurzer Überblick über das Themengebiet des Risiko–Managements gegeben. Anschließend wird in Abschnitt 2.1.2 der Begriff der Sicherheit aus verschiedenen Blickwinkeln der Literatur diskutiert sowie das in diesem Buch zugrundeliegende Verständnis von Sicherheit definiert. Abschnitt 2.1.3 erläutert die zentralen Begriffe des Risiko–Managements, um eine gemeinsame Verständnisgrundlage für die nachfolgenden Abschnitte bereitzustellen. Ein allgemeines Vorgehensmodell für das Risiko–Management wird dann in

---

[1]In [Bas88, Bas93] beginnt die erste Generation von Systemen zur Unterstützung des Risiko–Managements im Jahr 1972 (siehe Abschnitt 2.1.1).

Abschnitt 2.1.4 vorgestellt. Hierbei werden die Aktivitäten der Bedrohungs- und Risikoanalyse — als Kernkomponente des entwickelten Konzeptes — besonders betrachtet. Relevante Ansätze werden in Abschnitt 2.1.5 präsentiert und zum Abschluß in Abschnitt 2.1.6 der aktuelle Forschungsstand zusammengefaßt und bewertet.

2.1.1 Überblick

Aufgrund der zunehmenden Verbreitung von Computern sowie des Mißbrauchs von Informationssystemen gewinnt die Sicherheit dieser Systeme weiter an Bedeutung [Ker95]. Der Einsatz der Informationssysteme in Unternehmen erfordert daher eine verstärkte Berücksichtigung sicherheitstechnischer Aspekte.

Den Ausgangspunkt für den möglichen Verlust spezifischer Sicherheitsaspekte stellen eintretende Bedrohungen dar, d. h. sie bilden die Elemente, vor denen ein Informationssystem geschützt werden muß. Konkret können durch eine Bedrohung auf das Informationssystem Wertverluste für das Unternehmen entstehen, die materiell, aber auch ideell in Form von Imageverlust sein können. So sind in [Par89] beispielhaft potentielle Schäden dargestellt, die durch Präventions- bzw. Behebungsmaßnahmen (z. B. Wiederherstellung vernichteter Daten) behoben werden können. [SB92] zeigt ebenfalls anhand konkreter Beispiele, welche Kosten durch Schäden entstehen können und welche Maßnahmen gegen vorhandene Schäden ergriffen werden können.

Die Sicherheit von Informationssystemen wird durch die unterschiedlichen Perspektiven auf das System beeinflußt. So sieht [Bas89] neben dem Menschen, dessen Informationen in Systemen gespeichert und verarbeitet werden, auch den Systemanbieter, den Kunden, den Entwickler sowie den Sicherheitsexperten als Beteiligte, die jeweils in ihren Rollen unterschiedliche Anforderungen an die Sicherheit von Systemen stellen. Zur Durchsetzung dieser Interessen werden in [vSvSC93, Bet90] folgende Ansatzpunkte ausgeführt, die in Zukunft verstärkt untersucht werden sollten:

❏ Kontinuierliches Sicherheits- und Risiko–Management (Schadenserhebung und Ursachenforschung, Risikoforschung und formale Bedrohungsanalysen)

❏ Spezifikations- und Verifikationswerkzeuge

❏ Methoden zur Herstellung von Zuverlässigkeitsarchitekturen

❏ Benutzergerechte Sicherheitsentwicklungsumgebungen

❏ Sicherheitspolitiken[2] und –organisationen (Standardisierungen).

---

[2]In der *Sicherheitspolitik* wird genau festgelegt, gegen welche Bedrohungen ein Anwendungssystem geschützt werden muß, welche Grundsätze und Regeln bzgl. der Sicherheit in einem System gelten sollen, welche Schutzwürdigkeit die Komponenten in dem Anwendungssystem besitzen und welches Restrisiko der Anwender akzeptieren kann [Ker91]. Somit beschreibt die Sicherheitspolitik umfassend alle Aspekte der Sicherheit, die für ein Anwendungssystem gelten sollen.

Ein Schwerpunkt der Forschungsaktivitäten ist das Risiko–Management, das sich mit
der Bereitstellung von Konzepten und Methoden zur Durchsetzung der Sicherheit
von Informationssystemen, also der methodischen Identifizierung und Bewältigung
von Risiken für ein Anwendungssystem beschäftigt [SB92]. Die bisher entwickelten
Systeme lassen sich nach [Bas88, Bas93] in drei Generationen unterteilen, wobei mit
zunehmender Generationsstufe die Integration des System– und Sicherheitsentwurfs
weiter vorangetrieben wird:

Erste Generation (Checklisten–Methoden) Im Vordergrund der ersten Generation (beginnend 1972) steht das Zusammensetzen einer Lösung aus einer be-
grenzten Anzahl von bereits vorhandenen Komponenten. Im Bereich der Systementwicklung beginnt dies mit den Beschreibungen der Systementwickler, die ihre Erfahrungen in umgangssprachlich verfaßten Dokumentationen für zukünfti-
ge Entwicklungen bereitstellen. Auch die Hersteller dokumentieren ihre Systeme durch geeignete Verfahrensbeschreibungen und stellen sogar unterstützende
Programme und Schulungen für die Systementwicklung zur Verfügung. Beim Sicherheitsentwurf werden Checklisten als Grundlage für die Entscheidung genutzt,
welche Sicherheitsmechanismen für das System zu verwenden sind.

Bewertung: Mit der Checklisten–Methode werden zwar die technisch machbaren,
aber nicht die ggf. erforderlichen Maßnahmen betrachtet, was einer Evaluierung,
aber keiner Spezifikation eines Systems entspricht.

Zweite Generation (Mechanische Entwicklungsmethoden) Im Gegensatz zu
der ersten wird in der zweiten Generation seit 1981 die Entwurfsaufgabe in ihre einzelnen funktionalen Anforderungen untergliedert. Für diese werden dann
Einzellösungen entwickelt, die abschließend wieder zu einem individuellen Gesamtsystem zusammengesetzt werden. Die Einzelheiten der Systemspezifikation
werden durch eine genaue Betrachtung der funktionalen Anforderungen erarbeitet, wobei sich die verwendeten Methoden an dem bekannten Wasserfallmodell
[Som97, You89] orientieren.

Für den Sicherheitsentwurf findet zunächst eine umfangreiche Betrachtung der Sicherheitsanforderungen statt, da nicht davon ausgegangen werden kann, daß sich
diese unmittelbar aus der verfügbaren Systembeschreibung ergeben. Der Ablauf
des Sicherheitsentwurfs führt nach der Festlegung der betroffenen Systemkomponenten die Bestimmung der Bedrohungen und Schwachstellen sowie möglicher
Sicherheitsmechanismen durch. Anschließend werden die potentiellen Risiken ermittelt, falls diese nicht akzeptiert werden können, zusätzliche Sicherheitsmechanismen ausgewählt und das System implementiert.

Bewertung: Durch den methodischen Ansatz können unterschiedliche Systeme untersucht und die Auswirkungen von Änderungen im System bereits im Entwurf
ermittelt werden. Die Komplexität des Entwurfsprozesses stellt jedoch sehr hohe
Anforderungen an den Entwickler, wobei zusätzlich eine Trennung von System–
und Sicherheitsentwurf vorhanden ist.

Dritte Generation (Logische Transformationsmethoden) Die dritte Generation (seit 1988) basiert auf der Abstraktion von Problem– und Lösungsraum, um
somit der permanent steigenden Systemkomplexität zu begegnen. Eine wichtige Aufgabe besteht in der richtigen Wahl der Systemeigenschaften (Attribute),
die in einem Modell abstrahiert werden sollen, denn nur spezifizierte Eigenschaften können auch in einem Sicherheitsentwurf berücksichtigt werden. Aufgrund
der Abstraktion verliert das Modell seine Abhängigkeit von der konkreten Systemtechnologie, so daß der Übergang von einer reinen Betrachtung physischer
Komponenten hin zu einem eher konzeptionellen und logischen Entwurf in dieser Generation fortgesetzt wird. Das System wird in einem Logikmodell, welches
das Systemverhalten in einer funktions– bzw. datenorientierten Sicht, und einem
Transformationsmodell, das über funktionale Aspekte hinaus auch organisatorische Bedürfnisse enthält, beschrieben.

Der Sicherheitsentwurf zeichnet sich gegenüber den vorherigen Phasen durch die
Entwicklung einer maßgeschneiderten Sicherheit für das System aus. Die Umsetzung von spezifischen Sicherheitsanforderungen ist hier eine Folge eines integrierten System– und Sicherheitsentwurfs.

Bewertung: Die Methoden der dritten Generation sind aufgrund der Bildung eines
abstrakten Modells flexibel einsetzbar, und die Integration von System– und Sicherheitsentwurf ist vorhanden. Durch die Abstraktion ist jedoch eine Abbildung
auf ein konkretes System (Implementierung) notwendig, wobei die Einhaltung der
Sicherheitseigenschaften berücksichtigt werden muß.

Mit der dritten Generation hat man somit einen integrierten System– und Sicherheitsentwurf geschaffen, der die Berücksichtigung und Durchsetzung von sicherheitstechnischen Aspekten bereits in den frühen Phasen der Systementwicklung
ermöglicht und somit geringere Anpassungkosten im Falle nachträglicher Modifikationen verursacht. Unberücksichtigt bleibt jedoch weiterhin die sich verändernde
Form der Systementwicklung, bei der die dynamischen Aspekte im Mittelpunkt der
Betrachtung stehen. So wird heutzutage bei der Entwicklung von Informationssystemen nicht ausschließlich funktions– und datenorientiert vorgegangen, sondern es
werden ergänzend die in dem Unternehmen und somit durch das Informationssystem
zu unterstützenden Arbeitsabläufe berücksichtigt. Dementsprechend muß auch die
Betrachtung der Sicherheit auf diese Form der Systementwicklung vorbereitet werden. [HBvSR96] fordert daher, daß die Analyse und Umsetzung von Sicherheitsanforderungen innerhalb einer prozeßorientierten Systementwicklung betrachtet werden muß. Die vollständige Umsetzung muß dann durch das gesamte Unternehmen
erfolgen, da Sicherheit als Bestandteil der Unternehmung gesehen und von jedem
Mitarbeiter mit getragen werden muß [Tho94].

2.1.2 Sicherheit

Der Begriff der *Sicherheit* spielt in diesem Buch eine zentrale Rolle. In der Literatur gibt es eine Vielzahl unterschiedlicher Sichtweisen auf den Begriff der *Sicherheit*, die jeweils verschiedene Inhalte durch den Begriff behandelt wissen wollen[3]. Zwei charakteristische Klassifikationen sollen dies verdeutlichen:

Intention des Begriffs In der Literatur — vor allem im deutschsprachigen Raum — wird der Sicherheitsbegriff hinsichtlich seiner englischsprachigen Begriffe *Security* und *Safety* unterschieden [SB92]. Die gebräuchliche Definition für *Security* sieht die Sicherheit gegen beabsichtigte Angriffe (z. B. Verändern und Zerstören von Informationen), wohingegend *Safety* die Sicherheit gegen unbeabsichtigte Ereignisse (z. B. technische Fehler) bezeichnet. Weitere in der Literatur verwendete Begriffspaare sind: *allgemeine Sicherheit (Safety)* — *IT–Sicherheit (Security)* oder *sicherer Zustand (Safety)* — *Maßnahmen zur Sicherheit (Security)* [Gri94b]. In [Lau94] wird der Begriff *Security* in *Safety* und *Korrektheit* differenziert. *Safety* kennzeichnet dabei den theoretischen Aspekt von *Security*, d. h. kann die Sicherheit eines Modells nachgewiesen werden, während die *Korrektheit* den praktischen Aspekt in Form einer korrekten Implementierung des sicheren Modells beschreibt. Somit stellt *Safety* eine Abstraktion von *Security* dar [Rei91].

Ob die Unterscheidung zwischen den beiden Begriffen *Security* und *Safety* überhaupt sinnvoll ist, wird u. a. in [Gri94b] diskutiert. Auf der einen Seite ist festzustellen, daß die im deutschsprachigen Raum vorgenommene Trennung in der Form im Englischen nicht unbedingt vorzufinden ist. Auf der anderen Seite ist ersichtlich, daß *Safety* sich im Bereich der Unfallsicherheit etabliert hat [MIL96] und *Security* verstärkt mit konkreten Maßnahmen und der Abwehr von Angriffen assoziiert wird. Jedoch sollte mit der Verwendung von *Security* die Berücksichtigung von unbeabsichtigten Fehlern oder Unfällen nicht zwingend ausgeschlossen werden.

Klassische Sicht von Sicherheit Unter der „klassischen Sicht" von Sicherheit wird die Abwesenheit von Gefahren verstanden, d. h. man versucht, gefährliche Situation erst gar nicht entstehen zu lassen bzw. ihnen durch geeignete Sicherungsmechanismen im Vorfeld entgegenzuwirken. In [KL94] wird die Sicherheit daher mit „tut nichts, was es nicht soll" beschrieben, womit ein System gekennzeichnet ist, das von sich aus in keine gefährlichen Situationen geraten kann.

Da es i. allg. nicht immer möglich sein wird, gefährliche Situationen vollständig auszuschließen, muß der Sicherheitsbegriff geringfügig modifiziert werden. So wird innerhalb des Projektes REMO (Referenzmodelle für sichere informationstechnische Systeme) [Atz92, Atz94, Gri94a] Sicherheit in Anlehnung an einen Vorschlag von Steinacker und Pertzsch [SP91] definiert als „die Eigenschaft eines Systems,

---

[3]Häufig wird in der Literatur die Sicherheit durch den Begriff der *IT–Sicherheit* dahingehend eingeschränkt, daß die Sicherheit ausschließlich für IT–Systeme betrachtet wird [Bun92].

bei der Maßnahmen gegen die im jeweiligen Einsatzumfeld als bedeutsam ange-
sehenen Bedrohungen in dem Maße wirksam sind, daß die verbleibenden Risiken
tragbar sind". [AA92] und [Sch94b] stellen weiterhin fest, daß man „Sicherheit
dann erreicht hat, wenn die Schadenserwartung minimal ist". Beiden Definitionen
ist gemeinsam, daß wiederum eine subjektive Einschätzung für Sicherheit benutzt
wird und ggf. ein Restrisiko, also keine vollständige Sicherheit im eigentlichen
Sinn, akzeptiert wird.

Die am häufigsten verwendete Definition von Sicherheit ist die Gewährleistung von
Vertraulichkeit, *Integrität* und *Verfügbarkeit* [Zen89, ITS91]. Konkret soll ein
System also vor den Gefahren des Verlustes der drei Sicherheitsaspekte geschützt
werden. Die Weiterentwicklung der Systeme fordert jedoch auch die Betrachtung
der dabei neu entstehenden Bedrohungen und Risiken. So werden beispielsweise
die Aspekte *Verantwortlichkeit*, *Authentizität* und *Zuverlässigkeit* [IEC96a], *Nut-*
zen und *Besitz* [Par95] sowie die *Verbindlichkeit* [Atz94] in weiteren Ansätzen mit
berücksichtigt.

Trotz dieser ständigen Erweiterung des Sicherheitsbegriffes wird es kaum eine
universell gültige Definition der Sicherheit von Systemen geben. Es ist vielmehr
anzustreben, das Einsatzumfeld des Systems in die Sicherheitsbetrachtung derart
mit einzubeziehen, daß die einzelfallspezifischen Bedrohungen und Risiken von den
durch das System direkt Betroffenen mit eingeschätzt werden [AA92]. Der Kontext[4], in dem das System etabliert werden soll, ist entscheidend für die Festlegung
der Sicherheit des Systems[5] und sollte daher sowohl bei der Ermittlung der Risiken
wie auch bei der Umsetzung und Anwendung geeigneter Sicherheitsmaßnahmen
mit betrachtet werden.

Der Vorteil dieser klassischen Art der Definition von *Sicherheit* liegt darin, daß
man sich auf die Analyse von Bedrohungen und Risiken konzentriert und für diese
geeignete Sicherheitsmaßnahmen ermittelt. Weiterhin wird ggf. ein verbleibendes
Restrisiko bestimmt, was aber den Betroffenen dann vorab bekannt ist. Negativ
bleibt anzumerken, daß bei Verwendung starr vorgegebener Bedrohungs– und Ri-
sikokategorien diese möglicherweise überbewertet und andere übersehen werden.

Betrachtet man die beiden zuvor dargestellten Sichtweisen des Begriffs *Sicherheit*
(nach der Intention bzw. die klassische Sicht), so kann man folgendes resümieren. Es
gibt keine allgemeingültige Definition für Sicherheit, die für die Entwicklung sicherer
Systeme verwendet werden kann. Die Gründe dafür liegen darin, daß der Kontext eines Systems die Sicherheit derart stark beeinflußt und dieser nicht universell berück-

---

[4]Der Kontext wird durch die unmittelbare Systemumgebung definiert, aber auch das Unternehmen bzw. die Umwelt, in der das Unternehmen agiert, können dem Kontext des Informationssystems
zugeordnet werden.

[5]Eine Definition des Begriffs der Sicherheit als *„sogar wenn — sonst nichts — Eigenschaft"*
in [Bis93] betont ebenfalls, daß die Sicherheit als Eigenschaft stark kontextabhängig ist. Weiterhin
besagt sie, daß Sicherheit eine Zweigesichtigkeit in der Form zeigt, daß das Geforderte für ein System
geschehen, aber sonst zumindest nichts Verbotenes passieren soll.

sichtigt werden kann. Der Kontext muß jedoch die Sicherheit selbst mitbestimmen, indem er auf mögliche Gefahren aufmerksam macht und ggf. mit Restrisiken umgeht. Außerdem werden z. T. nur spezielle Bereiche von Anwendungssystemen betrachtet und dafür die Sicherheit definiert. Betrifft der Bereich beispielsweise die Daten einer Anwendung, so wird die Sicherheit häufig durch die Wahrung des *Datenschutzes* sowie der *Datensicherheit* definiert [Kra89]. Während der *Datenschutz* in der Bundesrepublik Deutschland durch das Bundesdatenschutzgesetz [Bun90b] manifestiert den Schutz personenbezogener Daten vor Mißbrauch durch ihre Speicherung, Übermittlung, Veränderung und Löschung regelt, beschreibt die *Datensicherheit* den Zustand, den man durch organisatorische und technische Datensicherungsmaßnahmen erreicht, d. h. *Datensicherheit* beschreibt die Umsetzung der durch den *Datenschutz* geforderten Maßnahmen.

Eine Weiterentwicklung der Methoden und Konzepte zur Systementwicklung muß durch eine Sicherheitsdefinition ebenfalls berücksichtigt werden. Desweiteren entstehen durch die neuen Technologien auch neue Gefahren für die Systeme, was eine ständige Erweiterung des Sicherheitsbegriffes zur Folge hätte.

Insgesamt bleibt also festzuhalten, daß Sicherheit ein individuell zu definierender Begriff ist, der einen situationsspezifischen, subjektiv unterschiedlich zu definierenden Zustand beschreibt [Ste93]. Zur Analyse der Sicherheit ist ein geeigneter Bewertungmaßstab nötig, der die für ein System notwendigen Sicherheitsaspekte identifiziert. Solch ein Maßstab sind die *Sicherheitsanforderungen*. Durch sie werden konkrete Einzeleigenschaften bzgl. Sicherheit spezifiziert, die für das System gelten und auch nach Einwirken von Bedrohungen und daraus resultierenden Risiken weiter Bestand haben sollen (siehe hierzu auch Abschnitt 2.1.4.3). So können beispielsweise konkrete Sicherheitsaspekte wie die Wahrung der Vertraulichkeit, Integrität oder Verfügbarkeit innerhalb einer Sicherheitsanforderung formuliert und somit für das System gefordert werden. Der Sicherheitsbegriff, der sich dann daraus ableitet und der innerhalb dieses Buches verwendet wird, ist in Definition 2.1 festgehalten.

Definition 2.1 (Sicherheit) Ein Anwendungssystem gilt genau dann als *sicher*, wenn alle für das System definierten Sicherheitsanforderungen nach Analyse aller als bedeutsam erachteten Bedrohungen und der daraus resultierenden Risiken erfüllt sind bzw. das verbleibende Restrisiko tragbar ist.   ❏

Die Kontrolle der Sicherheit basiert somit darauf, *alle* für das System relevanten Bedrohungen zu ermitteln, deren Auswirkungen in Form resultierender Risiken zu bestimmen und abschließend diese gegenüber den formulierten Sicherheitsanforderungen zu kontrollieren. Sind dann *alle* Sicherheitsanforderungen erfüllt, so gilt das System als *sicher*. Ist dies zwar nicht der Fall, die Restrisiken werden jedoch als tragbar akzeptiert, so gilt das System ebenfalls als *sicher*.

2.1.3 Begriffsbildung

IT–System als Bestandteil eines Anwendungssystems

Den Ausgangspunkt einer Bedrohungs– und Risikoanalyse bildet ein zu analysierendes System. Ein *Informationssystem* entsteht durch organisiertes Zusammenwirken von Informationen (Texte, Bilder usw.), Informationsverarbeitungsprozes-
sen (Erfassung, Bearbeitung usw.) und Aufgabenträgern (Menschen, Maschinen,
usw.) sowie durch festgelegte Interaktionsprotokolle [vS94]. Da solche Informationssysteme i. allg. innerhalb eines Unternehmens eingesetzt werden, spricht man
auch von *betrieblichen Informationssystemen* bzw. *betrieblichen Anwendungssystemen*. Innerhalb dieses Buches wird konkret die Systemklasse der *Workflow–basierten
Anwendungssysteme* betrachtet, die dadurch gekennzeichnet ist, daß im Rahmen der
Entwicklung und des Betriebs solcher Anwendungen die Arbeitsabläufe, die durch
das Anwendungssystem unterstützt werden sollen, im Mittelpunkt der Betrachtung
stehen.

Die strukturelle Unterteilung eines Anwendungssystems kann ähnlich dem in [Ste93]
ausgeführten Ebenenmodell vorgenommen werden, welches auf einem bereits lange
bekannten Modell von [Mar73] basiert. Ziel ist die vollständige Modellierung eines Anwendungssystems, wobei eine Kategorisierung der einzelnen Bestandteile eine vereinfachte Modellierung unterstützt. Im Gegensatz zu den in [Mar73, Ste93]
vorgestellten Ebenen wird in diesem Buch eine Erweiterung des Ebenenmodells hinsichtlich der durch ein Anwendungssystem zu unterstützenden Arbeitsabläufe vorgenommen. Diese werden ebenfalls als Bestandteil eines Anwendungssystem betrachtet
und als separate Ebene aufgenommen. In Abbildung 2.1 ist der Aufbau eines solchen
Anwendungssystems in vier aufeinander aufbauenden Ebenen dargestellt[6]:

Technische Ebene: Die Basis eines betrieblichen Anwendungssystems bilden die
technischen Komponenten. Dabei ist zunächst die Infrastruktur, in der das Anwendungssystem eingesetzt wird, durch seine Gebäude und Räume zu beschreiben. Weiterhin werden Hardwarekomponenten benutzt, wie z. B. Rechner, Drucker
oder auch Papier als Medium zur Sicherung von Daten. Diese sind der Infrastruktur zugeordnet und beschreiben insgesamt die technische Struktur eines Systems.

Logische Ebene: Die *logische Ebene* umfaßt neben den Datenobjekten noch die
konkreten Softwaresysteme, die zur Erbringung der System– und Anwendungsfunktionalität notwendig sind. Die Objekte dieser Ebene werden physikalisch durch
Objekte der technischen Ebene repräsentiert. So werden die Informationen und
Programme auf den Rechnern — konkret auf den Speichermedien der Rechner —
oder auf Papier verwaltet.

---

[6]Es gibt keine eindeutige Festlegung der Begriffe und der Einteilung der Ebenen eines Anwendungssystems. So wird beispielsweise in [HBvSR96] ein Informationssystem als Teil eines IT-
Systems gesehen oder in [ALK94, MT88] die Arbeitsabläufe nicht berücksichtigt. In [Wie94] ist
dagegen eine leicht veränderte Vier–Ebenen–Struktur definiert, die keine explizite Nennung von
Daten sowie den organisatorischen Einheiten beinhaltet.

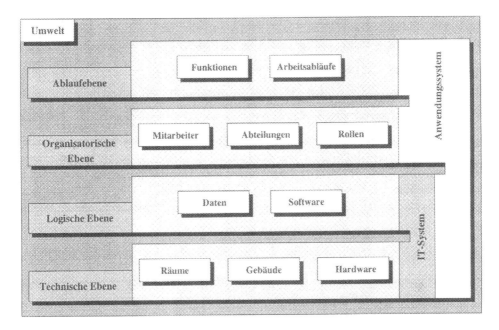

Abbildung 2.1: IT–System als Bestandteil eines Anwendungssystems

Organisatorische Ebene: Eine zentrale Rolle innerhalb eines betrieblichen Anwendungssystems nehmen die Menschen (Mitarbeiter) eines Unternehmens als
Aufgabenträger ein. Sie erbringen neben den Softwareprogrammen die zu leisten-
de Arbeit und können beispielsweise in Abteilungen oder Rollen zur Definition
spezifischer Funktionsträger gegliedert werden. Sie sind weiterhin der Infrastruktur zugeordnet und haben Zugriff auf die Objekte der logischen Ebene.

Ablaufebene: Auf der obersten Ebene eines Anwendungssystems werden die *Arbeitsabläufe* eines Unternehmens repräsentiert. Sie beschreiben die zeitliche Reihenfolge, in der bestimmte Aktivitäten unter Verwendung der Daten und Softwarekomponenten von den organisatorischen Einheiten zu erbringen sind. Damit
stellen sie im Rahmen der Entwicklung von Workflow–basierten Anwendungen die
zentrale Sicht auf das gesamte Anwendungssystem dar.

Die technische und die logische Ebene zusammen beschreiben das *informationstechnische System*, kurz *IT–System* genannt. Ein IT–System bildet somit die technische
Basis, die zur Erfüllung einer Aufgabe innerhalb der Informationsverarbeitung eingesetzt wird [Bun92]. Ein *Anwendungssystem* ist dann durch ein zugrundeliegendes IT–System sowie einer darauf aufbauenden organisatorischen Ebene und den
durch die Anwendung zu realisierenden Arbeitsabläufen definiert. Ein nicht zu ver-
nachlässigender Teil eines Anwendungssystems ist der Kontext (Umwelt), in der das
System betrieben wird. [Mar73] bezeichnet diese Ebene als „Legal and Social En-
vironment" und beschreibt damit das rechtlich-wirtschaftliche Umfeld. Die Umwelt

umfaßt juristische und ökonomische Aspekte (z. B. gesetzliche Rahmenbedingungen), die bei der Entwicklung und dem Betrieb eines Systems zu berücksichtigen sind, da sie die Arbeitsabläufe wie auch die Struktur des Anwendungssystems stark beeinflussen.

Wert — Systemelement

Innerhalb der Bedrohungs- und Risikoanalyse bilden die *Werte*, die es zu schützen gilt, eine elementare Rolle. Unter dem Schutz eines Wertes ist dabei die Wahrung seiner *Sicherheitseigenschaften* gemeint, also die Einhaltung der den Wert beschreibenden Attribute, deren Nicht–Erfüllung negativ für den jeweiligen Wert zu betrachten ist. Sicherheitseigenschaften werden in Form von *Sicherheitsanforderungen* beschrieben.

Alle Komponenten eines Anwendungssystems werden im weiteren Verlauf des Buches als *Systemelemente* bezeichnet. Grundsätzlich kann zunächst einmal jedes Systemelement eines Anwendungssystems einen Wert darstellen. Während die technischen Systemelemente verfügbar sein müssen, spielen bei logischen und organisatorischen Systemelementen auch Vertraulichkeits- oder Integritätsbedingungen eine Rolle. Die Beurteilung, ob der Verlust einer Eigenschaft als Schaden für das Anwendungssystems zu betrachten ist und somit die Eigenschaft eine *Sicherheitseigenschaft* darstellt, obliegt den in Abschnitt 2.1.1 eingeführten Perspektiven (z. B. Benutzer, Sicherheitsexperten). Wird eine Sicherheitseigenschaft ermittelt, die zwingend für ein Systemelement gewahrt sein muß, so stellt diese einen Wert für das Anwendungssystem dar [EOO95].

Neben den direkt aus dem Anwendungssystem ableitbaren Werten können auch weitere Sicherheitseigenschaften betrachtet werden. So führt [IEC96a] sogenannte *nicht faßbare* Werte (engl. intangibles), wie beispielsweise den „Goodwill" oder das „Image" eines Unternehmens als Wert an. Die Analyse solcher Werte im Rahmen einer Bedrohungs- und Risikoanalyse ist jedoch problematisch. Da sie durch den Entwickler, Sicherheitsexperten bzw. Anwender des Systems durchgeführt wird, müssen diese die Ergebnisse dahingehend interpretieren, ob z. B. das Image eines Unternehmens trotz bestimmter Risiken weiterhin gewahrt ist. Obwohl dies ein schwieriger Vorgang ist, sollten derartige Werte zur Feststellung der Schutzbedürftigkeit eines Anwendungssystems unbedingt betrachtet werden [Bun92], d. h. ihre Einhaltung muß durch die involvierten Personen und deren Wissen aus den Ergebnissen der Bedrohungs- und Risikoanalyse abgeleitet werden.

Gefahrenquelle

Um die Werte eines Anwendungssystems gefährden zu können, bedarf es einer sogenannten *Gefahrenquelle* (Bedrohungsquelle). Sie stellt die Ursache[7] und den Aus-

---

[7][Bun92] verwendet für die Kennzeichnung einer Gefahrenquelle direkt den Begriff *Ursache*.

gangspunkt für eine *Gefahr* — also die Bedrohung — dar, die auf ein Anwendungs-system negative Auswirkungen hat. Ihre Identifizierung ist somit relevant für die Bekämpfung der eintretenden Gefahr. In der Literatur lassen sich eine Reihe un-terschiedlicher Klassifikationen sowie Beispiele für Gefahrenquellen finden [Kra89, Mar73]. So differenziert [Ste93] vier Gruppen. Der *Mensch* ist erfahrungsgemäß ei-ne Gefahrenquelle (z. B. Bedienungsfehler) für ein Anwendungssystem, weiterhin spielen die *Technik* sowie die *Natur* eine entscheidende Rolle. Alle Gefahrenquellen, die keiner dieser drei Kategorien zugeordnet werden konnten, werden unter *sonstige Einflüsse* zusammengefaßt.

Wie man einer solchen Klassifikation von Gefahrenquellen entnehmen kann, ist eine Vielzahl der Gefahrenquellen innerhalb des Anwendungssystems — also auf den vier Ebenen aus Abbildung 2.1 — zu identifizieren. So stellen die Hard– und Software-komponenten, aber auch der Anwender des Systems ggf. eine Gefahrenquelle dar. Es muß jedoch betont werden, daß es ebenfalls eine nicht zu vernachlässigende Anzahl von Gefahrenquellen außerhalb des eigentlichen Anwendungssystems gibt (z. B. die Natur), die für eine Sicherheitsanalyse berücksichtigt und deren Auswirkungen für das Anwendungssystem analysiert werden müssen.

Bedrohung

Ausgehend von den Gefahrenquellen kann für ein Anwendungssystem eine konkrete Gefahr entstehen, die als *Bedrohung* bezeichnet wird und als ein von einer Gefah-renquelle ausgehender Umstand oder Ereignis definiert ist, der einem Anwendungs-system schaden kann [Pfl97], also die Sicherheit des Anwendungssystems negativ beeinflußt. Da die Festlegung der Sicherheit in Form von Sicherheitsanforderungen vorgenommen wird, gefährdet eine Bedrohung die Einhaltung dieser Sicherheits-anforderungen [Bun92]. Das methodische Ermitteln, Analysieren und Dokumentie-ren von Bedrohungen für ein Anwendungssystem wird *Bedrohungsanalyse* genannt [Ker95].

Auch für die Beschreibung von Bedrohungen gibt es in der Literatur eine Vielzahl von Klassifikationen [Smi93, IEC96a, Bas96, GKKP95, LBMC94, Bit90]. So wird häufig die Unterteilung nach den zu garantierenden Sicherheitsaspekten gemäß der bekannten Grundbedrohungen vorgenommen: Verlust von Vertraulichkeit, von In-tegrität und von Verfügbarkeit [Lau94, Ker95]. Eine Einteilung gemäß der struktu-rellen Unterteilung eines Anwendungssystems aus Abbildung 2.1 bietet den Vorteil, direkt einen Bezug zu den in einem Anwendungssystem vorhandenen Komponenten herstellen und somit eine einfachere Identifizierung von potentiellen Bedrohungen ermöglichen zu können. Auf den vier Ebenen sind beispielhaft folgende Bedrohun-gen zu ermitteln:

Technische Ebene: Auf der technischen Ebene sind alle Bedrohungen relevant, die direkt auf die technischen Komponenten wirken. So können aus der Gefahren-quelle der Natur die Bedrohungen „Blitzeinschlag" oder "Hochwasser" entstehen, die beispielsweise auf die Infrastruktur, wie z. B. das Gebäude, einwirken. Aber auch der Anwender kann durch „fehlerhafte Bedienung" bzw. ein Hacker durch einen „beabsichtigten Systemangriff" für einen Rechner als eine Bedrohung gesehen werden.

Logische Ebene: Für die logischen Systemelemente können Bedrohungen wie das „versehentliche Löschen" oder das „beabsichtigte Modifizieren" von Daten erkannt werden. Diese von Menschen oder Anwendungen ausgehenden Bedrohungen sind ebenso relevant wie das „unbefugte Benutzen" der Softwaresysteme oder das „Ausspionieren" von Daten.

Organisatorische Ebene: Bedrohungen der organisatorischen Ebene sind immer gegen die von einem Anwendungssystem betroffenen Personen gerichtet. So kann die „Krankheit" eines Mitarbeiters ein nur kleines Problem, jedoch der krankheitsbedingte Ausfall einer Vielzahl von Mitarbeitern schon eine große Bedrohung für ein Unternehmen werden, wenn die zu erbringenden Dienstleistungen dadurch gefährdet sind.

Ablaufebene: Die Arbeitsabläufe bilden logische Sichten auf die Systemelemente in einem Anwendungssystem. Daher können sie nicht direkt gefährdet und für sie auch keine Bedrohungen identifiziert werden. Lediglich die Auswirkungen der Arbeitsabläufe kann eine Bedrohung schaffen, für den Fall, daß konkrete Instantiierungen von Arbeitsabläufen beispielsweise zu einer „Überbelastung von Systemressourcen" führen.

Weiterhin ist es innerhalb einer Sicherheitsanalyse von Arbeitsabläufen sinnvoll zu untersuchen, welche Auswirkungen der „Ausfall einer Aktivität" für den Arbeitsablauf insgesamt hat. Eine Bedrohung auf Ebene der Arbeitsabläufe wäre somit ermittelt. Konkret bedeutet der Ausfall einer Aktivität jedoch, daß Systemelemente, die für diese Aktivität benutzt werden, nicht verfügbar sind. So kann z. B. der Rechner, auf dem die zu verwendende Software liegt, ausgefallen sein oder die Rolle, die für die Ausführung der Aktivität zuständig ist, steht aufgrund der Erkrankung aller potentiellen Mitarbeiter nicht zur Verfügung. Dies sind aber dann wieder Bedrohungen, die den zuvor beschriebenen Punkten der Klassifikation zuzuordnen sind.

Eine Klassifikation unterstützt zweifellos den Vorgang einer Bedrohungsidentifikation erheblich, da man die einzelnen Systemelemente eines Anwendungssystems zunächst separat betrachten und für diese anschließend die potentiellen Bedrohungen ermitteln kann. Es bleibt jedoch festzuhalten, daß es weiterhin eine Vielzahl von Bedrohungen gibt, die sich nicht direkt aus dieser Sichtweise ergeben, sondern durch eine Gesamtbetrachtung des Anwendungssystems sowie durch eine Verwendung von zusätzlichen Hilfsmitteln ermittelt werden können (z. B. bereits vorhandene Übersichten über potentielle Bedrohungen [Bun92]).

Schwachstelle

Ist eine Bedrohung in der Lage, auf ein Systemelement zu wirken, so besitzt dieses Systemelement eine sogenannte *Schwachstelle*. Betrachtet man erneut die strukturelle Unterteilung eines Anwendungssystems aus Abbildung 2.1, so lassen sich auf den einzelnen Ebenen folgende Schwachstellen beispielhaft ermitteln:

Technische Ebene: Auf der technischen Ebene können die einzelnen Komponenten, also Räume oder Rechner zur Schwachstelle werden. So zeigt das Beispiel aus [Bun92], daß ein „Kupferkabel", mit dem verschiedene Rechner verbunden werden, eine Schwachstelle wegen seines elektromagnetischen Feldes darstellt. Diese Schwachstelle kann sich eine Bedrohung „Abhören der übertragenen Information" zu Nutze machen, um die Vertraulichkeit der Information zu gefährden.

Logische Ebene: Typische Schwachstellen auf der logischen Ebene entstehen dann, wenn Bedrohungen wie eine „fehlerhafte Bedienung" durch den Anwender Schaden anrichten können. Als Schwachstelle ist in diesem Fall die Software zu ermitteln.

Organisatorische Ebene: Die zentralen Schwachstellen auf der organisatorischen Ebene sind i. allg. in einer nicht vorhandenen bzw. unzureichenden Zuständigkeitsregelung zu sehen. Der Zugriff auf sensible Informationen muß genauso geregelt werden wie die Festlegung von Kompetenzhierarchien.

Ablaufebene: Da die Arbeitsabläufe die zeitliche Reihenfolge der Ausführung von konkreten Aktivitäten beschreiben, kann ein schlecht modellierter Ablauf zur Schwachstelle für eine gezielte Instantiierung werden. Probleme, die in solchen Fällen auftreten können, sind Deadlocks oder Überbelastung von Systemressourcen.

Im Bereich der Analyse von strukturellen Eigenschaften stellt ein Arbeitsablauf natürlich inhärent eine Schwachstelle dar, denn durch seinen Aufbau werden sicherheitskritische Problemfälle erst geschaffen.

Es gibt spezielle Forschungsansätze, die die Sicherheit von Anwendungssystemen durch eine *Schwachstellenanalyse*, also die systematische Ermittlung von Schwachstellen eines Anwendungssystems, realisieren [Voß91, Voß94b, Voß94a, Voß94c]. Im Gegensatz zur Bedrohungs– und Risikoanalyse werden dabei nicht die potentiellen Bedrohungen und daraus resultierende Risiken ermittelt. Stattdessen werden das heutzutage vorhandene Wissen aus dem Sicherheitsbereich und die bereits sehr große Anzahl von grundsätzlich bekannten Schwachstellen existenter Systeme dazu verwendet, um geeignete Maßnahmen für ein System zu ermitteln und somit die Sicherheit zu erreichen. Die Klärung des Sicherheitsbedarfs bleibt dabei unvollständig, da durch die Entwicklung neuer Systeme auch neue Bedrohungen entstehen, die nur im Rahmen spezifischer Bedrohungs– und Risikoanalysen erkannt werden können. Insgesamt kann eine Schwachstellenanalyse aber dazu beitragen, frühzeitig bekannte Schwachstellen zu beheben und somit den Aufwand einer anschließenden

Bedrohungs– und Risikoanalyse zu reduzieren. Innerhalb der Bedrohungs– und Risikoanalyse werden Schwachstellen i .allg. nicht berücksichtigt, stattdessen werden
direkt die Wirkungen der Bedrohungen für die Systemelemente des Anwendungssystems untersucht.

Konsequenz / Schaden

Eine Bedrohung, die auf ein Systemelement wirkt — sich also die Existenz einer
Schwachstelle zu nutze macht —, erzeugt für dieses Systemelement einen *Schaden*,
der im folgenden als *Konsequenz* gekennzeichnet wird; häufig wird auch der Begriff
der *Gefährdung* verwendet [Bun92]. Entsteht eine Konsequenz direkt durch die Wirkung einer Bedrohung, so spricht man von einer *primären Konsequenz*. Beispiele
hierfür sind [Con96, Ste93, Pfl97, May88, MG88]:

❑ **Zerstörung, Verlust:** Die *Zerstörung* oder der *Verlust* eines Systemelementes
  bedeutet, daß dieses Systemelement nicht mehr zur Verfügung steht und somit
  seine Funktion innerhalb des Anwendungssystems nicht erbringen kann. So ist
  z. B. ein durch Feuer zerstörter Rechner nicht mehr nutzbar.

❑ **Veränderung:** Im Gegensatz zur Zerstörung sind Systemelemente nach einer *Veränderung* weiterhin nutzbar. Es ist jedoch nicht garantiert, daß das
  Systemelement weiterhin das erfüllt, wozu es vorgesehen war. So kann eine
  Veränderung von Daten aufgrund eines Hackerangriffs dazu führen, daß die
  auf Basis dieser Daten ermittelten Ergebnisse nicht korrekt sind.

❑ **Ausfall:** Ein *Ausfall* charakterisiert einen i. allg. befristeten Zeitraum, in dem
  ein Systemelement nicht zur Verfügung steht. Ein Bedienungsfehler kann beispielsweise dazu führen, daß ein Anwendungssystem abstürzt und somit für
  einen bestimmten Zeitraum nicht mehr genutzt werden kann.

❑ **Fremdnutzung:** Unter *Fremdnutzung* wird verstanden, daß Systemelemente
  durch nicht hierfür befugte Personen genutzt werden. Unternimmt zum Beispiel ein externer Nutzer erfolgreich den Versuch, die kostenpflichtigen Dienste
  eines bestimmten Anwendungssystems zu verwenden, ohne die Gebühren dazu
  entrichtet zu haben, so spricht man von einer *Fremdnutzung*.

❑ **Unbefugte Kenntnisnahme:** Eine speziell den Aspekt der Vertraulichkeit
  betreffende Konsequenz ist die *unbefugte Kenntnisnahme*. Ein einfaches Beispiel hierfür ist der Zugriff von Mitarbeitern außerhalb der Personalabteilung
  auf die vertraulichen Personaldaten des Unternehmens.

Führt eine Konsequenz für ein Systemelement zu Folgekonsequenzen für andere Systemelemente, so werden diese als *sekundäre Konsequenzen* bezeichnet. Ein zerstörter
Rechner erzeugt als sekundäre Konsequenzen beispielsweise die Zerstörung der darauf gespeicherten Software, was weiterhin zum Ausfall der Aktivitäten führt, die
diese Software benötigen.

Risiko

Ein elementarer Begriff innerhalb der Bedrohungs– und Risikoanalyse ist das *Risiko*. Es entsteht immer genau dann, wenn eine Bedrohung auf ein Systemelement wirkt, das eine Schwachstelle aufweist.[8] Somit ist ein Risiko folgendermaßen beschreibbar:

$$\text{Bedrohung „+“ Schwachstelle} = \text{Risiko}$$

Um zusätzlich eine Bewertung und Dokumentation eines Risikos für Anwendungssysteme zu ermöglichen, muß es durch konkrete Kenngrößen formalisiert werden. Auf Basis der eingeführten Begriffe wird ein Risiko beschrieben als das Maß für den Schaden (Konsequenz), der von einer Bedrohung ausgeht [Bun92]. Bestimmt wird das Risiko dabei durch die *Schadenshöhe* sowie die *Schadenswahrscheinlichkeit*. Konkret ergibt sich somit folgende Berechnungsformel zur Bestimmung eines Risikos:

$$\text{Risiko} = \text{Schadenshöhe} * \text{Schadenswahrscheinlichkeit}$$

Das Vorgehen zur Bestimmung von Risiken — die sogenannte *Risikoanalyse* — setzt voraus, daß die potentiellen Bedrohungen im Rahmen der Bedrohungsanalyse ermittelt, analysiert und dokumentiert wurden. In der sich daran anschließenden Risikoanalyse werden die daraus resultierenden Risiken ermittelt, indem die Schadenshöhen und Häufigkeiten bestimmt und das Risiko berechnet wird. Ziel ist es, durch Auswahl geeigneter Sicherheitsmechanismen das Risiko zu minimieren. Gelingt dies nicht, so werden die verbleibenden Risiken als *Restrisiken* bezeichnet. Die Ergebnisse einer Risikoanalyse lassen sich anschaulich beispielsweise in Form eines *Risikoportfolios* darstellen (siehe Abbildung 2.2).

Die Achsen des Portfolios beschreiben die Schadenshöhe und –wahrscheinlichkeit, wobei beide Kenngrößen informell mit den Werten „Niedrig“ und „Hoch“ spezifiziert sind. Ein Risikoportfolio zeigt Anhaltspunkte dafür, welche Risiken verstärkt bekämpft werden müssen und welche ggf. als Restrisiken akzeptiert werden können. Mit steigender Schadenswahrscheinlichkeit bzw. –höhe wächst auch das Risiko und somit der Druck, dieses zu beseitigen. Die gestrichelte Linie deutet einen derartigen Anstieg an, wobei die Numerierung von $1 \rightarrow 2 \rightarrow 3 \rightarrow 4$ dies verdeutlicht.

Neben einer differenzierten Bestimmung von Risiken wird häufig die Einteilung in die vier Quadranten zur Dokumentation genutzt [Wie94]. Während die Risiken aus den Quadranten A und D aufgrund ihrer geringen Schadenshöhe im Verhältnis zu ihrer steigenden Wahrscheinlichkeit behoben werden sollten, sind die Risiken aus Quadrant C unbedingt zu beheben. Nach [Wie94] sind typische Restrisiken i. allg. im Quadranten B zu finden, da solchen Risiken mit enorm hohem finanziellen Aufwand

---

[8]Man kann alternativ natürlich auch sagen, daß die Bedrohung auf die Schwachstelle des Systemelementes wirkt. Da jedoch Schwachstellen nicht immer bekannt sein müssen, Bedrohungen trotzdem wirken, wird diese Sichtweise nicht verwendet.

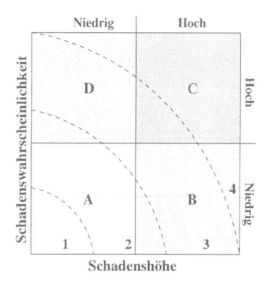

Abbildung 2.2: Risikoportfolio [HBvSR96]

begegnet werden muß, was aufgrund der geringen Schadenswahrscheinlichkeit häufig
unterbleibt. Stattdessen wird auf das Nicht–Eintreten der Bedrohung vertraut bzw.
durch externe Mechanismen (z. B. Versicherungen) ein derartiges Risiko abgesichert.

Sicherheitsmechanismus

Hat man im Rahmen der Bedrohungs– und Risikoanalyse nicht akzeptable Risiken
ermittelt, so müssen geeignete Gegenmaßnahmen ergriffen werden. Eine solche Ge-
genmaßnahme wird als *Sicherheitsmechanismus* bezeichnet. Durch ihn wird das Risiko einer Bedrohung auf eine Schwachstelle eines Systemelementes abgewendet oder
reduziert. Voraussetzung hierfür ist der korrekte Einsatz des Sicherheitsmechanismus
[Est96c, Est96b, Est96a]. In der Literatur gibt es eine Vielzahl von Darstellungen
möglicher Sicherheitsmechanismen [FFKK93, Opp92, SB92, Pfl97, DIR94, Sch92b].
Eine Klassifikation, die der strukturellen Unterteilung des Anwendungssystems aus
Abbildung 2.1 sehr nahe kommt, betrachtet folgende Gesichtpunkte [Kra89]:

❏ **Physikalischer Sicherheitsmechanismus:** Auf der technischen Ebene des
   Anwendungssystems werden die *physikalischen Sicherheitsmechanismen* eingesetzt. Einfache Beispiele hierfür sind „Blitzableiter“, „Brand– und Einbruchmeldeanlagen“ oder „Zugangskontrollsysteme“.

❏ **Hardware–Sicherheitsmechanismus:** Diese Sicherheitsmechanismen werden ebenfalls auf der technischen Ebene genutzt. Sie versuchen die Hardwarekomponenten eines Anwendungssystem permanent verfügbar zu halten

sowie eine fehlerfreie Verarbeitung von Informationen zu garantieren. Beispiele für derartige Sicherheitsmechanismen sind „redundante Systemkomponenten", spezielle Hardware–Fehlererkennungen wie „Parity–Prüfungen" oder auch „Speicherschutz". Die Beispiele zeigen dabei lediglich den intendierten Zweck des Sicherheitsmechanismus, der durch ein konkretes Hardware–Systemelement bzw. eine Menge solcher Komponenten realisiert ist.

❏ **Software–Sicherheitsmechanismus:** Als *Software-Sicherheitsmechanismen* werden alle Softwarekomponenten gekennzeichnet, die dazu beitragen, vorhandene Risiken zu eliminieren. Darunter fallen beispielsweise Mechanismen innerhalb von Betriebs- und Datenbankmanagementsystemen, die eine reibungslose Nutzung dieser Systeme ermöglichen. So stellt der einfache „Paßwort–Zugang" einen einfachen Mechanismus dar, während ein „Transaktionskontrollmechanismus" bereits ein wesentlich komplexeres Sicherungsinstrumentarium beschreibt.

❏ **Organisatorischer Sicherheitsmechanismus:** Diese Sicherheitsmechanismen werden auf der organisatorischen Ebene eines Anwendungssystems verwendet. Typische Beispiele sind die „Zuständigkeits-" oder „Vertreterregelungen" in einem Unternehmen.

Innerhalb der einzelnen Klassifikationspunkte kann weiterhin nach zeitlichen Aspekten differenziert werden, d. h. wann wird ein Sicherheitsmechanismus aktiv. Dabei wird zwischen *proaktiven, dynamischen* und *reaktiven* Sicherheitsmechanismen unterschieden [LE96]. Während *proaktive* Sicherheitsmechanismen bereits vor dem Eintreten einer Bedrohung aktiv sind und das daraus resultierende Risiko bekämpfen, werden die *dynamischen* Sicherheitsmechanismen im Augenblick des Eintretens aktiviert. Die *reaktiven* Sicherheitsmechanismen werden dagegen erst nach dem Eintreten einer Bedrohung genutzt und versuchen den eingetretenen Schaden zu minimieren. Die „Paßwort–Kontrolle" beim Zugang zu einem Anwendungssystem stellt somit einen proaktiven Sicherheitsmechanismus dar. Ein dynamischer Sicherheitsmechanismus dagegen ist beispielsweise das „automatische Sperren eines Bildschirmes", wenn der Anwender eine gewisse Zeit nicht mehr aktiv am Rechner gearbeitet hat. Ein Beispiel für einen reaktiven Sicherheitsmechanismus stellen die „Log–Dateien" dar, die es im Nachhinein ermöglichen, die Aktivitäten an einem Rechner, an dem es Probleme gegeben hat, nachzuvollziehen.

Die Auswahl geeigneter Sicherheitsmechanismen gegen ermittelte Risiken repräsentiert insgesamt ein komplexes Problem. Neben der eigentlichen Auswahl ist zusätzlich die korrekte Integration und Verwendung der Mechanismen in dem Anwendungssystem zu garantieren, denn ein Sicherheitsmechanismus ist nutzlos, wenn er nicht korrekt eingesetzt wird. Der Einsatz eines Verschlüsselungssystems macht nur dann einen Sinn, wenn der Zugang zu dem entsprechenden Schlüssel ebenfalls abgesichert ist.

Abhängigkeiten zwischen den Begriffen

Zum Abschluß der Begriffsbildung sollen die verschiedenen Begriffe sowie deren
Abhängigkeiten zusammengefaßt werden (siehe Abbildung 2.3).

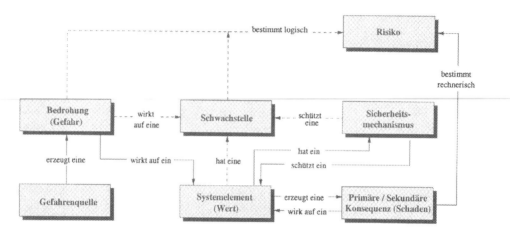

Abbildung 2.3: Begriffe des Risiko–Managements

Den Ausgangspunkt bildet zunächst die Gefahrenquelle, von der eine Bedrohung
(Gefahr) ausgehen kann. Wenn ein Systemelement (Wert) eine Schwachstelle aufweist, so kann die Bedrohung auf diese Schwachstelle wirken und eine primäre Konsequenz für das Systemelement erzeugen. Ein Systemelement selbst kann einen Sicherheitsmechanismus haben, der dessen Schwachstelle gegen ein eintretende Bedrohung schützt. Zusätzlich kann die primäre Konsequenz für ein Systemelemente zu
einer sekundären Konsequenz für ein anderes Systemelement führen.

Wichtig bei der Abbildung 2.3 ist zunächst, daß eine Schwachstelle im Rahmen von
Bedrohungs– und Risikoanalyse nicht explizit betrachtet wird. Sie spielt eher eine
konzeptionelle Rolle, da ihre Präsenz unstrittig, ihre Berücksichtigung innerhalb
eines Analysevorgangs jedoch unnötig ist. Daher sind die Pfeile zu und von der
Schwachstelle auch gestrichelt dargestellt. Stattdessen wirkt eine Bedrohung direkt
auf ein Systemelement.

Die Existenz eines Risikos wird logisch durch das Vorhandensein einer Bedrohung
und einer Schwachstelle bestimmt, d. h. deren Existenz erzeugt ein Risiko. Die konkrete (rechnerische) Bewertung eines Risikos geschieht jedoch mittels der Analyse
der Konsequenzen (also dem Schaden) für ein Systemelement, die aufgrund einer
Bedrohung entsteht und ggf. durch einen Sicherheitsmechanismus abgewendet bzw.
abgeschwächt werden kann. Eine Konsequenz wird durch ihre Schadenshöhe und –
wahrscheinlichkeit gekennzeichnet, woraus dann das konkrete Risiko ermittelt wird.

2.1.4 Vorgehensmodell

Auf Basis der zuvor eingeführten Begriffe sollen nun die einzelnen Aktivitäten des Risiko–Managements genauer erläutert werden. Der Schwerpunkt wird dabei auf der Bedrohungs- und Risikoanalyse (kurz BuRA) liegen. In der Abbildung 2.4 ist ein detailliertes Vorgehensmodell gezeigt, das die relevanten Aufgaben des Risiko–Managements enthält. Die einzelnen Phasen sind als Rechtecke und Kreise sowie ihre zeitliche Reihenfolge durch Pfeile dargestellt. Sie werden einzeln in den Abschnitten 2.1.4.1 bis 2.1.4.8 besprochen.

Zu betonen ist, daß es keine starre Festlegung dafür gibt, welche Aktivitäten konkret der Bedrohungs- und Risikoanalyse zuzuordnen sind. Sehr häufig werden — u. a. auch im Vorgehensmodell des „Computer Security Risk Management Model Builders Workshop" (siehe Abschnitt 2.1.5) — auch die Entscheidung, die Definition der Sicherheitsanforderungen und die Auswahl der Sicherheitsmechanismen dort berücksichtigt (siehe graue Kästen in Abbildung 2.4).

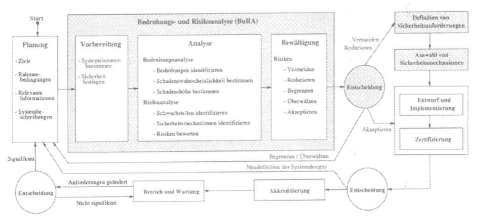

Abbildung 2.4: Vorgehensmodell für das Risiko–Management [Est96c, Est96b, Est96a]

2.1.4.1 Planung

Bevor mit der eigentlichen Bedrohungs- und Risikoanalyse begonnen werden kann, wird in einer ersten *Planungsphase* der Kontext des Anwendungssystems betrachtet. Die einzelnen Aktivitäten dieser Phase sind die Festlegung

❏ des Ziels des Risiko–Managements,

❏ des Umfangs und des Kontextes des zu analysierenden Anwendungssystems,

❑ der bereits bekannten Schwachstellen und Fehler des Systems,

❑ der Systemelemente des Anwendungssystems und

❑ des anzustrebenden Sicherheitsziels [Est96c, Est96b], d. h. der zu akzeptierenden Risiken.

Insgesamt erlauben diese Angaben einen ersten Überblick über das gesamte Vor-
haben des Risiko–Managements und grenzen das Anwendungssystem soweit wie
möglich von nicht relevanten Teilen der Unternehmung ab.

2.1.4.2   Bedrohungs– und Risikoanalyse

Die *Bedrohungs– und Risikoanalyse* bildet den eigentlichen Schwerpunkt des Risiko–
Managements und gliedert sich selbst wieder in drei Teilschritte (vgl. Abbildung 2.4):

Vorbereitung

Im ersten Teil werden aus den vorhandenen Systembeschreibungen die zu sichernden
Systemelemente, also die Werte des Anwendungssystems, ermittelt. Typisch ist dabei
die konkrete Spezifikation der einzelnen Systemelementattribute, z. B. Vertraulichkeit, Integrität und Verfügbarkeit [Bun92]. Weiterhin muß auf Basis der vorhandenen Systemelementbeschreibung sowie der ermittelten Werte eine nach Einschätzung
des Entwicklers und des Sicherheitsexperten vollständige Systembeschreibung vorgenommen werden. Dazu werden auch die Systemelemente erfaßt, die zunächst keine
sicherheitsspezifischen Aspekte aufweisen, jedoch im Rahmen der eigentlichen Sicherheitsanalyse relevant werden können. Zur Beschreibung der Systemelemente sowie deren Beziehungen untereinander ist eine Vielzahl von Modellen bekannt. [Erz94]
gibt einen Überblick und definiert ein Meta–Datenmodell, in dem eine Reihe unterschiedlicher Modelle abgebildet werden kann.

Die Modellierung der Systemarchitektur ist ein wesentlicher Schritt innerhalb des
Risiko–Managements, da bereits zu diesem Zeitpunkt eine erste Klassifikation von sicherheitsrelevanten und nicht relevanten Systemelementen erfolgt und somit ggf. Systemelemente nicht mehr weiter untersucht werden. Aus diesem Grund sollte dieser
Teilschritt in enger Zusammenarbeit von System– und Sicherheitsexperten durchgeführt werden [RS95].

Analyse

Die *Analyse* besteht aus zwei aufeinanderfolgenden Aktivitäten. Innerhalb der *Bedrohungsanalyse* werden alle potentiellen Gefahrenquellen und daraus hervorgehen-
den Bedrohungen für das Anwendungssystem ermittelt. Hierzu können als Hilfsmittel vorhandene Checklisten verwendet werden, wie sie beispielsweise in [Bun92]

vorliegen, oder Szenariensammlungen wie in [HMS93]. Die einzelnen Bedrohungen werden anschließend hinsichtlich der daraus resultierenden Konsequenzen analysiert, wobei die Schadenswahrscheinlichkeit und die Schadenshöhe ermittelt werden. Die sich aus den (primären bzw. sekundären) Konsequenzen ergebenden neuen sekundären Konsequenzen sind in gleicher Art und Weise zu behandeln.

Ziel der sich daran anschließenden *Risikoanalyse* ist die Bewertung des Gefährdungspotentials der ermittelten Bedrohungen und Konsequenzen. Dazu werden zunächst potentielle Schwachstellen und bereits installierte Sicherheitsmechanismen in dem Anwendungssystem erfaßt. Die Schadenswahrscheinlichkeiten und –höhen der Bedrohungen werden je nachdem, welches Risikomodell und welches darin verwendete Bewertungskonzept eingesetzt wird, zu einem Risiko zusammengefaßt. Als Bewertungskonzept wird zwischen dem *kardinalen* und *ordinalen Bewertungskonzept* unterschieden.

❑ **Kardinales Bewertungskonzept:** Ziel des *kardinalen Bewertungskonzeptes* ist die Bewertung der Risiken mit Zahlenwerten, was sich in der Verwendung primär mathematischer und statistischer Methoden ausdrückt. Die Messung der Schadenshöhe und der Schadenswahrscheinlichkeit erfolgt anhand von Kardinalzahlen, d.h. in metrischen Zahlenwerten. Der erste bekannte Ansatz zur quantitativen Bewertung war der *Annual Loss Expectancy (ALE)*, ein statistischer Erwartungswert, der sich aus der Multiplikation der erwarteten Schadenshöhe mit der geschätzten Schadenswahrscheinlichkeit ergibt [FIP79]. Eine Reihe anderer, weitaus differenzierter Ansätze ist u. a. in [TKP+88, KPK+89, SGT+90, MKL91] zu finden. Durch die Verwendung konkreter Zahlenwerte wird die Vergleichbarkeit verschiedener Risiken erhöht und die Planung des Sicherheitsbudgets erleichtert. Nachteilig ist, daß eine Quantifizierung der potentiellen Schäden und eine Ermittlung der Schadenswahrscheinlichkeiten sehr schwierig ist, da empirische Daten häufig fehlen. Da trotzdem eine numerische Formulierung vorgenommen werden muß, sind die Ergebnisse z. T. fragwürdig. So muß beispielsweise eine Größe, wie die „Wahrscheinlichkeit, daß ein Mitarbeiter seine ihm zugestandenen Rechte im Unternehmen mißbraucht", häufig subjektiv festgelegt werden. Es wird insgesamt ein Eindruck von Exaktheit erweckt, der jedoch nicht immer gegeben ist, da eine Vielzahl von Parametern geschätzt werden müssen [Jac88b]. Des weiteren gehen durch die Verdichtung der beiden Werte zu einer Kennzahl Informationen verloren. Eine selten auftretende Bedrohung mit großer Wirkung kann beispielsweise zu dem gleichen Risiko führen, wie eine häufig auftretende Bedrohung mit geringer Wirkung. Da dies nicht mehr erkannt wird, ist eine eventuell sinnvolle unterschiedliche Reaktion nicht möglich.

❑ **Ordinales Bewertungskonzept:** Im Unterschied dazu liegt dem *ordinalen Bewertungskonzept* ein Bewertungsmaßstab zu Grunde, bei dem Risiken nicht errechnet, sondern anhand von Ordinalskalen bestimmt werden, d.h. es werden Schadens- bzw. Häufigkeitskategorien gebildet [MG89]. Sowohl die Schadenshöhe als auch die Schadenswahrscheinlichkeit einer Bedrohung werden einer dieser Kategorien zugeordnet. Die so ermittelten Ordinalzahlen werden zum Risiko verknüpft, wobei das verwendete Risikomodell die Art und Weise der Verknüpfung festlegt. Durch die Wahl des Maßstabes der verschiedenen Skalen ist es möglich, die Einflußfaktoren unterschiedlich zu gewichten. Die Zuordnung einer Schadenshöhe oder einer Schadenswahrscheinlichkeit zu einer Kategorie ist einfacher als eine Schätzung exakter Werte.

Die Abgrenzung der einzelnen Kategorien und die Wahl der Maßstäbe ist sicherlich immer noch schwierig, jedoch wird der Anspruch der Exaktheit nicht erweckt. Andererseits muß eine Vielzahl gefährdender Ereignisse unabhängig voneinander betrachtet und bewertet werden, was dazu führt, daß die Bedeutung eines Einzelereignisses für das Gesamtsystem nur schwer erkennbar wird [Ste94]. Eine Aggregation von Größen, die als kardinale Werte bekannt sind, auf ordinale Werte führt zum Verlust an Informationen und somit zu einer ungenaueren Analyse.

Nach Abschluß der Analyse erhält man die je nach potentieller Bedrohung ermittelten Risiken, die für das Anwendungssystem identifiziert werden konnten. Je nachdem, welches Risikomodell und Bewertungskonzept verwendet wird, sind die Risiken mit scharfen Zahlen oder mit ordinalen Werten beschrieben.

Risikobewältigung

Die im vorherigen Schritt ermittelten Risiken müssen im weiteren Verlauf betrachtet und ggf. behoben werden. Wie mit den Risiken im Detail umgegangen werden soll, ist innerhalb der *Risikobewältigung* zu entscheiden. Hierbei muß in enger Abstimmung von System- und Sicherheitsexperten sowie den innerhalb der Unternehmung zuständigen Mitarbeitern (dies kann auch die Unternehmensleitung sein) die Behandlung der Risiken besprochen werden. Neben finanziellen Überlegungen spielen dabei auch Einschränkungen der Arbeitsabläufe durch die Integration von Sicherheitsmechanismen (z. B. Mehrfacheingaben von Unternehmensdaten zur Steigerung der Integrität) eine entscheidende Rolle. Maßnahmen, die ergriffen werden können, um von einem Gesamtrisiko ausgehend eine für die Unternehmung akzeptable Lösung zu finden, sind [SB92, vS94, MNT97]:

❏ **Vermeiden:** Falls möglich, wird in einem ersten Schritt der Versuch unternommen, Risiken erst gar nicht aufkommen zu lassen, d. h. risikoträchtige Situationen zu *vermeiden*. Dies kann vom Verzicht auf besonders gefährdete Funktionen innerhalb des Anwendungssystems bis hin zu Systemmodifikationen reichen.

❑ **Reduzieren:** Im zweiten Schritt wird das verbliebene Risiko weiter *reduziert*, indem die Schadenswahrscheinlichkeit und die –höhe durch den Einsatz spezieller Sicherheitsmechanismen verringert werden. Typische Beispiele hierfür sind ein Blitzableiter zur Reduzierung der Bedrohung „Blitzeinschlag" oder der Einsatz von Verschlüsselungsverfahren zur Wahrung der Vertraulichkeit und Integrität von sensiblen Daten.

❑ **Begrenzen:** Da durch den Einsatz von Sicherheitsmechanismen nicht immer eine vollständige Beseitigung der Risiken realisiert werden kann, wird in Form einer *Schadensbegrenzung* die Notfallsituation bereits vorab geplant. Hierunter fallen Aspekte wie die Back–Up–Planung, ein Wiederbeschaffungskonzept oder ein Wiederanlaufplan, der alle Aktivitäten nach einem Systemzusammenbruch enthält.

❑ **Überwälzen:** Sind nach der Schadensbegrenzung immer noch Risiken vorhanden, die für ein Anwendungssystem nicht akzeptiert werden können, so besteht weiterhin die Möglichkeit, diese Risiken auf Dritte zu *überwälzen*. Darunter werden entsprechende Versicherungen verstanden, die im Schadensfall zum Tragen kommen.

❑ **Akzeptieren:** Nach Durchführung aller vorherigen Schritte verbleibt häufig ein Restrisiko, das von einem Unternehmen getragen werden muß.

Während die ersten drei Schritte darauf ausgelegt sind, durch bestimmte Maßnahmen das Gesamtrisiko zu verringern, wird das verbleibende Risiko in den beiden letzten Schritten durch eine Risikofinanzierung abgedeckt. Nutzt man zur Risikobewältigung beispielsweise ein Risikoportfolio, wie es in Abbildung 2.2 dargestellt ist, so findet man im Quadranten A die Risiken, die entweder einfach vermieden bzw. reduziert, ansonsten jedoch akzeptiert werden. Quadrant B enthält dagegen Risiken, die mittels Begrenzung und Überwälzung abgesichert werden, da sie selten vorkommen, dann jedoch enormen Schaden erzeugen. Gegen diese kann man sich beispielsweise durch den Abschluß von Versicherungen schützen. Quadranten C und D beschreiben die Risiken, die durch Vermeidung und Reduzierung gekennzeichnet sind, wobei die Risiken aus Quadrant C zwingend behoben werden müssen [HBvSR96]. Die Ergebnisse der Analyse– und Risikobewältigungphase werden in einen sogenannten *Sicherheitsplan*[9] zusammengefaßt, der folgende Punkte enthalten sollte [Opp92]:

❑ Ergebnisse der Bedrohungs– und Risikoanalyse

❑ Nach Prioritäten geordnete Empfehlungen

❑ Ziele und Verantwortungsbereiche der beteiligten Personen

---

[9]Häufig wird ein Sicherheitsplan auch als *Sicherheitskonzept* bezeichnet [Bun92].

❏ Zeitplan für die Implementierung der Sicherheitsmechanismen

❏ Datum für die nächste Sicherheitsanalyse.

Der Sicherheitsplan ist ein zentrales Dokument, das im gesamten Vorgehen des Risiko–Managements benutzt und bearbeitet wird. So werden einige Aspekte erst im weiteren Verlauf hinzugefügt, je nachdem, wann sie ermittelt werden.

2.1.4.3   Sicherheitsanforderungen definieren

Hat man sich dazu entschieden, die ermittelten Risiken zu vermeiden und zu reduzieren, so werden in einem ersten Folgeschritt die *Sicherheitsanforderungen definiert* [RS95]. Konkret beschreiben sie die Anforderungen an ein Anwendungssystem, die zur Wahrung der Sicherheit gewährleistet sein müssen und deren Nichterfüllung schützenswerte Güter des Anwendungssystems bedrohen und somit Risiken erzeugen.

Die Sicherheitsanforderungen sind somit der Ausgangspunkt für die Entwicklung eines sicheren Anwendungssystems, denn sie kennzeichnen, vor welchen Bedrohungen ein System zu schützen ist [Mun94]. Sie zeichnen sich durch eine anwendungsabhängige und daher subjektive Betrachtungsweise aus und sind nach [SP91] durch schützenswerte Güter, die den für wichtig erachteten Bedrohungen ausgesetzt sind, charakterisiert. Wie man der Definition 2.1 entnehmen kann, gilt ein Anwendungssystem genau dann als *sicher*, wenn alle für das Anwendungssystem definierten Sicherheitsanforderungen erfüllt sind bzw. das verbleibende Restrisiko tragbar ist. Somit kommt der Spezifikation der Sicherheitsanforderungen als Bewertungsmaßstab der Sicherheit eine besondere Bedeutung zu. Im folgenden werden daher unterschiedliche Charakterisierungen und Verwendungen für Sicherheitsanforderungen skizziert und bewertet, die in der aktuellen Literatur Verwendung finden.

Grundbedrohungen bzw. Sicherheitseigenschaften Eine erste, sehr verbreitete Möglichkeit besteht darin, durch die Sicherheitsanforderungen den Schutz der Systemelemente bzw. des Anwendungssystems vor den Grundbedrohungen zu beschreiben. Demnach ist ein Anwendungssystem z. B. vor den Grundbedrohungen „Verlust der Vertraulichkeit, Integrität und Verfügbarkeit" zu schützen, was durch entsprechende Sicherheitsanforderungen spezifiziert wird. Die Beschreibung der Sicherheit als *Wahrung der Grundbedrohungen* entspricht der Festlegung als spezifische Sicherheitseigenschaften für ein Anwendungssystem. Sicherlich ist es nicht möglich, eine *vollständige* Aufzählung aller Sicherheitseigenschaften vorzunehmen, da die permanente Weiterentwicklung ständig neue Aspekte behandelt wissen will. Einige Sicherheitseigenschaften und Möglichkeiten ihrer „formalen" Beschreibung sind in [FG93b, FG95, Jac88a] beschrieben.

Art der Eigenschaft [Mun93] unterscheidet *maßnahmen–* und *eigenschaftsorien-tierte Sicherheitsanforderungen*. Während die maßnahmenorientierten Sicherheits-anforderungen beschreiben, wie eine gewünschte Eigenschaft des Systemelementes bzw. des Anwendungssystems gewährleistet werden soll (z. B. „Die Daten müssen durch Verschlüsselung gesichert werden"), spezifizieren eigenschaftsorientierte Si-cherheitsanforderungen, welche Eigenschaft geschützt werden soll (z. B. „Die Ver-traulichkeit der Daten ist zu gewährleisten"). Jede eigenschaftsorientierte Sicher-heitsanforderung läßt sich in eine maßnahmenorientierte umwandeln, wenn man die zum Erhalt einer gewünschten Eigenschaft notwendige Sicherheitsmaßnahme kennt. Andererseits können die maßnahmenorientierten Sicherheitseigenschaften auch die zu schützende Eigenschaft benennen und somit in eine eigenschaftsori-entierte Sicherheitsanforderung umgewandelt werden.

Kontext eines Entwicklungsprozesses Eine weitere Klassifikation von Sicher-heitsanforderungen ist in [Str91a] gegeben, wonach sie zunächst als Systeman-forderungen zweiter Stufe definiert sind, d. h. sie beziehen sich auf Objekte, die die Erfüllungsgegenstände der Anforderungen erster Stufe (Systemanforderungen bzgl. Funktionalität, Qualität und Realisierung eines Anwendungssystems) dar-stellen. Diese werden weiter nach primärer und sekundärer Art unterteilt. Sicher-heitsanforderungen primärer Art konzentrieren sich auf spezielle Sicherheitsfunk-tionalität bzgl. bestimmter Bedrohungen, auf Qualitätsattribute und auf Anfor-derungen an die Realisierung. Dagegen beziehen sich Sicherheitsanforderungen sekundärer Art auf Anforderungen hinsichtlich der Durchführung einer System-entwicklung und auf Prüfung, Einführung und Betreuung des Systems. Die Si-cherheitsanforderungen der zweier Stufe primärer Art lassen sich abschließend in handhabungsbedrohungs–, schnittstellenbedrohungs– und umgebungsbedrohungs–bezogene Sicherheitsanforderungen untergliedern.

Semantische Datenmodellierung Während die bisher skizzierten Sichten von Si-cherheitsanforderungen ausschließlich verbale Beschreibungen gestatten, betrach-tet man im folgenden Bereiche, in denen sie formal definiert werden. Im Kontext der semantischen Datenmodellierung [Smi90b, Smi90a, Smi90c] wird versucht, Si-cherheitsbedingungen auf Basis eines semantischen Datenmodells in den Entwurf von Informationssystemen zu integrieren. In den Arbeiten von [CFT91, Per92, PWT93a, PWT93b, PQ94, PK95] werden hierzu ein semantisches Modell zur Objektmodellierung und sogenannte *Classification Constraints* zur Spezifikati-on der Sicherheitssemantik entwickelt. Die Sicherheitsanforderungen entsprechen dabei den *Classification Constraints*, wobei zwei Arten unterschieden werden:

❶ Die erste Gruppe ordnet den Objekteigenschaften definierte Sicherheitsstu-fen zu, wobei vier verschiedene Typen differenziert werden. Von *Simple Con-straints (SiC)*, die einzelne Eigenschaften von Sicherheitsobjekten klassifizie-ren, bis hin zu *Level–Based Constraints*, bei denen ein Merkmal auf Basis eines anderen Merkmals des gleichen Sicherheitsobjektes klassifiziert wird.

❷ Die zweite Art von Eigenschaften klassifiziert dagegen die Anfrageergebnisse und unterscheidet dabei drei Typen. So versuchen *inference constraints (IfC)* beispielsweise, externes Wissen, das in eine Anfrage einfließen kann, zu klassifizieren, um somit logische Inferenzen durch den Benutzer zu vermeiden, d. h. Kombinationen von Wissen werden entsprechend klassifiziert.

Insgesamt wird auf diese Art die Vertraulichkeit von Daten durch Festlegung spezifischer Anforderungen gewährleistet.

Sicherheitsanforderungen mit CCS In [FG93a] wird eine Klassifikation von Sicherheitseigenschaften vorgenommen, die wiederum auf einer Vielzahl aus der Literatur entnommener Eigenschaften beruht. Die Basis bildet hier ein formaler Rahmen zur Systembeschreibung, konkret die Prozeßalgebra *Calculus of Communicating Systems (CCS)* von Milner [Mil89]. Ein Reihe spezieller Sicherheitseigenschaften wird in [GM82, Sut86, McC88, WJ90, FG93b] spezifiziert.

Das zentrale Problem der bisher vorhandenen Klassifikationen von Sicherheitsanforderungen sind die spezifischen Betrachtungsweisen der einzelnen Ansätze. Zum einen werden in konkreten Anwendungskontexten und für spezifische Eigenschaften (z. B. im Rahmen des semantischen Datenmodells die Gewährleistung der Vertraulichkeit) und zum anderen für spezielle Beschreibungsformalismen (z. B. eine vorgegebene Prozeßalgebra) eine Reihe vorgegebener Sicherheitsanforderungen angegeben, die auch gewährleistet werden können.

Ein weiterer entscheidender Unterschied ist durch die Art der Spezifikation der Sicherheitsanforderungen gegeben. So erlauben die zuerst genannten Ansätze eine verbale Beschreibung, während die beiden letzten Ansätze eher formal angelegte Sicherheitsanforderungen erfordern. Sicherlich ist eine formale Beschreibung in einem formalen Modell wünschenswert, um Eigenschaften auch garantieren zu können. Leider sind die Ermittlung solcher Anforderungen und die dazu notwendigen Ansprechpartner in einem Unternehmen nicht immer in der Lage, in formalen Notationen ihre Anforderungen spezifizieren zu können. Speziell im Kontext der Workflow–basierten Systementwicklung ist eine Vielzahl unterschiedlich ausgebildeter Mitarbeiter involviert, denen formale Beschreibungen nicht geläufig sind.

Es bleibt somit festzuhalten, daß es keine allgemeingültige Klassifikation von Sicherheitsanforderungen gibt, die für beliebige Anwendungen und Anwender die Möglichkeit eröffnet, die Sicherheitsanforderungen in einer adäquaten Beschreibungsform spezifizieren zu können und gleichzeitig einen derart formalen Charakter aufweist, diese Anforderungen gegenüber dem Anwendungssystem auch zu kontrollieren.

2.1.4.4   Sicherheitsmechanismen auswählen

Im nächsten Schritt des Vorgehensmodells werden die *Sicherheitsmechanismen ausgewählt*, die in die Anwendung integriert werden sollen, um somit den Sicherheitsanforderungen zu entsprechen. Diese Auswahl ist u. a. davon abhängig, in welcher Form die Sicherheitsanforderungen formuliert sind und wie die Ergebnisse der Bedrohungs– und Risikoanalyse dargestellt werden. Sind beispielsweise eigenschaftsorientierte Sicherheitsanforderungen nach [Mun93] vorhanden, so können diese in maßnahmenorientierte Sicherheitsanforderungen umformuliert und dann direkt in den Sicherheitsplan eingetragen werden. Werden dagegen die Sicherheitsanforderungen direkt in das Systemmodell integriert, d. h. die geforderten Sicherheitseigenschaften an die betreffenden Systemelemente geknüpft, so kann die Auswahl auch erst zur Laufzeit vorgenommen werden [HP97b, HP97a].

Grundsätzlich wünschenswert für eine solches Auswahlverfahren ist die Nutzung von Bibliotheken relevanter Sicherheitsmechanismen, auf die nach einem definierten Auswahlprinzip zugegriffen werden kann [Fri93, BP95]. Hilfsmittel, die für diese Aufgabe verwendet werden können, sind beispielsweise Sammlungen von Sicherheitsmechanismen, in denen entweder der sinnvolle Einsatzzweck der Sicherheitsmechanismen dargestellt [FFKK93, DIR94] bzw. die Sicherheitsmechanismen bestimmten Grundbedrohungen gegenübergestellt sind [Bun90a]. Weiterhin existieren Szenarienbeschreibungen, die erläutern, wie Sicherheitsmechanismen in bestimmten Anwendungskontexten zum Schutz der Systemelemente genutzt werden können [HMS93].

Im Rahmen der Auswahl von Sicherheitsmechanismen werden sehr häufig auch Kosten–Nutzen–Analysen vorgenommen. Dabei werden die durch die Sicherheitsmechanismen entstehenden Kosten dem Nutzen gegenübergestellt, der durch die nicht mehr vorhandenen Risiken und den somit entgangenen Schaden entstanden ist. Die Kosten–Nutzen–Analyse unternimmt dabei den Versuch, eine *objektive* Entscheidungshilfe für die Auswahl von Sicherheitsmechanismen bereitzustellen [ED95, EOO95].

2.1.4.5 Entwurf, Implementierung und Zertifizierung

Die im Sicherheitsplan aufgeführten Sicherheitsmechanismen müssen im weiteren Verlauf des Vorgehensmodells in das bestehende Anwendungssystem integriert werden. Hierbei ist zu beachten, daß die geplanten Kosten eingehalten werden und die Sicherheitsmechanismen dem Sicherheitsplan entsprechend *korrekt entworfen, implementiert* und *betrieben* werden [IEC97, IEC96b]. Weiterhin wird im Rahmen einer *Zertifizierung* überprüft, ob die umgesetzten Sicherheitsmechanismen den gestellten Sicherheitsanforderungen genügen. Konkret werden

❏ die Sicherheitsmechanismen intensiv getestet,

❏ die technischen Sicherheitsmessungen in Bezug auf die Funktionalität und die Zuverlässigkeit evaluiert,

❏ wenn nötig, die physikalischen, personellen und softwaretechnischen Sicherheitsmechanismen verifiziert und

❑ ein Vergleich des vorhandenen Restrisikos mit dem zu akzeptierenden Risiko vorgenommen [Est96c, Est96a].

Ziel der Zertifizierung ist die Kontrolle aller technischen und nicht–technischen Sicherheitseigenschaften, wobei der Grad der Kontrolle erneut von den geforderten Sicherheitsanforderungen beeinflußt wird. Handelt es sich um eine Anwendung, bei der allerhöchste Sicherheit gefordert ist, so kann der Einsatz formaler Methoden sinnvoll, bei nicht so hohen Anforderungen können bereits einfache Evaluations- und Testmethoden ausreichend sein. Ein Ansatz, der eine entsprechende Zuordnung von Test- und Evaluationsmethoden zu gegebenen Sicherheitsanforderungen bietet, ist in dem Projekt „Security, Safety and Quality Evaluation for Dependable System" (SQUALE) entwickelt worden [Con97b, HS97].

Weiterhin ist im Kontext der Zertifizierung die Vergleichbarkeit mit vorhandenen Sicherheitsstandards zu nennen. Der Anwender kann auf Systeme zurückgreifen, die von einer unabhängigen Stelle nach einem öffentlich bekannten Verfahren kontrolliert werden. Die bekanntesten und am weitesten verbreiteten Standards sind die amerikanischen Sicherheitskriterien „Trusted Computer Security Evaluation Criteria" (TCSEC), auch Orange Book genannt [Dep85], die kanadischen Sicherheitskriterien „Canadian Trusted Computer Product Evaluation Criteria" (CTCPEC) [Cen93], die europäischen Sicherheitskriterien „Information Technology Security Evaluation Criteria" (ITSEC) [ITS91] sowie die „IT–Sicherheitskriterien" (Kriterien für die Bewertung der Sicherheit von Systemen der Informationstechnik (IT)) von der Zentralstelle für Sicherheit in der Informationstechnik (heute Bundesamt für Sicherheit für die Informationstechnik (BSI)) [Zen89].

Soll eine Anwendung nach einem solchen Standard evaluiert und zertifiziert werden, so müssen natürlich die in dem jeweils angestrebten Standard geforderten Beschreibungen des Anwendungssystems, die angestrebten Sicherheitsanforderungen sowie die dazu verwendeten Sicherheitsmechanismen spezifiziert werden.

2.1.4.6 Akkreditierung

Bevor das Anwendungssystem in den laufenden Betrieb übernommen werden kann, muß eine offizielle Genehmigung von dem im Unternehmen Verantwortlichen erfolgen. Dies kann die Unternehmensleitung, aber auch ein in der Organisationshierarchie darunter angeordneter Mitarbeiter sein, der mit den entsprechenden Befugnissen ausgestattet ist. Mit der *Akkreditierung* erfolgt die offizielle Anerkennung, daß eine hinsichtlich spezifischer Sicherheitsanforderungen evaluierte Anwendung in den Betrieb genommen werden kann. Dabei kann es sich um eine Endversion, aber auch einen Prototypen handeln. Heutige Entwicklungsmethoden durchlaufen häufig mehrere Stufen von der Planung bis zur Implementierung. In einem solchen Kontext

kann das Vorgehen des Risiko–Managements innerhalb jedes Einzelschrittes vollzogen werden und die Akkreditierung somit die Freigabe bzw. der Abschluß einer
innerhalb eines Teilschrittes entwickelten Version sein.

2.1.4.7 Betrieb und Wartung

Da sich die Systemgegebenheiten und –umgebung im laufenden *Betrieb* verändern
können [WC92], muß das Anwendungssystem dauerhaft überwacht werden [Wah95].
Häufig führen Ereignisse aus dem laufenden Betrieb zu nicht erkannten Bedrohungen und daraus resultierenden Risiken. Solche Ereignisse sollen möglichst frühzeitig
erkannt, umgehend gemeldet und anschließend behoben werden. Die Administration
ist somit als Teilaufgabe des Betriebes zu verstehen. Sie stellt innerhalb einer sicherheitskritischen Anwendung natürlich einen entscheidenden Baustein dar, denn nur
ein gut administriertes System garantiert die korrekte Verwendung von installierten
Sicherheitsmechanismen.

Die *Wartung* spielt ebenfalls eine zentrale Rolle, denn sie bedeutet einen Eingriff
in ein Anwendungssystem. Werden beispielsweise notwendige Wartungsmaßnahmen
vollzogen, so muß zum Zeitpunkt des erneuten Betriebes des Anwendungssystems
gewährleistet sein, daß die zuvor installierten Sicherheitsmechanismen ebenfalls wieder korrekt arbeiten. Alle derartigen Maßnahmen sind daher zu dokumentieren und
offenzulegen.

2.1.4.8 Zyklische Wiederholung

Wie man in Abbildung 2.4 erkennen kann, stellt das Vorgehen des Risiko–Managements einen zyklischen Ablauf dar. Die Gründe dafür sind vielfältig:

❶ Bei der Entwicklung von Anwendungssystemen werden i. allg. mehrere Schritte (z. B. beim Wasserfallmodell [Som97, You89]) durchlaufen. Innerhalb eines jeden Teilschrittes muß das Risiko–Management parallel mit durchgeführt
werden, denn zu unterschiedlichen Zeitpunkten können unterschiedliche Bedrohungen relevant sein.

❷ Werden nach der Bedrohungs- und Risikoanalyse sowie der anschließenden Risikobewältigung neue Sicherheitsmechanismen in das Anwendungssystem integriert, so muß dies erneut analysiert werden, denn neue bzw. modifizierte
Systemelemente und Strukturen können neue Bedrohungen und Risiken für
das Anwendungssystem entstehen lassen.

❸ Wird stattdessen das Risiko begrenzt oder auf Dritte übergewälzt, so hat sich
an der Ausgangslage der Planung etwas verändert. Auch dieser neue Sachverhalt ist erneut zu prüfen.

❹ Ein letzter Zyklus entsteht, wenn aufgrund der Ereignisse aus dem laufenden
Betrieb ein Handlungsbedarf für neue Analysen entsteht.

Während der erste Aspekt eine Einbettung des gesamten Vorgehens für das Risiko–
Management in einen Softwareentwicklungsprozeß beschreibt, stellen die drei folgenden Aspekte Zyklen innerhalb des Risiko–Managements selbst dar. Ein lange
Zeit sehr verbreitete Vorgehensweise für ein Risiko–Management war die parallele
Ausführung zum eigentlichen Entwicklungsprozeß. [MSR88] zeigen dies deutlich, indem sie die Aktivitäten des Risiko–Managements dem typischen Entwicklungsvorgehen nach dem Wasserfallmodell [Som97, You89] zuordnen. Sie kritisieren gleichzeitig
diese Vorgehensweise, da sie nicht adäquat und effektiv eine Entwicklung sicherer Systeme unterstützt. Stattdessen fordern sie eine Integration der Softwareentwicklung
und des Risiko–Managements[10]. D. h. das Entwicklungsvorgehen stellt den Rahmen
für die Systementwicklung, wobei in den einzelnen Schritten die Aktivitäten des
Risiko–Mangements ihre Berücksichtigung finden. Dabei werden mit fortschreiten-
dem Entwicklungsstand die Systembeschreibungen weiter verfeinert, so daß auch die
Sicherheitsanalysen dementsprechend differenzierter ausfallen werden. Eine entsprechende Entwicklungsmethode sollte flexibel auf die sich ändernde Umgebung an-
paßbar sein und die zu erbringenden Aufgaben des Risiko–Managements möglichst
vollständig abdecken [EB91].

2.1.5   Bekannte Ansätze

Nachdem die Begriffe und Konzepte des Risiko–Managements — und speziell der
Bedrohungs– und Risikoanalyse — erläutert wurden, sollen in diesem Abschnitt
einige ausgewählte Ansätze des Forschungsgebietes dargestellt und bewertet werden.

Es soll an dieser Stelle jedoch nochmals betont werden, daß es sich dabei lediglich um
einen Überblick handelt, der keinerlei Anspruch auf Vollständigkeit erhebt. Übersichten sowie konkrete Ausführungen einzelner hier nicht beschriebener Ansätze sind
u. a. in [TKP+88, KPK+89, SGT+90, MKL91, Str91b, Fic92, Ste93, Ste94, Mei95,
Con97a] zu finden.

Rahmenplan für das Risiko–Management

1979 veröffentlichte das National Bureau of Standards (NBS)[11] die „Federal Information Processing Standards 65" (FIPS 65). Diese enthalten u. a. den „Guideline
for Automatic Data Processing Risk Analysis" [FIP79] und kennzeichnen damit den
ersten Versuch einer Formalisierung des Risiko–Managements durch eine öffentliche

---

[10]In [BE95] wird die Integration anhand des Spiralmodells [Bö88] hergeleitet.
[11]Das NBS wurde 1988/89 in National Institute of Standards and Technology (NIST) umbenannt.

Einrichtung. Der quantitative Ansatz findet seinen Schwerpunkt im Bereich der Bedrohungsidentifikation und Risikobewertung, unterstützt dagegen den Aspekt der Auswahl von Sicherheitsmechanismen gar nicht.

In Zusammenarbeit mit dem National Computer Security Center (NCSC) wurde 1988 das Risk Management Research Laboratory gegründet, dessen primäre Aufgabe darin besteht, die Forschung im Bereich des Risiko–Managements zu fördern und voranzutreiben. Im Rahmen des mehrjährigen „Computer Security Risk Management Model Builders Workshops" [TKP+88, KPK+89, SGT+90, MKL91] wurde eine einheitliche Terminologie für das Risiko–Management erarbeitet und bereits bekannte Modelle untersucht, um daraus einen Rahmenplan zu definieren, der als Ausgangspunkt für eine Vielzahl von Weiterentwicklungen diente [Tro88]. Sein allgemeines Vorgehen gliedert sich in die drei folgenden Phasen:

❶ **Eingabe:** Im ersten Schritt werden die Anforderungen an und Informationen über das Anwendungssystem gesammelt. Diese beziehen sich sowohl auf die konkreten Systemelemente (Werte) und deren Beziehungen, wie auch potentielle Bedrohungen und vorhandene Sicherheitsmechanismen.

❷ **Risikoabschätzung:** Im zweiten Schritt wird die eigentliche Bedrohungs– und Risikoanalyse durchgeführt. Die Eingaben aus dem ersten Schritt werden modelltheoretisch analysiert, wobei Schwachstellenanalysen vorgenommen oder Bedrohungsszenarien untersucht werden. Als Ergebnis werden die zu erwartenden Wirkungen für das Anwendungssystem ermittelt.

❸ **Evaluation:** Der Evaluationsschritt entscheidet nun, ob die ermittelten Risiken gegenüber den im ersten Schritt formulierten Anforderungen akzeptiert werden können oder nicht. Im zweiten Fall werden geeignete Sicherheitsmechanismen ausgewählt, die Anforderungen neu definiert oder das System modifiziert.

Das gesamte Vorgehen ist zyklisch, d. h. sollten Risiken nicht akzeptiert und entsprechende Maßnahmen eingeleitet werden, so wird erneut mit der Eingabe begonnen. Positiv für den Rahmenplan ist festzustellen, daß seine Entwicklung dazu geführt hat, Grundbegriffe einheitlich zu verwenden und eine mathematische Beschreibung der funktionalen Abhängigkeiten von Anwendungssystem und Risikomodell geschaffen wurde. Negativ ist zu bemerken, daß keine eindeutigen Aussagen zum Bewertungskonzept getroffen werden und der Rahmenplan noch zu generisch ist, um ihn direkt nutzen zu können. Seine eigentliche Instantiierung fehlt.

GMITS

Die International Organisation for Standardization (ISO) und die International Electrotechnical Commission (IEC) sind internationale Organisationen, an denen nationale Einrichtungen partizipieren, um in technischen Ausschüssen internationale

Standards zu entwickeln und zu etablieren. Das ISO/IEC Joint Technical Com-
mitee 1 (JTC 1) beschäftigt sich mit Themen der Informationstechnologie, das
Subcommittee 27 mit IT-Sicherheitstechniken. In seinem technischen Bericht Nummer 13335 hat dieser Unterausschuß die „Information Technology — Guidelines for
Management of IT-Security (GMITS)" veröffentlicht [IEC96a, IEC97, IEC96b].

Der Planungs- und Management-Prozeß der GMITS beginnt mit der Festlegung
der IT-Sicherheitspolitik, die alle Regeln, Vorschriften und Praktiken enthält, wie
die Werte der Anwendung zu sichern sind. Die organisatorischen Aspekte legen fest,
wer innerhalb des Risiko-Managements welche Rolle einnimmt, d. h. wie die IT-
Sicherheitsorganisation eines Unternehmens definiert sein soll. Weiterhin kann optional festgelegt werden, welche Art von Analyse vorgenommen werden soll; es stehen
zur Verfügung:

- ❏ **Grundschutz:** Bei diesem Ansatz versucht man für einen bestimmten An-
  wendungsbereich aufgrund bereits vorhandenen Wissens ohne eine detaillierte Risikoanalyse allgemein bekannte Sicherheitsmechanismen zu integrieren
  [Bun97].

- ❏ **Informeller Ansatz:** Mit dem informellen Ansatz wird eine pragmatische
  Risikoanalyse verfolgt, d. h. man nutzt das Wissen von einzelnen Personen,
  ohne eine strukturelle Analyse durchzuführen.

- ❏ **Risikoanalyse:** Weiterhin besteht die Möglichkeit, eine detaillierte Risikoanalyse, wie sie beispielsweise in Abschnitt 2.1.4.2 dargestellt ist, vorzunehmen.

- ❏ **Kombinierter Ansatz:** Werden verschiedene der zuvor genannten Ansätze
  innerhalb des Vorgehens verwendet, so spricht man von einem kombinierten
  Vorgehen.

Die Ergebnisse dieser Phase werden dann dazu genutzt, geeignete Empfehlungen
zu entwickeln, wie die erkannten Probleme zu beheben sind; konkret geht es um
die Auswahl von Sicherheitsmechanismen. Diese müssen in die IT-Sicherheitspolitik
integriert werden, so daß eine IT-Systemsicherheitspolitik entsteht, deren konkrete Maßnahmen im IT-Sicherheitsplan zusammengefaßt sind. Die Implementierung
von Sicherheitsmechanismen stellt dabei den technischen, die Schaffung eines Sicher-
heitsbewußtseins bei den Anwendern des Systems einen sozialen und sehr wichtigen
Aspekt dar. Das gesamte Vorgehen ist ebenfalls zyklisch, um auf Veränderungen
jederzeit reagieren zu können.

Die GMITS bilden ein umfassendes Konzept für ein Risiko-Management, wobei
die Einbindung der gesamten Unternehmung sowohl im Vorfeld wie auch bei der
Umsetzung der Sicherheitsmaßnahmen stark ausgeprägt ist. Sie stellen somit ein
Rahmenkonzept dar, das Empfehlungen für das Risiko-Management gibt, jedoch
für die konkrete Anwendung noch detailliert werden muß. So sind beispielsweise die

Phasen der Bedrohungs– und Risikoanalyse nicht derart genau beschrieben, daß ein Anwender sie direkt nutzen könnte.

Guide to Security Risk Management for Information Technology Systems

Das Communications Security Establishment (CSE) in Kanada hat mit dem „Guide to Security Risk Management for Information Technology Systems" ebenfalls ein Rahmenkonzept für das Risiko–Management von IT–Systemen entwickelt [Est96c, Est96b, Est96a]. Das Vorgehen ist in Abbildung 2.4 dargestellt und dort als Referenzvorgehen für ein Risiko–Management bereits ausführlich erläutert worden (siehe Abschnitt 2.1.4).

Kennzeichnend für den Ansatz ist die Integration des Risiko–Management–Vorgehens in den Entwicklungszyklus des Anwendungssystems, beginnend mit der Planung bis hin zum Betrieb eines Anwendungssystems. In jedem dieser Schritte werden drei Aufgaben durchgeführt. Zunächst wird eine Phase *vorbereitet*, d. h. alle relevanten Informationen werden zusammengetragen. Anschließend wird auf dieser Basis eine *Bewertung* vorgenommen, in der Bedrohungen und Risiken ermittelt und beziffert werden, bevor abschließend eine *Entscheidung* darüber fallen muß, ob man in die nächste Phase übergehen kann oder nicht. Für die einzelnen Phasen werden dann konkrete Einzelaktivitäten benannt, die jeweils auszuführen sind. Dabei liegt die Konzentration auf den Aktivitäten des Risiko–Managements und nicht auf denen der Systementwicklung.

Insgesamt unternimmt dieser Ansatz den Versuch, das Risiko–Management in das Vorgehen der Systementwicklung zu integrieren. Leider handelt es sich wiederum um ein Rahmenwerk, das zwar möglichst vollständig alle Aktivitäten und Dokumente erfaßt und beschreibt, jedoch diese nicht im Detail erläutert, so daß beispielsweise keine Aussagen zum Bewertungskonzept vorhanden sind. Auch die im Unternehmen vorhandenen Arbeitsabläufe spielen noch keine Rolle.

IT–Sicherheitshandbuch

Das „IT–Sicherheitshandbuch" („Handbuch für die sichere Anwendung der Informationstechnik") [Bun92] wurde erstmals 1992 vom Bundesamt für Sicherheit in der Informationstechnik (BSI) herausgegeben. Zusammen mit den „IT–Sicherheitskriterien" [Zen89] und dem „IT–Evaluationshandbuch" („Handbuch für die Prüfung der Sicherheit von Systemen der Informationstechnik") [Bun90a] bildet es die Grundlage zur Erstellung von Sicherheitskonzepten für IT–Systeme. Dabei richtet es sich vorwiegend an Behörden, jedoch findet es mittlerweile auch in Unternehmen zunehmende Bedeutung. Das Kernstück des IT–Sicherheitshandbuchs ist ein 4–stufiges Verfahren, welches in 12 Schritte untergliedert ist.

In der ersten Stufe wird die *Schutzbedürftigkeit* der zu untersuchenden Anwendung ermittelt, d. h. aus Sicht der Anwender wird festgelegt, welche Komponenten der

Anwendung als schutzwürdig einzustufen sind und daher weiter untersucht werden
sollen. Die Objekte der Anwendung werden in acht unterschiedlichen Gruppen (Infrastruktur, Hardware, Datenträger, Paperware, Software, Anwendungsdaten, Kommunikation, Personen) erfaßt. Anschließend wird die Frage beantwortet „Wie ist der
mögliche Schaden zu bewerten, wenn Grundbedrohungen eintreten?". Dazu werden
die Anwendungen und Informationen mit Schadensziffern (ordinale Skala von 0—4)
für die drei Grundbedrohungen „Verlust der Verfügbarkeit, Integrität und Vertraulichkeit" bewertet. Die zweite Stufe umfaßt die Aktivitäten der *Bedrohungsanalyse*
und zielt auf die Ermittlung aller vorstellbaren Bedrohungen für das System. Alle zuvor ermittelten Objekte werden den Grundbedrohungen gegenübergestellt und daraus die konkreten Bedrohungen benannt. Die nachfolgende *Risikoanalyse* bewertet
die Bedrohungen hinsichtlich ihrer Auswirkungen in Form des Schadenswertes und
der Häufigkeit ihres Auftretens. Diese Werte werden zusammengefaßt und bestimmen somit die aktuellen Risiken. Die letzte Stufe des Vorgehensmodells beinhaltet
die *Erstellung des IT-Sicherheitskonzeptes*. Konkret werden Maßnahmen ausgewählt
und hinsichtlich ihrer Wirkung auf den Schadenswert bzw. die Schadenshäufigkeit
bewertet. Anschließend wird eine Kosten-/Nutzen-Betrachtung vorgenommen, in
der die Maßnahmen hinsichtlich ihrer Kosten gegenüber dem zu erwartenden Nutzen untersucht werden. Abschließend wird die Frage gestellt: „Sind die verbleibenden
Risiken (Restrisiko) tragbar?". Wird die Frage mit „Ja" beantwortet, ist die Aufgabe
erfüllt, bei „Nein" findet eine Rückkoppelung zu vorherigen Stufen statt.

Mit dem IT-Sicherheitshandbuch existiert ein umfassendes Verfahren zur Gewährleistung der Sicherheit von IT-Anwendungen. Verbesserungsvorschläge, wie die Berücksichtigung eines Grundschutz-Konzeptes [Bun97] für Anwendungsbereiche mit mittleren oder geringem Sicherheitsbedarf oder die Verwendung eines konzeptionellen
Modells für die Risikoanalyse, werden u. a. in [SKLG93, Lip93, Lam94] genannt.
Nachteilig bleibt anzumerken, daß mit dem IT-Sicherheitshandbuch ein zur Systementwicklung nebenläufiges Vorgehen vorhanden ist, in dem die Arbeitsabläufe eines
Unternehmens keine Berücksichtigung finden und das ausschließlich auf dem ordinalen Bewertungskonzept beruht.

CRAMM

Im Auftrag der britischen Regierung entwickelte die Central Computer and Telecom-
munications Agency (CCTA) in Zusammenarbeit mit dem Systemhaus BIS Applied
Systems Limited die qualitative Risiko-Analyse- und Management-Methode „The
CCTA Risk Analysis and Management Methodology" (CRAMM) [MC87, MG88,
MG89, Mos91]. Sie ist konsistent zu der Sicherheitspolitik und den Standards der
Britischen Regierung, beispielsweise dem Britischen Standard „BS 7799:1995 — Co-
de of Practice for Information Security Management" (CoP) [CoP95]. Die Haupt-
funktion von CRAMM liegt in der Bedrohungs- und Risikoanalyse. Dazu wird ein
Vorgehen in drei Schritten definiert:

❶ **Bestimmung der Werte:** Auf Basis strukturierter Fragebögen und Interviews werden alle sicherheitsrelevanten Werte des Systems erfaßt, wobei eine ordinale Skala von 1—10 verwendet wird.

❷ **Bedrohungs– und Risikoanalyse:** Die sicherheitsrelevanten Werte werden dann zu Gruppen zusammengefaßt, je nachdem, ob eine Gruppe eine Schwachstelle für eine bestimmte Bedrohung sein kann. Auf Basis von vordefinierten generischen Bedrohungstypen werden die Gruppen separat hinsichtlich zu erwartender Konsequenzen untersucht und die daraus resultierenden Risiken bestimmt[12].

❸ **Auswahl von Sicherheitsmechanismen:** Aus einer Datenbank werden für die ermittelten Risiken geeignete Sicherheitsmechanismen bestimmt.

Zusätzlich zu dem skizzierten Vorgehen bietet CRAMM sogenannte „What–If–Analysen" an, mit denen beispielsweise die Effektivität der ausgewählten Sicherheitsmechanismen analysiert werden kann. Das gesamte Verfahren wird durch eine Reihe von Meetings unterstützt, in denen die Ergebnisse der einzelnen Schritte von den zuständigen Mitarbeitern besprochen und die kommenden Schritte vorbereitet werden.

CRAMM kann mittlerweile als erprobte, speziell im britischen öffentlichen Bereich akzeptierte Methode bezeichnet werden. Leider ist sie stark an öffentlichen Anforderungen orientiert und daher nur mit erheblichem Aufwand an die Gegebenheiten kleinerer und mittlerer Unternehmen bzw. deren Anwendungen adaptierbar [Far91].

RiskMa

Ein Ansatz, der ausschließlich auf die Systemeigenschaft „Verfügbarkeit" ausgelegt ist, wurde innerhalb des ESPRIT–Projektes 2071 COMMANDOS (Construction and Management of Distributed Open Systems) [Bal89] entwickelt. Das Softwarewerkzeug heißt „Risk Management Tool" (RiskMa) und ist in der Dissertation von Meitner ausführlich beschrieben [Mei95].

In der Architektur von RiskMa wird der Zugang zum System über den sogenannten *Funktionskomponentenmanager* realisiert. Der *Erkenntnismanager* liefert die Informationen über das aktuelle System. Hierunter fallen Angaben zur Anzahl der Ausfälle, der mittleren Ausfalldauer oder der Zeit zwischen dem Ausfall von Systemkomponenten. Mittels des *Erstellungsmanagers* wird eine prozeßorientierte Sichtweise auf das Systemmodell ermöglicht, in dem der Anwender die Geschäftsprozesse beschreiben und die für eine Aktivität notwendigen Komponenten spezifizieren kann. Alle modellierten Objekte stellen zunächst einmal einen Wert für das System

---

[12]CRAMM ermittelt für jede Kombination von Gruppe und Konsequenz sogenannte *Risikoniveaus* („Level of Risk").

dar, wobei die konkreten Elemente durch entsprechende Angaben (z. B. Mean Time Between Failure (MTBF)) quantifiziert werden können. Der *Bewertungsmanager* stellt neben statischen Variablen, wie absoluter Schaden oder Eintrittswahrscheinlichkeit für den Ausfall einer Komponente, auch dynamische Meßgrößen, wie mittlere Ausfall– und Betriebsdauer, bereit. Der *Implementierungsmanager* gestattet dann Modifikationen am aktuellen System.

Kennzeichnend für RiskMa ist zum einen die prozeßorientierte Sichtweise. So werden nicht ausschließlich die statischen Komponenten, sondern ebenfalls die Abläufe in dem System untersucht, d. h. welche Konsequenzen entstehen für die Arbeitsabläufe, wenn statische Komponenten bedroht werden. Weiterhin verfolgt RiskMa eine kontinuierliche (on–line–) Überwachung des Anwendungssystems. Dazu wird eine Systembeobachtungseinheit SOF (System Observation Facility) angeboten, die über Sensoren und Effektoren das Systemverhalten permanent überwacht und die dabei ermittelten Ergebnisse dann dem Bewertungsmanager zur Verfügung stellt [MMFP90, Mei91].

MARION

In Frankreich wurde Mitte der 80er Jahre die „Méthodologie d'Analyse des Risques Informatiques et d'Optimisation par Niveau" (MARION) entwickelt [Lam85]. Geplant von der APSAD (L'Assemblée Plénière des Sociétés d'Assurances Domages) und entwickelt vom CLUSIF (Club de la Sécurité Informatique Français) ist MARION eine systematische Risikoanalyse, die eine Maßnahmenplanung gestattet und sich in vier Phasen gliedert [Bar89].

Nachdem in der *Projektplanung* alle vorbereitenden Maßnahmen ergriffen wurden, wird mittels der *Schwachstellenanalyse* die aktuelle Sicherheit des Systems erfaßt. Ein aus über 700 Fragen bestehender, in 27 Sicherheitsfaktoren gegliederter Fragenkatalog betrachtet dabei das gesamte Unternehmen, wobei die einzelnen Fragen auf einer fünfstufigen Skala (0 = „riskanter Zustand" bis 4 = „sehr gute Sicherheit") beantwortet werden [Pon96]. Die Ergebnisse werden graphisch dargestellt und bieten einen Überblick über den aktuellen Sicherheitsstand des Unternehmens. Im Rahmen der *Risikoanalyse* werden mittels strukturierter Interviews typische Anwendungsszenarien ermittelt, wobei auf 17 übergeordnete Schadensszenarien zurückgegriffen werden kann. Die potentiellen Konsequenzen werden in Form einer Eintrittswahrscheinlichkeit und einer Schadenshöhe beschrieben; hierbei können sowohl qualitative als auch quantitative Bewertungen vorgenommen werden. Die Ergebnisse dienen dazu, eine kurz–, mittel– und langfristige *Maßnahmenplanung* vorzunehmen. Zu berücksichtigende Kriterien dabei sind u. a. die Schadensreduktion einer Maßnahme oder die Optimierung des Kosten–/ Nutzenverhältnisses. Die Methode MARION wird mittlerweile durch eine Reihe von Softwarewerkzeugen unterstützt, so daß eine effiziente Nutzung gewährleistet ist. Neben dem CLUSIF werden auch durch den APSAD empirische Daten erhoben, die für MARION genutzt werden können. Der

APSAD analysiert jährlich die Daten der Schadensentwicklungen in der Informatik und ordnet sie in 13 Risikogruppen ein [DT94].

Insgesamt kann MARION als eine umfassende Methode bezeichnet werden, die in Europa eine hohe Verbreitung aufweist. Der Vorteil, den Szenarienkonzepte besitzen, nämlich daß sie die typischen Szenarien für eine Unternehmung sehr detailliert untersuchen können, wird durch den Nachteil erkauft, selektiv die Sicherheit — und zwar genau für die untersuchten Szenarien — garantieren zu können. Außerdem wird der Anwender mit der Aufgabe betraut, die Risiken abzuschätzen, da diese durch die von ihm beantworteten Fragen und Szenarien bestimmt werden. Hier wäre sicherlich eine Hilfestellung sinnvoll [Str91b].

Ansatz von Stelzer

Im Rahmen seiner Dissertation hat Stelzer [Ste93] ein „wissensbasiertes, objektorientiertes System für die Risikoanalyse" entwickelt. Darin präsentiert er ein Vorgehensmodell zur Bildung von Sicherheitsstrategien, dessen Schwerpunkt auf der Risikoerkennung liegt. Der Anwender hat die Möglichkeit, ein qualitatives Sicherheitsmodell[13] zu erstellen und für dieses Risikoanalysen durchzuführen. Dazu wird ein objektorientierter Systementwurf für ein Beratungssystem angeboten und in einem Objektmodell, einem dynamischen sowie einem funktionalen Modell konkretisiert. Das Objektmodell beschreibt die für eine Analyse relevanten Gefahrenquellen, Gefahren sowie sicherheitsrelevanten Elemente und deren Beziehungen untereinander. Weiterhin werden die gefährdenden Ereignisse, primären und sekundären Konsequenzen, Sicherungsmaßnahmen und Schwachstellen berücksichtigt. Insgesamt ist das Objektmodell sehr offen gehalten, so daß situationsspezifische Modelle aufgebaut werden können. Das dynamische Modell erfaßt dann die durch das System zu erfüllenden Aufgaben (z. B. Gefährdungs– und Wirkungsanalyse), während das funktionale Modell die dafür notwendigen Funktionen skizziert.

Während in dem Ansatz von Stelzer die Risikoerkennung insgesamt umfassend unterstützt wird, ist im Bereich der Risikobewertung keine Hilfestellung vorhanden. Weiterhin ist der Ansatz sehr informell ausgeführt und enthält keine Analyseverfahren, die eine detaillierte Risikobewertung gestatten würden.

Zusammen mit der Siemens Nixdorf A. G. ist der Ansatz in dem Softwarewerkzeug „NASYS" umgesetzt worden, welches vorwiegend firmenintern eingesetzt [Pon96] bzw. im Paket mit Beratungsdienstleistungen am Markt angeboten wird [Kon98].

MAPLESS / KEEPER

Ein Expertensystemansatz zur Modellierung von Risiken in dynamischen Umgebungen wurde von Bonyun und Jones vorgeschlagen [Bon87, BJ88, BJ89]. Der Ansatz

---

[13]Ein *Sicherheitsmodell* enthält alle Regeln, die zur Gewährleistung der Sicherheitspolitik für ein Anwendungssystem relevant sind [Ker95].

ist nicht ausschließlich auf IT–Systeme beschränkt, sondern kann auf alle Bereiche, in denen Werte bedroht werden, angewandt werden.

Die Basis hierzu stellt das Softwarewerkzeug „Mixed Paradigm APL–based Expert System Shell" (MAPLESS) dar, mit dem sogenannte APL–basierte[14] Expertensysteme konstruiert werden können.MAPLESS enthält eine Reihe unterschiedlicher Wissensbasen, die ihrerseits jeweils aus eine Menge von Frames, einer Menge von Assoziationseinheiten und einem Kalkül von Unsicherheit bestehen. Ein Frame beschreibt die konzeptuellen Einheiten und deren Attribute der Anwendungen, und eine Assoziationseinheit enthält eine Reihe von Beziehungen zwischen jeweils zwei konzeptuellen Einheiten. Das Kalkül umfaßt eine Menge unsicheren Wissens sowie Operationen auf diesem Wissen.

Das Expertensystem „Knowledge Engineering applied to the Evaluation of Potential Enviromental Risks" (KEEPER) wurde unter Verwendung von MAPLESS erstellt und bildet eine konkrete Anwendung einer Wissensbasis, die Zustände der Ungewißheit berücksichtigt. Es handelt sich um eine sogenannte „Supershell", die diejenigen Teile der Wissensbasen und Strukturen zusammenfaßt, die in allen zu betrachtenden Anwendungen gleich sind. So beschreibt KEEPER neben den konkreten konzeptuellen Einheiten (z. B. Hardware, Software, Daten) auch Sicherheitsmechanismen und potentielle Risiken (z. B. Zerstörung, Nicht–Verfügbarkeit). Einen weiteren entscheidenden Bestandteil bilden Regeln. KEEPER definiert vier Taxonomien von Regeln, die eine quantitative Risikoanalyse ermöglichen. In den Regeln ist beispielsweise spezifiziert, unter welchen Gegebenheiten Schwachstellen und Risiken für die Werte eines Anwendungssystems entstehen. Neben benutzerinitiierten Aktivitäten, wie z. B. die Durchführung von „What–If"–Anfragen, sind in KEEPER auch automatische Aktivitäten möglich, mit denen die Wissensbasen aufgrund vorgenommener Änderungen konsistent gehalten werden können.

Insgesamt sind mit den Systemen MAPLESS und KEEPER zwei Werkzeuge vorhanden, die umfangreiche KI–Methodiken im Bereich des Risiko–Managements nutzbar machen und dem Anwender die Möglichkeit bieten, zwischen verschiedenen Risikoschätzverfahren zu wählen. Negativ bleibt anzumerken, daß für die Analyse von Anwendungssystemen deren spezifische Randbedingungen bekannt gemacht werden müssen. Außerdem verfolgen sie, wie die meisten zuvor skizzierten Systeme auch, ein isoliertes Vorgehen, das keine Analyse von Arbeitsabläufen ermöglicht.

LRAM

Im Jahre 1985 wurde am Lawrence Livermore National Laboratory (LLNL) im Auftrag der U. S. Air Force Logistic Command die „Livermore Risk Analysis Methodology" (LRAM) geschaffen [Gua87]. Die Modellierung des Risikos erfolgt sowohl quali-

---

[14]APL steht für „A Programming Language" und ist die Bezeichnung für eine Anfang der 60er Jahre entwickelte Programmiersprache, die sich durch eine mathematisch orientierte, sehr knapp gefaßte Notation auszeichnet.

tativ als auch quantitativ. So werden in den frühen Phasen Ordinalskalen und ab der
Bewertungsphase konkrete mathematische Angaben unterstützt. Basierend auf der
LRAM–Methode wurde das rechnergestützte Softwarepaket „Automated LRAM"
(ALRAM) implementiert.

In LRAM werden sogenannte Risikoelemente definiert, die aus der Kombination von
Bedrohungen, Propagierungspfaden zu bedrohten Werten, Konsequenzen und möglichen Sicherheitsmechanismen bestimmt werden. Für jedes Risikoelement wird das
konkrete Risiko ermittelt, wobei die Eintrittswahrscheinlichkeiten von Bedrohungen
und monetäre Angaben für den Wertverlust durch die entstandenen Konsequenzen herangezogen werden [Gua88]. Die nicht akzeptablen Risikoelemente müssen
durch Auswahl sowohl schadensverhindernder, d. h. Reduktion der Schadenshäufigkeit, wie auch schadensbegrenzender Sicherheitsmechanismen, d. h. Reduktion der
Schadenshöhe, solange modifiziert werden, bis ein akzeptables Maß erreicht ist.

LRAM umfaßt insgesamt alle Komponenten der Bedrohungs– und Risikoanalyse
von der Analyse der Werte bis hin zur Auswahl von Sicherheitsmechanismen. Dabei
liegt der Schwerpunkt auf einem umfangreichen quantitativen Bewertungskonzept.
Die Analysen beschränken sich ausschließlich auf die definierten Risikoelemente und
geben keine Hilfestellung bei der Auswahl geeigneter Sicherheitsmechanismen. Eine
periodische Durchführung ist ebenfalls nicht vorgesehen.

LAVA

Am Los Alamos National Laboratory ist ein wissensbasierter Ansatz mit dem Titel
„Los Aalmos Vulnerability/Risk Assessment System" (LAVA) entstanden [Smi88,
Smi89b, Smi89a]. Der Ansatz besteht aus einem konzeptuellen Modell, einem Softwarewerkzeug zur Unterstützung des Vorgehens sowie einer Wissensbasis mit Anwendungsdaten für spezifische Anwendungsdomänen.

Das konzeptuelle Modell ermöglicht die Modellierung der Anwendung. Im ersten
Teil werden die hierarchischen Strukturen beschrieben. Dazu zählen u. a. Mengen,
in denen jeweils eine Bedrohung, ein Wert und eine Konsequenz enthalten sind, sowie Wahrscheinlichkeitsmatrizen für Konsequenzen. Zusätzlich werden für die spezifizierten Bedrohungs–Werte–Paare Sicherheitsmechanismen ermittelt. Im zweiten
Teil werden dann automatische Fragebögen verwendet, um die konkreten Werte,
Schwachstellen und Bedrohungen zu erfassen. Kennzeichnend dabei ist die Möglichkeit, die Komponenten sowohl monetär als auch durch linguistische Werte zu beschreiben. Die Fragebögen beschäftigen sich mit unterschiedlichen Anwendungsbe-
reichen, wie z. B. dem Paßwort–Management oder der Revision. Als Ergebnis werden
Quadrupel ermittelt, die jeweils eine Bedrohung, den bedrohten Wert, den eingesetz-
ten Sicherheitsmechanismus und die daraus resultierende Konsequenz beschreiben.
Auf diese Art und Weise können Problemfelder einer Anwendung ermittelt und Verbesserungsvorschläge gemacht bzw. gegeneinander abgeglichen werden.

2.1.6 Fazit

Zum Abschluß der Ausführungen zum Risiko–Management sollen die verschiedenen Methoden und Ansätze zusammenfassend bewertet werden. Aufgrund der Vielzahl der Ansätze und deren unterschiedlichen Schwerpunkte werden dazu die Aspekte separat betrachtet, die im Hinblick auf das in Kapitel 3 neu entwickelte Konzept für eine wissensbasierte Bedrohungs– und Risikoanalyse Workflow–basierter Anwendungssysteme relevant sind. In Tabelle 2.1 sind alle Ansätze aufgeführt sowie eine Bewertung der einzelnen Kriterien angegeben. Das Symbol „+“ kennzeichnet die Tatsache, daß ein Kriterium durch den entsprechenden Ansatz unterstützt wird, ein „–“ besagt, daß der Aspekt nicht berücksichtigt ist. Das Symbol „(+)“ gibt an, daß der Aspekt berücksichtigt, jedoch nur unzureichend umgesetzt ist.

Ansätze	Integriertes Vorgehen	Phasen	Bewertungs- konzept	Prozeßorien- tierung	Erweiterbarkeit Modell	Analyse	Werkzeug
Rahmenplan	...	+		–	–	–	...
GMITS	–	+		...	–	–	–
CSE	+	+		–	–	–	–
IT–Sicherheits- handbuch	–	+	OB	–	....	–	–
CRAMM	...	+	OB	–	–	–	(+)
RiskMa	–	(+)	KB	+	–	–	+
MARION	–	+	KB/OB	–	–	(+)	+
NASYS	...	(+)		(+)	+	+	(+)
MAPLESS/ KEEPER	–	+	KB	–	+	+	+
LRAM	–	(+)	KB	–	–	–	(+)
LAVA	–	+	KB/OB	–	–	(+)	+
TRAW	+	+	KB/OB	+	+	+	+
Legend: KB = Kardinales Bewertungskonzept, OB = Ordinales Bewertungskonzept.							

Tabelle 2.1: Ansätze für das Risiko–Management

Die Kontrolle der Kriterien im einzelnen ergibt folgendes Bild:

❏ **Integriertes Vorgehen:** Zunächst können die Systeme dahingehend betrachtet werden, ob sie ein zum Systementwicklungsprozeß *isoliert* ablaufendes oder

ein in den Systementwicklungsprozeß *integriertes* Vorgehen unterstützen. Der
einzige Ansatz, der auch die Systementwicklung berücksichtigt, ist der ka-
nadische Rahmenplan „Guide to Security Risk Management for Information
Technology Systems". Alle anderen Systeme spezifizieren einen unabhängigen
Ablauf.

❑ **Phasen:** In Anlehnung an das Vorgehen aus Abbildung 2.4 können die Ansätze
hinsichtlich der dort skizzierten *Phasen* untersucht werden. Der Schwerpunkt
soll dabei auf den speziell für die Bedrohungs– und Risikoanalyse relevanten Aufgaben liegen, also: Vorbereitung, Bedrohungsanalyse, Risikoanalyse,
Auswahl von Sicherheitsmechanismen und zyklische Kontrolle. Eine explizite
Definition von Sicherheitsanforderungen im Hinblick auf eine automatisierte
Analyse wird durch kein System unterstützt, so daß dieser Aspekt in der Bewertung der Ansätze unberücksichtigt bleibt. Während die Rahmenkonzepte
zwar alle relevanten Aufgaben der Bedrohungs– und Risikoanalyse beinhalten, ist ihre direkte Anwendbarkeit in der Praxis z. T. nicht möglich, da die
einzelnen Aufgaben nicht detailliert beschrieben sind.

❑ **Bewertungskonzept:** Ein Hauptunterschied der Systeme liegt in dem verwendeten *Bewertungskonzept.* Die vorhandenen Ansätze bieten entweder genau
ein Bewertungskonzept (z. B. IT-Sicherheitshandbuch) oder eine Kombination in der Art an, daß zu unterschiedlichen Zeitpunkten im Vorgehensmodell jeweils eines der Konzepte eingesetzt werden kann (z. B. LAVA). Eine
durchgängige Nutzung beider Konzepte ist in keinem Ansatz gegeben.

❑ **Prozeßorientierung:** Dieser Aspekt berücksichtigt, ob eine Integration von
Arbeitsabläufen in das System gegeben ist, d. h. können Arbeitsabläufe modelliert und analysiert werden. Mit Ausnahme der Systeme NASYS und RiskMa
spielen Arbeitsabläufe in den Ansätzen keine Rolle.

❑ **Erweiterbarkeit:** Einen entscheidenden Aspekt spielt die *Erweiterbarkeit* des
Systems, wobei zwei Einzelaspekte unterschieden werden:

◆ *Modellierung:* Zunächst muß betrachtet werden, ob ein fest definiertes
Systemmodell vorhanden ist oder ob der Anwender die Möglichkeit hat,
dies hinsichtlich seiner Anforderungen zu erweitern. Hier bleibt festzustellen, daß eine Reihe von Ansätzen auf spezielle Anwendungsdomänen
(z. B. CRAMM für den öffentlichen Bereich) oder hinsichtlich einzelner
Sicherheitseigenschaften (z. B. RiskMa auf die Eigenschaft „Verfügbarkeit") eingeschränkt und daher kaum erweiterbar ist. Insgesamt basieren
fast alle Systeme auf einem festgelegten Systemmodell, das von dem Anwender nicht modifiziert werden kann.

◆ *Analyse:* Im zweiten Schritt wird berücksichtigt, ob die Analyse hinsichtlich durchgeführter Modifikationen in der Modellierung bzw. neuer

Erkenntnisse von Bedrohungen und Schwachstellen erweiterbar ist. Eine Reihe von Ansätzen bietet an dieser Stelle entweder spezielle Untersuchungskonzepte, wie z. B. das Szenarienkonzept aus MARION, oder Hilfsmittel an, wie die automatisierten Fragenkataloge bei LAVA. Diese sind z. T. durch den Anwender selbst erweiterbar. Auch die Systeme MAPLESS / KEEPER und NASYS gehen den Weg, bekanntes Wissen im Analyseprozeß bereitzustellen. Ein Großteil der vorhandenen Ansätze jedoch setzt kein erweiterbares Analysemodell ein, sondern sieht den Anwender selbst als Experten.

❑ **Werkzeugunterstützung:** Der letzte Punkt betrachtet die vorhandene *Werkzeugunterstützung*. Dabei kann von keiner bis hin zu einer durchgängigen Werkzeugunterstützung differenziert werden. Die Spannbreite reicht von sehr einfachen Hilfsmitteln, wie automatisierten Fragenkatalogen in LAVA, bis hin zu einer kontinuierlichen Online–Überwachung in RiskMa. Ansätze, die eine durchgängige Werkzeugunterstützung erlauben, sind nicht vorhanden.

Es fehlt somit ein Ansatz, der neben einem integrierten Vorgehensmodell und einer Berücksichtigung von Arbeitsabläufen auch ein kombiniertes Bewertungskonzept besitzt (siehe Zeile **TRAW** in Tabelle 2.1). Außerdem sollte er sowohl hinsichtlich der Modellierung als auch der Analyse erweiterbar sein und eine durchgängige Werkzeugunterstützung für alle Phasen der Bedrohungs– und Risikoanalyse aufweisen.

2.2 Entwicklung Workflow–basierter Anwendungen

Der zweite Teil der Grundlagendarstellung stellt die Entwicklung Workflow–basierter Anwendungen vor. Nach einem kurzen Überblick in Abschnitt 2.2.1 wird eine Begriffsbildung in Abschnitt 2.2.2 vorgenommen. Anschließend präsentiert Abschnitt 2.2.3 ein Vorgehensmodell, welches zur Entwicklung Workflow–basierter Anwendungen eingesetzt wird. Die beiden darin enthaltenen Schwerpunkte werden im folgenden weiter konkretisiert. Abschnitt 2.2.4 beinhaltet die Phase der Geschäftsprozeßmodellierung und in Abschnitt 2.2.5 wird das Workflow–Management erläutert. Den Abschluß bildet ein Fazit in Abschnitt 2.2.6.

2.2.1 Überblick

Eine Erweiterung der Porter'schen Sichtweise [Por92] strebt an, flexibel auf sich verändernde Rahmen– und Umweltbedingungen reagieren und die Arbeitsabläufe eines Unternehmens dementsprechend anpassen zu können. Der Paradigmenwechsel, weg von der Aufbau– und hin zur Ablauforganisation, kennzeichnet genau diese neue Sicht des Entwicklungsprozesses, die eine Betrachtung funktions– und organisationsübergreifender ganzheitlicher Arbeitsabläufe unterstützt [FS93a, DS95, BV96]. Unter dem Begriff des *Business Process Reengineering* (BPR) wird dabei die radikale Reorganisation des Unternehmens mit dem Ziel einer erhöhten Prozeßorientierung und gesteigerten Effizienz der Geschäftsprozesse verstanden [HC94, Dav93]. Hierbei findet eine Fokussierung auf die wesentlichen Geschäftsprozesse in einem Unternehmen statt, ohne die vordefinierten organisatorischen Grenzen zu berücksichtigen.

Ein entscheidendes Problem eines solch revolutionären Ansatzes liegt nach [GS95] darin begründet, daß die angestrebte Radikalität nicht die praktische Umsetzung berücksichtigt. Sie ist zwar bei der Einführung neuer Technologien sinnvoll, führt jedoch bei regelmäßigen Anpassungen zu einem nicht kalkulierbaren Aufwand. So existieren neben den revolutionären Ansätzen auch evolutionäre Ansätze, die darauf abzielen, die in einem Unternehmen vorhandenen Arbeitsabläufe durch den Einsatz moderner Informationstechnologien kontinuierlich zu verbessern [Har91]. Mittlerweile sind auch Kombinationen beider Ansätze vorhanden [Ös95].

Um eine Durchgängigkeit im Entwicklungszyklus prozeßorientierter Anwendungssysteme garantieren zu können, hat sich mit dem Workflow–Management seit Anfang der 90er Jahre eine Forschungsrichtung etabliert, die genau diesen Folgeschritt betrachtet. Das Ziel dabei ist es, die dokumentierten und hinsichtlich unterschiedlicher Ziele optimierten Geschäftsprozesse soweit wie möglich computergestützt auszuführen. Dabei werden die Phasen der *build–time*, d. h. die Analyse und Gestaltung der Prozesse zielgerichtet auf die Ausführung, und der *run–time*, also die Ausführung selbst, unterschieden. Man spricht insgesamt von einem *Workflow–basierten* Ansatz einer Anwendungsentwicklung, der sich nach [JBS97] durch folgende Eigenschaften charakterisieren läßt:

Prozeßorientierung Wie zuvor bereits ausgeführt, steht im Mittelpunkt der Betrachtung der Prozeß (Arbeitsablauf). Er beschreibt die zeitlichen und kausalen Abhängigkeiten einzelner Aktivitäten, die zur Erfüllung des Gesamtprozesses durchzuführen sind. Er wird in einem ersten Schritt als Geschäftsprozeß erfaßt und anschließend in einen Workflow überführt, der seinerseits durch ein Workflow–Management–System zur Ausführung gebracht werden kann.

Gesamtheitlichkeit Während Geschäftsprozesse häufig nur informell und sehr abstrakt beschrieben werden, erfordert die Umsetzung durch ein Workflow–Management–System eine gesamtheitliche Betrachtung. D. h. alle relevanten Aspekte, die für eine Ausführung benötigt werden, sind zu modellieren. Dies sind neben dem eigentlichen Ablauf auch organisatorische Aspekte sowie der Kontroll– und Datenfluß. Nur diese *Gesamtheitlichkeit* der Betrachtung ermöglicht eine möglichst automatisierte Ausführung.

Explizite Modellierung Die *explizite Modellierung* fordert, daß jedes zu modellierende Fakt im Anwendungssystem identifizierbar ist. Eine Darstellung von Fakten indirekt über ein oder mehrere andere Fakten ist nicht gestattet (z. B. den

Kontrollfluß über den Datenfluß in einem Datenflußdiagramm zu repräsentieren),
denn so besteht die Gefahr, ein Modell des Anwendungssystems zu erhalten, das
relevante Informationen nicht direkt identifiziert.

Nach [JBS97] schaffen gerade die Gesamtheitlichkeit und Explizitheit die idealen
Voraussetzungen dafür, ein Reengineering von Anwendungssystemen durchführen
und somit flexibel auf sich ändernde Bedingungen im Wettbewerb reagieren zu
können.

2.2.2 Begriffsbildung

Allgemein

Ein entscheidendes Problem im Kontext der Entwicklung von Workflow–basierten
Anwendungssystemen ist die in der Literatur nicht einheitlich verwendete Terminologie. Den Ausgangspunkt bildet die *Aufgabe*. Dabei handelt es sich um die Definition
eines Ziels und der zu seiner Erreichung notwendigen Angaben, also relevanten Objekten, Mittel, Lösungsvorschriften und weiteren Randbedingungen. Ein einfaches
Beispiel für eine Aufgabe kann lauten „Reservieren Sie mir bitte ein Hotel.". Neben
der Formulierung dieser Aufgabe können weitere Randbedingungen wie der Ort, die
Zeit, die zu erwartenden Kosten oder die Abrechnungsform als Teil der Aufgabe
genannt werden. Die Bearbeitung der Aufgabe wird selbst als *Aktivität* bezeichnet
[Deu96] und durch einen *Aufgabenträger* — synonym zu *Agent* — durchgeführt.
Unterschieden wird zwischen personellen und nicht–personellen (maschinellen) Aufgabenträgern [FS93b]. Für das skizzierte Beispiel kann als Aufgabenträger ein Sachbearbeiter fungieren. Das Einholen eines passenden Angebotes über ein Reisebüro,
die Veranlassung einer Buchung und die Abwicklung der Reisekostenabrechnung
über die entsprechende Abteilung des Unternehmens, wo weitere Aufgabenträger zur
Erfüllung der Aufgabe involviert werden, sind in diesem Fall typische Aktivitäten.

Ein *Prozeß* — synonym wird häufig der Begriff *Arbeitsablauf* benutzt — ist dann
eine koordinierte (parallele und/oder serielle) Menge von Aktivitäten und Teilpro-
zessen, die zur Erreichung eines gemeinsamen Ziels, also der Aufgabe, miteinander
verknüpft sind [Hol94]. Im Hinblick auf das Beispiel beschreibt der Arbeitsablauf die
Reihenfolge der auszuführenden Aktivitäten mit den jeweils zuständigen Aufgabenträgern. Konkret bedeutet dies, daß zunächst die Angebotseinholung, anschließend
die Buchung und abschließend die Abrechnung ausgeführt werden.

Geschäftsprozeßebene

Handelt es sich bei der zu erfüllenden Aufgabe um eine betriebswirtschaftliche Aufgabe und wird somit ein betriebswirtschaftliches Ziel verfolgt, so nennt man den
Arbeitsablauf einen *Geschäftsprozeß*. In der Literatur existieren unterschiedliche Definitionen für diesen Begriff [FS93a, HC94, Obe96, Deu96, JBS97]. In [Rum99] wer-

den die bekanntesten Definitionen miteinander verglichen und vier Kennzeichen für einen Geschäftsprozeß herausgearbeitet hat, wonach dieser

❑ aus einer Menge von Aktivitäten in einem zeitlich und sachlogischen Zusammenhang besteht,

❑ einen Nutzen für den Kunden darstellt,

❑ (oftmals) organisationsübergreifend ist und

❑ zur Ausführung Aufgabenträger (personell oder nicht–personell) benötigt.

Auf Basis dieser Kennzeichen wird in Anlehnung an die Workflow Management Coalition [Coa96] ein Geschäftsprozeß definiert als „eine Menge von miteinander verknüpften, zeitlich und sachlogisch abhängigen Aktivitäten, die gemeinsam innerhalb der organisatorischen Unternehmensstruktur unter Verwendung von Aufgabenträgern eine betriebswirtschaftliche Aufgabe realisieren". Bei dem bisher beschriebenen Beispiel „Hotelreservierung" handelt es sich nach der Definition um einen Geschäftsprozeß, wobei der Kunde hier die Mitarbeiter des Unternehmens selbst sind.

Um Geschäftsprozesse in einem Unternehmen generieren, bestehende Geschäftsprozesse bearbeiten bzw. „reengineeren" zu können, müssen sie angemessen modelliert werden [BV96]. Diesen Vorgang nennt man *Geschäftsprozeßmodellierung* — (engl. Business Process Modelling). Die dabei verwendete Beschreibungssprache bezeichnet man als *Geschäftsprozeßmodell*, aus der konkrete Geschäftsprozesse in Form von *Geschäftsprozeßschemata* abgeleitet werden können. Da ein Geschäftsprozeß durch verschiedene konkrete Instanzen umgesetzt werden kann, wird jede solche konkrete (singuläre) Instanz als *Geschäftsprozeßinstanz* definiert. Bestehen für das zuvor skizzierte Beispiel verschiedene Abrechnungsmöglichkeiten (z. B. per Nachnahme, per Bankeinzug, per Rechnung) oder unterschiedliche Aktivitätenabfolgen (z. B. erst die Buchung, dann Bezahlung oder umgekehrt), so können für den Geschäftsprozeß unterschiedliche Geschäftsprozeßinstanzen generiert und jeweils durch ein entsprechendes Geschäftsprozeßschema modelliert werden.

Workflow–Ebene

Neben den Geschäftsprozessen spielt in der Entwicklung Workflow–basierter Anwendungssysteme die Workflow–Ebene eine zentrale Rolle. Auch hier existieren für die relevanten Begriffe mehrere Definitionen. Wir werden uns an der Begriffsbildung der Geschäftsprozeßebene orientieren und sie analog fortsetzen.

Der zentrale Begriff auf Workflow–Ebene ist der *Workflow (Vorgang)*. Er ist definiert als „a collection of tasks to accomplish some business process" [GHS95] oder „a simple set of tasks that cooperate to implement a business process" [MSK⁺95]. Ein

Workflow entspricht somit der systemtechnischen Realisierung eines Geschäftsprozesses und verfolgt im Gegensatz zu diesem ausschließlich das Ziel seiner Ausführung;
er implementiert den Geschäftsprozeß. Für Workflows gibt es eine Reihe unterschiedlicher Klassifikationen [Mar94, AS94, Sil94, Car97]. Eine sehr verbreitete Einteilung, beispielsweise in [Ade97, Mar97, GHS95, AAEAM97], unterteilt Workflows
in *administrative, kollaborative, Ad-Hoc-* und *Produktions-Workflows*. Während
administrative Workflows durch eine wohldefinierte Struktur und einen geringen
Geschäftswert für das Unternehmen gekennzeichnet sind (z. B. Reisekostenabrechnung), zeichnet einen *kollaborativen Workflow* die große Anzahl von beteiligten Personen aus, wie es beispielsweise für eine gemeinsame Dokumentenbearbeitung typisch ist. Bei *Ad-Hoc-Workflows* ist dagegen keine Ablaufstruktur vorab festgelegt,
denn diese entwickelt sich erst zur Laufzeit aufgrund der spezifischen Randbedingungen. *Produktions-Workflows* ähneln administrativen Workflows, haben jedoch im
Gegensatz zu diesen einen hohen Geschäftswert für das Unternehmen (z. B. Abwicklung von Aktiengeschäften bei Banken). Innerhalb dieses Buches werden Ad-Hoc-
Workflows nicht weiter betrachtet, da ihr Ablauf vor Ausführung nicht vollständig
modelliert und somit zur Analyse von Sicherheitsanforderungen nicht sinnvoll einsetzbar ist.

Die Verwaltung von Workflows wird als *Workflow-Management (Vorgangsbearbei-
tung)* bezeichnet. Dieser Vorgang umfaßt nach [SGJ+96] „the automated coordination, control and communications of work, both of people and computers, as it
is required to carry out organisational processes". Das Management ist somit eine
Aufgabe von Mensch und Maschine, die gemeinsam dazu beitragen, die modellierten
Workflows möglichst automatisiert zur Ausführung zu bringen. Diese Ausführung
wird durch ein entsprechendes Softwaresystem, das *Workflow-Management-System*
(WFMS), unterstützt [Jab95, JB96, HM99].

Zur Modellierung eines Workflows wird eine formale Beschreibungssprache verwendet, die sogenannte *Workflow-Sprache* oder auch das *Workflow-Modell*. Auf dieser Basis werden zu einem Workflow konkrete *Workflow-Schemata* erzeugt, die zur
Laufzeit in Form konkreter *Workflow-Instanzen* durch das Workflow-Management-
System ausgeführt werden.

In dem Beispiel „Hotelreservierung" beschreibt das Workflow-Schema konkret, wie
der Geschäftsprozeß umgesetzt werden soll. Hierzu werden die relevanten Informationen, Anwendungssysteme oder auch Menschen vollständig spezifiziert, die für
die Aufgabenerfüllung durch das Workflow-Management-System notwendig sind.
Ein Mitarbeiter kann dann jederzeit über das Workflow-Management-System das
Workflow-Schema „Hotelreservierung" aufrufen, somit instantiieren und zur Ausführung bringen.

Abhängigkeiten zwischen den Begriffen

Die zuvor definierten Begriffe und ihre Abhängigkeiten untereinander sind in Abbildung 2.5 zusammengefaßt.

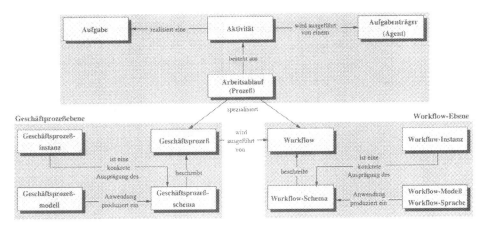

Abbildung 2.5: Begriffe der Workflow–basierten Anwendungsentwicklung

Die Abbildung ist in drei Bereiche gegliedert. Im oberen Bereich sind die allgemeinen Begriffe wie Aktivität, Aufgabe und Aufgabenträger sowie deren Beziehungen zueinander dargestellt. Der linke Teil zeigt dann die Begriffe der Geschäftsprozeßebene, und im rechten Teil sind die der Workflow–Ebene enthalten. Kennzeichnend ist sicherlich die Abhängigkeit der Begriffe der beiden letztgenannten Ebenen, d. h. jeder Begriff der einen Seite (Ebene) hat ein Gegenstück auf der anderen Seite. Dies zeigt deutlich, daß auf beiden Ebenen mit ähnlichen Konstrukten gearbeitet wird. Diese beeinflussen sich gegenseitig, spätestens dann, wenn ein durchgängiges Management von Geschäftsprozessen zu Workflows und deren Ausführung realisiert werden soll. Die Differenzierung der Ebenen ist jedoch im Hinblick auf ein integriertes Geschäftsprozeß–Management (siehe Abschnitt 2.2.3) und den darin involvierten Akteuren mit ihren unterschiedlichen Kenntnissen sinnvoll.

2.2.3 Einordnung in ein Gesamtvorgehensmodell

Die Integration der Geschäftsprozeß– und der Workflow–Ebene wird als *Geschäftsprozeß–Management* bezeichnet [DGS95, Dei97]. Konkret wird damit ein Konzept zur Modellierung, Analyse und Ausführung von Geschäftsprozessen beschrieben [SNZ95], das sich durch folgende Vorteile auszeichnet [Amb96]:

Modellierungssicherheit Da mit der Geschäftsprozeßmodellierung ein Gesamtverständnis des betrieblichen Anwendungssystems geschaffen wird, entsteht eine größere fachliche Sicherheit hinsichtlich der Modellierung des Systems.

Komplexitätsbewältigung Die Komplexität eines Workflow–basierten Anwendungssystems für ein gesamtes Unternehmen kann durch eine Unterteilung in lokale Teilsysteme, die zusammen die im Unternehmen vorhandenen Geschäftsprozesse realisieren, reduziert werden.

Flexibilität hinsichtlich Automatisierungsentscheidungen Auf Basis der spezifizierten Geschäftsprozesse kann eine einfachere Zuordnung von Aktivitäten zu Anwendungssystemen vorgenommen werden, da bereits Kenntnisse über beispielsweise Medienbrüche und Schnittstellen bekannt sind.

Flexibilisierung hinsichtlich Realisierungsalternativen Wird im Verlauf der Entwicklung eine Realisierungsplattform gewechselt, so ist keine vollständige Neumodellierung des Anwendungssystems notwendig, sondern die Ergebnisse der Geschäftsprozeßmodellierung können erneut verwendet werden.

Verbesserung der Wiederverwendbarkeit Häufig wird angestrebt, für spezifische Anwendungsklassen oder Branchen sogenannte Referenzmodelle bereitzustellen, die als Ausgangspunkt für eine Neuentwicklung dienen und alle „Standard–Prozesse" zur Verfügung stellen. Geschäftsprozesse bieten sich aufgrund ihrer hohen Abstraktion dafür an, in Referenzmodellen genutzt zu werden.

Die genannten Vorteile lassen es sinnvoll erscheinen, die Geschäftsprozeßmodellierung und das Workflow–Management in Form des Geschäftsprozeß–Managements miteinander zu verbinden [Bec96]. Ein allgemeines Vorgehensmodell hierfür ist in Abbildung 2.6 dargestellt. Neben den Phasen (graue Rechtecke) des Vorgehensmodells [HSW96, SHW97, JBS97] werden dort zusätzlich die dabei entstehenden Informationsobjekte (Kreise) sowie die für die Erfüllung der jeweiligen Phase verantwortlichen Rollen (abgerundete Rechtecke) skizziert [ZR96]. Die gestrichelten Linien zeigen die zeitliche Reihenfolge der Phasen und die durchgezogenen Linien den Datenfluß in dem Vorgehensmodell.

Begonnen wird mit einer *Informationserhebungsphase*, in der Informationen über die Anwendung sowie die relevanten Arbeitsabläufe erfaßt werden. Hierzu werden durch den Geschäftsprozeßmodellierer die Mitarbeiter der entsprechenden Fachabteilungen mittels unterschiedlicher Techniken (z. B. Interviews, Fragebögen) befragt und die Ergebnisse aufbereitet. Anschließend erfolgt die eigentliche *Geschäftsprozeßmodellierung*. Auf Basis der bereits erhobenen Informationen werden die Geschäftsprozesse erfaßt und soweit möglich für die Anwendung optimiert. Diese Phase wird ebenfalls durch den Geschäftsprozeßmodellierer durchgeführt, der erneut die Mitarbeiter der Fachabteilung sowie die Unternehmensleitung involviert, um die Kernprozesse der Unternehmung zu erfassen und in Form der Geschäftsprozeßschemata zu dokumentieren. In der dritten Phase, der *Workflow–Modellierung*, werden die Geschäftsprozeßschemata in Workflow–Schemata überführt. Im Gegensatz zu den beiden vorherigen Phasen wird diese Aufgabe durch einen Workflow–Modellierer (einen IT-Experten) durchgeführt, da konkretes systemtechnisches Wissen notwendig

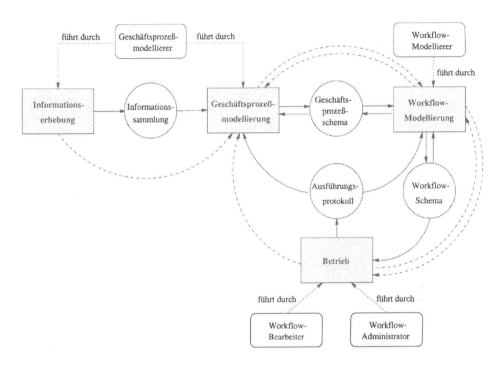

Abbildung 2.6: Vorgehensmodell für ein integriertes Geschäftsprozeß–Management

ist. Als Ergebnis werden Workflow–Schemata generiert, die in der sich anschließenden *Betriebsphase* durch *Workflow–Bearbeiter* ausgeführt werden können. Zusätzlich besteht die Möglichkeit, zur Geschäftsprozeßmodellierung zurückzukehren, um evtl. Modifikationen an den Geschäftsprozeßschemata vorzunehmen. Die Steuerung und Kontrolle der Workflows werden durch ein entsprechendes Workflow–Management–System realisiert, jedoch wird zusätzlich ein Workflow–Administrator benötigt, der in Problemfällen eingreifen und Fehler bei der Ausführung der Workflows beheben kann. Die während der Ausführung anfallenden Protokolldaten können dazu verwendet werden, sowohl auf Geschäftsprozeß– als auf Workflow–Ebene Modifikationen am Anwendungssystem zu initiieren. Die in der Literatur bekannten Ansätze für eine Workflow–basierte Systementwicklung unterstützen unterschiedliche Vorgehensmodelle, die sich jedoch alle in eine der drei folgenden Kategorien einteilen lassen [HSW96, SHW97, JBS97]:

Isolierte Ansätze Wird die Phase der Geschäftsprozeßmodellierung nicht berücksichtigt und direkt mit der Workflow–Modellierung begonnen, so spricht man von einem *isolierten Ansatz*. Beispiele für ein solches Vorgehen finden sich in dem universitären System MOBILE [BJ95, BJ96, JB96] oder in dem kommerziell verfügbaren System FlowMark [LA94].

Sequentielle Ansätze Im Gegensatz zum isolierten Vorgehen durchläuft der *se-*

quentielle Ansatz zunächst die Geschäftsprozeß– und anschließend die Workflow–
Modellierung. Kennzeichnend dabei ist, daß die Geschäftsprozeß– und Workflow–
Schemata in unterschiedlichen Modellen (also Sprachen) spezifiziert werden, so
daß eine Transformation der Schemata notwendig ist. Beispiele für ein sequentiel-
les Vorgehen findet man im ARIS– [Sch92a, Sch95, Sch96] und im SOM–Ansatz
[Amb95, Amb96].

Integrierte Ansätze Bei *integrierten Ansätzen* wird analog zu den sequentiellen
Ansätzen verfahren, mit dem einzigen Unterschied, daß auf beiden Ebenen das
gleiche Modell verwendet wird. Somit findet keine Transformation, sondern eine
Verfeinerung zwischen den Schemata der beiden Ebenen statt, d. h. eine Anrei-
cherung um Workflow–spezifische Informationen. Ein derartiger Ansatz wird u. a.
im FUNSOFT–Ansatz [GK94, DGS95, DLS96] verfolgt.

2.2.4 Geschäftsprozeßmodellierung

2.2.4.1 Ziele

Die im Rahmen der Geschäftsprozeßmodellierung verfolgten Ziele können beispielsweise nach [FM95] vereinfacht zusammengefaßt werden: „Die Formalziele der Gestaltung betreffen vorzugsweise die Komplexität und die Flexibilität der Prozesse sowie
Kosten, Zeitverhalten und Qualität der Prozeßdurchführung. Verkürzt gesagt: Die
Prozesse sind so einfach wie möglich und so flexibel wie nötig zu gestalten.". Die
beiden Aspekte der „Einfachheit" und „Flexibilität" lassen sich bei detaillierterer
Betrachtung zu folgenden konkreteren Zielen ableiten [Ros94, Jae96, SJ96]:

Verstärkte Kundenorientierung Ein erstes anzustrebendes Ziel besteht darin,
die im Anwendungssystem abgebildeten Geschäftsprozesse auf die Anforderungen
der Kunden zu orientieren. Die Kunden sollen optimal in die Ablaufstrukturen
eingepaßt werden und somit eine erhöhte Kundenzufriedenheit schaffen.

Dokumentationsverbesserung Häufig ist den Mitarbeitern in einem Unternehmen lediglich ihr unmittelbares Arbeitsumfeld vollständig bewußt. Die Arbeitsabläufe, in die sie z. T. selbst involviert sind, sind ihnen gar nicht oder nur unzureichend bekannt. Die Dokumentation der Geschäftsprozesse dient dazu, Transparenz
herzustellen und den Mitarbeitern die Gesamtzusammenhänge über organisatorische Grenzen hinweg zu erläutern. Weiterhin kann sie verwendet werden,
neuen Mitarbeitern die Einarbeitung in ihr Tätigkeitsfeld zu vereinfachen.

Analyse und Optimierung Sind die Geschäftsprozesse erfaßt und entsprechend
dokumentiert, so besteht die Möglichkeit sie zu analysieren und ggf. zu optimieren
[Neu95, TCN96]. Dies nennt man *Geschäftsprozeßoptimierung*, wobei ein Opti-
mum häufig nicht erreicht werden kann, da es nicht bekannt bzw. keine entsprechende Metrik vorgegeben ist [Mer96]. Die angestrebten Ziele können unterschiedlich sein, z. B. Kostenreduktion, Zeitminimierung oder Qualitätssteigerung. Auch

andere Aspekte, wie die Minimierung der organisatorischen Schnittstellen oder der Abbau von Medienbrüchen sind möglich. Nach einer anfänglichen Einschätzung, ein Geschäftsprozeßmodellierer könne Schwachstellen in den Geschäftsprozessen „durch scharfes Hinsehen" erkennen und danach beseitigen, werden heute zunehmend Verfahren entwickelt und in der Praxis erprobt, die neben der Visualisierung der Prozesse auch ihre rechnergestützte Analyse und Optimierung ermöglichen (z. B. durch Simulation [vdAvH95, vdAvH96, Jae96]).

Anwendungssystementwicklung Der Einsatz der Geschäftsprozeßmodellierung im Rahmen der Systementwicklung ist ein weiteres Zielkriterium. Zunächst werden die Geschäftsprozesse dazu verwendet, diejenigen Aufgaben zu identifizieren, die durch die Anwendung unterstützt werden sollen, sowie die hierzu notwendigen Schnittstellen festzulegen [SJ96]. Für die Auswahl von Systemen können die Referenzmodelle der Softwarehersteller (z. B. SAP, Baan) genutzt werden, die Geschäftsprozesse gegenüber den Produkten abzugleichen, eine Entscheidung für ein geeignetes Produkt zu finden sowie dieses an das Unternehmen anzupassen. Häufig können sie über entsprechende Schnittstellen automatisch in CASE–Werkzeuge übernommen werden [Amb93, Vol97].

Vorbereitung für das Workflow–Management Um die Geschäftsprozesse mittels eines Workflow–Management–Systems zur Ausführung zu bringen, müssen sie um eine Reihe zusätzlicher Informationen angereichert werden [Jab95, JB96] (siehe Abschnitt 2.2.5).

2.2.4.2 Bekannte Ansätze

In diesem Abschnitt werden drei bekannte Ansätze für die Geschäftsprozeßmodellierung vorgestellt, die einen sehr guten Eindruck über die Modelle und Vorgehen dieser Phase des Geschäftsprozeß–Managements vermitteln. Neben der Architektur integrierter Informationssysteme (ARIS) und dem Semantischen Objektmodell (SOM) wird ein Ansatz aus dem Bereich der Petri–Netze — die sogenannten FUNSOFT–Netze — präsentiert.

Architektur integrierter Informationssysteme (ARIS)

Mit der „Architektur integrierter Informationssysteme" (ARIS) steht eine Methode zur Spezifikation und Implementierung von Informationssystemen bereit, die insbesondere die Geschäftsprozesse eines Unternehmens unterstützt [Sch92a, Sch95, Sch96].

Die Architektur eines Anwendungssystems wird in drei Beschreibungsebenen und vier Beschreibungssichten unterteilt (siehe Abbildung 2.7). Während die Beschreibungsebenen die Möglichkeit eröffnen, das Anwendungssystem von der betriebswirtschaftlichen Problemstellung bis zur konkreten Umsetzung, also vom Fachkonzept

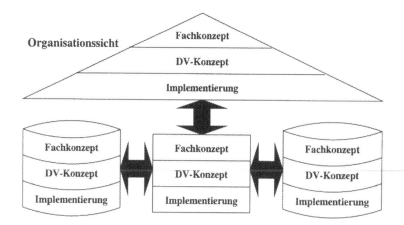

Abbildung 2.7: Architektur integrierter Informationssysteme [Sch92a]

über das DV–Konzept hin zur Implementierung, darzustellen, hat die Sichtenbildung den Zweck, die Komplexität der Beschreibung zu reduzieren. Konkret werden in ARIS folgende vier Sichten angeboten:

Funktionssicht Die *Funktionssicht* beschreibt, welche Funktionen und Teilfunktionen im Unternehmen ausgeführt werden. Die Darstellung erfolgt beispielsweise mittels Funktionsbäumen.

Datensicht In der *Datensicht* werden alle Datenobjekte (Ereignisse und Zustände) sowie ihre Abhängigkeiten z. B. in Entity–Relationship–Diagrammen beschrieben.

Organisationssicht Die *Organisationssicht* repräsentiert die Mitarbeiter und Organisationseinheiten des Unternehmens mit i. allg. ihren hierarchischen Beziehungen.

Steuerungssicht Die *Steuerungssicht* enthält die Wechselwirkungen und Zusammenhänge der drei vorherigen Sichten, d. h. sie zeigt wer (Organisationseinheit) erfüllt was (Funktionssicht) mit welchen Daten (Datensicht). Hierzu werden die zeitlichen und logischen Reihenfolgen der Funktionsausführungen beschrieben und die entsprechenden Zuständigkeiten und Daten modelliert.

ARIS verwendet zur Beschreibung der Geschäftsprozesse die *Ereignisgesteuerten Prozeßketten* (EPK). Bei den EPKs handelt es sich um gerichtete bipartite Graphen, deren wesentliche Knotentypen Ereignisse, Funktionen, Verknüpfungsoperatoren (z. B. Konjunktion und Disjunktion) sowie Daten– und Organisationsobjekte sind. Insgesamt wird somit eine informelle und abstrakte Darstellung der Geschäftsprozesse ermöglicht, für die mittlerweile verschiedene Formalisierungsansätze entwickelt wurden, um Eigenschaften für die EPKs (z. B. Deadlockfreiheit) nachweisen zu können [LSW97, Rum97].

Die Sichtenbildung in ARIS bietet zusätzlich die Möglichkeit, das Anwendungssystem aus verschiedenen Blickwinkeln zu betrachten und somit die Komplexität bei der Anwendungsentwicklung besser in den Griff zu bekommen. Jede einzelne Sicht wird in drei Ebenen aufgeteilt:

Fachkonzept Gegenstand des *Fachkonzepts* ist ausschließlich das zu unterstützende betriebswirtschaftliche Anwendungskonzept des Unternehmens. Dazu werden die zuvor skizzierten Sichten durch entsprechende Instantiierungen belegt und somit die Geschäftsprozesse in einem Unternehmen identifiziert.

DV–Konzept Die Ergebnisse des Fachkonzeptes werden durch eine Transformation in DV–orientierte Strukturen abgebildet. Das so entstandene *DV–Konzept* enthält die Beschreibungen genereller Schnittstellen der Informationstechnik (z.B. Datenbanksysteme, Netzwerkarchitekturen).

Implementierung In der letzten Ebene — der *Implementierung* — wird das DV–Konzept dann programmiertechnisch umgesetzt, d. h. die spezifizierten Schnittstellen müssen realisiert und die Integration von Anwendungssystemen vorgenommen werden.

Auf Basis der vier Sichten werden in ARIS die drei skizzierten Beschreibungsebenen durchlaufen und so ein Anwendungssystem ausgehend von der betriebswirtschaftlichen Sicht bis hin zur konkreten systemtechnischen Umsetzung realisiert. Mit dem ARIS–Toolset steht ein Werkzeug zur Dokumentation von Geschäftsprozessen bereit, das auf der ARIS–Architektur basiert.

Semantisches Objektmodell (SOM)

Das „Semantische Objektmodell" (SOM) wurde von Ferstl und Sinz entwickelt und stellt einen Ansatz zur Modellierung betrieblicher Systeme und zur Spezifikation von Anwendungssystemen zur Verfügung [FS95, FS96]. Hauptkennzeichen dieses Ansatzes ist die Nutzung objektorientierter und transaktionsbasierter Konzepte sowie die methodische Durchgängigkeit zur Systementwicklung. Die zentralen Konzepte des SOM–Ansatzes sind die in Abbildung 2.8 dargestellte *Unternehmensarchitektur* und das *Vorgehensmodell* (V–Modell). Der sich schwerpunktmäßig mit der Geschäftsprozeßmodellierung auseinandersetzende Teil ist grau gekennzeichnet und wird im folgenden detaillierter ausgeführt.

Die Unternehmensarchitektur des SOM–Ansatzes gliedert sich in die drei Modellebenen *Unternehmensplan* (U–Plan), *Geschäftsprozeßmodelle*[15] und *Anwendungssystemspezifikationen*. Die drei Modellebenen werden in dem Vorgehensmodell — getrennt nach struktur- und verhaltensorientierten Sichten — präsentiert. Der linke Schenkel des V–Modells enthält die struktur–, der rechte die verhaltensorientierten Sichten.

---

[15]Im SOM–Ansatz wird hier der Begriff „Geschäftsprozeßmodell" verwendet, während nach der Begriffsbildung aus Abschnitt 2.2.2 Geschäftsprozeßschemata gemeint sind.

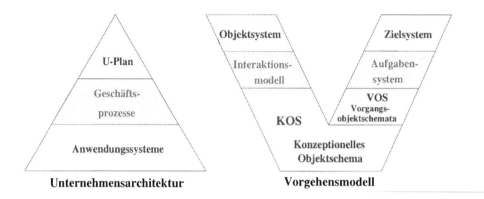

Abbildung 2.8: Rahmenkonzepte des SOM–Ansatzes [FS96]

Unternehmensplan Die Außensicht auf das betriebliche Anwendungssystem wird durch einen informell dargestellten Unternehmensplan abgedeckt, der sich aus einem *Objekt-* und einem *Zielsystem* zusammensetzt. Das Objektsystem beschreibt die Diskurswelt (betriebliche Objekte) und die relevante Umwelt (Objekte der Umwelt, die mit betrieblichen Objekten in Beziehung stehen) des Systems. Die Sach- und Formalziele, Erfolgsfaktoren und Strategien zum Erreichen der Ziele werden dagegen in dem Zielsystem erfaßt.

Geschäftsprozesse Die *Geschäftsprozesse* realisieren anschließend den Unternehmensplan, wobei sie im Rahmen der Modellierung sukzessive zerlegt werden. Hierzu bietet SOM drei Sichten an:

❑ *Leistungssicht:* Jeder Geschäftsprozeß leistet einen Beitrag zur Sachzielerfüllung. In der Leistungssicht wird die Erstellung dieser Leistung sowie die Übergabe an die Geschäftsprozesse betrachtet.

❑ *Lenkungssicht:* In einem Geschäftsprozeß sind Mechanismen zur Koordination zielgerichteter betrieblicher Objekte im Rahmen der Erstellung und Übergabe der Leistung in Form betrieblicher Transaktionen gegeben. Diese Koordination wird sowohl in einem Verhandlungsprinzip (flache Koordination) wie auch in einem Regelungsprinzip (hierarchische Koordination) spezifiziert.

❑ *Ablaufsicht:* In der Ablaufsicht wird der Geschäftsprozeß in Form eines ereignisgesteuerten Ablaufs von Vorgängen beschrieben, die ihrerseits die Aufgaben der betrieblichen Objekte und Transaktionen ausführen.

Die Struktur der Geschäftsprozesse — beschrieben in der Leistungs- und Lenkungssicht — umfaßt die betrieblichen Objekte und Transaktionen und wird im *Interaktionsmodell* durch *Interaktionsschemata* formalisiert. Die Ablaufsicht hingegen beinhaltet die Aufgaben und Ereignisse, die objektintern, in Bezug auf die Umwelt und im Rahmen von Transaktionen auftreten. Sie wird in einem *Aufgabensystem* in Form von *Vorgangs-Ereignis-Schemata* beschrieben.

Die Geschäftsprozeßmodelle setzen sich somit aus betrieblichen Objekten, Transaktionen, Aufgaben, Ereignissen und Leistungsspezifikationen zusammen. Die Beziehungen zwischen diesen Elementen werden in einem Metamodell definiert. Die strukturorientierten Sichten und die verhaltensorientierte Sicht werden dabei zusammengefaßt. Gekoppelt sind sie durch den Objekttyp Transaktion, der in beiden Sichten vorhanden ist.

Anwendungssysteme Das konkrete *Anwendungssystem* wird durch ein *konzeptionelles Objektschema* (KOS) und ein *Vorgangsobjektschemata* (VOS) beschrieben. Damit wird die Umsetzung der Geschäftsprozesse realisiert und eine (teilweise) Automatisierung der Prozesse gewährleistet.

Das Semantische Objektmodell unterstützt somit die hierarchische Zerlegung von Geschäftsprozessen. So kann beispielsweise ein Objekt der Diskurswelt aus mehreren Teilobjekten bestehen. Die Transaktionen, die mit dem Objekt verknüpft sind, werden bei einer detaillierteren Darstellung entsprechend in Teiltransaktionen zerlegt, die mit den einzelnen Teilobjekten verbunden werden. Der gesamte Ansatz wird durch ein entsprechendes Softwarewerkzeug unterstützt.

FUNSOFT–Netze

Eine Reihe weiterer Ansätze der Geschäftsprozeß–Management basiert auf Petri-Netzen [vdAvH96, Obe96], beispielsweise die „FUNSOFT–Netze" [Gru91]. Dabei handelt es sich um erweiterte „high–level"–Petri-Netze [Rei85], die im Entwicklungszyklus ständig um zusätzliche Informationen angereichert werden [DGS95] und eine Modellierung, Analyse und Automatisierung der Geschäftsprozesse ermöglichen sollen [GK94, DLS96]. Somit können sie auch unter den Aspekt des Workflow-Managements gefaßt und dort untersucht werden. Im folgenden werden jedoch speziell die Aspekte der Geschäftsprozeßmodellierung und –analyse betrachtet. Zur Strukturierung eines Geschäftsprozesses werden im FUNSOFT-Ansatz — analog dem ARIS-Ansatz — verschiedene Sichten verwendet [DGW94]:

Datensicht Die *Datensicht* stellt die im Geschäftsprozeß verwendeten Objekttypen (z. B. Stammdaten, Formulare) und ihre Beziehungen untereinander in einem ER–Diagramm dar.

Organisationssicht In der *Organisationssicht* werden den einzelnen Aktivitäten eines Geschäftsprozesses entsprechende Prozeßverantwortliche zugeordnet. In einem Rollenkonzept wird hierzu spezifiziert, welche Personen welche Rollen ausfüllen und welche Rollen zur Ausführung einer Aktivität benötigt werden.

Ablaufsicht In der *Ablaufsicht* wird der Arbeitsablauf, d. h. die Abfolge der Aktivitäten beschrieben. Diese können parallel oder sequentiell ausgeführt werden, Daten als Ein– oder Ausgaben verwenden und ausführende Rollen benötigen. Der Kontrollfluß zwischen den einzelnen Aktivitäten eines Arbeitsablaufes wird in einem FUNSOFT-Netz modelliert.

Ein FUNSOFT–Netz besteht aus zwei Typen von Knoten: Aktivitäten und Objekt-speicher. Aus Petri–Netz–Sicht entsprechen die Aktivitäten dabei den Transitionen und die Objektspeicher den Stellen. Die Knoten können mittels Kanten verbunden werden. Eine Aktivität kann genau dann durchgeführt werden, wenn die ihr vorangehenden Objektspeicher die zu ihrer Bearbeitung erforderlichen Objekte enthalten. Während der Ausführung entstehende Objekte werden in dem der Aktivität nachfolgenden Objektspeicher abgelegt.

Zur Integration der drei Sichten stehen im FUNSOFT–Ansatz zwei unterschiedliche Ansätze zur Verfügung. Die erste Möglichkeit ist dadurch gegeben, daß die Informationen der drei Sichten in eine einheitliche Darstellung überführt werden. Dazu werden die Informationen der Daten– und Organisationssicht in die FUNSOFT–Netze der Ablaufsicht integriert. Die zweite Möglichkeit basiert auf der Interpretation aller Prozeßinformationen zur Laufzeit. In diesem Fall werden alle in den drei Sichten modellierten Informationen in einer gemeinsamen Datenbank abgelegt und zur Laufzeit die entsprechenden Informationen abgerufen. Kann eine Aktivität beispielsweise schalten, so werden aus der Datenbank die zugeordnete Rolle sowie die dafür zuständigen Mitarbeiter gelesen. Ist eine dieser Personen aktuell verfügbar, so kann die Aktivität durchgeführt werden.

Ein entscheidender Vorteil, den der Einsatz von Petri–Netzen bzw. Erweiterungen von Petri–Netzen mit sich bringt, ist die Möglichkeit der Analyse. Hier stehen sowohl Validierungs– wie auch Verifikationstechniken zur Verfügung [Gru91]. Die Validierung überprüft die entsprechenden Geschäftsprozesse mittels Simulation. Die Eigenschaften der Arbeitsabläufe, z. B. Zeit– und Kostenbedarf von Aktivitäten, können mit berücksichtigt und mittels statistischer Auswertungen untersucht werden. Zusätzlich zu den Validierungsverfahren können spezifische Eigenschaften der Arbeitsabläufe (z. B. Deadlockfreiheit) mittels formaler Verifikationstechniken nachgewiesen werden.

Der FUNSOFT–Ansatz wird durch zwei Werkzeuge unterstützt. Das System „Coordination Manager" (CORMAN) wurde von der Fraunhofer Einrichtung für Software– und Systemtechnik (FhG–ISST) entwickelt und bietet neben der graphischen Modellierung von Geschäftsprozessen auch verschiedene Analysemöglichkeiten. Zur Darstellung und Steuerung von Geschäftsprozessen kann außerdem das Workflow–Management–System „LION Entwicklungsumgebung" (LEU) der LION GmbH genutzt werden.

2.2.5 Workflow–Management

2.2.5.1 Ziele

Während die Geschäftsprozeßmodellierung primär auf die Dokumentation und Optimierung von Arbeitsabläufen ausgerichtet ist, strebt das Workflow–Managements verstärkt die computergestützte Ausführung der Abläufe an. Die zentralen Ziele, die dabei verfolgt werden, sind [Rei93, VPL95, Obe96, JB96, Vog96]:

Produktivitätssteigerung Durch den Einsatz von Workflow–Management–Systemen besteht die Möglichkeit, die zur Ausführung von Aktivitäten notwendigen Informationen automatisch durch das System bereitzustellen und somit Transport– und Liegezeiten zu verringern. Der Mitarbeiter kann sich auf seine eigentlichen Aufgaben konzentrieren und wird von der Informationsbereitstellung entlastet. Die Verwendung von elektronischen Medien anstatt der bisher vorhandenen papiergebundenen Arbeit ermöglicht weiterhin die Parallelisierung von Arbeitsvorgängen. Weiterhin besteht die Möglichkeit die modellierten Workflows vor ihrem Betrieb zu optimieren. So wird in [TSMB95] die Simulation explizit als eine zentrale Aufgabe des Workflow–Managment identifiziert, wobei sowohl die Validierung als auch die quantitative Analyse (z. B. Ressourenauslastung) der Workflows vorgenommen werden kann. Insgesamt wird somit eine Verringerung der Kosten und Durchlaufzeit und daraus resultierend eine *Steigerung der Produktivität* angestrebt.

Qualitätsverbesserung Die Ausführung von Geschäftsprozessen nach einem eindeutig festgelegten Schema garantiert die gleichwertige Bearbeitung des Arbeitsablaufes unabhängig vom ausführenden Aufgabenträger. Es ist sichergestellt, daß keine Aktivität vergessen oder ausgelassen wird. Ausnahmesituationen werden protokolliert und somit transparent gemacht.

Flexibilität Veränderungen innerhalb des Unternehmens können schneller umgesetzt werden, da die Arbeitsabläufe nicht „fest verdrahtet" sind. Hierzu müssen sie lediglich neu modelliert und dem Workflow–Management–System zur Verfügung gestellt werden.

Transparenz Der momentane Bearbeitungszustand eines Workflows kann jederzeit kontrolliert und ggf. beeinflußt werden. Dies führt zu einer erhöhten *Transparenz* sowohl für das Unternehmen (z. B. Informationen an die Management–Ebene) wie auch für die Kunden, die beispielsweise über den aktuellen Bearbeitungsstand und den voraussichtlichen Abschluß ihrer Aufträge informiert werden können.

Zur Umsetzung der Ziele werden Workflow–Management–Systeme konzipiert und entwickelt, die konkret folgende funktionalen und nicht–funktionalen Aufgaben erfüllen sollen [JBS97, Jab97]:

Ausführung Die elementare funktionale Aufgabe eines Workflow–Management– Systems besteht in der *Ausführung* der modellierten Workflows. Hierzu müssen Funktions–, Organisations–, Verhaltens– und Informationsaspekte berücksichtigt werden [CKO97]. Konkret werden die Workflows verwaltet, die Reihenfolge der auszuführenden Aktivitäten garantiert sowie die für die Ausführung benötigten Daten und Informationen bereitgestellt. Weiterhin ist die Integration von (Standard–)Anwendungen in den Ablauf des Workflows zu ermöglichen.

Benutzungsschnittstellen Zur Interaktion mit dem Workflow–Management–System müssen verschiedene *Benutzungsschnittstellen* zur Verfügung stehen. Neben
einer Anwenderschnittstelle, die den Zugang eines Anwenders zu den eigentlichen
Workflows bietet, sind für den Entwickler und den Administrator entsprechende
Schnittstellen notwendig.

Offenheit Die Heterogenität heutiger Systeme erfordert bei der Entwicklung von
Workflow–Management–Systemen die Unterstützung unterschiedlicher System-
plattformen sowie Fremdsysteme.

Zuverlässigkeit Um die *Zuverlässigkeit* eines Workflow–Management–Systems gewährleisten zu können, muß dieses eine hohe Fehlertoleranz sowie eine parallele
Verarbeitung verschiedener Aufgaben unterstützen.

Analysierbarkeit Eine weitere Aufgabe liegt in der Nachvollziehbarkeit, Überwachung und *Analyse* der modellierten Workflows sowie der permanenten Überwachung des Workflow–Management–Systems selbst.

2.2.5.2   Referenzmodell der Workflow Management Coalition

Mit der *Workflow Management Coalition* (WfMC) ist 1993 ein Zusammenschluß
von Herstellern, Anwendern und wissenschaftlichen Organisationen gegründet worden, der die Standardisierung von Workflow–Management–Systemen vorantreiben
und insbesondere die Interoperabilität bestehender Workflow–Management–Systeme
erhöhen will. Hierzu ist zunächst eine einheitliche Terminologie für den Workflow–
Management–Bereich erarbeitet worden [Coa96]. Als Modellierungsgrundlage wurde das *Minimale Metamodell* (siehe Abschnitt 5.1.1) sowie die *Workflow Process
Definition Language* (WPDL) als standardisierte Sprache zur Beschreibung von
Prozeßdefinitionen konzipiert [Coa98]. Den Kern der Bemühungen bildet das *Referenzmodell* für ein Workflow–Management–System (siehe Abbildung 2.9), in dem
die Komponenten und ihre Funktionen sowie die Schnittstellen zwischen den Komponenten definiert sind [Hol94]. Ziel des Referenzmodells ist die Forderung nach
Standardisierung der Schnittstellen zwischen den einzelnen Komponenten, um somit
Komponenten unterschiedlicher Hersteller von Workflow–Management–Systemen in
einem System integriert verfügbar und nutzbar zu machen.

Im Zentrum des Referenzmodells stehen die *Workflow–Ausführungsdienste*, die für
die Erzeugung, Verwaltung und Ausführung der Workflows zuständig sind. Sie bestehen aus mehreren *Workflow–Maschinen*, die insgesamt durch das *Workflow–
Application Programming Interface* (WAPI) und die zugehörigen Austauschformate
gekapselt werden. Konkret wird über fünf Schnittstellen die Kommunikation zu folgenden Komponenten realisiert:

❶ **Prozeßdefinitionswerkzeug:** Über die Schnittstelle 1 (Workflow Definition Interchange) wird die Verbindung von Definitions– und Laufzeitumgebung

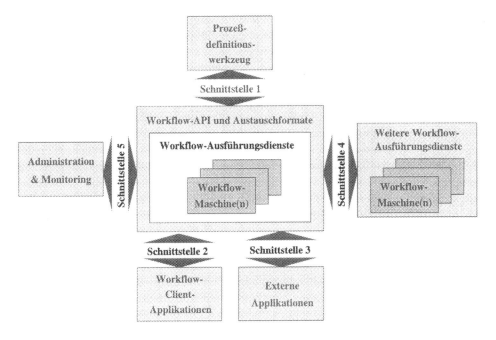

Abbildung 2.9: Referenzmodell der Workflow Management Coalition [Hol94]

hergestellt. Die Workflows werden durch entsprechende Werkzeuge modelliert und anschließend dem Workflow–Management–System bekannt gemacht.

❷ **Workflow–Client–Applikationen:** Die Kommunikation zwischen dem Endanwender und dem Workflow–Management–System (z. B. über Arbeitslisten) wird über die Schnittstelle 2 (Workflow Client Application Interface) realisiert.

❸ **Externe Applikationen:** Die Schnittstelle 3 (Invoked Applications Interface) ermöglicht die Anbindung von Fremdsystemen an das Workflow–Management–System (z. B. Office–Anwendungen).

❹ **Weitere Workflow–Ausführungsdienste:** Die Kommunikation zu den anderen Workflow–Ausführungsdiensten wird über die Schnittstelle 4 (WAPI Interoperability Functions) vollzogen. Sie ist besonders wichtig, da durch sie die Interoperabilität mit anderen Workflow–Management–Systemen gewährleistet werden soll.

❺ **Administration & Monitoring:** Die Schnittstelle 5 (Administration & Monitoring Interface) bindet Administrations– und Monitoring–Werkzeuge an die Laufzeitumgebung an, um die Kontrolle und Steuerung der Workflows vornehmen zu können.

Die Aktivitäten der Workflow Management Coalition zielen darauf ab, eine Standardisierung im Bereich des Workflow–Managements zu erreichen. Durch die große Anzahl von Mitgliedern und die entsprechende Vielzahl unterschiedlicher Interessen ist bisher die Spezifikation der Schnittstellen noch nicht abgeschlossen sowie die Funktionalität der einzelnen Schnittstellen, die von den Herstellern bereitgestellt werden muß, auf ein Minimum beschränkt. Auch das Minimale Metamodell zeigt das Problem, viele Teilnehmer zusammenzubringen. So ist beispielsweise der Organisationsaspekt der Arbeitsabläufe weitgehend offengelassen, was auf das unterschiedliche Organisationsverständnis der Hersteller schließen läßt.

2.2.5.3   Bekannte Ansätze

In diesem Abschnitt werden einige Workflow–Management–Systeme exemplarisch vorgestellt, wobei es sich dabei um einen universitären und zwei kommerzielle Systeme handelt. Übersichten über weitere Systeme sind u. a. in [VB96, JB96, JBS97, Car97] zu finden.

MOBILE

Das System „MOBILE" ist an der Universität Erlangen–Nürnberg entwickelt worden und bietet eine Workflow–Sprache zur Modellierung der Workflows und eine Architektur zur Strukturierung eines Workflow–Management–Systems. Es basiert auf einem aspekteorientierten Workflow–Modell, d.h. die Modellierung eines Workflows erfolgt anhand verschiedener Aspekte, die in ihrer Gesamtheit einen Workflow in seinen verschiedenen Facetten charakterisieren [BJ96, JB96]. Das damit verfolgte Ziel ist eine überschaubare Modellierung der Workflows sowie eine leichte Erweiterbarkeit. Grundsätzlich unterscheidet MOBILE fünf grundlegende Aspekte:

Funktionsaspekt Der *funktionale Aspekt* definiert die funktionalen Einheiten eines Workflows. In MOBILE sind dies Subworkflows und Schritte. Während Schritte die vom Benutzer auszuführenden Aktivitäten kennzeichnen, sind Subworkflows aus Schritten oder anderen Subworkflows zusammengesetzt und bieten somit die Möglichkeit der Hierarchisierung von Ablaufbeschreibungen.

Informationsaspekt Im *Informationsaspekt* wird der Datenfluß zwischen einem Workflow und seinen Subworkflows bzw. Schritten beschrieben. Dazu ist jeder Workflow mit einer parametrisierten Schnittstelle versehen, über die IN– und OUT–Parameter vor Beginn bzw. nach Ende eines Workflows übergeben werden.

Verhaltensaspekt Der *Verhaltensaspekt* definiert den Kontrollfluß eines Workflows. Hierzu wird die Reihenfolge von Schritten und Subworkflows spezifiziert, wobei eine sequentielle Abarbeitung, eine bedingte und parallele Verzweigung, eine Schleife sowie eine Vereinigung paralleler Abläufe definiert werden können.

Organisationsaspekt Der *Organisationsaspekt* stellt die Beziehung zwischen Ablauf– und Organisationsbeschreibung her. Die Mitarbeiter eines Unternehmens und deren Beziehungen untereinander sind in einer Organisationsstruktur festgelegt. Über Zuordnungen zu den Schritten und Subworkflows wird dann beschrieben, wer diese ausführen soll bzw. darf.

Operationsaspekt Durch den *operationalen Aspekt* wird die Integration von (Standard–)Anwendungen in einen Workflow geregelt. Gleichzeitig wird der Datenfluß zwischen dem Schritt und der Anwendung festgelegt.

Beispiele für weitere Aspekte sind ein *Sicherheitsaspekt*, der Datenschutz– und Datensicherungsbelange berücksichtigt, oder ein *Qualitätsaspekt*, um die betriebswirtschaftlichen Kategorien bilden zu können [JB96]. Zur formalen Definition von Workflows steht in MOBILE die Sprache „MOBILE Script Language" (MSL) zur Verfügung. Sie ist ebenfalls nach den Aspekten gegliedert und bietet dem Modellierer die Möglichkeit, Kontrollflußkonstrukte hinzufügen, deren genaue Spezifikation mittels Petri–Netzen erfolgt [JB96].

Insgesamt ist durch die konsequente Aspektenorientierung sowohl in der Modellierung wie auch in der Ausführung eine einfache Erweiterung der Funktionalität von MOBILE gewährleistet. Die bei der Entwicklung speziell verfolgten Ziele der Skalierbarkeit, Performanz, Fehlertoleranz und Änderungsfreundlichkeit sollen durch eine entsprechende Architektur umgesetzt werden können.

FlowMark

Die IBM vertreibt seit 1994 das Workflow–Management–System „FlowMark" [LA94, LR94]. Die Geschäftsprozesse werden dabei in Form azyklischer gerichteter Graphen modelliert, wobei ein Knoten einen Ausführungsschritt (Aktivität) und eine Kante einen Kontroll– und Datenfluß zwischen verschiedenen Schritten repräsentiert. Das System bietet zur Modellierung der Workflows einen *Buildtime–Client* an, der eine graphische Modellierung der Workflows sowie der Organisationsstrukturen ermöglicht. Weiterhin können die Workflows mittels Animation analysiert und ggf. optimiert werden [Rol96]. Die erstellten Prozeßmodelle werden mittels der „FlowMark Definition Language" (FDL) abgespeichert.

Die Ausführungskomponente ist als Client–Server–Anwendung konzipiert und besteht aus einem zentralen *Database–Server* auf Basis des objektorientierten Datenbank–Management–Systems ObjectStore, einem oder mehreren *FlowMark–Servern* sowie verschiedenen *Runtime–Clients*. Die Workflow–Definitionen, die Organisationsstrukturen sowie alle weiteren Daten zur Steuerung der Workflows enthalten, werden im FDL–Format in die zentrale Datenbank importiert. Die FlowMark–Server sind für die Ausführung der Workflows verantwortlich. Hierzu holen sie die notwendigen Informationen vom Database–Server, bestimmen die auszuführenden Aktivitäten und verteilen diese an die jeweiligen Bearbeiter. Über die Runtime–Clients werden dem Bearbeiter in einer Arbeitsliste die zu bearbeitenden Aktivitäten präsentiert sowie Starts neuer Workflows und die Überwachung laufender Workflows ermöglicht. Die Integration von Anwendungsprogrammen wird über den *Program-Execution-Client* realisiert.

FlowMark bietet eine Unterstützung zur Behebung von Systemfehlern (z. B. Ausfall eines Servers) an. Ein solcher Ausfall während der Workflow–Ausführung wird durch das Konzept des *forward recovery* kompensiert. Dazu werden die Zustände aller Aktivitäten protokolliert und nach einem Systemausfall die Ausführung insgesamt solange ausgesetzt, bis die Server ihre Ausgangszustände rekonstruiert haben. Hierzu wird ggf. auf die Hilfe der Bearbeiter zurückgegriffen, die eine Beendigung oder einen Neustart von Aktivitäten auf ihren Clients vornehmen müssen. Zukünftig wird für FlowMark auch ein *backward recovery* gefordert [MAA+95], um die vollständige Fertigstellung von Aktivitäten auch nach Systemausfällen garantieren zu können.

SAP Business Workflow

Die SAP bietet mit dem „SAP Business Workflow" eine in das R/3–System integrierte Workflow–Management–Komponente an [AG96], die auf der Softwarearchitektur der im R/3–System vorhandenen betriebswirtschaftlichen Module aufsetzt. Die Workflow–Schemata basieren auf dem R/3–Referenzmodell, sind jedoch ausführbar. Die Architektur von SAP Business Workflow ist in drei Schichten gegliedert, wobei die einzelnen Aspekte eines Geschäftsprozesses voneinander entkoppelt auf einer separaten Ebene beschrieben werden:

Organisationsmodell Auf der obersten Ebene werden alle *organisatorischen* Aspekte eines Geschäftsprozesses beschrieben. Die Aufgaben kennzeichnen als Teil der Ablauforganisation einen betriebswirtschaftlichen Vorgang, der seinerseits konkreten Aufgabenträgern innerhalb der Aufbauorganisation zugeordnet ist.

Prozeßmodell Im *Prozeßmodell* werden die Aufgaben als Einzelschritte oder Mehrschrittaufgaben konkretisiert. Schritte können sequentiell oder in parallelen Verarbeitungszweigen in einem Workflow angeordnet sein. Außerdem besitzt jeder Geschäftsprozeß oder Arbeitsschritt einen privaten Datenbereich, in dem die Verweise auf die bearbeiteten Geschäftsobjekte sowie die ablaufrelevanten Variablen enthalten sind. Zur Beschreibung der Arbeitsabläufe werden die Ereignisgesteuerten Prozeßketten verwendet.

Objektmodell Die konkrete Realisierung von Arbeitsschritten wird durch den Aufruf einer oder mehrerer Methoden eines Geschäftsobjektes durchgeführt, die in einem *Objektmodell* spezifiziert sind und im SAP–R/3–System implementiert sein können. Die Schnittstelle wird durch das sogenannte *Business Object Repository* (BOR) geschaffen. Dort sind alle im R/3–System definierten Objekttypen mit ihren Attributen und Methoden abgelegt, wobei sich die Methoden auf die in R/3 vorhandene Funktionalität beziehen. Die Kommunikation erfolgt über die Ereignisse, die Zustandsänderungen an den Objekten hervorrufen können, die dann wiederum Auswirkungen auf die modellierten Arbeitsabläufe haben.

Die Entwicklungsumgebung des SAP Business Workflow besteht aus vier Werkzeugen. Ein *Workflow–Editor* ermöglicht eine graphische Modellierung der Workflows auf build–time–Ebene. Die Laufzeitumgebung auf run–time–Ebene besteht aus einem *Workflow–Manager*, der die Steuerung und Ablaufkontrolle der Workflow–Instanzen durchführt, einem *Workitem–Manager*, der für die Einzelschritte eines Workflows verantwortlich ist und einem *Ereignis–Manager*, der die Zustandsänderungen von Anwendungsobjekten erfaßt und bekanntmacht. Die dreischichtige Architektur ermöglicht eine klare Trennung von Organisationsaspekten, Ablauflogik und Anwendungsfunktionalität und somit eine Reduktion der Komplexität von Software- und Workflow–Erstellung. Außerdem wird dadurch eine hohe Flexibilität bei Änderungen sowie eine hohe Wiederverwendbarkeit einzelner Komponenten geschaffen [Wä95].

2.2.6 Fazit

In diesem Abschnitt wurde die Entwicklung Workflow–basierter Anwendungssysteme betrachtet. Dabei wurden die Geschäftsprozeßmodellierung und das Workflow–Management als zentrale Aspekte herausgearbeitet sowie deren Ziele, Anforderungen und einige Ansätze zur Realisierung von Workflow–basierten Anwendungssystemen beschrieben.

Im Hinblick auf die Zielsetzung dieses Buches kann insgesamt resümiert werden, daß sicherheitstechnische Aspekte innerhalb der Entwicklung Workflow–basierter Anwendungen bisher eine untergeordnete Rolle spielen. Lediglich in zweierlei Hinsicht wird hier Hilfestellung geboten. So stehen im Rahmen der Validierung und Verifikation spezifischer Eigenschaften mittlerweile Analysemethoden (z. B. bei den FUNSOFT–Netzen) bereit. Andererseits sind zur Behebung technischer Probleme (z. B. Systemausfall) moderne Recovery–Konzepte entwickelt worden, die ein System wieder in einen konsistenten Zustand bringen.

Den Einfluß externer Ereignisse (Bedrohungen) auf ein Anwendungssystem und deren Konsequenzen für die in dem System vorhandenen Arbeitsabläufe wird bei keinem der bekannten Ansätze berücksichtigt. Die Ermittlung solcher Risiken sollte jedoch bereits in die Entwicklung mit einbezogen werden, um im Falle nicht akzeptabler Risiken entsprechende Sicherheitsmechanismen in die Anwendung integrieren zu können. Die Vorgehensmodelle der Workflow–basierten Anwendungsentwicklung bilden hierfür den Rahmen, in den die Bedrohungs- und Risikoanalyse integriert werden muß, um somit eine Entwicklung *sicherer* Workflow–basierter Anwendungen unterstützen zu können.

2.3   Kombinierte Ansätze

In diesem Abschnitt sollen Ansätze betrachtet werden, in denen Konzepte aus den beiden Forschungsgebieten des Risiko–Managements (siehe Abschnitt 2.1) und der Entwicklung Workflow–basierter Anwendungen (siehe Abschnitt 2.2) miteinander verknüpft werden.

GPOSS

In [Kon98] wird ein Konzept zur Simulation von Informationssicherheit in Geschäftsprozessen mit dem Titel „Geschäftsprozeß–orientiertes Simulationssystem" (GPOSS) vorgestellt. Die Identifikation sicherheitskritischer Geschäfsprozesse und die Festlegung eines angemessenen Sicherheitsniveaus für diese sowie eine Analyse (Simulation) und Bewertung von eventuellen Sicherheitsverletzungen und die Auswahl von Sicherheitsmechanismen sollen möglich sein. Auf Basis der Modellierung von sicherheitsrelevanten Objekten und Beziehungen wird eine Simulation der Auswirkungen von Sicherheitsverletzungen entwickelt. Die Sicherheit wird durch Sicherheitsanforderungen formuliert, wobei als Sicherheitsziele die Verfügbarkeit, die Integrität, die Vertraulichkeit und bei Bedarf die Verbindlichkeit berücksichtigt werden. Diese Eigenschaften werden mit einer ordinalen Bewertung (dreistufige Skala: hoch, mittel, niedrig) gekennzeichnet. Das Simulationsmodell beschreibt — analog zum Ansatz von Stelzer (siehe Abschnitt 2.1.5) — die für eine Analyse relevanten Gefahren sowie sicherheitsrelevante Elemente und deren Beziehungen untereinander. Weiterhin werden die gefährdenden Ereignisse, primäre und sekundäre Konsequenzen[16] sowie Sicherungsmaßnahmen beschrieben. Im letztgenannten Bereich werden sogenannte Maßnahmenbündel definiert, mit denen nicht tragbare Risiken entsprechend reduziert werden können.

Die Simulation unterscheidet zwischen der Ist–Risiko– und der Soll–Risikosituation. Während die Simulation zur Ist–Risikosituation dazu dient, den Handlungsbedarf zur Gewährleistung eines ausreichenden Sicherheitsniveaus zu identifizieren und zu beurteilen, werden bei der Simulation zur zukünftigen Soll–Risikosituation verschiedene potentielle Sicherungsmaßnahmen hinsichtlich ihrer Wirkung untersucht. Das Konzept ist durch den Prototypen „Simulation von Informationssicherheit" (SIMSI) realisiert. Mit dem Konzept GPOSS steht ein Ansatz zur Simulation von Gefahren für modellierte Geschäftsprozesse bereit. Ein Bewertungskonzept wird in [Kon98] nicht beschrieben, so daß die Ermittlung der Risiken für eine Anwendung nicht nachvollziehbar sind. Außerdem wird ausschließlich die Bedrohungs– und Risikoanalyse betrachtet und keine Integration in ein Vorgehensmodell zur Entwicklung Workflow–basierter Anwendungen geschaffen.

---

[16]In GPOSS werden sie „direkte" und „indirekte" Konsequenzen genannt.

MENTOR

An der Universität Saarbrücken wurde in einem Verbundprojekt mit der Schweizerischen Bankgesellschaft (UBS) und der ETH Zürich das Projekt „Middleware for Enterprise–wide Workflow Management" (MENTOR) durchgeführt [WKDM+95, WWW96, WWKD+97]. In diesem Rahmen wurde ein Konzept für die Spezifikation, Verifikation und Ausführung von Workflows entwickelt. Als Ausgangspunkt dienen EPKs, die mit dem ARIS–Toolset erfaßt werden. Diese werden anschließend über die FlowMark Definition Language als Zwischensprache in State– und Activitycharts transformiert. Die formale Fundierung der EPKs gestattet auf Spezifikationsebene eine präzise Beschreibung der Geschäftsprozesse, die anschließend weiter verfeinert werden kann. Die Verifikation unter Verwendung vorhandener Methoden und Werkzeuge erlaubt die automatische Kontrolle kritischer Eigenschaften der Arbeitsabläufe sowie deren verteilte Ausführung zur Laufzeit.

Auf Basis der Taxonomie nach Lamport [Lam83] werden Sicherheits– und Lebendigkeitseigenschaften gegenüber der Spezifikation kontrolliert. Eine Sicherheitseigenschaft besagt, daß „etwas Schlechtes niemals eintreten wird" und kann als Invariante gesehen werden, während eine Lebendigkeitseigenschaft eine Eventualität in der Form ausdrückt, daß „etwas Gutes irgendwann eintreten wird". Betrachtet man beispielsweise eine „Kreditantragsbearbeitung", so könnten folgende Eigenschaften formuliert werden:

Sicherheitseigenschaft Der Kreditantrag kann nicht abgelehnt und zugleich akzeptiert werden.

Lebendigkeitseigenschaft Jeder Kreditantrag muß entweder angenommen oder abgelehnt werden.

Derartige Eigenschaften können in der „Computational Tree Logic" (CTL), einer verzweigten temporalen Logik [CES86], formuliert und unter Verwendung vorhandener Verifikationswerkzeuge bewiesen werden.

FOG

Die Möglichkeiten der Verifikation von Geschäftsprozessen, die in MENTOR gegeben sind, werden auch in einem Ansatz der Universität Oldenburg verfolgt. Mit dem System FOG („Formalisierung von Geschäftsprozessen mit CCS") [Lec97, LT98] ist ein Werkzeug konzipiert und implementiert worden, mit dem das Gebiet der formalen Verifikationsmethoden in Form der Prozeßalgebra CCS („Calculus of Communicating Systems") von Milner [Mil89] für den Bereich der Geschäftsprozeßmodellierung erschlossen wird. Das Ziel des Systems liegt darin, Geschäftsprozesse in dem mathematisch fundierten Rahmen der Prozeßalgebra darzustellen und somit den *formalen Nachweis* von kritischen Eigenschaften zu ermöglichen.

Als Modellierungsgrundlage wird dabei das Minimale Metamodell der Workflow Management Coalition verwendet [Hol94]. Jede Entität dieses Metamodells wird als

CCS–Agent formalisiert und auf diese Weise die Bedeutung von Geschäftsprozessen durch eine Übersetzersemantik in CCS erklärt. Da sich einerseits nicht jede Entität direkt in CCS darstellen läßt und andererseits der Modellierung durch weitere Entitäten — beispielsweise die Möglichkeit einer detaillierteren Modellierung von Organisationsstrukturen — erweitert werden sollte, wurde das Minimale Metamodell hin zum „Erweiterten Metamodell" modifiziert.

FOG stellt für den Anwender eine graphische Benutzungsschnittstelle bereit, mittels der die Geschäftsprozesse modelliert können. Hierzu werden verschiedene Sichten auf den Geschäftsprozeß (z. B. Ablauf–, Daten– und Organisationssicht) angeboten, die eine Modellierung komplexer Arbeitsabläufe erleichtern. Anschließend kann der Geschäftsprozeß *automatisch* in CCS–Agenten abgebildet werden. Zum Nachweis kritischer Eigenschaften wird in FOG die „Concurrency Workbench of North Carolina" (CWB–NC) [CPS93] genutzt, mit der folgende Analysemöglichkeiten realisiert werden:

Überprüfung von Spezifikationen Zunächst kann kontrolliert werden, ob ein Geschäftsprozeß das Verhalten aufweist, das man von ihm erwartet. Zu diesem Zweck wird das gewünschte Verhalten durch einen CCS–Agenten als Spezifikation formalisiert und anschließend gegenüber dem Geschäftsprozeß unter Verwendung des Konzeptes der Bisimulation [Wal88] automatisch nachgewiesen.

Nachweis von Sicherheitseigenschaften als Formeln Zusätzlich können konkrete Prozeßeigenschaften (Sicherheits– und Lebendigkeitseigenschaften) in Form temporallogischer Formeln — analog dem Projekt MENTOR – formuliert und automatisch kontrolliert werden.

Insgesamt ist mit dem System FOG ein Werkzeug entstanden, das benutzerseitig eine einfache, graphische Modellierung von Geschäftsprozessen ermöglicht und diese automatisiert in den formal fundierten Rahmen der Prozeßalgebra CCS abgebildet. Dort ist dann der korrekte Nachweis von kritischen Eigenschaften möglich, wobei nachteilig anzumerken bleibt, daß die Eigenschaften durch einen Experten in CCS vorgenommen werden müssen [LT98].

Sicherheitsdiensthierarchie

Ein Ansatz der Universität Essen [HP97b, HP97a, HP98] zielt darauf ab, Sicherheitsanforderungen für Geschäftsprozesse bzw. Workflows zu modellieren und zur Laufzeit durchzusetzen. Jeder Sicherheitsanforderung wird ein Sicherheitsgrad zugeordnet, der einer Gewichtung der Anforderung entspricht (z. B. „sehr vertraulich"). Ein Problem hierbei ist die Zuordnung einer Sicherheitsstufe zu einer Sicherheitsanforderung, da sie subjektiv durch den bearbeitenden Mitarbeiter getroffen werden muß. Bedrohungen werden bzgl. der sie gefährdenden Eigenschaften (z. B. Vertraulichkeit) unterschieden und entsprechende Bedrohungstypen (z. B. Bedrohungstyp „Vertraulichkeit") definiert. Den Bedrohungen wirken Sicherheitsdienste entgegen, die ihrerseits durch Sicherheitsmechanismen realisiert werden. So kann dem „Verlust der Vertraulichkeit" durch einen Sicherheitsdienst „Krypthographisches Verfahren" begegnet werden, welches konkret mit dem Sicherheitsmechanismus „RSA" instantiiert ist.

	Sicherheitskomponenten	Repräsentation	Unterstützte Methoden
Ebene 1	Sicherheitsanforderungen	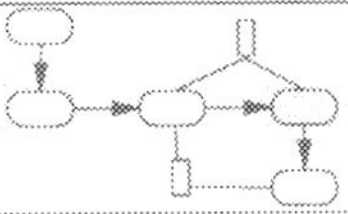	Graphische Modellierungsmethoden zur Darstellung der Sicherheitssemantik
Ebene 2	Sicherheitsdienste	Pseudo-Code (ALMO$T)	Zuordnung der Anwendungen zu den Sicherheitsgrundelementen
Ebene 3	Sicherheitsmechanismen (Hard- und Software- bausteine)	Programme, Programmodule, Hardware	Hard- und Softwarebausteine

Abbildung 2.10: Architektur „Sicherheitsdiensthierarchie"

Zur Modellierung und Durchsetzung der Sicherheitsanforderungen ist die in Abbildung 2.10 dargestellte Architektur entwickelt worden, die aus folgenden drei Schichten besteht [HRP99]:

Ebene 1 Auf der ersten Ebene werden die Geschäftsprozesse unter Verwendung entsprechender graphischer Modellierungswerkzeuge spezifiziert. Außerdem werden die Sicherheitsanforderungen für die Geschäftsprozesse formuliert. Diese können sukzessive verfeinert werden, bis abschließend entweder sicherheitsbehaftete Aktionen oder Sicherheitsgrundelemente vorhanden sind. Während sicherheitsbehaftete Aktionen inhaltlich abgeschlossene Teile eines Geschäftsprozesses beschreiben, die mit Sicherheitsanforderungen behaftet sind, werden unter Sicherheitsgrundelementen abstrakte Beschreibungen eines elementaren sicherheitskritischen Vorganges verstanden, die alle Informationen zur Realisierung enthalten.

Ebene 2 Auf dieser Ebene sind die Sicherheitsdienste sowie eine Komponente zusammengefaßt, die eine Zuordnung der Sicherheitsdienste zu den sicherheitsbehafteten Aktionen und Sicherheitsgrundelementen vollzieht. Dazu greifen sie auf eine Sammlung bereits vorhandener Lösungen zurück. Zusätzlich wird die Modellierungsmethode „A Language for Modelling $ecure Business Transactions" (ALMO$T) angeboten, mit der eine Realisierung der sicherheitsbehafteten Aktionen und Sicherheitsgrundelemente durch die auf Ebene 3 vorhandenen Sicherheitsmechanismen spezifiziert werden kann [HR98].

Ebene 3 Ebene 3 stellt als Basis die mit Sicherheitsgraden versehenen Sicherheitsmechanismen und Anwendungen zur Verfügung.

Insgesamt wird somit eine sogenannte *Sicherheitsdiensthierarchie* aufgebaut, in der die Zuordnung von Bedrohungstypen, Sicherheitsdiensten und Sicherheitsmechanismen festgelegt ist. Somit kann zur Laufzeit für eine mit einer Sicherheitsanforderung gekennzeichnete Aktivität die adäquate Realisierung, d. h. die Ermittlung konkreter Sicherheitsdienste und somit die sie realisierenden Sicherheitsmechanismen, ermittelt werden.

WAMO und Panta Rhei

Um eine korrekte und zuverlässige Prozeßausführung in einer mehrbenutzerfähigen Umgebung garantieren zu können, unterstützen prozeßorientierte Systeme das Konzept der Transaktion. Mit den sogenannten *Workflow Transactions* wird ein neue Form von Transaktionen eingeführt, die eine Relaxierung der ACID–Eigenschaften erlaubt, um somit den Anforderungen der Anwendungsdomäne (z. B. langlebige Aktivitäten, semantische Serialisierbarkeit) gerecht zu werden [EL97].

Das transaktionsorientierte „<u>W</u>orkflow <u>A</u>ctivity <u>M</u>odel" (WAMO) [EL94, EL95] realisiert solche Workflow Transactions, wobei ein Schwerpunkt auf der automatischen Bewältigung von Fehlersituationen im laufenden Betrieb, dem sogenannten *Workflow Recovery*, liegt [EL96]. Konkret wird die Fehleratomarität der Aktivitäten angestrebt, bei der die Aktivitäten selbst dafür verantwortlich sind, mögliche Inkonsistenzen zu beheben. Als Fehlermöglichkeiten betrachtet WAMO die *erwarteten Ausnahmen*, d. h. Fehlerfälle, die nicht permanent, aber in regelmäßigen Zeitabständen zu erwarten und für die spezielle Sicherheitsmechanismen (sogenannte *Kompensationsaufgaben*) vorhanden sind. Ein typisches Beispiel hierfür ist die Verweigerung einer Hotelbuchung aufgrund der Tatsache, daß das Hotel bereits ausgebucht ist. Solche Problemfälle sollten bereits zum Zeitpunkt der Modellierung (build–time) der Arbeitsabläufe berücksichtigt werden.

In WAMO besitzt ein Workflow eine hierarchische Struktur. Er setzt sich aus Aktivitäten, Containern und Agenten zusammen. Während ein Container alle Prozeß– und Applikationsdaten speichert, repräsentieren Agenten die Organisationsstrukturen (Benutzer und Rollen), die für die Ausführung von Aktivitäten notwendig sind. Aktivitäten beschreiben entweder konkrete Aufgaben oder sind Teil einer komplexeren Aktivität. Der konkrete Ablauf der Aktivitäten wird durch vier mögliche Kontrollstrukturen festgelegt: Sequenz, bewertete oder freie Auswahl und die parallele Ausführung. Teilaktivitäten, die keine besondere Bedeutung für die erfolgreiche Terminierung einer zugehörigen Hauptaktivität haben, werden als „NON VITAL" (NV) gekennzeichnet. Weiterhin können sie durch die Parameter „STORNO–TYPE" und „FORCE" detaillierter beschrieben werden. Dabei kennzeichnet „STORNO–TYPE", wie im Falle einer Kompensation mit der Aufgabe verfahren werden soll. Mit dem Wert „none" wird festgelegt, daß die Aufgabe nicht kompensiert werden muß. Der Wert „undoable" sagt, daß die Aktivität durch eine entsprechende Kompensationsaufgabe ohne Seiteneffekte behoben werden kann, während der Wert „compensatable" eine Kompensation mit Seiteneffekten spezifiziert. Der letzte mögliche Wert „critical" gibt an, daß es für die Aktivität keine entsprechende Kompensationsaufgabe gibt. Besteht für eine Aktivität die Möglichkeit, sie bei einem Fehler durch Wiederholung doch erfolgreich ausführen zu lassen (z. B. Einloggen auf einem Rechner), so wird dies durch den FORCE–Parameter gekennzeichnet. Zur Formalisierung von WAMO ist die „<u>W</u>orkflow <u>A</u>citivity <u>D</u>escription <u>L</u>anguage" (WADL) entwickelt worden [EL95].

Die Konzepte von WAMO sind prototypisch im Workflow–Management–System „Panta Rhei"[17] realisiert [EGL98]. Auf der build–time–Ebene kann der Workflow–Modellierer die Workflows graphisch spezifizieren, wobei die Kompensationsaufgaben angegeben werden müssen. Zur run–time übernimmt dann Panta Rhei die Kontrolle und Steuerung der Workflows und behebt (soweit möglich) automatisch auftretende Fehler.

Exotica

Neben den in Abschnitt 2.2.5.3 dargestellten Aktivitäten ist die IBM im Rahmen des Forschungsprojektes „Exotica" mit dem Thema Workflow–Management beschäftigt. Ein Ziel des Projekts besteht darin, Forschungsfragen und industrielle Trends im Bereich des Workflow–Management zusammenzuführen [MAA+95, MAG+95]. Konkret werden in Exotica erstmals praktische Verbindungen zwischen erweiterten Transaktionsmodellen und Workflow-Mangement–Systemen geschaffen. Als Ausgangspunkt wird das Workflow–Management–System FlowMark verwendet, wobei verschiedene Aspekte des Workflow–Management untersucht werden, die nicht spezifisch für Flow-Mark sind. Aus sicherheitstechnischer Sicht sind Aspekte wie „Fehlerbearbeitung in verteilten WFMSs", „hohe Verfügbarkeit durch Replikation" oder „Kompensation in Workflows" von Interesse.

Zum einen muß garantiert werden, daß Informationen, die vor, während und nach einer Aktivität zwischen betroffenen Komponenten (z. B. Datenbank, Anwendung) ausgetauscht werden, nicht verlorengehen. Zum anderen muß der Ausfall einer innerhalb des Workflows ausführenden Komponente durch entsprechende Mechanismen korrigiert werden. Hierbei werden sowohl *Systemfehler* wie auch *semantische Fehler* berücksichtigt. Ein Systemfehler kennzeichnet einen primär informationstechnologisch bedingten Fehler (z. B. einen Rechnerausfall), während ein semantischer (logischer) Fehler eine Ausnahme in einem Arbeitsablauf darstellt, der nicht auf die technischen Komponenten zurückzuführen ist, jedoch in der Modellierung des Arbeitsablaufes nicht berücksichtigt wurde (z. B. eine Hotelbuchung wird nicht durchgeführt, weil das Hotel bereits ausgebucht ist[18]).

---

[17]Heraklit: „Alles fließt".

[18]Zwar kann ein ausgebuchtes Hotel nicht zwingend als *Ausnahme* bezeichnet werden, aber für einen Workflow stellt diese Situation genau dann eine Ausnahme dar, wenn sie im Rahmen der Modellierung nicht berücksichtigt wurde.

In Exotica wird eine Serverarchitektur für das Workflow–Management–System Flow-Mark entwickelt [AKA+94, KAGM96], die sowohl eine hohe Verfügbarkeit und Ska-lierbarkeit bietet, als auch Fehler automatisch beheben kann. Zur Behandlung von semantischen Fehlern werden in Exotica unterschiedliche Möglichkeiten diskutiert und aufgezeigt, wie diese sich in FlowMark implementieren lassen. Beispiele hierfür sind „Lineare Sagas" oder „Flexible Transaktionen" [AKA+94].

Da sich FlowMark–Modell und –Architektur an das generische Modell der Workflow Management Coalition [Hol94] anlehnen, sind die entwickelten Konzepte aus Exo-tica auch auf andere Workflow–Management–Systeme, die den dortigen Standard unterstützen, übertragbar.

Fazit

Betrachtet man die kombinierten Ansätze, so stellt man fest, daß sie jeweils unter-schiedliche Zielsetzungen verfolgen. So erlauben die Ansätze MENTOR und FOG ei-ne formal fundierte Analyse spezifischer Sicherheitseigenschaften für Arbeitsabläufe. Diese Ansätze erfordern eine eindeutig festgelegte Semantik. Das Modell WAMO so-wie einige im Rahmen von Exotica entwickelte Konzepte gestatten dagegen die Be-schreibung von Sicherheitsaspekten in Form von Kompensationsaufgaben, die Feh-lerfälle zur Laufzeit beheben sollen. Sie setzen somit die Erkenntnis aller potentiellen Schwachstellen bereits zum Zeitpunkt der Modellierung voraus und bieten — wie auch MENTOR und FOG — keine Möglichkeiten, spezielle Bedrohungen gegenüber der Anwendung zu untersuchen und ggf. durch Modifikationen zu beheben.

Mit der an der Universität Essen entwickelten Sicherheitsdiensthierarchie steht da-gegen ein Konzept bereit, das zur Erfüllung modellierter Sicherheitsanforderungen die geeigneten Sicherheitsmechanismen bestimmt. Dieser Ansatz ist im Hinblick auf die Aufgabe der „Auswahl von Sicherheitsmechanismen" aus Abbildung 2.4 inter-essant und wird in diesem Buch auch entsprechend berücksichtigt (siehe Abschnitt 3.6.3). Jedoch spielt auch hier die Analyse von Bedrohungen gegenüber dem Anwen-dungssystem keine Rolle.

Das Konzept GPOSS, als Erweiterung des Ansatzes von Stelzer, ist sicherlich im Hinblick auf die Zielsetzung dieser Arbeit von größter Bedeutung, da dort ebenfalls die Arbeitsabläufe als Gegenstand der Sicherheitsbetrachtungen berücksichtigt und ein entsprechendes Risikomodell entwickelt werden. Nachteilig sind das ausschließ-lich ordinal nutzbare Bewertungskonzept sowie die sehr informelle Darstellung des System– und Analysemodells.

2.4 Fuzzy–Logik

Ein wichtiger Aspekt im Rahmen einer Bedrohungs– und Risikoanalyse ist das zu-grundeliegende Bewertungssystem. Ein angestrebtes Ziel des entwickelten Ansatzes (siehe Abschnitt 1.3) ist es, innerhalb der Modellierung und der Analyse des Anwendungssystems sowohl das kardinale als auch das ordinale Bewertungskonzept verwenden zu können. Zur Erreichung dieses Ziels wird ein *unscharfes* Bewertungskonzept konzipiert, das auf der Fuzzy–Logik basiert. Die Entwicklung der Fuzzy–Logik geht auf Lofti A. Zadeh [Zad65] zurück, der die Probleme der allgemeinen Systemtheorie zum Anlaß nahm, sich mit der mathematischen Behandlung vager Begriffe zu beschäftigen.

In diesem Abschnitt werden die für den Ansatz notwendigen Grundlagen aus dem Bereich der Fuzzy–Logik vorgestellt. Zunächst werden in Abschnitt 2.4.1 die relevanten Grundbegriffe erläutert und anschließend in Abschnitt 2.4.2 die typischen Operationen auf unscharfen Mengen präsentiert. Abschnitt 2.4.3 enthält dann das Konzept der linguistischen Variablen und in Abschnitt 2.4.4 wird die Verwendung des Fuzzy–Konzept anhand der Inferenzstrategie vorgestellt. Der Abschnitt wird mit einem Blick auf bereits vorhandene Ansätze zur Nutzung der Fuzzy–Technologie im Kontext des Risiko-Managements abgeschlossen (siehe Abschnitt 2.4.5).

2.4.1 Grundbegriffe

Der von Cantor begründete Mengenbegriff unterteilt Objekte einer Grundmenge X streng nach ihrer Zugehörigkeit oder Nichtzugehörigkeit zu der Menge, d. h. die Objekte gehören zu einer Menge, wenn sie eine bestimmte Eigenschaft besitzen. Die Zugehörigkeit kann über eine sogenannte *charakteristische Funktion* definiert werden.

Definition 2.2 (Charakteristische Funktion) Eine charakteristische Funktion $m : X \rightarrow \{0, 1\}$ liefert für jedes Element aus X den Zugehörigkeitswert 0 (nicht zugehörig, „falsch"), falls x nicht der Menge M angehört und 1 (zugehörig, „wahr"), falls x der Menge M angehört.

$$\forall x \in X : \quad m(x) \stackrel{\text{def}}{=} \begin{cases} 1, & \text{falls } x \in M \\ 0, & \text{sonst} \end{cases}$$

Eine derart beschriebene Menge wird als *scharf* bezeichnet. ❏

In Abbildung 2.11 ist im linken Teil eine scharfe Menge beschrieben, die eine Menge der reelen Zahlen größer als 180 beschreibt. Diese Menge kann beispielsweise dazu verwendet werden, die Menge aller großen Menschen zu charakterisieren. Das Beispiel zeigt jedoch sofort die Probleme derartiger charakteristischer Funktionen. Während eine Person von 1.79 m demnach als „nicht groß" gekennzeichnet wird, gilt ein Mensch mit einer Körpergröße von 1.80 m als „großer" Mensch.

Im Gegensatz zu einem solchen scharfen Mengenbegriff können in der Fuzzy–Logik graduelle Zugehörigkeiten von Elementen zu Mengen definiert werden. Anstatt einer charakteristischen Funktion wird eine graduelle Zugehörigkeitsfunktion μ definiert.

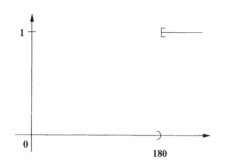 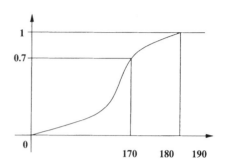

Abbildung 2.11: Eine scharfe und eine unscharfe Menge

Definition 2.3 (Fuzzy–Menge) Sei X eine scharfe Menge. Eine *Fuzzy–Menge*[19] (engl. fuzzy set) A über X wird charakterisiert durch eine Zugehörigkeitsfunktion $\mu_A(X)$ aus der Referenzmenge X in das Einheitsintervall $[0,1]$, d. h.

$$\mu_A : X \to [0,1].$$

$\mathbf{F}(X)$ bezeichnet die Menge aller Fuzzy–Mengen von X.   ❏

Ein Beispiel für eine Fuzzy–Menge, mit der das Prädikat „Größe" eines Menschen unscharf beschrieben werden kann, ist in der Abbildung 2.11 rechts zu sehen. Dort wird jedem Wert des Grundbereichs eine graduelle Zugehörigkeit zu dem Prädikat zugewiesen. So ist ein Mensch von 1.70 m Größe zu 0.7 „groß". Typische Fuzzy–Mengen sind die Dreiecks–, Trapez– oder Gaußfunktion [MMSW93]. In Definition 2.4 sind zwei spezielle Klassen von Fuzzy–Mengen reeller Zahlen angegeben.

Definition 2.4 (Normalisiertheit und Fuzzy–konvex)

  ❶ $\mathbf{F}_N(\mathbb{R}) \stackrel{\text{def}}{=} \{\mu \in \mathbf{F}(\mathbb{R}) | \exists x \in \mathbb{R} : \mu(x) = 1\}.$

  ❷ $\mathbf{F}_I(\mathbb{R}) \stackrel{\text{def}}{=} \{\mu \in \mathbf{F}_N(\mathbb{R}) | \forall a,b,c \in \mathbb{R} : a \leq b \leq c \Rightarrow \mu(c) \geq min\{\mu(a),\mu(b)\}\}.$ ❏

Die Elemente von $\mathbf{F}_N(\mathbb{R})$ erfüllen die *Normalisiertheitsbedingung* und werden als *normale* Fuzzy–Mengen bezeichnet. Sie besitzen mindestens ein Element des Grundbereichs, für den der Zugehörigkeitsgrad zur Fuzzy–Menge 1 ist (die Höhe der Fuzzy–Menge ist 1). Die in $\mathbf{F}_I(\mathbb{R})$ enthaltenen Fuzzy–Mengen sind *fuzzy–konvex*, d. h. ihre Niveaumengen[20] sind konvex. Die Fuzzy–Konvexität bedeutet dabei nicht die Konvexität der charakteristischen Funktion. Unter einen Fuzzy–Intervall werden dann

---

[19]Eine Fuzzy–Menge wird auch als *unscharfe Menge* bezeichnet. Jede scharfe Menge kann natürlich als spezielle Fuzzy–Menge interpretiert werden, die keine Zugehörigkeitsgrade zwischen 0 und 1 hat, sondern nur die exakten Werte 0 und 1.

[20]Die Niveaumengen $\mu_\alpha \stackrel{\text{def}}{=} \{x | \mu(x) \geq \alpha\}$ mit $(0 \leq \alpha \leq 1)$ charakterisieren eindeutig die Fuzzy–Menge μ.

die Fuzzy–Mengen verstanden, die normal und fuzzy–konvex sind. In ihrer Interpretation als vage Beschreibungen reeller Zahlen bezeichnet man die Elemente von $\mathbf{F}_I(\mathbb{R})$ häufig auch als *Fuzzy–Zahlen* [NK96, KGK95].

2.4.2   Fuzzy–Operatoren

Die Verwendung der Fuzzy–Logik setzt die Bereitstellung mengentheoretischer Operatoren wie Durchschnitt, Vereinigung und Komplementbildung voraus [KGK95, BG93]. Mit ihnen können unscharfe Aussagen miteinander verknüpft und somit eine unscharfe Bewertung vorgenommen werden. Die mengentheoretischen Operatoren müssen von den beiden Werten 0 und 1 auf das Einheitsintervall [0,1] erweitert werden. Sie haben geeigneten Axiomen zu genügen, wobei sich in der Praxis durchgesetzt hat, zur Repräsentation der unscharfen Mengenoperatoren die triangularen Normen (*t–Norm* bzw. *t–Conorm*) zu verwenden.

Definition 2.5 (t–Norm) Eine Funktion $\top : [0,1]^2 \to [0,1]$ heißt *t–Norm*, wenn sie den folgenden Bedingungen genügt:

$$
\begin{array}{lll}
(i) & \top(a,1) = a & \text{(Einselement)} \\
(ii) & a \leq b \Rightarrow \top(a,c) \leq \top(b,c) & \text{(Monotonie)} \\
(iii) & \top(a,b) = \top(b,a) & \text{(Kommutativität)} \\
(iv) & \top(a,\top(b,c)) = \top(\top(a,b),c) & \text{(Assoziativität)} \quad \Box
\end{array}
$$

Die Funktion T ist monoton nicht–fallend und besitzt die schöne Eigenschaft der Assoziativität, so daß eine (rekursive) Berechnung des Durchschnitts von mehr als zwei Mengen möglich ist. Dual zur t–Norm wird die t–Conorm zur Definition verschiedener verallgemeinerter Vereinigungsoperatoren herangezogen.

Definition 2.6 (t–Conorm) Eine Funktion $\bot : [0,1]^2 \to [0,1]$ heißt genau dann *t–Conorm*, wenn $\bot$ kommutativ, assoziativ und monoton nicht–fallend in beiden Argumenten ist sowie 0 als Einheit besitzt. $\quad \Box$

Zadeh hat die triangularen Normen 1965 dazu verwendet, den Durchschnitt, die Vereinigung und das Komplement zweier Fuzzy–Mengen — wie in Definition 2.7 spezifiziert — festzulegen [Zad65].

Definition 2.7 (Durchschnitt, Vereinigung, Komplement) Seien μ und ν Fuzzy–Mengen, dann gilt:

$$
\begin{array}{lll}
(\mu \sqcap \nu)(x) & \stackrel{\text{def}}{=} & \min\{\mu(x),\nu(x)\} \quad \text{(Durchschnitt)} \\
(\mu \sqcup \nu)(x) & \stackrel{\text{def}}{=} & \max\{\mu(x),\nu(x)\} \quad \text{(Vereinigung)} \\
\overline{\mu}(x) & \stackrel{\text{def}}{=} & 1 - \mu(x) \quad \text{(Komplement)} \quad \Box
\end{array}
$$

In der Literatur ist eine Vielzahl mengentheoretischer Operatoren zur Aggregation unscharfer Mengen bekannt [BK93, Tza94]. Die Frage, welcher Operator in einer bestimmten Anwendungsdomäne verwendet werden soll, kann nicht pauschal beantwortet werden. Kriterien, die eine Auswahl erleichtern, werden u. a. in [MMSW93] diskutiert.

Die Konzepte für Durchschnitt, Vereinigung und Komplement sind noch nicht dazu geeignet, algebraische Operationen auf unscharfen Mengen ausführen zu können. Diese Operatoren sind jedoch notwendig, da Wissen i. allg. in Form von Regeln repräsentiert wird (siehe Abschnitt 2.4.3), die verschiedene unscharfe Aussagen (z. B. 1.75 m ist groß) miteinander verknüpfen. Mit Hilfe von *Zadehs Extensionsprinzip*, das u. a. in [KGK95] erläutert wird, lassen sich die herkömmlichen mathematischen Funktionen (z. B. Addition oder Multiplikation) auf unscharfe Mengen übertragen. So werden die Konjunktion und Disjunktion unscharfer Aussagen nach Definition 2.8 festgelegt.

Definition 2.8 (Konjunktion, Disjunktion) Sei $\mathcal{P}$ eine Menge unscharfer Aussagen, die mit Hilfe von Konjunktion und Disjunktion verknüpft sind. Die Abbildung acc $: \mathcal{P} \to [0,1]$ ordne jeder Aussage $a \in \mathcal{P}$ ihren Akzeptanzgrad acc(a) zu[21]. Für zwei unscharfe Aussagen $a, b \in \mathcal{P}$ wird die Disjunktion und Konjunktion gebildet durch:

$$\mathrm{acc}(a \wedge b) \stackrel{\mathrm{def}}{=} \min\{\mathrm{acc}(a), \mathrm{acc}(b)\} \quad \text{(Konjunktion)}$$
$$\mathrm{acc}(a \vee b) \stackrel{\mathrm{def}}{=} \max\{\mathrm{acc}(a), \mathrm{acc}(b)\} \quad \text{(Disjunktion)} \qquad \Box$$

Die vorgestellten Konzepte sind für ein unscharfes Bewertungskonzept notwendig und schaffen die Ausgangsbasis dafür, unscharfes Wissen zu spezifizieren und durch entsprechende Operationen miteinander zu verknüpfen.

2.4.3 Linguistische Variablen und Regeln

Im Umgang mit Menschen werden Sachverhalte i. allg. durch verbale Ausdrücke beschrieben, z. B. „Das Auto fährt schnell.". Konkret wird hier eine Eigenschaft eines Objektes durch einen verbalen Ausdruck spezifiziert, wobei eine Unschärfe vorhanden ist. In der Fuzzy–Logik wird zur Beschreibung komplexer oder schlecht strukturierter Sachverhalte, die mittels konventioneller quantitativer Methoden nur unzureichend dargestellt werden können, das Konzept der *linguistischen Variablen* eingeführt. Die Ausprägungen einer linguistischen Variablen sind Worte oder Ausdrücke einer natürlichen oder künstlichen Sprache. Ein linguistische Variable wird folgendermaßen definiert [Zad75].

Definition 2.9 (Linguistische Variable) Eine *linguistische Variable* wird charakterisiert durch ein Fünf–Tupel (x, T, Ω, G, M), wobei gilt:

---

[21] acc$(a) = 1$ bedeutet, daß a definitiv wahr ist, acc$(a) = 0$ bedeutet, daß a definitiv falsch ist.

❏ x — der Name der linguistischen Variablen.

❏ T — die Menge der Namen der linguistischen Werte von x (Term–Set).

❏ Ω — der Grundbereich der linguistischen Variablen x (Universum).

❏ G — die kontextfreie Grammatik, die die Werte der linguistischen Variablen, also die Elemente von T, generiert (syntaktische Regel).

❏ M — die Abbildung von T in die Fuzzy–Mengen über Ω. Sie weist jedem möglichen Wert der linguistischen Variablen eine Fuzzy–Menge zu (semantische Regel).   ❏

Die im Rahmen dieses Buches betrachteten Fuzzy–Mengen sind normalisiert, d. h. sie haben eine Höhe von 1. Eine linguistische Variable zur Beschreibung der Geschwindigkeit (x = Geschwindigkeit) kann beispielsweise durch drei natürlichsprachliche Ausdrücke — hoch, mittel, niedrig — definiert werden ($T = \{hoch, mittel, niedrig\}$). Als Grundbereich werden die möglichen Geschwindigkeiten von 0–250 km/h definiert, so daß $\Omega = [0, 250]$ ist. Die Grammatik besteht dann aus drei Produktionen, die das Startsymbol jeweils auf die drei Nichterminale von T abbilden. Abschließend muß noch die Abbildung M festgelegt werden, die eine Zuordnung der einzelnen Terme der linguistischen Variablen zu konkreten Bedeutungen vornimmt.

Die Repräsentierung unscharfen Wissens wird mittels Regeln vorgenommen, die in einer Wissensbasis zusammengefaßt werden und jeweils folgenden Aufbau besitzen:

$$R_j : \text{if } \xi_{1j} \text{ is } \mu_{1j} \text{ and } \xi_{2j} \text{ is } \mu_{2j} \text{ and } \dots \text{then } \psi_j \text{ is } \nu_j \text{ mit } \mu_{ij} \in T, j = 1, \dots, r$$

Eine Regel ist nach dem klassischen if–then–Konstrukt aufgebaut, wobei die ξ_{ij} den linguistischen Variablen und μ_{ij} den Werten dieser Variablen entsprechen. Die Folgerung ψ_j ist ebenfalls eine linguistische Variable und ν_j der von ihr angenommene Wert. Während die einzelnen Ausdrücke einer Regel konjunktiv verknüpft sind, werden die Regeln miteinander disjunktiv verknüpft, d. h. es entstehen disjunktive Regelbasen. Dies ist nicht zwingend, jedoch für den in diesem Buch entwickelten Ansatz ausreichend (siehe Abschnitt 3.5.1.6).

2.4.4 Inferenzstrategie

Ein Fuzzy–System versucht im Gegensatz zu einem technischen Regelungssystem die Regelungsstrategie eines Menschen nachzubilden [Pal92, DHR93]. Die Durchführung der Problemlösung durch den sogenannten Fuzzy–Regler (engl. Fuzzy–Controler) wird als *Inferenzstrategie* bezeichnet, die sich in folgende drei Teilschritte untergliedern läßt [Spi93]:

❶ *Fuzzifizierung:* Die scharfen Eingangsgrößen werden auf unscharfe Werte abgebildet. Konkret wird kontrolliert, zu welchem Grad die einzelnen Regeln gelten. Hierzu werden die Vorbedingungen einer Regel separat überprüft und anschließend die konjunktive Verknüpfung aller Vorbedingungen ermittelt, also das Minimum aller Gültigkeitsgrade bestimmt. Die Folgerung gilt dann mit dem ermittelten Gültigkeitsgrad. Dieses Vorgehen wird für alle Regeln der Wissensbasis vollzogen.

❷ *Aggregation:* Im zweiten Schritt wird der Gesamteffekt aller Regeln, die im ersten Schritt gefeuert[22] haben, ermittelt. Da die Regeln disjunktiv miteinander verknüpft sind, wird als Gesamtergebnis die Vereinigung der Einzelergebnisse zurückgeliefert.

❸ *Interpretation/Defuzzifizierung:* Der letzte Schritt bietet die Möglichkeiten, das zuvor ermittelte Gesamtergebnis linguistisch auszuwerten oder zu defuzzifizieren, d. h. in einen scharfen Wert zu überführen.

Als Defuzzifizierungsstrategien stehen eine Reihe unterschiedlicher Verfahren bereit. Typische Vertreter dabei sind [KGK95]:

❏ Mean of Maximum (MOM) — Berechnung des Mittelpunktes der Maxima

❏ Center of Maximum (COM) — Berechnung des Mittelwertes der Maxima

❏ Center of Area (COA) — Berechnung des Flächenschwerpunktes.

Welche Defuzzifizierungsmethode verwendet werden soll, hängt von den Kriterien, die an den Fuzzy–Regler–Prozeß gestellt werden, ab. Mögliche Auswahlkriterien sind:

❏ Übereinstimmung der Ergebnisse mit der Intuition des Anwenders

❏ Stetigkeit der Ergebnisse

❏ Rechenaufwand.

In der Tabelle 2.2 sind die Defuzzifizierungsmethoden im Hinblick auf die Auswahlkriterien zusammengefaßt. Die Methoden COM und MOM liefern eine gute Übereinstimmung mit der Intuition, wobei sich MOM durch einen sehr niedrigen Rechenaufwand bei Verlust der Stetigkeit[23] auszeichnet. COA dagegen ist nur dann zu empfehlen, wenn die Zugehörigkeitsfunktionen nicht zu sehr überlappen. Der Rechenaufwand ist bei MOM am niedrigsten und bei COA am höchsten.

---

[22]Eine Regel R_j *feuert* genau dann, wenn alle Vorbedingungen „ξ_{ij} is μ_{ij}" mit $(i = 1,\ldots,n)$ erfüllt sind.

[23]In Anwendungen der Regelungstechnik wird die Stetigkeit sehr häufig gefordert.

Auswahlkriterium	COA	COM	MOM
Übereinstimmung mit der Intuition	Bei variierenden und stark überlappenden Zugehörig-keitsfunk tionen unplausibel	Gut	Gut
Stetigkeit	Ja	Ja	Nein
Rechenaufwand	Hoch	Niedrig	Sehr niedrig

Tabelle 2.2: Defuzzifizierungsmethoden im Vergleich

2.4.5   Bekannte Ansätze

Zum Abschluß des Abschnittes soll noch untersucht werden, inwieweit die Fuzzy–Technologie bereits in den Bereich des Risiko–Managements Einzug gehalten hat.

In der Arbeit „New Security Paradigms: Orthodoxy and Heresy" von [Hos96] wird die Fuzzy-Logik als ein neues Paradigma zur Beschreibung und Analyse von Sicherheit identifiziert. Einen frühen Ansatz hierzu lieferte das System SECURATE, in dem Fuzzy-Logik eingesetzt wird [HMD78]. Dort wird ein System in Form von Tripeln — Objekt, Bedrohung, Sicherheitseigenschaft — beschrieben, wobei Bedrohungen auf Objekte wirken, die ihrerseits durch die Beschreibung von Sicherheitseigenschaften gegen diese geschützt werden. Die Werte in SECURATE können durch linguistische Variablen spezifiziert werden. Weiterhin wird eine Reihe von Evaluationsfunktionen bereitgestellt, die eine Sicherheitsanalyse ermöglichen. Die Analyse ist dabei lediglich auf die spezifizierten Tripel eingeschränkt und eine Propagierung wird nicht betrachtet, so daß eine möglichst umfassende Sicherheitsanalyse nur schwer realisierbar ist.

Einige Spezialanwendungen setzen die Fuzzy–Logik für die Analyse konkreter Einzelaspekte der Sicherheit von Anwendungssystemen ein. So werden in [Bri89] das Gebiet der „Intrusion Detection", in [dRE95] eine biometrische Paßwort–Authentifikation und in [Hos93] mehrschichtige Sicherheitspolitiken hinsichtlich des möglichen Einsatzes der Fuzzy-Logik betrachtet.

Die Kombination der Fuzzy–Logik und der Risikoanalyse wird in [Sch94a] untersucht. Das System *Fuzzy Risk Analyser* (FRA) ermittelt die Risiken der Komponenten des Anwendungssystems. Dieses muß in allen Bestandteilen modelliert und detailliert unter Verwendung definierter Fuzzy-Mengen beschrieben werden. Anschließend kann das Risiko aufgrund vorgegebener Berechnungsvorschriften für die einzelnen Systemkomponenten bestimmt werden. De Ru und Eloff haben ebenfalls einen Ansatz für eine Risikoanalyse entwickelt, in der die Fuzzy-Logik zur Beschreibung des Anwendungssystems unter Verwendung von linguistischen Variablen erfolgen kann [dRE96]. Hier werden in einer Regelbasis die Abhängigkeiten zwischen den einzelnen Eigenschaften sowie der Einfluß auf das zu ermittelnde Risiko spezifiziert. Insgesamt kann so für ein modelliertes System ein konkretes Risiko ermittelt werden, wobei der Einfluß von Bedrohungen nicht berücksichtigt wird. In beiden Ansätzen wird lediglich die aktuelle Situation eines Anwendungssystems bewertet und keine Bedrohungs– und Risikoanalyse im eigentlichen Sinne vollzogen.

Kapitel 3

Konzeption einer wissensbasierten Bedrohungs– und Risikoanalyse

In diesem Kapitel — dem Kern des Buches — wird ein neuartiges Konzept für eine wissensbasierte Bedrohungs- und Risikoanalyse Workflow-basierter Anwendungen entwickelt. Es trägt den Namen **TRAW** (KNOWLEDGE BASED THREAT AND RISK ANALYSIS OF WORKFLOW–BASED APPLICATIONS) und verknüpft die zwei Forschungsgebiete des Risiko-Managements und der Entwicklung Workflow-basierter Anwendungen miteinander. Der Aufbau dieses Kapitels ist in Abbildung 3.1 veranschaulicht und umfaßt folgende sechs Punkte:

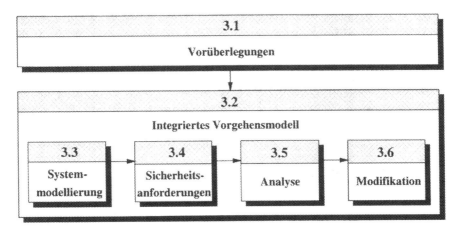

Abbildung 3.1: Gliederung des Kapitels

❏ In Abschnitt 3.1 werden zunächst Vorüberlegungen für ein solches Konzept angestellt. Neben der Frage, wie die Sicherheit für Workflow–basierte Anwendungen berücksichtigt werden kann, werden die Bedrohungen als Ausgangspunkt potentieller Probleme untersucht.

❏ Zur Umsetzung der formulierten Ziele wird in Abschnitt 3.2 ein integriertes Vorgehensmodell präsentiert, das Konzepte der Bedrohungs- und Risikoanalyse innerhalb eines Workflow–basierten Vorgehensmodells bereitstellt. In den nachfolgenden Abschnitten 3.3 bis 3.6 werden die vier Phasen des Vorgehensmodells dann detailliert beschrieben.

❏ Die Entwicklung sicherer Anwendungssysteme beginnt mit der Systemmodellierung. Hierzu wird ein erweiterbares System–Metamodell konzipiert, welches in Abschnitt 3.3 vorgestellt wird.

❏ Die Beschreibung der Sicherheit wird durch die Formulierung spezifischer Sicherheitsanforderungen ermöglicht (Abschnitt 3.4). Hierzu wird eine Klassifikation unterschiedlicher Typen von Sicherheitsanforderungen entwickelt, diese formalisiert sowie anhand typischer Beispiele illustriert.

❏ Um die Sicherheitsanforderungen gegenüber dem modellierten System kontrollieren zu können, werden in Abschnitt 3.5 verschiedene Analyseverfahren entwickelt, die z. T. auf Wissensbasen basieren und somit erweiterbar sind. Ein entscheidender Aspekt bei diesem Analyseverfahren bildet ein unscharfes Bewertungskonzept, welches die Verwendung kardinaler und ordinaler Bewertungsgrößen ermöglicht.

❏ Im letzten Abschnitt 3.6 werden dann Möglichkeiten zur Reduktion von Risiken diskutiert sowie ein Verfahren für die Auswahl von Sicherheitsmechanismen vorgestellt.

Insgesamt unterstützt das Konzept **TRAW** alle relevanten Phasen der Bedrohungs-und Risikoanalyse und leistet somit einen Beitrag für die Entwicklung *sicherer* Workflow–basierter Anwendungen.

3.1 Vorüberlegungen

Bevor das Konzept für die wissensbasierte Bedrohungs- und Risikoanalyse Workflow-basierter Anwendungssysteme entwickelt werden kann, müssen einige grundsätzliche Vorüberlegungen angestellt werden.

3.1.1 Berücksichtigung von Sicherheit für Workflows

Ausgehend von dem Gedanken, daß Workflows Sicherheit benötigen (siehe Punkt ❶ aus Abschnitt 1.3), gibt es zwei grundsätzliche Möglichkeiten und Herangehensweisen, die Sicherheit durchzusetzen:

Integration von Sicherheit in ein Workflow–Modell Die erste Möglichkeit besteht darin, alle sicherheitsrelevanten Aspekte eines Anwendungssystems direkt in das Workflow–Modell zu integrieren, d. h. das Modell dahingehend zu erweitern, daß Anforderungen wie Vertraulichkeit oder Integrität im Modell berücksichtigt, also modelliert werden. Als Ergebnis sollte ein Sicherheitsmodell für Workflows entstehen, welches spezifische sicherheitstechnische Anforderungen auf den unterschiedlichen Modellebenen berücksichtigt.

Ein Vorteil dieses Vorgehens liegt darin, daß man ein Sicherheitsmodell für Workflows entwickelt, dessen Instantiierungen (also konkrete Anwendungssysteme) inhärent die betrachteten Sicherheitsanforderungen erfüllen. Die für die Umsetzung von Sicherheit notwendigen Sicherheitsmechanismen werden im Rahmen der Modellierung berücksichtigt und direkt in das Systemmodell integriert.

Da jedoch auf der abstrakten Ebene der Geschäftsprozeßmodellierung Personen beteiligt sind, die i. allg. nur mit informellen, graphischen Notationen und weniger mit formalen Methoden vertraut sind, ist es schwierig, ein Sicherheitsmodell, dessen formale Fundierung durch den Anwender im Rahmen der Modellierung berücksichtigt werden muß, zum Einsatz zu bringen. Bekannte und etablierte Sicherheitsmodelle zur Durchsetzung der Vertraulichkeit beispielsweise sind nur dann einsetzbar, wenn eine vollständige Beschreibung der Datenzugriffe vorhanden ist. Dies ist jedoch auf der Geschäftsprozeßebene nicht zwingend gegeben, so daß ein formales Modell speziell auf dieser Ebene nur eingeschränkt nutzbar ist. Ein weiteres Problem ergibt sich aus der Komplexität heutiger Systeme, der u. a. durch Hierarchisierungskonzepte begegnet wird. Es gibt eine Reihe von Sicherheitsmodellen, die jeweils spezifische Anforderungen berücksichtigen (z. B. Vertraulichkeit: Bell–LaPadula [BL75]; Integrität: Biba [Bib77] oder Clark–Wilson [CW87]; Vertraulichkeit und Integrität: Goguen–Meseguer [GM82] oder Terry–Wiseman [TW89]), jedoch ausschließlich auf diese Eigenschaften konzentriert sind und keine Erweiterungen gestatten. Somit wird eine Vielzahl sicherheitstechnischer Probleme unberücksichtigt bleiben.

Explizite Darstellung als Sicherheitsanforderungen Eine zweite Variante der Darstellung von Sicherheit ist die *explizite* Formulierung in Form von Sicherheitsanforderungen. Der Entwickler trennt die Beschreibung des System- und Sicherheitsentwurfs voneinander — es wird lediglich die Beschreibung, nicht das Vorgehen getrennt — und kontrolliert die jeweiligen Anforderungen direkt gegenüber der Spezifikation.

Ein Vorteil dabei ist, daß eine explizite Darstellung der Sicherheit eines Systems speziell zu Dokumentationszwecken genutzt werden kann. Durch die Trennung der System– und Sicherheitsbeschreibung ist eine flexible Erweiterung der Sicherheitsanforderungen jederzeit gegeben. Für diesen Fall müssen lediglich die Modellierungs– und Analyseverfahren der Sicherheitsanforderungen, nicht aber die Modellierungsverfahren des Systementwurfs angepaßt werden. Die Darstellung der Sicherheitsanforderungen bleibt weiterhin unberührt von der Komplexität der Workflows, d. h. werden Konzepte der Hierarchisierung von Arbeitsabläufen genutzt, haben diese keinen Einfluß auf die Modellierung der Sicherheitsanforderungen.

Als Nachteil muß jedoch angeführt werden, daß ein iteratives Vorgehen erzwungen wird und nicht automatisch, wie in einem Sicherheitsmodell, eine Instantiierung bestimmte Sicherheitsanforderungen erfüllt. Stattdessen müssen im Fall erkannter Fehler Modifikationen in der jeweiligen Spezifikation vorgenommen und die Kontrolle der Anforderungen wiederholt werden.

Wenn man in Betracht zieht, daß zum einen alle Phasen der Workflow–basierten Anwendungsentwicklung unterstützt werden sollen und zum anderen unterschiedliche Personengruppen in den Entwicklungsvorgang involviert sein müssen, so ist die Entwicklung eine entsprechenden Sicherheitsmodells aus den oben genannten Gründen ungeeignet. Stattdessen wird im Rahmen des vorgestellten Ansatzes die explizite Darstellung der Sicherheit in Form von Sicherheitsanforderungen sowie deren Analyse gegenüber einem Anwendungssystems favorisiert.

3.1.2   Zeitpunkt, Quelle, Ziel und Typ von Bedrohungen

Als nächstes muß man sich mit der Frage auseinandersetzen, wodurch die Sicherheit überhaupt beeinträchtigt werden kann. Die Antwort auf diese Frage führt zu den Bedrohungen, die einen negativen Einfluß auf die Anwendungen haben können. Bedrohungen können grundsätzlich folgendermaßen differenziert werden:

❏ **Bedrohungszeitpunkt:** Wann tritt eine Bedrohung auf?

❏ **Bedrohungsquelle:** Von wo geht eine Bedrohung aus?

❏ **Bedrohungsziel:** Worauf wirkt eine Bedrohung?

❏ **Bedrohungstyp:** Welche Konsequenz erzeugt eine Bedrohung?

In Tabelle 3.1 sind diese vier Aspekte zusammengefaßt. Sie charakterisieren jede Bedrohung und dienen zum einen dazu, eine adäquate Modellierung von Sicherheitsanforderungen und zum anderen die entsprechenden Analyseverfahren entwickeln zu können.

Bedrohungszeitpunkt Der *Bedrohungszeitpunkt* benennt das zeitliche Eintreten einer Bedrohung im Rahmen der Entwicklung Workflow–basierter Anwendungen. Betrachtet man das Vorgehensmodell aus Abschnitt 2.2.3, so können Bedrohungen innerhalb der Informationserhebung, der Geschäftsprozeß– bzw. Workflow– Modellierung sowie im laufenden Betrieb entstehen. Faßt man die ersten drei Phasen unter dem Begriff der *Entwicklung* zusammen, so lassen sich folgende Zeitpunkte festmachen:

❏ Entwicklung

❏ Betrieb

❏ Übergänge zwischen den einzelnen Phasen.

Neben der Entwicklung und dem Betrieb bildet vor allen Dingen der Übergang zwischen den einzelnen Phasen einen entscheidenden Zeitpunkt für potentielle Bedrohungen. Werden beispielsweise Anforderungen auf einer Ebene durch entsprechende Modellierungen umgesetzt, so ist zu gewährleisten, daß diese auch in der nachfolgenden Ebene vorhanden sind. Die Übergänge werden — je nachdem, welches Vorgehensmodell verwendet wird — entweder durch Transformation (sequentielles Vorgehensmodell) oder durch Verfeinerung (integriertes Vorgehensmodell) umgesetzt. Auch Änderungen, die sich durch Erkenntnisse des laufenden Betriebes ergeben, dürfen nicht die bereits umgesetzten Anforderungen rückgängig machen.

Zeitpunkt	Quelle	Ziel	Typ
Entwicklung	Mensch	Systemelemente Workflow–Struktur Workflow–Abhängigkeiten	Vertraulichkeitsverlust Integritätsverlust Verfügbarkeitsverlust
Betrieb	Mensch Technik Natur Sonstige Einflüsse	Systemelemente Kommunikation Workflow–Abhängigkeiten	Systemfehler Semantische Fehler Angriffskonsequenz
Phasen– übergang	Mensch Technik	Systemelemente Workflow–Struktur	Vertraulichkeitsverlust Integritätsverlust Verfügbarkeitsverlust

Tabelle 3.1: Bedrohungszeitpunkte, –ziele, –quellen und –typen

Bedrohungsquelle Durch die *Bedrohungsquelle* wird der Ausgangspunkt der Bedrohung gekennzeichnet. In Anlehnung an die Begriffsbildung aus Abschnitt 2.1.3 wird damit die Gefahrenquelle bezeichnet. Während innerhalb der Entwicklung sicherlich der Mensch (resp. der Entwickler) als Hauptbedrohungsquelle festzustellen ist, können im laufenden Betrieb verschiedene Quellen identifiziert werden: der Anwender bzw. ein Angreifer, die Technik, die Natur oder sonstige Einflüsse (z. B. die Rechtsprechung). Während des Übergangs zwischen zwei Phasen im Vorgehensmodell ist dann wieder der Entwickler die Quelle der Bedrohung. Werden solche Übergangsphasen durch Softwarewerkzeuge unterstützt, so können natürlich auch diese als Bedrohungsquelle festgehalten werden.

Bedrohungsziel Ein *Bedrohungsziel* kennzeichnet den Teil eines Anwendungssystems, auf das eine Bedrohung wirken kann, wobei zu den drei Bedrohungszeitpunkten unterschiedliche Bedrohungsziele relevant sind.

Im Rahmen der Entwicklung sind zunächst die Systemelemente des Anwendungssystems sowie die Struktur der Workflows zu nennen. So kann beispielsweise die Modellierung von falschen Zugriffsberechtigungen oder auch der durch die spezifizierte Struktur eines Arbeitsablaufes entstandene „verdeckte Kanal"[1] zum Problem für eine Anwendung werden. Zur Betriebszeit können sowohl einzelne Systemelemente als auch die Kommunikation zwischen den Aktivitäten eines Workflows ausfallen und somit als Bedrohungsziel bestimmt werden. Außerdem können die Abhängigkeiten von parallel ablaufenden Workflows zu Problemen führen (z. B. Ressourcenüberlastung aufgrund paralleler Systemzugriffe). Beim Übergang zwischen den einzelnen Phasen werden Modifikationen am Schema vorgenommen. Transformationen bilden eine Bedrohungsquelle, da ein Modell, welches bestimmten Anforderungen bereits entspricht, *semantikerhaltend* in ein neues Modell überführt werden muß. Da dies üblicherweise durch den Menschen (Entwickler) vollzogen wird, ist die Garantie, daß das neue Modell die Semantik des Ausgangsmodells hat, nicht zwingend gegeben. Auch Verfeinerungen bzw. Umstrukturierungen am Schema und an den darin enthaltenen Systemelementen sind das Ziel von Bedrohungen, wenn sie formulierten Anforderungen nach den Änderungen widersprechen.

Bedrohungstyp Ein *Bedrohungstyp* beschreibt die Konsequenz, die durch eine Bedrohung entsteht. Hierbei muß erneut nach dem Bedrohungszeitpunkt, aber auch nach den Bedrohungszielen unterschieden und verschiedene Bedrohungstypen differenziert werden.

Zum Zeitpunkt der Entwicklung lassen sich beispielsweise die Grundbedrohungen wie der Verlust der Vertraulichkeit (unberechtigter Datenzugriff), der Integrität (unerlaubte Datenmanipulation) und der Verfügbarkeit (unbefugte Ressourcennutzung) nennen. Diese Bedrohungen entstehen, wenn der Mensch die Systemelemente, die Struktur der Arbeitsabläufe bzw. die Abhängigkeiten zwischen parallel durchgeführten Arbeitsabläufen nicht im Sinne der spezifizierten Sicherheitsanforderungen modelliert. Während des Betriebs können dann konkrete Systemfeh-

---

[1]Unter einem verdeckten Kanal wird ein möglicher Informationsfluß verstanden, der für das Anwendungssystem nicht gewünscht, jedoch durch das Anwendungssystem selbst ermöglicht wird.

ler sowie semantische Fehler auftreten [EL96, KR96]. Zusätzlich sind die Folgen
der Angriffe (z. B. Sabotage, Ausspähen von Daten) von externen Angreifern als
Bedrohungstyp zu kennzeichnen. In der Übergangsphase können aufgrund von
Modifikationen genau die Bedrohungstypen ermittelt werden, die aus der Ent-
wicklungsphase bereits bekannt sind.

Um Bedrohungen entgegenwirken zu können, müssen sie zunächst erkannt werden.
Die Bedrohungsziele zum Zeitpunkt der Entwicklung und des Phasenüberganges zeigen die Elemente der Modellierung eines Workflow–basierten Anwendungssystems
und bilden dabei auch den Ausgangspunkt zur Definition von Sicherheitsanforderungen. Die Erfüllungsziele der Sicherheitsanforderungen entsprechen den zugeordne-
ten Bedrohungstypen, d. h. eine Sicherheitsanforderung kann für ein Systemelement
„Rechner" beispielsweise eine hohe Verfügbarkeit fordern. Der Aspekt der Workflow–
Abhängigkeit wird, wie in Abschnitt 1.3 bereits dargestellt, nicht weiter untersucht.

Die Bedrohungsziele und –typen zum Zeitpunkt des Betriebes bilden dann die Basis
für die Analyseverfahren von Sicherheitsanforderungen, da aus ihnen die potentiellen
Ansatzpunkte und Wirkungen von Bedrohungen auf das Anwendungssystem abgeleitet werden können. So müssen die Konsequenz eines Angriffs auf ein Systemelement
und die daraus resultierenden Folgen für die modellierten Sicherheitsanforderungen
durch ein entsprechendes Analyseverfahren untersucht werden können.

3.2   Integriertes Vorgehensmodell

Der erste Schritt im Hinblick auf eine wissensbasierte Bedrohungs– und Risikoanalyse Workflow–basierter Anwendungssysteme ist die Entwicklung eines *integrierten
Vorgehensmodells* für den System– und Sicherheitsentwurf. Damit wird einer Anforderung aus Abschnitt 1.3 Rechnung getragen.

3.2.1   Anforderungen

Zunächst muß festgelegt werden, welche Anforderungen das Vorgehensmodell zu
erfüllen hat. Hierbei sind die beiden unterschiedlichen Perspektiven — Bedrohungs–
und Risikoanalyse sowie die Entwicklung Workflow–basierter Anwendungen — zu
berücksichtigen, wobei deutlich wird, daß es starke Überschneidungen gibt. In [RS95,
Ste93] werden elementare Anforderungen an das Gesamtvorgehen des Risiko-Managements und ein dafür notwendiges Vorgehensmodell gestellt, während [HSW96,
SHW97] Beurteilungskriterien für Vorgehensmodelle zur Entwicklung Workflow-
basierter Anwendungen festlegt. Folgende Anforderungen lassen sich zusammenfassend an ein integriertes Vorgehensmodell, das beide Aspekte zu berücksichtigen hat,
stellen:

❶ **Allgemeingültigkeit und Funktionsabdeckung:** Die Allgemeingültigkeit bezeichnet die Fähigkeit, das Konzept für unterschiedliche Aufgabenbereiche einsetzen zu können. Weiterhin ist entscheidend, welche der einzelnen Teilaktivitäten in welcher Form durchgeführt werden können. Für den konkreten Ansatz heißt dies, daß sowohl die Geschäftsprozeßmodellierung und die Workflow–Modellierung als auch alle Tätigkeiten einer Bedrohungs– und Risikoanalyse unterstützt werden sollen.

❷ **Adaptierbarkeit und Wirtschaftlichkeit:** Hierunter soll der Aufwand verstanden werden, der für Anpassungen am Anwendungssystem benötigt wird, um zu einer neuen Version zu gelangen. Letztlich handelt es sich also um die Zeit, die für den Durchlauf eines Entwicklungszyklusses benötigt wird. Es wird ein wirtschaftliches Vorgehen gewünscht, bei dem der Aufwand in einem entsprechenden Verhältnis zum geforderten Ergebnis stehen muß.

❸ **Handhabbarkeit und Robustheit:** Die Handhabbarkeit beschreibt die Tatsache, daß das gesamte Vorgehen für den Anwender verständlich anwendbar ist. Das Vorgehen sollte durch den Anwender jederzeit selbst steuerbar sein. Bei nicht korrekter Anwendung sollten ihm in geeigneter Art und Weise entsprechende Fehler dargelegt werden.

❹ **Übergangssicherheit:** Bei einem Übergang zwischen verschiedenen Phasen sollten Irrtümer und Mehrdeutigkeiten (z. B. in der Dokumentation) ausgeschlossen werden.

❺ **Dokumentenkonsistenz:** Werden Änderungen an Dokumenten vorgenommen, so müssen diese in abhängigen Dokumenten ebenfalls durchgeführt werden. Eine hohe Dokumentenkonsistenz beschreibt somit den Zustand, in dem die Dokumentation des Anwendungssystems keine Inkonsistenzen enthält.

❻ **Zielgruppenbreite:** Die Zielgruppenbreite kennzeichnet die Anzahl und vor allem die Heterogenität der Personen, die an der Entwicklung Workflow–basierter Anwendungen beteiligt sind. Speziell zur Unterstützung auch der frühen Phasen der Geschäftsprozeßmodellierung sowie der Analyse von sicherheitskritischen Eigenschaften ist eine große Zielgruppenbreite wünschenswert.

❼ **Beschreibungsmodularität:** Die an der Entwicklung beteiligten unterschiedlichen Personen sollten in der Lage sein, alle für sie relevanten Informationen aus der vorhandenen Dokumentation herausfiltern zu können.

❽ **Entwicklungsfokus:** Der Entwicklungsfokus differenziert Vorgehensmodelle dahingehend, ob sie primär prozeß– oder produktorientiert ausgelegt sind, also sich verstärkt auf die Arbeitsabläufe oder die zu erstellenden Produkte konzentrieren. Erstrebenswert ist hier eine prozeßorientierte Sichtweise.

❾ **Späte Alternativenauswahl:** Schließlich können Vorgehensmodelle danach
unterschieden werden, wie spät im Entwicklungszyklus Entscheidungen (z. B.
Systemplattform) getroffen werden müssen. Wünschenswert ist eine späte Alternativenauswahl.

Diese Beurteilungskriterien werden im folgenden als Maßstab für die Auswahl und
die Bewertung eines geeigneten Vorgehensmodells herangezogen.

3.2.2 Beteiligte

Ein entscheidender Faktor für ein Vorgehensmodell ist die Festlegung, welche Personengruppen mit ihren unterschiedlichen Interessen und Fähigkeiten daran beteiligt
sind. Ausgehend von Abbildung 2.6 lassen sich für das integrierte Vorgehensmodell
insgesamt folgende Rollen ermitteln:

Geschäftsprozeßmodellierer Er modelliert die Geschäftsprozesse, wobei seine
Zielsetzung verstärkt betriebswirtschaftlich orientiert ist, wie beispielsweise die
Minimierung der Durchlaufzeiten oder der Kosten. Dabei konzentriert er sich auf
die Daten–, Organisations–, Funktions– und Ablaufsicht.

Workflow–Modellierer Der Workflow-Modellierer zielt auf die (möglichst) automatisierte Ausführung der zuvor modellierten Geschäftsprozesse. Dazu werden
diese entweder transformiert oder verfeinert, je nachdem, welches Vorgehensmodell
verwendet wird. Um überhaupt Sicherheitsaspekte in einer Workflow–basierten
Anwendung untersuchen zu können, müssen auch IT–spezifische Anforderungen
berücksichtigt werden. Diese sind ebenfalls durch den Workflow–Modellierer zu
ermitteln.

Workflow–Administrator Der Workflow–Administrator ist für eine problemlose
Ausführung der modellierten Workflows verantwortlich ist. Er sorgt für eine funk-
tionsfähige IT–Infrastruktur und behebt im Problemfall auftretende Fehler des
IT–Systems.

Workflow–Bearbeiter Schließlich sind für die Ausführung der einzelnen Aktivitäten innerhalb der Workflows konkrete Workflow–Bearbeiter — die Mitarbeiter
in einer Unternehmung — zuständig. Ihnen werden durch die Workflows Aufgaben
übertragen, die sie bearbeiten.

Sicherheitsexperte Aufgrund der Tatsache, daß neben betriebswirtschaftlichen
und ausführungsspezifischen Aspekten auch Sicherheitsanforderungen für die Anwendungen betrachtet werden, wird ein spezieller Sicherheitsexperte mit in die
Entwicklung der Anwendung involviert. Seine Aufgaben liegen in der Festlegung
spezifischer Sicherheitsanforderungen, der Identifikation von Bedrohungen, der Ermittlung der daraus resultierenden Risiken sowie deren Kontrolle gegenüber den

Sicherheitsanforderungen. Weiterhin ist er für Modifikationen, also auch der Integration von Sicherheitsmechanismen, am Anwendungssystem zuständig.

Insgesamt ist also eine Vielzahl unterschiedlicher Akteure mit verschiedensten Interessen und Kenntnissen in den Entwicklungsvorgang involviert.

3.2.3 Phasen des Vorgehensmodells

Um auf Basis der zuvor dargestellten Beurteilungskriterien sowie Akteure ein integriertes Vorgehensmodell entwickeln zu können, sollen zunächst die in Abschnitt 2.2.3 dargestellten drei Kategorien von Vorgehensmodellen auf ihre Verwendung hin geprüft werden. Tabelle 3.2 faßt die Kriterien sowie ihre Verwendbarkeit zusammen (vergl. auch [HSW96, SHW97]) und kennzeichnet in der Spalte „Ziel" die Anforderungen an das neu zu entwickelnde Vorgehensmodell.

Kategorie	Kriterium			Ziel
	Isoliert	Sequentiell	Integriert	
Allgemeingültigkeit und Funktionsabdeckung	–	+	+	+
Adaptierbarkeit und Wirtschaftlichkeit	+	–	(+)	+
Übergangssicherheit		(+)	+	+
Dokumentenkonsistenz		–	+	+
Zielgruppenbreite	–	+	+	+
Beschreibungsmodularität	+	+	(+)	+
Entwicklungsfokus	Produkt	Prozeß	Prozeß	Prozeß
Späte Alternativenauswahl	–	+	(+)	+

Tabelle 3.2: Beurteilungskriterien für das Vorgehensmodell

Das Symbol „+" bezeichnet diejenigen Eigenschaften, die von einem der Vorgehensmodelle vollständig unterstützt werden, während das Symbol „–" das Gegenteil kennzeichnet. Schließlich sind die Eigenschaften, die teilweise unterstützt werden mit dem Symbol „(+)" versehen. Leere Felder zeigen an, daß hierzu keine Aussage möglich bzw. diese Eigenschaft für ein Modell nicht nutzbar ist.

Zu dem Kriterium „Handhabbarkeit und Robustheit" kann keine Aussage getroffen werden, da diese Aspekte nicht durch die Ausprägung direkt beeinflußt werden. Das isolierte Vorgehen ist zwar durch eine hohe „Adaptierbarkeit und Wirtschaftlichkeit" sowie „Beschreibungsmodularität" gekennzeichnet, der „Entwicklungsfokus" ist jedoch produktorientiert, was dem grundsätzlichen Anspruch der Prozeßorientierung entgegensteht. Der sequentielle Ansatz unterstützt dagegen diese Prozeßorientierung, jedoch ist eine schlechte „Adaptierbarkeit und Wirtschaftlichkeit" sowie „Dokumentenkonsistenz" gegeben. Der Grund liegt in der Verwendung verschiedener Modelle in den einzelnen Phasen des Vorgehensmodells, die jeweils ineinander transformiert werden müssen. Das integrierte Vorgehensmodell stellt aufgrund der Tatsache, daß ausschließlich *ein* Modell verwendet wird, den idealen Ausgangspunkt für ein neu zu entwickelndes Vorgehensmodell dar. Es wird auf dieser Basis ein Vorgehensmodell entstehen, das das Attribut „Integriert" in doppelter Hinsicht berücksichtigt:

❶ **Modell:** Wie in Abschnitt 2.2.3 beschrieben wird ein Vorgehensmodell dann als *integriert* bezeichnet, wenn in den unterschiedlichen Phasen genau *ein* Modell zur Beschreibung des Anwendungssystems verwendet wird.

❷ **Phasen:** Zusätzlich kann von einem *integrierten* Vorgehensmodell gesprochen werden, wenn das Vorgehen der Bedrohungs- und Risikoanalyse in das Vorgehen zur Entwicklung Workflow–basierter Anwendungen integriert ist.

Das *integrierte* Vorgehensmodell bindet die Aufgaben der Bedrohungs- und Risikoanalyse aus Abbildung 2.4 in das Vorgehen zur Entwicklung Workflow–basierter Anwendungen aus Abbildung 2.6 ein. Das neu entstandene Vorgehensmodell [Tho98, Jan98] ist in Abbildung 3.2 dargestellt und gliedert sich in zwei Schwerpunkte:

Phasen zur Entwicklung Workflow–basierter Anwendungen Die Basis für das integrierte Vorgehensmodell bildet die Entwicklung Workflow–basierter Anwendungen (links in Abbildung 3.2). Nach der *Informationserhebungsphase*, in der das Anwendungssystem soweit möglich erfaßt wird, folgt die *Geschäftsprozeßmodellierung*. Dort werden alle für das Anwendungssystem relevanten Geschäftsprozesse erfaßt und auf Basis eines festgelegten Modells spezifiziert. In der ersten Phase werden neben den Arbeitsabläufen noch die Organisationsstruktur, die notwendigen Daten sowie die Funktionsbeschreibungen festgelegt. Die sich anschließende *Workflow-Modellierung* verfeinert die spezifizierten Geschäftsprozesse zu Workflows. Entscheidend ist die Verwendung desselben Modells zur Beschreibung sowie die Spezifikation aller IT–spezifischen Komponenten. Häufig werden diese durch verwendete Workflow–Management–Systeme gekapselt. Da sie jedoch für die Analyse sicherheitskritischer Aspekte unabdingbar sind, müssen sie modelliert werden. Die so entstandenen Workflows werden in der letzten Phase, dem eigentlichen *Betrieb*, durch das Workflow–Management–System instantiiert, gesteuert und kontrolliert. Die Erkenntnisse zur Laufzeit können Änderungen sowohl an den Geschäftsprozessen wie auch an den Workflows notwendig machen. Dementsprechend ist das gesamte Vorgehen zyklisch ausgelegt. Wann eine Rückkopplung zu einer vorherigen Phase erfolgt, wird durch die in das Vorgehensmodell involvierten Personen (in ihren unterschiedlichen Rollen) gesteuert.

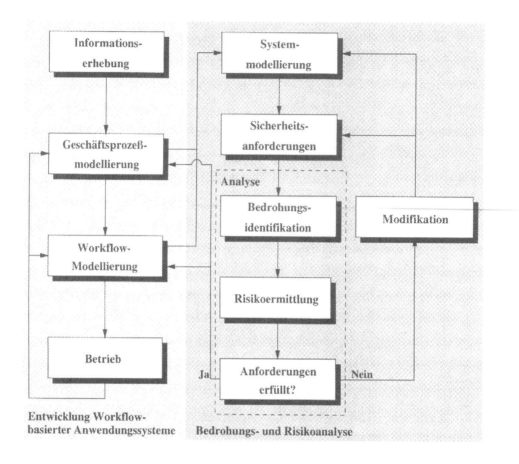

Abbildung 3.2: Integriertes Vorgehensmodell

Zur Durchsetzung von Sicherheitsanforderungen werden sowohl die Phase der Geschäftsprozeßmodellierung wie auch die Workflow–Modellierung um Aktivitäten der Bedrohungs– und Risikoanalyse angereichert (in Abbildung 3.2 rechts).

Phasen der Bedrohungs– und Risikoanalyse Die Phasen der Geschäftsprozeß– und Workflow–Modellierung werden durch Aktivitäten der Bedrohungs– und Risikoanalyse erweitert. Ziel dieser Phasen ist die Modellierung und Analyse von Sicherheitsanforderungen gegenüber dem spezifizierten System. Konkret werden dazu folgende Teilschritte durchlaufen:

➊ **Systemmodellierung:** Alle für die Systemsicherheit relevanten Elemente des Anwendungssystems müssen in einem geeigneten Systemmodell spezifiziert werden. Dies sind neben den Arbeitsabläufen alle dafür notwendigen Systemelemente. Diese Phase repräsentiert somit die Darstellung der Geschäftsprozeßmodellierung und der Workflow–Modellierung.

❷ **Definition der Sicherheitsanforderungen:** Die für das Anwendungssystem relevanten Sicherheitsaspekte müssen als Sicherheitsanforderungen formuliert werden.

❸ **Bedrohungsidentifikation:** In dieser Phase werden die potentiellen Bedrohungen, die das Anwendungssystem gefährden können, identifiziert, sowie der Ausgangspunkt der Bedrohung, also das bedrohte Systemelement, bestimmt.

❹ **Risikoermittlung:** Auf Basis der Bedrohungen und der davon bedrohten Systemelemente werden die daraus resultierenden Risiken für das Anwendungssystem analysiert.

❺ **Kontrolle:** Im Rahmen der Kontrolle wird überprüft, ob alle Sicherheitsanforderungen erfüllt sind und keine nicht zu tolerierenden Risiken mehr bestehen. Ist dies der Fall, so ist die Bedrohungs– und Risikoanalyse beendet, ansonsten müssen Modifikationen vorgenommen werden. Zusammen mit den Phasen ❸ und ❹ realisiert die Kontrolle die eigentliche Analyse der Sicherheitsanforderungen gegenüber dem in Phase ❶ modellierten Anwendungssystem.

❻ **Modifikationen:** Den nicht erfüllten Sicherheitsanforderungen ist durch entsprechende Modifikationen zu begegnen. Folgende Möglichkeiten sind hierzu gegeben:

❏ Durch die Integration von Sicherheitsmechanismen können bestimmte Risiken behoben werden (z. B. der Verlust der Vertraulichkeit von Daten kann durch die Verschlüsselung der Daten erreicht werden).

❏ Durch die Festlegung neuer Sicherheitsanforderungen wird dokumentiert, daß bestimmte Risiken nicht akzeptabel sind und entsprechend bekämpft werden müssen.

❏ Wurden Sicherheitsanforderungen als zu restriktiv erkannt, so können sie entsprechend relaxiert werden.

❏ Auch Änderungen in der Anwendungssystemspezifikation können dazu dienen, bestimmte Risiken zu beheben (z. B. Veränderung von Zugriffsberechtigungen).

Nach dem Abschluß der Modifikationen wird erneut mit der Bedrohungsidentifikation fortgefahren, denn Änderungen an den Ausgangsvoraussetzungen können zur Entstehung neuer Bedrohungen und somit neuen Risiken führen. So verursacht die Integration eines Verschlüsselungssystems in einer Anwendung das Problem der Schlüsselverwaltung, welches unter Berücksichtigung entsprechender Sicherheitsbedingungen ebenfalls realisiert werden muß.

Das Vorgehen der Bedrohungs– und Risikoanalyse ist dann abgeschlossen, wenn alle Sicherheitsanforderungen erfüllt und potentiell vorhandene Restrisiken vom Anwender geduldet werden. Anschließend wird mit der Phase des übergeordneten Vorgehens fortgefahren.

Abschließend muß noch eine Zuordnung der Akteure zu den einzelnen Phasen des integrierten Vorgehensmodells vorgenommen werden (siehe Abschnitt 3.2.2). Aus Sicht der Entwicklung Workflow–basierter Anwendungen ist der Geschäftsprozeßmodellierer sowohl in der Informationserhebungsphase als auch bei der Geschäftsprozeßmodellierung tätig. Konkret wird er bei der Systemmodellierung und ggf. Definition der Sicherheitsanforderungen aktiv. Der Workflow–Modellierer ist dementsprechend auf der Ebene der Workflow–Modellierung zuständig. Die Betriebsphase wird durch den Workflow–Administrator und den Workflow–Bearbeiter realisiert. Aus Sicht der Bedrohungs- und Risikoanalyse hat der Sicherheitsexperte seine Aufgaben zum einen innerhalb der Informationserhebung und zum anderen auch während der Geschäftsprozeß- und Workflow–Modellierung zu erfüllen. In der Informationserhebung unternimmt er bereits den Versuch, sicherheitsrelevante Teile von nicht sicherheitsrelevanten Teilen der Anwendung zu trennen. Anschließend ist er für die Modellierung und Analyse der Sicherheitsanforderungen verantwortlich, wobei er durch die entsprechenden Modellierer der beiden Ebenen unterstützt wird. Weiterhin führt er die Modifikationen im System durch, um Risiken entsprechend zu bekämpfen.

3.2.4 Bewertung

Abschließend muß das vorgestellte Vorgehensmodell gegenüber den in Abschnitt 3.3.1 formulierten Anforderungen evaluiert werden:

❶ **Allgemeingültigkeit und Funktionsabdeckung:** Die Allgemeingültigkeit wird dadurch erreicht, daß auf bereits vorhandenen abstrakten Vorgehensmodellen aufbaut wird, die ihrerseits eine Allgemeingültigkeit gewährleisten. Es werden zusätzlich alle relevanten Phasen der Entwicklung Workflow–basierter Anwendungen sowie der Bedrohungs- und Risikoanalyse unterstützt, so daß eine hohe Funktionsabdeckung gegeben ist.

❷ **Adaptierbarkeit und Wirtschaftlichkeit:** Diese Anforderung läßt sich sicherlich erst im Rahmen einer ausführlichen Evaluierung des Konzeptes bewerten. In Kapitel 5 wird solch eine Evaluierung beschrieben. Insgesamt ist dabei feststellbar, daß speziell die Aufgaben der Bedrohungs- und Risikoanalyse stark automatisiert sind, so daß der zusätzliche Aufwand im Verhältnis zur gewonnenen Sicherheit für eine Anwendung akzeptiert werden kann. Leider kann die Adaptierbarkeit nur insofern beurteilt werden, daß genau eine Beispielanwendung untersucht und dafür der initiale Aufwand betrachtet werden konnte.

❸ **Handhabbarkeit und Robustheit:** Auch dieser Aspekt basiert auf den Erfahrungen mit einem konkreten Anwendungsbeispiel. Der Anwender hat jederzeit die Möglichkeit, in das Entwicklungsvorgehen einzugreifen und dieses zu steuern. Hinweise auf möglicherweise fehlerhaftes Verhalten werden teilweise angeboten.

❹ **Übergangssicherheit:** Durch die Verwendung *eines* Modells zur Beschreibung des Anwendungssystems und der darin zu gewährleistenden Sicherheitsanforderungen ist eine hohe Übergangssicherheit gegeben.

❺ **Dokumentenkonsistenz:** Aus dem gleichen Grund ist ebenfalls eine hohe Dokumentenkonsistenz gewährleistet.

❻ **Zielgruppenbreite:** Die starke Differenzierung der involvierten Rollen für die unterschiedlichen Tätigkeiten (siehe Abschnitt 3.2.2) schafft eine hohe Zielgruppenbreite.

❼ **Beschreibungsmodularität:** Eine vorhandene Sichtenbildung (siehe hierzu Abschnitt 4.3.1) unterstützt einen gezielten Zugriff auf relevante Informationen für die unterschiedlichen Personengruppen und somit eine hohe Beschreibungsmodularität.

❽ **Entwicklungsfokus:** Das gesamte Vorgehen ist prozeßorientiert.

❾ **Späte Alternativenauswahl:** Aufgrund der Tatsache, daß mit dem skizzierten Verfahren speziell Sicherheitsaspekte untersucht werden sollen, wird eine sehr detaillierte Beschreibung des Anwendungssystems und der darin enthaltenen IT–spezifischen Aspekte verlangt. Da diese Angaben so früh wie möglich gemacht werden sollten, um auch möglichst schnell Problemfälle erkennen zu können, sind auch Entwicklungsentscheidungen frühzeitig zu treffen und somit eine späte Alternativenauswahl nicht gegeben.

Das vorgestellte Vorgehensmodell erfüllt somit die gestellten Anforderungen in einem sehr hohen Maße und bietet damit eine gute Voraussetzung für die Entwicklung sicherer Workflow–basierter Anwendungssysteme.

3.3   Systemmodellierung

Der erste Schritt des Vorgehensmodells ist die Modellierung des Anwendungssystems. Neben der Beschreibung der durch das System zu unterstützenden Arbeitsabläufe müssen auch die Strukturen der organisatorischen, logischen und der technischen Ebene durch den Entwickler und den Sicherheitsexperten angegeben werden.

3.3.1   Anforderungen

Die Grundlage für die Entwicklung von Anwendungssystemen bildet ein Systemmodell. Darin enthalten ist die Beschreibung der im System relevanten Systemelemente sowie deren Beziehungen untereinander. Bei der Verwendung eines integrierten Ansatzes, wie im vorherigen Abschnitt dargelegt, wird genau ein Modell genutzt und durchgängig zur Beschreibung der Anwendung eingesetzt. Folgende Anforderungen werden an das Modell zur Beschreibung des Anwendungssystems — mit spezifischer Unterstützung der darin enthaltenen Arbeitsabläufe — gestellt:

❶ **Einfachheit:** Da eine Reihe unterschiedlicher Personengruppen mit dem Modell interagiert, muß das Modell für die einzelnen Personengruppen leicht verständlich und einfach überschaubar sein, d. h. die Anzahl der Parameter soll möglichst gering gehalten werden.

❷ **Ausdrucksmächtigkeit:** Alle für die Beschreibung eines Anwendungssystems relevanten Systemelemente und Beziehungen müssen durch das Modell spezifiziert werden, unnötige Bestandteile sind im Modell jedoch zu vermeiden. Entscheidend ist die Modellierung von Arbeitsabläufen als zentraler Gegenstand des Anwendungssystems.

❸ **Erweiterbarkeit:** Sowohl das Forschungsgebiet der Entwicklung Workflow–basierter Anwendungen wie die Bedrohungs– und Risikoanalyse sind durch eine permanente Weiterentwicklung gekennzeichnet. So gibt es in keinem der beiden Gebiete definierte Standards zur Beschreibung von Anwendungssystemen, und speziell die Workflow–basierte Anwendungsentwicklung ist durch eine sehr starke Neuentwicklung von Systemmodellen gekennzeichnet. Um diese Situation entsprechend berücksichtigen zu können, hat das zu entwickelnde Modell den Aspekt der Erweiterbarkeit zu unterstützen. Es muß bereits bekannte Modelle abbilden, aber auch neue Anforderungen einfach in das Modell integrieren können.

❹ **Formalisierungsgrad:** Das Modell muß im Hinblick auf den Einsatzzweck zum einen eine präzise Beschreibung des Anwendungssystems ermöglichen, da Analysemethoden zur Ermittlung von Risiken angewendet werden sollen. Zum anderen wird das Modell von Personengruppem mit unterschiedlichen Qualifikationen angewendet, für die eine Verwendung formaler Notationen nicht akzeptabel ist. Es muß somit ein Kompromiß gefunden werden, der sowohl eine Anwendbarkeit durch die entsprechenden Personengruppen als auch eine ausreichende Basis für die Bedrohungs– und Risikoanlyse gestattet.

Die zur Zeit vorhandenen Modelle erfüllen die skizzierten Anforderungen nicht. Im Bereich der Bedrohungs– und Risikoanalyse wird der Aspekt der Erweiterbarkeit gar nicht bzw. nur unzureichend berücksichtigt. In den dort verwendeten Systemmodellen (siehe beispielsweise [Erz94, Mei95, Ste93]) sind i. allg. die Systemelemente und deren Beziehungen fest definiert, und die Arbeitsabläufe werden fast in keinem Ansatz betrachtet (Ausnahmen siehe Tabelle 2.1). Die Modelle im Bereich des Geschäftsprozeß–Management dagegen lassen häufig systemtechnische Aspekte vermissen, die jedoch für sicherheitstechnische Betrachtungen unerlässlich sind.

Aufgrund dieser Situation wird im folgenden ein generisches Systemmodell vorgestellt, das den beschriebenen Anforderungen gerecht wird [Tho97, Tho98]. Zur Erreichung der Erweiterbarkeit wird ein System–Metamodell entwickelt, von dem beliebige Systemmodelle abgeleitet werden können, die dann durch Instantiierung die konkreten Anwendungssysteme beschreiben.

Für die Darstellung des System–Metamodells sind verschiedene Möglichkeiten denkbar. Einer rein mathematischen Darstellung steht die erwünschte Anwendbarkeit durch die unterschiedlich qualifizierten Personengruppen entgegen, da beispielsweise von einem Geschäftsprozeßmodellierer nicht die Verwendung formaler Beschreibungsformalisem erwartet werden kann. Es wird daher innerhalb dieses Buches die Modellbildung in einer sprachähnlichen Notation auf Basis der EBNF (Erweiterte Backus–Naur–Form) verfolgt, wobei für den Anwender zusätzlich die Möglichkeit geschaffen wird, eine graphische Repäsentation des Modells zu nutzen. Dies gewährleistet die Einfachheit der Modellbildung und wird durch eine entsprechende Werkzeugunterstützung realisiert (siehe Abschnitt 4).

Die Syntax des System–Metamodells wird als kontextfreie Grammatik in EBNF beschrieben. Dabei werden Terminalsymbole durch Anführungsstriche, Großbuchstaben und Nichtterminalsymbole durch "⟨⟩" markiert. Die Metasymbole der EBNF besitzen die in Tabelle 3.3 angegebene Bedeutung.

Zeichen	Bedeutung
::=	Ableitung
⟨⟩	Nichtterminale
|	Alternative
()	Klammerung
[...]	Optionalität
{...}	Beliebige Wiederholung
{...}$^+$	Ein– und mehrfache Wiederholung
.	Ende der Produktion

Tabelle 3.3: Metasymbole der EBNF

Zusätzlich werden kontextsensitive Konstrukte der Grammatik beigefügt, die durch eine kontextfreie Grammatik direkt nicht dargestellt werden können. In Abschnitt 3.3.5 sind die für das System–Metamodell relevanten semantischen Nebenbedingungen zusammengefaßt. Für die eigentliche Darstellung reicht an dieser Stelle die Einführung zweier Symbole, die innerhalb der EBNF–Grammatik verwendet werden:

❶ ⟨P.id⟩ verweist auf die Kennzeichnung ⟨id⟩, für die eine Ableitung ⟨P⟩ ::= ⟨id⟩ ··· definiert ist.

❷ ⟨P.id List⟩ ist eine Liste von Kennzeichnungen, für die Ableitungen der Form ⟨P⟩ ::= ··· ⟨id⟩ ··· existieren, d. h. sie enthält alle Kennzeichnungen eines definierten Ableitungstyps (⟨P.id List⟩ := {⟨id⟩|∃ ⟨P⟩ ::= ··· ⟨id⟩ ···}).

An einem einfachen Beispiel zur Definition einer Person werden diese beiden Konstrukte verdeutlicht. Die Produktion

───────────────────────── Beispiel: Person ─────────────────────────

⟨Person⟩ ::= ⟨id⟩
        ⟨Raum.id⟩
        ⟨Rolle.id List⟩·

───

beschreibt eine Person mit der Bezeichnung ⟨id⟩. Die Person sitzt in einem Raum, dessen Kennung bekannt sein muß. Weiterhin kann die Person in verschiedenen Rollen agieren, die in einer entsprechenden Liste ⟨Rolle.id List⟩ := {Abteilungsleiter, Sachbearbeiter, Schreibkraft} spezifiziert sind. Die darin enthaltenen Bezeichnungen für die Rollen müssen ebenfalls bereits vorhanden sein.

3.3.2 Überblick über das System–Metamodell

Das System–Metamodell definiert zunächst ein konkretes Systemmodell, das selbst wieder als Basis für die Modellierung konkreter Anwendungssysteme dient. Abbildung 3.3 zeigt das Metamodell mit seinen zwei Teilmodellen und deren Abhängigkeiten in der OMT–Notation [RBP+91]. In dem dunklen Bereich befinden sich die Entitäten des Systemmodells, während die Elemente eines Anwendungssystems im hell dargestellten Bereich angegeben sind.

Innerhalb des Systemmodells werden Systemelementtypen (z. B. Rechner, Daten) sowie die sie beschreibenden Attributtypen (z. B. Verfügbarkeit) verwendet. Weiterhin können durch Beziehungstypen die jeweils zwischen zwei Systemelementtypen erlaubten Beziehungen (z. B. Rechner *speichert* Daten) spezifiziert werden. Auf der anderen Seite werden Sicherheitsmechanismustypen (z. B. ein physikalischer Sicherheitsmechanismus „Sprinkleranlage") und die erlaubten Beziehungen zu entsprechenden Systemelementtypen (z. B. Sprinkleranlage *schützt* Raum) bestimmt werden. Prinzipiell könnten die Sicherheitsmechanismustypen als spezielle Systemelementtypen modelliert werden. Die Tatsache, daß ihr im Rahmen der Bedrohungs-

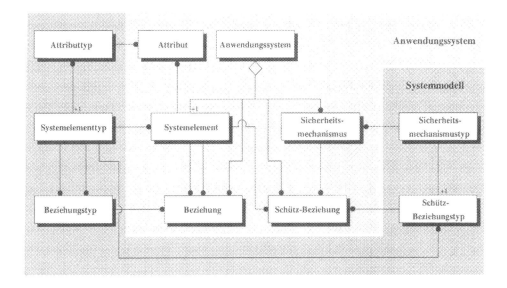

Abbildung 3.3: System–Metamodell

und Risikoanalyse eine spezifische Bedeutung zukommt (siehe Abschnitt 3.5), recht-
fertigt die Tatsache, sie als spezifische Entitäten zu modellieren.

Ein konkretes Anwendungssystem wird dann mittels des definierten Systemmodells
festgelegt. Es besteht aus einer nichtleeren Menge von Systemelementen, einer Menge von Attributen und Sicherheitsmechanismen sowie Beziehungen zwischen den Systemelementen und den Sicherheitsmechanismen. Ein Systemelement ist durch einen
Verweis auf den Systemelementtyp und eine Menge von Attibuten, die ihrerseits auf
die entsprechenden Attributtypen verweisen, beschrieben. Weiterhin werden jeweils
zwei Systemelemente über eine Beziehung miteinander verbunden. Sicherheitsmechanismen werden von Sicherheitsmechanismustypen abgeleitet und über eine fest
definierte Beziehung (*Schütz*-Beziehung) an Systemelemente geknüpft.

In den beiden folgenden Abschnitten werden das Systemmodell und die Modellierung
konkreter Anwendungssysteme detailliert vorgestellt sowie an einfachen Beispielen
illustriert.

3.3.3 System–Metamodell

Ein System–Metamodell beschreibt den formalen Rahmen zur Modellierung von Systemmodellen. Zur Identifizierung wird jedes Systemmodell ⟨System Model⟩ mit einer
eindeutigen Kennung ⟨id⟩ versehen. Weiterhin enthält es eine Menge von Systeme-
menttypen ⟨System Element Type List⟩, eine Menge von Beziehungstypen ⟨Relation
Type List⟩ zwischen diesen Systemelementtypen sowie eine Menge von Sicherheits-

mechanismustypen ⟨Safeguard Type List⟩ und deren Beziehungstypen ⟨Safeguard Relation Type List⟩ zu den Systemelementtypen. Während mindestens ein Systemelementtyp spezifiziert sein muß, sind die drei letztgenannten Listen optional.

──────────────── System Model ────────────────

⟨System Model⟩ ::= „SYSTEM MODEL" ⟨id⟩
                ⟨System Element Type List⟩
                [⟨Relation Type List⟩]
                [⟨Safeguard Type List⟩]
                [⟨Safeguard Relation Type List⟩]·

──

Systemelementtypen

Ein Systemelementtyp ⟨System Element Type⟩ ist eine abstrakte Beschreibung von konkreten Systemelementen. Er ist durch eine eindeutige Kennung ⟨id⟩ identifizierbar und hat optional eine Menge von Systemelementtypeigenschaften ⟨Attribute Type List⟩, welche durch Attributtypen spezifiziert werden.

──────────────── System Element Type ────────────────

⟨System Element Type List⟩ ::= {⟨System Element Type⟩}$^{+}$·
⟨System Element Type⟩   ::= „ELEMENT TYPE" ⟨id⟩ [⟨Attribute Type List⟩]·

──

Attributtypen

Attributtypen ⟨Attribute Type⟩ beschreiben die konkreten Eigenschaften, die Systemelementtypen besitzen können. Sie werden mit einer eindeutigen Kennzeichnung ⟨id⟩ versehen und verweisen auf eine oder mehrere Domänen ⟨Attribute Type Domain⟩. Die Möglichkeit, verschiedene Domänen angeben zu können, ist durch die Nutzung verschiedener Bewertungskonzepte motiviert.

──────────────── Attribute Type ────────────────

⟨Attribute Type List⟩ ::= „ATTRIBUTE TYPE" {⟨Attribute Type⟩}$^{+}$·
⟨Attribute Type⟩   ::= ⟨id⟩ {⟨Attribute Type Domain⟩}$^{+}$·

──

Domänen der Attributtypen

Um die Eigenschaften der Systemelementtypen ⟨Attribute Type Domain⟩ und im folgenden auch der konkreten Systemelemente beschreiben zu können, werden verschiedene Domänen benötigt. Je nachdem, um was für einen Attributtyp es sich handelt, wird zwischen Zeichenketten STRING, einer Datumsangabe DATE sowie kardinalen INTEGER und ordinalen Domänen ⟨Ordinal Value Domain⟩ unterschieden. Außerdem ist festgelegt, daß alle eindeutigen Kennungen ⟨id⟩ als Zeichenketten interpretiert werden.

―――――――――――――――――― Attribute Type Domain ――――――――――――――――――

⟨Attribute Type Domain⟩ ::= („STRING" | „DATE" | „INTEGER" | ⟨Ordinal Value Domain.id⟩)·

⟨Ordinal Value Domain⟩ ::= „ORDINAL VALUE DOMAIN" ⟨id⟩ „VALUES" ⟨Ordinal Value List⟩·

⟨Ordinal Value List⟩ ::= {⟨Ordinal Value⟩}$^{+}$·

⟨Ordinal Value⟩ ::= {⟨Letter⟩}$^{+}$·

⟨Letter⟩ ::= ("a" | ⋯ | "z" | "A" | ⋯ | "Z")·

⟨id⟩ ::= {⟨Letter⟩}$^{+}$

―――

Eine ordinale Domäne ist durch eine entsprechende Kennung ⟨id⟩ sowie eine Liste von Werten ⟨Ordinal Value List⟩ festgelegt, die ihrerseits aus einzelnen Zeichenketten ⟨Ordinal Value⟩ besteht. Für die Verwendung ordinaler Werte ist natürlich die Festlegung einer Reihenfolge notwendig, d. h. die Definition einer Ordnung. Da in dem in diesem Buch entwickelten Konzept die Integration des kardinalen und ordinalen Bewertungskonzeptes realisiert ist, wird dieser Aspekt im Rahmen des integrierten Bewertungskonzeptes in Abschnitt 3.5.1.6 behandelt. An dieser Stelle soll jedoch die Verwendbarkeit der unterschiedlichen Domänen nochmals betont werden. Für Attribute, die im Rahmen einer kombinierten Bewertung behandelt und mit einem ordinalen Wert belegt werden, muß die ordinale Domäne genutzt werden. Werden dagegen Attribute ausschließlich beschreibend eingesetzt, so kann direkt eine Zeichenkette ⟨STRING⟩ verwendet werden.

Sicherlich kann die Definition von Domänen nicht als vollständig angesehen werden. So werden in verschiedenen Anwendungskontexten zusätzliche Domänen benötigt. Beispielsweise können Intervalle [t_1, ..., t_2] zur Beschreibung eines Zeitintervalls sinnvoll sein. Da für die Evaluation des Konzeptes innerhalb dieser Arbeit (siehe Kapitel 5) die zuvor skizzierten Domänen ausreichend sind, werden keine weiteren eingeführt. Eine Erweiterung um neue Domänen ist jedoch jederzeit möglich, einfach umsetzbar und hat keinen Einfluß auf die weiteren Untersuchungen und Aussagen.

Das Beispiel 3.1 zeigt exemplarisch die Festlegung einer ordinalen Domäne. Der Attributtyp „Verfügbarkeit" (engl. availability) kann dabei die drei möglichen Werte high, medium und low annehmen.

Beispiel 3.1 (Definition einer ordinalen Domäne)

```
ORDINAL VALUE DOMAIN availability_domain
VALUES high medium low
```

Die Domäne kann im weiteren dazu verwendet werden, einen konkreten Systemelementtyp zu spezifizieren. Das nachfolgende Beispiel 3.2 ist der Workflow Process Definition Language (WPDL) [Coa98] entnommen und zeigt die Definition eines Workflows workflow_process_definition.

Beispiel 3.2 (Definition eines Systemelementtyps)

```
ELEMENT TYPE workflow_process_definition
ATTRIBUTE TYPE created        DATE
              name           STRING
              description    STRING
              /* ... */
              priority       INTEGER
              limit          INTEGER
              valid_from     DATE
              valid_to       DATE
              classification STRING
              /* ... */
              documentation  STRING
              icon           STRING
```

Der Systemelementtyp workflow_process_definition bildet die Wurzel einer Workflow–Beschreibung, die mit einer Reihe von Informationen versehen wird. So verweist das Attribute created auf das Datum der Erzeugung und das Attibut name auf den Namen des Workflows. Die beschreibenden Attribute verwenden ausschließlich die drei vorgegebenen Basisdomänen.

Beziehungstypen

Die möglichen Verbindungen zwischen zwei Systemelementtypen werden durch entsprechende Beziehungstypen ⟨Relation Type⟩ spezifiziert. Ein Beziehungstyp besitzt eine eindeutige Kennung ⟨id⟩ und verweist auf zwei Systemelementtypen ⟨System Element Type.id⟩, zwischen denen die durch die Kennung angegebene Beziehung erlaubt ist.

_____ Relation Type _____

⟨Relation Type List⟩ ::= „RELATION TYPE" {⟨Relation Type⟩}⁺·

⟨Relation Type⟩ ::= ⟨System Element Type.id⟩ ⟨id⟩ ⟨System Element Type.id⟩·

Ebenfalls der WPDL entnommen zeigt das Beispiel 3.3 vier mögliche Beziehungstypen. Sie beschreiben konkret die in einer Workflow–Prozeßdefinition enthaltenen Elemente. So umfaßt sie eine Menge von Aktivitäten workflow_process_activity, Teilnehmern workflow_participant, Anwendungen workflow_application sowie relevanten Daten workflow_relevant_data, wobei diese Objekte wiederum als Systemelementtypen spezifiziert werden.

Beispiel 3.3 (Definition von Beziehungstypen)

```
RELATION TYPE workflow_process_definition includes
              workflow_process_activity
              workflow_process_definition includes
              workflow_participant
              workflow_process_definition includes
              workflow_application
              workflow_process_definition includes
              workflow_relevant_data
```

Die Kennzeichnung includes innerhalb der Definition der Beziehungstypen ist in dieser Form nicht in der WPDL vorgesehen. Dort werden diese Beziehungen direkt in der WPDL eingebettet, d. h. die Aktivitäten, Teilnehmer, Anwendungen und relevanten Daten werden als Listen innerhalb einer Workflow–Definition spezifiziert. Das in der WPDL damit verfolgte Ziel, also die Möglichkeit zu schaffen, definierte Beziehungstypen zwischen unterschiedlichen Systemelementtypen bereitzustellen, wird somit ebenfalls erreicht.

Sicherheitsmechanismustypen und Schütz–Beziehungstypen

Während auf Basis der Systemelement– und Beziehungstypen bereits beliebige Systemmodelle definiert werden können, wird zusätzlich ein spezifischer Systemelementtyp, der Sicherheitsmechanismustyp ⟨Safeguard Type⟩, eingeführt. Er wird analog zu den Systemelementtypen durch eine eindeutige Kennung ⟨id⟩ identifiziert. Die möglichen Beziehungen zu Systemelementtypen ⟨Safeguard Relation Type⟩, also die Verweise auf diejenigen Systemelementtypen ⟨System Element Type.id⟩, die durch den Sicherheitsmechanismustyp ⟨Safeguard Type.id⟩ geschützt werden, sind in einer entsprechenden Liste ⟨Safeguard Relation Type List⟩ beschrieben.

──────────────── Safeguard (Relation) Type ────────────────

⟨Safeguard Type List⟩	::= „SAFEGUARD TYPE" {⟨Safeguard Type⟩}$^{+}$·
⟨Safeguard Type⟩	::= ⟨id⟩·
⟨Safeguard Relation Type List⟩	::= „SAFEGUARD RELATION TYPE" {⟨Safeguard Relation Type⟩}$^{+}$·
⟨Safeguard Relation Type⟩	::= ⟨Safeguard Type.id⟩ ⟨System Element Type.id⟩·

Im Beispiel 3.4 wird ein Verschlüsselungsmechanismus zum Schutz von Datenobjekten definiert. Konkret wird der Sicherheitsmechanismustyp encryption spezifiziert, der den Systemelementtyp workflow_relevant_data gegen eine Bedrohung schützt. Die konkrete Festlegung, gegen welche Bedrohung und mit welchem Effekt der Sicherheitsmechnismus schützt, wird im Risikomodell in Abschnitt 3.5.1.2 vorgestellt.

Beispiel 3.4 (Sicherheitsmechanismustyp)

```
SAFEGUARD TYPE encryption
SAFEGUARD RELATION TYPE encryption workflow_relevant_data
```

3.3.4 Systemmodell

Auf Basis des zuvor skizzierten Systemmodells wird in diesem Abschnitt die Spezifikation eines konkreten Anwendungssystems festgelegt. Jedes Anwendungssystem ⟨System⟩ besitzt eine eindeutige Kennung ⟨id⟩, einen Verweis auf das zugrundeliegende System–Metamodell ⟨System Model.id⟩ sowie eine Menge von Systemelementen ⟨System Element List⟩, eine Menge von Beziehungen ⟨Relation List⟩ zwischen diesen Systemelementen sowie eine Menge von Sicherheitsmechanismen ⟨Safeguard List⟩, die entsprechende Schütz–Beziehungen ⟨Safeguard Relation List⟩ realisieren.

——————————————————————— System ———————————————————————

⟨System⟩ ::= „SYSTEM" ⟨id⟩ „SYSTEM MODEL" ⟨System Model.id⟩
          ⟨System Element List⟩
          [⟨Relation List⟩]
          [⟨Safeguard List⟩]
          [⟨Safeguard Relation List⟩] ·

Systemelemente

Ein Systemelement ⟨System Element⟩ stellt eine Komponente des Anwendungssystems dar, wobei jedes Anwendungssystem mindestens ein Systemelement umfaßt.
Sie werden durch eine eindeutige Kennung ⟨id⟩ identifiziert, enthalten einen Verweis
auf den zugehörigen Systemelementtyp ⟨System Element Type.id⟩ und werden durch
eine Menge von Attributen ⟨Attribute List⟩ detailliert beschrieben.

——————————————————————— System Element ———————————————————————

⟨System Element List⟩ ::= {⟨System Element⟩}$^{+}$·

⟨System Element⟩   ::= „ELEMENT" ⟨id⟩
                          „ELEMENT TYPE" ⟨System Element Type.id⟩
                          ⟨Attribute List⟩·

Attribute

Die Eigenschaften von Systemelementen werden durch Attribute ⟨Attibute⟩ spezifiziert, die in einer entsprechenden Liste ⟨Attribute List⟩ zusammengefaßt sind. Attribute werden mit einer eindeutigen Kennzeichnung ⟨Attribute Type.id⟩ versehen und
enthalten einen konkreten Wert ⟨Attribute Value⟩.

——————————————————————— Attribute ———————————————————————

⟨Attribute List⟩   ::= „ATTRIBUTE" {⟨Attribute⟩}$^{+}$·

⟨Attribute⟩   ::= ⟨Attribute Type.id⟩ ⟨Attribute Value⟩·

Attributwerte

Die konkrete Belegung eines Attributes wird durch einen Attributwert ⟨Attribute Value⟩ vorgenommen. Mögliche Attributwerte sind Zeichenketten ⟨String⟩, die konkrete Angabe eines Datums[2] ⟨Date⟩ sowie ein Zahlwert ⟨Integer⟩. Ordinale Werte sind selbst wieder als Zeichenketten repräsentiert.

─────────────────────────────── Attribute Value ───────────────────────────────

⟨Attribute Value⟩ ::= (⟨String⟩ | ⟨Date⟩ | ⟨Integer⟩)·

⟨String⟩   ::= „"{⟨Letter⟩}+„"·

⟨Integer⟩   ::= {⟨Digit⟩}+·

⟨Date⟩   ::= „"⟨Day⟩„."⟨Month⟩„."⟨Year⟩„"·

⟨Day⟩   ::= („1" | ··· | „31")·

⟨Month⟩   ::= („1" | ··· | „12")·

⟨Year⟩   ::= ⟨Digit⟩⟨Digit⟩⟨Digit⟩⟨Digit⟩·

⟨Digit⟩   ::= („0" | „1" | ... | „9")·

──

In Beispiel 3.5 ist ein Datenelement mit der Kennung data1_id dargestellt. Es wurde von dem Systemelementtyp workflow_relevant_data abgeleitet und entsprechend der WPDL–Spezifikation [Coa98] definiert. So wird beispielsweise die Länge des Attributes mit 50 Zeichen angegeben.

Beispiel 3.5 (Definition eines Systemelements)

```
ELEMENT data1_id
   ELEMENT TYPE workflow_relevant_data
   ATTRIBUTE type          data1_type
             name          data1
             length        50
             default_value data1_default
             description   data1_description
             /* ... */
```

─────────────────────────────

[2]Eine eindeutige Kontrolle der Datumsangabe wird nicht definiert, d. h. der Anwender hat sicherzustellen, daß es keine unzulässigen (z. B. 30.2.1998) Datumsangaben gibt.

Beziehungen

Eine Beziehung ⟨Relation⟩ beschreibt die konkrete Verbindung zwischen zwei Systemelementen. Sie ist von einem vorgegebenen Beziehungstyp ⟨Relation Type.id⟩ abgeleitet und verweist auf zwei Systemelemente ⟨System Element.id⟩, zwischen denen die Beziehung modelliert werden soll.

─────────────────────── Relation ───────────────────────

⟨Relation List⟩ ::= „RELATION" {⟨Relation⟩}$^+$·

⟨Relation⟩   ::= ⟨System Element.id⟩ ⟨Relation Type.id⟩ ⟨System Element.id⟩·

In Beispiel 3.6 sind drei Beziehungen dargestellt. Zum einen wird das zuvor definierte Datenobjekt data1_id als Teil des Workflows workflow1_id und konkret als konsumiertes Objekt der Aktivität activity1_id festgelegt. Zum anderen wird die Aktivität selbst dem Workflow zugeordnet.

Beispiel 3.6 (Definition einer Beziehung)

```
RELATION
    workflow1_id includes data1_id
    workflow1_id includes activity1_id
    activity1_id consume  data1_id
```

Sicherheitsmechanismen und Schütz–Beziehungen

Abschließend müssen noch die Sicherheitsmechanismen in das Anwendungssystem integriert werden. Jeder Sicherheitsmechanismus ⟨Safeguard⟩ besitzt eine eindeutige Kennung ⟨id⟩ und verweist auf den zugehörigen Sicherheitsmechanismustyp ⟨Safeguard Type.id⟩. Die Beziehungen ⟨Safeguard Relation⟩ eines Sicherheitsmechanismus zu Systemelementen werden in der Liste ⟨Safeguard Relation List⟩ zusammengefaßt. Ein Tupel enthält den Verweis auf einen Sicherheitsmechnismus ⟨Safeguard.id⟩ und das zugehörige Systemelement ⟨System Element.id⟩, das durch den Sicherheitsmechanismus geschützt wird.

─────────────────── Safeguard (Relation) ───────────────────

⟨Safeguard List⟩   ::= „SAFEGUARD" {⟨Safeguard⟩}$^+$·

⟨Safeguard⟩   ::= ⟨id⟩ „SAFEGUARD TYPE" ⟨Safeguard Type.id⟩·

⟨Safeguard Relation List⟩ ::= „SAFEGUARD RELATION" {⟨Safeguard Relation⟩}$^+$·

⟨Safeguard Relation⟩   ::= ⟨Safeguard.id⟩ ⟨System Element.id⟩·

So ist nachfolgend im Beispiel 3.7 ein konkretes Verschlüsselungsverfahren für definierte Daten spezifiziert. Der Sicherheitsmechanismus encryption1 besitzt genau eine Schütz–Beziehung zu dem Systemelement data1_id.

Beispiel 3.7 (Definition eines Sicherheitsmechanismus)

```
SAFEGUARD encryption1
    SAFEGUARD TYPE encryption
SAFEGUARD RELATION encryption1 data1_id
```

3.3.5   Semantische Nebenbedingungen

Neben der syntaktischen Beschreibung eines Systemmodells sowie eines Anwendungssystems muß eine Reihe unterschiedlicher semantischer Nebenbedingungen formuliert werden, die diese Modellinstanzen zu erfüllen haben. Die Anforderungen werden sowohl verbal, wie auch in einer semi–formalen Notation angegeben. Folgende Anforderungen sind an das System–Metamodell zu stellen[3]:

❶ *Existenz von Kennungen:* Eine Kennung innerhalb einer Produktion der Form ⟨Q.id⟩ ist als Bezeichner einer Entität ⟨Q⟩ spezifiziert.

$$\forall \ (\langle P \rangle ::= \cdots \langle Q.id \rangle \cdots) \text{ gilt: } \exists \ (\langle Q \rangle ::= \cdots \langle id \rangle \cdots).$$

❷ *Typkonsistenz:* Die spezifizierten Attributwerte müssen den im Systemmodell vorgegebenen Domänen entsprechen.

$$\forall \ (\langle Attribute \rangle ::= \langle Attribute \ Type.id \rangle \ \langle Attribute \ Value \rangle) \text{ gilt:}$$
$$\exists \ (\langle Attribute \ Type \rangle ::= \cdots \langle id \rangle \cdots \langle Attribute \ Type \ Domain \rangle \cdots) \text{ mit } \langle Attribute \ Type \ Domain \rangle$$

= „STRING" → ⟨Attribute Value⟩ ∈ ⟨String⟩.

= „DATE" → ⟨Attribute Value⟩ ∈ ⟨Date⟩.

= „INTEGER" → ⟨Attribute Value⟩ ∈ ⟨Integer⟩.

= „ORDINAL VALUE DOMAIN ⟨oid⟩ VALUES ⟨Ordinal Value List⟩" → ⟨Attribute Value⟩ ∈ ⟨Ordinal Value List⟩ := {⟨id$_1$⟩, ⋯, ⟨id$_n$⟩}, n ≥ 1.

Zur Durchsetzung der semantischen Nebenbedingungen werden entsprechende Kontrollmechanismen in die Werkzeugunterstützung integriert (siehe Kapitel 4).

---

[3]Bei der Darstellung der semantischen Nebenbedingungen kennzeichnen die Klammern „{" und „}" eine Menge und sind nicht mit dem Metasymbol der beliebigen Wiederholung aus der EBNF zu verwechseln.

3.3.6 Modellierung von Arbeitsabläufen

Zum Abschluß der Modellbildung soll die Modellierung von Arbeitsabläufen explizit betrachtet werden, da diese den Ausgangspunkt zur Entwicklung Workflow–basierter Anwendungssysteme darstellen. Wie bereits in Abschnitt 2.2.5 ausgeführt, existieren keine Standards zur Beschreibung von Arbeitsabläufen. Es wird daher darauf verzichtet, bereits vordefinierte Objekttypen für die Modellierung solcher Systemelemente vorzugeben. Stattdessen hat der Entwickler die Freiheit, im Rahmen der Definition des Systemmodells die entsprechenden Objekttypen durch Systemelementtypen abzubilden. Anhand des Minimalen Metamodells der Workflow Management Coalition [Coa98] — bzw. der zugehörigen WPDL — soll dies erneut verdeutlicht werden. In der WPDL sind Aktivitäten als Teil des Workflow–Modells vorgesehen. Die Beziehungen zwischen den einzelnen Aktivitäten werden durch Transitionen beschrieben. In der Spezifikation aus Beispiel 3.8 sind entsprechende Systemelementtypen workflow_process_activity sowie workflow_transition angegeben. Ihre konkreten Attribute beschreiben die Systemelementtypen im Detail. So hat eine Aktivität u. a. einen Namen (name), eine inhaltliche Beschreibung (description) und einen Verweis auf die entsprechende Implementierung (implementation). Weiterhin können Start– und Endbedingungen (start_mode und finish_mode) sowie eine Priorität (priority) spezifiziert werden, die eine Reihenfolge bei gleichzeitig auszuführenden Aktivitäten beeinflußt.

Beispiel 3.8 (Definition einer Aktivität)

```
SYSTEM MODEL wpdl_modell
ELEMENT TYPE workflow_process_activity
ATTRIBUTE TYPE name            STRING
              description      STRING
              /* activity kind information */
              implementation STRING
              start_mode       STRING
              finish_mode      STRING
              priority         INTEGER
              /* ... */
ELEMENT TYPE workflow_transition
ATTRIBUTE TYPE name            STRING
              description      STRING
              /* transition kind information */
              condition        STRING
```

Für die Definition einer Transition sind jedoch weitere Angaben erforderlich. So wird in der WPDL durch das Attribut „from" die Vorgänger– und durch das Attribut „to" die Nachfolger–Aktivität gekennzeichnet. Diese Attribute sind im vorgegebenen Systemmodell nicht notwendig, stattdessen wird dieser Sachverhalt durch einen entsprechenden Beziehungstyp from_to abgebildet (siehe Beispiel 3.9).

Beispiel 3.9 (Definition einer Nachfolgerbeziehung)

```
RELATION TYPE workflow_process_activity
              from_to
              workflow_process_activity
```

Diese Basisdefinitionen erlauben nun die Modellierung von Workflows entsprechend der Vorgaben der WfMC. Die noch fehlenden Systemelement– und Beziehungstypen werden z. T. noch in Kapitel 5 detailliert beschrieben. Dort wird im Rahmen der Evaluation des Gesamtkonzeptes das Minimale Metamodell als Systemmodell zur Entwicklung Workflow–basierter Anwendungen verwendet und um sicherheitsrelevante Aspekte erweitert.

3.3.7 Bewertung

Im Hinblick auf die in Abschnitt 3.3.1 aufgeführten Kriterien läßt sich das vorgestellte System–Metamodell folgendermaßen bewerten:

❶ **Einfachheit:** Aufgrund der geringen Anzahl an Entitäten ist das System–Metamodell als einfach zu bezeichnen. Eine Instantiierung kann dagegen beliebig komplex werden, so daß die Erfüllung dieses Kriteriums direkt von der konkreten Anwendung abhängig ist und hier nicht bewertet werden kann.

❷ **Ausdrucksmächtigkeit:** Die Beschreibung aller relevanten Systemelemente und Beziehungen — speziell die Modellierung der Arbeitsabläufe — eines Anwendungssystems ist in dem System–Metamodell möglich. Somit ist die Ausdrucksmächtigkeit des Modells sehr gut.

❸ **Erweiterbarkeit:** Da kein direktes System– sondern ein System–Metamodell vorgegeben ist, ist die Erweiterbarkeit jederzeit gewährleistet. Anhand des Minimalen Metamodells der Workflow Management Coalition wird in Abschnitt 5.1 exemplarisch die Abbildung eines bekannten Modells vorgestellt.

❹ **Formalisierungsgrad:** Das Modell ist semi–formal und ermöglicht deshalb die Definition von Analysealgorithmen sowie die Verwendung durch Personengruppen mit unterschiedlichen Qualifikationen.

3.4   Sicherheitsanforderungen

Nach Abschluß der Systemmodellierung werden die für die Anwendung relevanten
Sicherheitsanforderungen definiert. Sie beschreiben die Anforderungen an ein Anwendungssystem, die zur Wahrung der Sicherheit gewährleistet sein müssen und
deren Nichterfüllung schützenswerte Güter des Anwendungssystems bedrohen. In
Abschnitt 3.1.2 sind die Bedrohungsziele zum Zeitpunkt der Entwicklung und des
Phasenübergangs als Ausgangspunkt für ihre Identifikation gekennzeichnet worden,
d. h. Sicherheitsanforderungen beziehen sich auf die Systemelemente und die Strukturen des Anwendungssystems. In diesem Abschnitt werden unterschiedliche Typen
von Sicherheitsanforderungen definiert und als elementarer Bestandteil in das in
Abschnitt 3.3 entwickelte System–Metamodell integriert. Abschließend werden die
Sicherheitsanforderungen den einzelnen Phasen des Vorgehensmodells gegenübergestellt und somit der Zeitpunkt ihrer Definition betrachtet.

3.4.1   Klassifikation

In Abschnitt 2.1.4.3 sind bereits unterschiedliche Klassifikationen von Sicherheitsanforderungen vorgestellt worden, die auf verschiedene Anwendungsdomänen und
unterschiedlichen Zielsetzungen ausgerichtet sind. In dem hier entwickelten Ansatz
sollen Sicherheitsanforderungen die Anforderungen formulieren, die aus sicherheitstechnischer Sicht von einem Anwendungssystem zu erfüllen sind. Sie sind somit gegen
die Bedrohungen gerichtet und können in Anlehnung an [Mun93] als *eigenschaftsorientierte Sicherheitsanforderungen* bezeichnet werden.

Ein Klassifikationskriterium ist dabei natürlich die Betrachtung der vier Ebenen eines Anwendungssystems aus Abbildung 2.1. So lassen sich die Sicherheitsanforderungen danach differenzieren, ob sie sich auf die statischen (also das IT–System und die
organisatorischen Ebene) oder die dynamischen Aspekte (also die Ablaufebene) eines Anwendungssystems beziehen. Je nachdem, ob lediglich statische Komponenten
relevant sind oder die eigentlichen Arbeitsabläufe bestimmte Sicherheitsanforderungen zu erfüllen haben, werden im Rahmen der Analyse unterschiedliche Vorgehens-
weisen zur Kontrolle der Sicherheitsanforderungen verwendet (siehe Abschnitt 3.5).
Innerhalb dieser Differenzierung kann weiterhin zwischen Sicherheitsanforderungen
unterschieden werden, die sich auf einzelne bzw. Gruppen von Systemelementen oder
auf die spezifizierten Strukturen (z. B. Organisations– oder Arbeitsablaufstruktur)
beziehen. Auch hier werden unterschiedliche Analyseverfahren notwendig. In Abbildung 3.4 ist die Klassifikation der Sicherheitsanforderungen dargestellt [Tho97].

Demnach werden die Sicherheitsanforderungen zunächst in *statische* und *ablauforientierte* Sicherheitsanforderungen unterteilt und diese dann weiter danach differenziert, ob die Systemelemente bzw. Aktivitäten oder die strukturellen bzw. ablauflogikorientierten Aspekte betrachtet werden. Zusätzlich werden sogenannte *modell-*

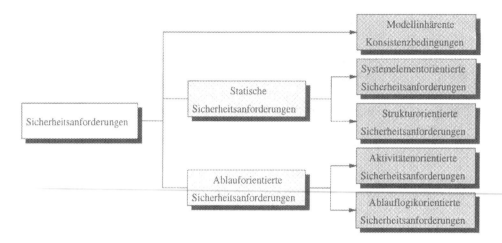

Abbildung 3.4: Klassifikation von Sicherheitsanforderungen

inhärente Konsistenzbedingungen eingeführt, mit denen auf Modellebene vorgegebene Anforderungen an das Modell beschrieben werden können.

Um die Sicherheitsanforderungen ⟨Sec Req List⟩ im Rahmen der Entwicklung von Workflow–basierten Anwendungen nutzen zu können, werden sie als elementarer Bestandteil in das System–Metamodell aufgenommen[4]:

─────────────────── Security Requirements ───────────────────

⟨System Model⟩	::= „SYSTEM MODEL" ⟨id⟩
	⟨System Element Type List⟩
	[⟨Relation Type List⟩]
	[⟨Safeguard Type List⟩]
	[⟨Safeguard Relation Type List⟩]
	[⟨Sec Req List⟩]·
⟨Sec Req List⟩	::= [⟨Stat Sec Req List⟩]
	[⟨Proc Sec Req List⟩]·
⟨Stat Sec Req List⟩	::= [⟨Sys Ele Ori Sec Req List⟩]
	[⟨Struc Ori Sec Req List⟩]·
⟨Proc Sec Req List⟩	::= [⟨Act Ori Sec Req List⟩]
	[⟨Proc Log Ori Sec Req List⟩]·

───

─────────────

[4]Aufgrund der zunehmende Länge der Bezeichner werden ab hier die Produktionen mit verkürzten Bezeichnern angegeben (z. B. ⟨Sec Req List⟩ für ⟨Security Requirement List⟩).

Die Liste der Sicherheitsanforderungen ⟨Sec Req List⟩ besteht aus einer Liste der statischen (⟨Stat Sec Req List⟩) und einer Liste der ablauforientierten Sicherheitsanforderungen (⟨Proc Sec Req List⟩). Diese wiederum unterteilen sich in systemelement– (⟨Sys Ele Ori Sec Req List⟩) und strukturorientierte (⟨Struc Ori Sec Req List⟩) sowie in aktivitäten– (⟨Act Ori Sec Req List⟩) und ablauflogikorientierte Sicherheitsanforderungen (⟨Proc Log Ori Sec Req List⟩). Im folgenden werden die einzelnen Typen von Sicherheitsanforderungen genauer vorgestellt und anhand einfacher Beispiele illustriert.

3.4.2 Modellinhärente Konsistenzbedingungen

Die Verwendung eines System–Metamodells erfordert die Beschreibung und Durchsetzung von Anforderungen bereits auf Modellebene, d. h. alle von einem Systemmodell abgeleiteten Anwendungssysteme haben vordefinierte Grundanforderungen zu erfüllen. Diese Anforderungen werden *modellinhärente Konsistenzbedingungen* genannt. Konkret gewährleisten sie, daß alle Anwendungssysteme eines Systemmodells bestimmte strukturelle Anforderungen besitzen. Insgesamt können sie sowohl als System– wie auch als Sicherheitsanforderungen interpretiert werden. Anhand einiger Beispiele sollen diese Anforderungen verdeutlicht werden:

❶ Jeder Arbeitsablauf hat mindestens eine Start– und eine Endaktivität.

❷ Eine Aktivität darf nicht selbst als Nachfolgeaktivität fungieren.

❸ Alle Datenobjekte müssen einem Speichermedium zugeordnet sein.

Während sich die ersten beiden Anforderungen auf die Arbeitsabläufe und somit Systemelemente der Ablaufebene beziehen, spezifiziert die dritte Anforderung die Existenz einer Beziehung zwischen zwei Systemelementen der logischen und technischen Ebene. Diese Beispiele zeigen, daß der Anwender, d. h. derjenige, der das Systemmodell spezifiziert, grundlegende strukturelle Anforderungen für dieses festlegen kann. Soll in einem anderen Systemmodell die erste Anforderung dahingehend erweitert werden, daß anstatt mehrerer Start– und Endaktivitäten jeder Arbeitsablauf nur genau eine Start– und Endaktivität enthalten darf, so muß dies in einer verschärften Anforderung für das Systemmodell formuliert werden:

❶ Jeder Arbeitsablauf hat genau eine Start– und eine Endaktivität.

Diese Anforderung wird dann in dem neuen Systemmodell garantiert. Die Modellierung von modellinhärenten Konsistenzbedingungen kann analog zu den strukturorientierten Sicherheitsanforderungen erfolgen (siehe Abschnitt 3.4.3.2), und auch die Analyse wird mit den dort entwickelten Verfahren realisiert (siehe Abschnitt 3.5.3). Somit bilden die modellinhärenten Konsistenzbedingungen eine Spezialform der strukturorientierten Sicherheitsanforderungen.

3.4.3   Statische Sicherheitsanforderungen

Diese Gruppe von Sicherheitsanforderungen berücksichtigt ausschließlich die statischen Aspekte des Anwendungssystems. Im Hinblick auf die Bestandteile eines Anwendungssystems nach Abbildung 2.1 sind neben der Beschreibung des IT–Systems mit der darin enthaltenen technischen und logischen Ebene auch die Darstellung der organisatorischen Ebene relevant. Lediglich die Arbeitsabläufe bleiben von diesen Sicherheitsanforderungen unberührt. Je nachdem, ob die Sicherheitsanforderungen die einzelnen Systemelemente bzw. Gruppen von Systemelementen oder die Strukturen, die zwischen diesen Systemelementen bestehen, als anzustrebendes Ziel betrachten, wird zwischen *systemelementorientierten* und *strukturorientierten* Sicherheitsanforderungen unterschieden[5].

3.4.3.1   Systemelementorientierte Sicherheitsanforderungen

Die *systemelementorientierten Sicherheitsanforderungen* sind von ihrer Intention her den eigenschaftsorientierten Sicherheitsanforderungen nach [Mun93] gleichzustellen, jedoch werden sie innerhalb dieses Buches anders benannt, um die unterschiedliche Zielrichtung gegenüber den strukturorientierten Sicherheitsanforderungen deutlich zu machen.

Die Sicherheitsanforderungen überprüfen die Existenz von Eigenschaften der Systemelemente, die durch Bedrohungen negativ beeinflußt werden können. Die Systemelemente können dabei auf unterschiedlichen Aggregationsebenen spezifiziert werden, so daß konkrete Systemelemente durch ihre eindeutige Kennung bzw. Gruppen von Systemelementen aufgrund bestimmter Systemelementeigenschaften oder ihrer Systemelementtypzugehörigkeit in den Sicherheitsanforderungen spezifiziert werden können. Einfache Beispiele einer konkreten Anwendungsumgebung für diesen Typ von Sicherheitsanforderung sind:

❶ Der Rechner „Elbe" muß eine Verfügbarkeit von 95% haben.

❷ Die Rechner „Elbe" und „Capella" müssen eine Verfügbarkeit von 95% haben.

❸ Alle Server–Rechner müssen eine Verfügbarkeit von 95% haben.

❹ Alle Rechner müssen eine Verfügbarkeit von 95% haben.

---

[5]Es sind auch Mischformen von systemelement– und strukturorientierten Sicherheitsanforderungen denkbar. Diese würden für definierte Strukturen in einem Anwendungssystem konkrete Anforderungen formulieren (z. B. „Alle Daten, die von Mitarbeitern der Entwicklungsabteilung produziert werden, sind streng vertraulich."). Da sich die Modellierung und Analyse dieser Anforderungen aus den Konzepten für die systemelement– und strukturorientierten Sicherheitsanforderungen direkt ableiten lassen, werden sie nicht als gesonderte Typen in die Klassifikation aufgenommen.

❺ Der geheime Schlüssel eines Verschlüsselungssystems muß eine sehr hohe Vertraulichkeit haben.

❻ Die Personaldaten müssen eine hohe Vertraulichkeit und Integrität aufweisen.

Die erste Anforderung ist konkret an ein bestimmtes Systemelement (Rechner „Elbe") gerichtet und fordert für diesen eine Verfügbarkeit von 95%. Eine Aggregierung der Rechner aufgrund konjunktiver Verknüpfungen (Beispiel ❷) bzw. der Spezifikation einer bestimmten Eigenschaft von Systemelementen (Beispiel ❸: Art = „Server") faßt eine Gruppe von Rechnern zusammen und fordert für diese eine 95%ige Verfügbarkeit. Soll dagegen keine Einschränkung des Systemelementtyps vorgenommen werden, so kann eine Sicherheitsanforderung auch alle Systemelement eines definierten Typs betrachten (Beispiel ❹: alle Rechner). Im fünften Beispiel dagegen wird eine ordinale Beschreibung („sehr hohe" Verfügbarkeit) für eine Sicherheitseigenschaft verwendet. Auch die Sicherheitseigenschaften können konjunktiv bzw. disjunktiv verknüpft werden, so daß in Beispiel ❻ eine hohe Vertraulichkeit *und* Integrität gefordert wird.

Insgesamt lassen sich — dies zeigen auch die skizzierten Beispiele — folgende Anforderungen an die Modellierung von systemelementorientierten Sicherheitsanforderungen stellen:

❶ Die Modellierung von einzelnen Systemelementen, für die eine Sicherheitsanforderung gelten soll, muß ermöglicht werden.

❷ Die Modellierung einer Gruppe von Systemelementen, für die eine Sicherheitsanforderung gelten soll, muß möglich sein. Hierbei müssen sowohl konjunktive und disjunktive Verknüpfungen wie auch die Gruppenbildung aufgrund spezifischer Eigenschaften von Systemelementen formuliert werden können.

❸ Die Formulierung einer Sicherheitsanforderung für Systemelemente eines definierten Typs muß möglich sein.

❹ Die geforderten Sicherheitseigenschaften müssen konjunktiv und disjunktiv verknüpft werden können.

❺ Die Sicherheitseigenschaften müssen sowohl kardinal als auch ordinal beschrieben werden können.

Zur Durchsetzung dieser Anforderungen ist eine definierte Syntax für die Modellierung notwendig. Allgemein werden systemelementorientierte Sicherheitsanforderungen durch zwei Komponenten beschrieben:

$$\text{Betroffene Systemelemente} \mapsto \text{Sicherheitseigenschaft}$$

Jede Sicherheitsanforderung besteht demnach aus zwei Teilbeschreibungen. Zunächst wird ein bzw. eine Gruppe von Systemelementen spezifiziert, für die die Sicherheitsanforderung gelten soll (die *betroffenen Systemelemente*). Anschließend wird die *geforderte Sicherheitseigenschaft* angegeben, also die Attribute mit den einzuhaltenden Werten spezifiziert.

Die Definition der betroffenen Systemelemente wird durch eine konjunktive bzw. disjunktive Verknüpfung von einzelnen Systemelementbeschreibungen erreicht. Dabei kann ein konkretes Systemelement durch seine eindeutige Kennung oder eine Gruppe von Systemelementen (eines Typs) durch Einschränkungen ihrer Attributbeschreibungen angegeben werden. Die Attributbeschreibungen können wiederum durch konjunktive bzw. disjunktive Verknüpfungen der Einzelattribute festgelegt werden. Die zu gewährleistende Sicherheitseigenschaft wird analog zu der Einschränkung der Attributbeschreibungen angegeben.

Anhand der zuvor angegebenen Beispiele lassen sich die unterschiedlichen Darstellungsformen der systemelementorientierten Sicherheitsanforderungen sehr gut illustrieren, wobei die verwendete Syntax im Anschluß an die Beispieldarstellung angegeben wird.

❶ Rechner: ID = „Elbe" $\mapsto$ Verfügbarkeit ≥ 95

❷ (Rechner: ID = „Elbe" $\wedge$ Rechner: ID = „Capella") $\mapsto$ Verfügbarkeit ≥ 95

❸ Rechner: Art = „Server" $\mapsto$ Verfügbarkeit ≥ 95

❹ Rechner $\mapsto$ Verfügbarkeit ≥ 95

Während die erste Sicherheitsanforderung lediglich den Rechner „Elbe" berücksichtigt, wird in der zweiten Anforderung zusätzlich der Rechner „Capella" betrachtet. Sicherheitsanforderung **❸** gilt für alle Rechner, deren Attribut „Art" mit dem Wert „Server" gekennzeichnet ist, also einen Server–Rechner definiert. In der letzen Anforderung werden dann alle Systemelemente des Typs „Rechner" betrachtet und für diese, wie auch in den drei Anforderungen zuvor, eine Verfügbarkeit von mehr als 95% gefordert.

In allen Beispielen sind die Sicherheitseigenschaften quantitativ spezifiziert (Verfügbarkeit ≥ 95). Dies ist jedoch nicht zwingend, sondern wird durch die Domäne der einzelnen Systemelementeigenschaften (in diesem Fall eine Sicherheitseigenschaft) im Systemmodell bestimmt. So wird in den Beispielen **❺** und **❻** für die Sicherheitseigenschaften Vertraulichkeit und Integrität eine qualitative Beschreibung verwendet. Neben der Nutzung der ordinalen Domäne ist im sechsten Beispiel zusätzlich eine konjunktive Verknüpfung von Sicherheitseigenschaften dargestellt.

❺ Daten: Typ = „Geheimer Schlüssel" $\mapsto$ Vertraulichkeit = „sehr hoch"

❻ Daten: Typ = „Personaldaten" ↦ (Vertraulichkeit = „hoch" ∧ Integrität = „hoch")

Die Modellierung der systemelementorientierten Sicherheitsanforderungen wird auf Basis der nachfolgenden Produktionen realisiert:

─────────────────────── Sys Ele Ori Sec Req ───────────────────────

⟨Sys Ele Ori Sec Req List⟩ ::= {⟨Sys Ele Ori Sec Req⟩}⁺·

⟨Sys Ele Ori Sec Req⟩ ::= ⟨Sys Ele Desc⟩ „↦" ⟨Sec Req Desc⟩·

⟨Sys Ele Desc⟩ ::= (⟨Sys Ele Id Desc⟩ |
⟨Sys Ele Type Desc⟩ |
⟨Sys Ele Prop Desc⟩ |
(„("⟨Sys Ele Desc⟩ („∧" | „∨") ⟨Sys Ele Desc⟩„)"))·

⟨Sys Ele Id Desc⟩ ::= ⟨System Element Type.id⟩ „: ID = "
⟨System Element.id⟩·

⟨Sys Ele Type Desc⟩ ::= ⟨System Element Type.id⟩

⟨Sys Ele Prop Desc⟩ ::= ⟨System Element Type.id⟩ „:" ⟨Sys Ele Prop Expr⟩·

⟨Sys Ele Prop Expr⟩ ::= (((⟨Attribute Type.id⟩ ⟨Comp⟩ ⟨Attribute Value⟩)) |
(„("⟨Sys Ele Prop Expr⟩ („∧" | „∨")
⟨Sys Ele Prop Expr⟩„)"))

⟨Comp⟩ ::= („=" | „≠" | „<" | „≤" | „>" | „≥")·

⟨Sec Req Desc⟩ ::= ⟨Sys Ele Prop Expr⟩·

───

Eine systemelementorientierte Sicherheitsanforderung besteht aus der Beschreibung der relevanten Systemelemente ⟨Sys Ele Desc⟩ und der Angabe der für diese Elemente geltenden Sicherheitsanforderungen ⟨Sec Req Desc⟩. Die relevanten Systemelemente können durch eine eindeutige Kennung ⟨Sys Ele Id Desc⟩, einen Systemelementtyp ⟨Sys Ele Type Desc⟩, die Beschreibung einer konkreten Eigenschaft ⟨Sys Ele Prop Desc⟩ oder einer möglicherweise konjunktiv bzw. disjunktiv verknüpften Aufzählung verschiedener genannter Beschreibungsformen gekennzeichnet werden. Die Eigenschaften von Systemelementen bezeichnen einen Systemelementtyp mit einer Reihe — möglicherweise konjunktiv bzw. disjunktiv verknüpfter — Attributeigenschaften, die mittels verschiedener Vergleichsoperatoren eingeschränkt werden können. Die Angabe der Sicherheitseigenschaften ⟨Sec Req Desc⟩ wird analog der Beschreibung der Eigenschaften von Systemelementen ⟨Sec Ele Prop Expr⟩ vorgenommen.

3.4.3.2   Strukturorientierte Sicherheitsanforderungen

Neben den Problemen, die für einzelne bzw. Gruppen von Systemelementen entstehen, verursachen auch die strukturellen Eigenschaften in Anwendungssystemen
Sicherheitsprobleme. *Strukturorientierte Sicherheitsanforderungen* spezifizieren daher die Einhaltung definierter Beziehungsstrukturen innerhalb des Anwendungssystems. Beeinflußt werden diese Sicherheitsanforderungen durch das Vorhanden- bzw.
Nicht–Vorhandensein von Beziehungen zwischen Systemelementen. Dabei werden jedoch — wie bereits ausgeführt — lediglich das IT–System sowie die organisatorische
Ebene betrachtet. Beispiele für strukturorientierte Sicherheitsanforderungen sind:

❶ Alle Daten im Anwendungssystem müssen redundant gespeichert werden.

❷ Es muß einen Datenschutzbeauftragten für das Anwendungssystem geben.

❸ Es darf höchstens einen Mitarbeiter mit Administrationsrechten geben.

❹ Mitarbeiter außerhalb der Personalabteilung dürfen keinen Zugriff auf die Personaldaten haben.

Die erste Anforderung erzwingt für alle modellierten Datenobjekte die Existenz von
mindestens zwei Systemelementen des Typs „Rechner", auf denen die Daten gespeichert sind. Anforderung ❷ erzwingt dagegen die Existenz einer Person, die in der
Rolle „Datenschutzbeauftragter" tätig ist, während in der dritten Anforderung angegeben ist, daß es höchstens einen Mitarbeiter geben darf, der als Administrator
für ein Anwendungssystem fungiert. Hierbei wird jedoch keine Existenz erzwungen, sondern lediglich die Kardinalität im Falle der Existenz festgelegt. Die letzte
Anforderung schließlich fordert Vertraulichkeit der Personaldaten, indem sie den
Zugriff nur auf einen beschränkten Mitarbeiterkreis (die Personalabteilung) festlegt.
Hier werden somit bestimmte Beziehungsstrukturen explizit ausgeschlossen. Analog
zu den systemelementorientierten Sicherheitsanforderungen ergeben sich auch hier
bestimmte Anforderungen an die Modellierung von strukturorientierten Sicherheitsanforderungen:

❶ Die Anforderungen müssen für einzelne Systemelemente oder für Gruppen von
Systemelementen mit spezifischen Eigenschaften sowie für einen bestimmten
Systemelementtyp formulierbar sein.

❷ Die geforderten Strukturen müssen konjunktiv bzw. disjunktiv verknüpft werden können.

❸ Neben der Möglichkeit, bestimmte Beziehungsstrukturen zu erzwingen, muß
auch der explizite Ausschluß von Beziehungsstrukturen dargestellt werden
können.

Konkret werden die strukturorientierten Sicherheitsanforderungen durch zwei Komponenten folgendermaßen beschrieben:

$$\text{Vorhandener Systemzustand} \mapsto \text{Geforderter Systemzustand}$$

Der *vorhandene Systemzustand* besagt, daß die darin spezifizierten Gegebenheiten in dem zu analysierenden Anwendungssystem entweder vorhanden sein können oder sogar müssen. Sobald dieser Zustand im System existiert, muß für eine gültige Sicherheitsanforderung der *geforderte Systemzustand* ebenfalls spezifiziert sein. Dieser Systemzustand kann jedoch auch festlegen, daß ein bestimmter Systemzustand nicht modelliert sein darf, womit ein expliziter Ausschluß bestimmter Strukturen gekennzeichnet ist.

Die zuvor skizzierten Beispiele haben folgende syntaktische Darstellungsform, wobei die konkrete Syntax ebenfalls im Anschluß angegeben wird:

❶ $(\forall\, d \in \text{Daten}) \mapsto (\exists\, r_1 \in \text{Rechner})(\exists\, r_2 \in \text{Rechner}) : (r_1 \neq r_2) \land ((r_1, \text{speichert}, d) \land (r_2, \text{speichert}, d))$

❷ $\text{TRUE} \mapsto (\exists\, p \in \text{Person})(\exists\, r \in \text{Rolle: Art} = \text{„Datenschutzbeauftragter"}) : (p, \text{agiert in}, r)$

❸ $(\forall\, p_1 \in \text{Person})(\forall\, r \in \text{Rolle: Art} = \text{„Administrator"}) : (p_1, \text{agiert in}, r) \mapsto \neg (\forall\, p_2 \in \text{Person}) : (p_1 \neq p_2) \land (p_2, \text{agiert in}, r))$

❹ $(\forall\, p \in \text{Person})(\forall\, r \in \text{Rolle: Art} \neq \text{„Personalabteilung"}) : (p, \text{agiert in}, r) \mapsto \neg (\forall\, d \in \text{Daten: Art} = \text{„Personaldaten"}) : (p, \text{hat Zugriff auf}, d)$

Das erste Beispiel fordert, daß wenn ein Systemelement vom Typ „Daten" erzeugt wurde, es mindestens zwei unterschiedliche Rechner geben muß, auf denen diese Daten gespeichert sind. Der vorhandene Systemzustand kann optional sein, d. h. die Sicherheitsanforderung gilt auch dann als erfüllt, wenn derartige Beziehungen nicht modelliert sind. Sind sie dagegen vorhanden, so muß auch der Folgezustand entsprechend vorliegen. Im zweiten Beispiel ist dagegen kein vorhandener Systemzustand vorgegeben („TRUE"), daher muß diese Anforderung immer im Anwendungssystem erfüllt sein. Sie erzwingt die Existenz einer Person und einer Rolle „Datenschutzbeauftragter", in der die Person agieren muß. Ist, wie in der Anforderung ❸ formuliert, eine Person in der Rolle des Administrators vorhanden, dann darf es keine weitere Person geben, die ebenfalls in der Rolle agiert. Diese Tatsache wird durch den Ausschluß eines Zustandes (Negation „¬") gekennzeichnet, der die anschließend beschriebene Beziehungsstruktur verbietet. Die Sicherheitsanforderung ist somit erfüllt, wenn gewährleistet ist, daß die spezifizierten Beziehungen des geforderten Systemzustandes nicht vorhanden sind und somit die Negation erfüllt ist. Gleiches gilt in der Sicherheitsanforderung ❹. Dort wird ein bestimmter Systemzustand optional erwartet und zwar die Existenz einer Person, die nicht in der Rolle „Personalabteilung" tätig ist. Jedoch darf es in einer solchen Situation keine Personaldaten geben, auf die diese Person Zugriff hat.

Wie bei den systemelementorientierten Sicherheitsanforderungen können auch bei den strukturorientierten Sicherheitsanforderungen einzelne Systemelemente durch die eindeutige Kennung identifiziert bzw. Gruppen von Systemelementen durch bestimmte Systemelementeigenschaften ausgewählt werden. Wichtig ist außerdem die unterschiedliche Semantik der beiden Quantoren. Während der Existenzquantor ($\exists$) das Vorhandensein der spezifizierten Systemelemente *fordert*, bedeutet der Allquantor ($\forall$), daß diese Systemelemente vorhanden sein *können*.

Strukturorientierte Sicherheitsanforderungen bestehen aus der Beschreibung eines vorhandenen Systemzustandes und einem geforderten Folgezustand. Die Form der Sicherheitsanforderungen bildet einen Ausdruck der Prädikatenlogik 1. Stufe und wird unter Verwendung folgender Produktionen spezifiziert:

─────────────────────── Struc Ori Sec Req ───────────────────────

⟨Struc Ori Sec Req List⟩ ::= {⟨Struc Ori Sec Req⟩}⁺·

⟨Struc Ori Sec Req⟩   ::= (⟨Struc Desc⟩ | „TRUE") „↦" [„¬"] ⟨Struc Req⟩·

⟨Struc Desc⟩   ::= ((⟨Var Def⟩ [„:" ⟨Var Comp⟩ [„∧" ⟨Rel Comp⟩]]) | („(" ⟨Struc Desc⟩ („∧" | „∨") ⟨Struc Desc⟩„)"))·

⟨Var Def⟩   ::= ((„(" („∀" | „∃") ⟨Var Id⟩ „∈" (⟨Sys Ele Id Desc⟩ | ⟨Sys Ele Type Desc⟩ | ⟨Sys Ele Prop Desc⟩)„)") | (⟨Var Def⟩⟨Var Def⟩))·

⟨Var Comp⟩   ::= ((„(" ⟨Var Id⟩ („=" | „≠") ⟨Var Id⟩„)") | („(" ⟨Var Comp⟩ („∧" | „∨") ⟨Var Comp⟩„)"))·

⟨Rel Comp⟩   ::= ((„(" ⟨Var Id⟩„, " ⟨Relation Type.id⟩[„*"]„, " ⟨Var Id⟩„)") | („(" ⟨Rel Comp⟩ („∧" | „∨") ⟨Rel Comp⟩„)"))·

⟨Struc Req⟩   ::= ⟨Struc Desc⟩·

──

Beide Zustände ⟨Struc Desc⟩ und ⟨Struc Req⟩ werden jeweils durch drei Teilausdrücke spezifiziert, die ihrerseits mittels konjunktiver und disjunktiver Verknüpfungen verbunden sein können. Um ggf. den Ausschluß des Folgezustands beschreiben zu können, wird dem zweiten Teilausdruck optional die Negation vorangestellt. Der

erste Teilausdruck ⟨Var Def⟩ beschreibt die verwendeten Variablen (mindestens eine), die in dem Ausdruck ausgewertet werden sollen. Eine solche Variablendefinition
besteht aus der Festlegung des Quantors, einer eindeutigen Kennung der Variablen
und der Zuordnung des betroffenen Systemelementtyps. Weiterhin kann optional eine weitere Einschränkung der Systemelemente bzw. Systemelementtypen vorgenommen werden. Dazu können konkrete Systemelemente durch Angabe ihrer eindeutigen
Kennung, sowie eine Attributbeschreibung analog zu der systemelementorientierten Sicherheitsanforderung vorgenommen werden. Die Variablendefinitionen können
zusätzlich durch konjunktive und disjunktive Verknüpfungen miteinander verbunden werden. Der zweite Teilausdruck ⟨Var Comp⟩ bietet dann die Möglichkeiten, die
definierten Variablen in Beziehung zueinander zu setzen. Im dritten Teil ⟨Rel Comp⟩
werden die Beziehungen der Systemelemente spezifiziert. In ebenfalls konjunktiven
und disjunktiven Verknüpfungen können Beziehungen durch Angabe der Variablen
und der Beziehungskennungen angegeben werden.

3.4.4   Ablauforientierte Sicherheitsanforderungen

Auf Ebene der Arbeitsabläufe lassen sich ebenfalls unterschiedliche Typen von Sicherheitsanforderungen identifizieren. Der elementare Unterschied der Ablaufebene
zur statischen Ebene basiert auf den betrachteten Systemelementtypen, d. h. es werden keine konkreten, physisch identifizierbaren Systemelemente modelliert, sondern
ausschließlich logische Konstrukte betrachtet. Ein Arbeitsablauf ist lediglich eine logische Sicht auf konkrete Systemelemente. Er beschreibt ihr Zusammenwirken und
die zeitliche Reihenfolge. Der Grund dafür, daß Sicherheitsanforderungen, die an diesen spezifischen Systemelementen ausgerichtet sind, separat betrachtet werden, liegt
in der Bereitstellung gesonderter Analyseverfahren. Wir unterscheiden in Analogie
zu den statischen Sicherheitsanforderungen auch auf Ebene der ablauforientierten
Sicherheitsanforderungen die sogenannten *aktivitäten–* und *ablauflogikorientierten*
Sicherheitsanforderungen.

3.4.4.1   Aktivitätenorientierte Sicherheitsanforderungen

Die *aktivitätenorientierten Sicherheitsanforderungen* stellen das Gegenstück zu den
systemelementorientierten Sicherheitsanforderungen auf statischer Ebene dar. Sie
überprüfen die Existenz von Eigenschaften bestimmter Aktivitäten (→ Systemelemente), welche durch Bedrohungen negativ beeinflußt werden können. Sie können
ebenfalls auf unterschiedlichen Aggregationsebenen spezifiziert werden, so daß konkrete Aktivitäten durch ihre eindeutige Kennung bzw. Gruppen von Aktivitäten
aufgrund von bestimmten Eigenschaften in einer Sicherheitsanforderung festgelegt
sind. Beispiele für aktivitätenorientierte Sicherheitsanforderungen sind:

❶ Die Aktivität der Kundendatenerfassung soll eine Verfügbarkeit von 95% haben.

❷ Der Gesamtprozeß der Reklamationsannahme muß eine Verfügbarkeit von 95% haben.

❸ Die Verschlüsselungsaktivität muß eine sehr hohe Vertraulichkeit und Integrität aufweisen.

Während die erste Sicherheitsanforderung an eine konkrete Aktivität geknüpft ist und für diese eine kardinale Beschreibung der Verfügbarkeit spezifiziert, betrachtet die Aktivität ❷ einen gesamten Arbeitsablauf und fordert für diesen das gleiche. In Beispiel ❸ werden dagegen zwei ordinal gekennzeichnete Eigenschaften für die Aktivität „Verschlüsselung" betrachtet.

Insgesamt ergeben sich für die aktivitätenorientierten Sicherheitsanforderungen somit die gleichen Anforderungen an die Modellierung, wie sie bereits für die systemelementorientierten Sicherheitsanforderungen formuliert wurden. Es können die dort angegebenen Produktionen genutzt werden. Lediglich folgende einfache Produktion muß hinzugefügt werden.

―――――――――――――― Act Ori Sec Req List ――――――――――――――

⟨Act Ori Sec Req List⟩ ::= {⟨Sys Ele Ori Sec Req⟩}⁺.

Für die zuvor dargestellen Beispiele ergibt sich somit folgende syntaktische Darstellung:

❶ Aktivität: Name = „Kundendatenerfassung" $\mapsto$ Verfügbarkeit ≥ 95

❷ Gesamtprozeß: Name = „Reklamationsannahme" $\mapsto$ Verfügbarkeit ≥ 95

❸ Aktivität: Name = „Verschlüsselung" $\mapsto$ (Vertraulichkeit = „sehr hoch" $\wedge$ Integrität = „sehr hoch")

Während in der ersten Anforderung eine einzelne Aktivität mit der Anforderung einer 95%igen Verfügbarkeit belegt ist, wird diese Eigenschaft in Beispiel ❷ für einen gesamten Geschäftsprozeß gefordert. Die letzte Sicherheitsanforderung bezieht sich erneut auf eine konkrete Aktivität, spezifiziert für diese jedoch zwei konjunktiv verknüpfte und ordinal formulierte Eigenschaften.

3.4.4.2 Ablauflogikorientierte Sicherheitsanforderungen

Der letzte Typ von Sicherheitsanforderungen ist in Anlehnung an die strukturorientierten Sicherheitsanforderungen auf statischer Ebene zu sehen. Für die ablauforientierte Ebene werden solche Anforderungen *ablauflogikorientierte Sicherheitsanforderungen* genannt. Sie kennzeichnen die Einhaltung bestimmter Beziehungsstrukturen innerhalb der Arbeitsabläufe. Sie werden ebenfalls durch das Vorhanden– bzw. Nicht–Vorhandensein von Beziehungen zwischen Aktivitäten und anderen Systemelementen bestimmt und sind nicht ausschließlich auf Aktivitäten konzentriert, d. h. Teile der Anforderungen können die „eigentlichen" Systemelemente beschreiben, jedoch muß immer mindestens eine Aktivität enthalten sein. Die ablauflogikorientierten Sicherheitsanforderungen lassen sich an folgenden Beispielen illustrieren:

❶ Alle Vertragsunterschriften müssen nach dem Vier–Augen–Prinzip erfolgen.

❷ Jede Reisekostenabrechnung muß terminieren.

❸ Wenn ein Angebot per Mail versandt wird, müssen die verschickten Daten vorher verschlüsselt werden.

❹ Personaldaten dürfen nie an Mitarbeiter außerhalb der Personalabteilung gelangen.

Die erste Sicherheitsanforderung ist auf eine spezifische Aktivität konzentriert und fordert für diese die Anwendung des Vier–Augen–Prinzips. In der Sicherheitsanforderung ❷ ist dagegen ein gesamter Arbeitsablauf gekennzeichnet, für den eine definierter Abschluß gefordert wird. Im dritten Beispiel wird für einen Arbeitsablauf, in dem Angebote per Mail verschickt werden, die Verschlüsselung der Angebotsdaten vorab gefordert. Beispiel ❹ ist bereits bei den strukturorientierten Sicherheitsanforderungen eingeführt worden. Es wird hier jedoch weiter gefaßt und zwar in der Form, daß nicht nur die direkten strukturellen Abhängigkeiten betrachtet werden, sondern die enthaltene Ablauflogik berücksichtigt ist. So können Daten auch über sogenannte *verdeckte Kanäle* transformiert werden, was mit dieser Sicherheitsanforderung jedoch ausgeschlossen werden soll.

Für die Modellierung der ablauflogikorientierten Sicherheitsanforderungen kann die Grammatik der strukturorientierten Sicherheitsanforderungen verwendet werden, jedoch muß eine Erweiterung um das neue Konstrukt „*" zur Darstellung temporallogischer Abhängigkeiten eingeführt werden. Dies wurde bereits in der Produktion ⟨Rel Comp⟩ vorgenommen, so daß an dieser Stelle lediglich die Integration der ablauflogikorientierten in Form der syntaktischen Beschreibung der strukturorientierten Sicherheitsanforderungen in das System–Metamodell vollzogen werden muß:

―――――――――――――――――――――― Proc Log Ori Sec Req List ――――――――――――――――――

$\langle$Proc Log Ori Sec Req List$\rangle$ ::= $\{\langle$Struc Ori Sec Req$\rangle\}^{+}$·

Für die drei angegebenen Beispiele sieht ihre syntaktische Darstellung folgendermaßen aus:

❶ ($\forall$ a $\in$ Aktivität: Name = „Vertragsunterschrift") $\mapsto$ ($\exists$ p_1 $\in$ Person)($\exists$ p_2 $\in$ Person) : ($p_1 \neq p_2$) $\wedge$ ((p_1, zuständig für, a) $\wedge$ (p_2, zuständig für, a))

❷ ($\forall$ a_1 $\in$ Aktivität: Name = „Beginn Reisekostenabrechnung") $\mapsto$ ($\exists$ a_2 $\in$ Aktivität: Name = „Abschluß Reisekostenabrechnung") : (a_1, nachfolger*, a_2)

❸ ($\forall$ a_1 $\in$ Aktivität: Name = „Angebotsverschickung per Mail")($\forall$ d $\in$ Daten: Name = „Angebot") : (a_1, konsumiert, d) $\mapsto$ ($\exists$ a_2 $\in$ Aktivität: Name = „Verschlüsselung") : (a_2, produziert, d) $\wedge$ (a_2, nachfolger*, a_1)

❹ ($\forall$ d $\in$ Daten: Typ = „Personaldaten") $\mapsto$ $\neg$ ($\exists$ a $\in$ Aktivität)($\exists$ p $\in$ Person: Abteilung $\neq$ „Personalabteilung") : ((p, ist zuständig für, a) $\wedge$ (a, konsumiert, d))

Die erste Sicherheitsanforderung ist analog zu den systemelementorientierten Sicherheitsanforderungen formuliert, mit der einzigen Ausnahme, daß eine Aktivität spezifiziert ist. Diese Sicherheitsanforderung beschreibt einen statischen Aspekt innerhalb einer ablauforientierten Sicht. In Beispiel ❷ wird dagegen das neue Konstrukt „*" verwendet. Da zum Zeitpunkt der Spezifikation solcher Sicherheitsanforderungen nicht klar ist, welche konkrete Ablauflogik ein Arbeitsablauf haben wird, kann mit dem Symbol „*" eine temporal–logische Beziehung und deren transitive Hülle beschrieben werden. Konkret wird ausgedrückt, daß, wenn der Arbeitsablauf „Reisekostenabrechnung" begonnen wurde (Aktivität ist mit „Beginn Reisekostenabrechnung" bezeichnet), im weiteren Arbeitsablauf die Aktivität „Abschluß Reisekostenabrechnung" folgen muß. Wieviele sonstige Aktivitäten dazwischen stattfinden, ist für die Erfüllung der Sicherheitsanforderung irrelevant. Das gleiche Konstrukt wird auch in der Anforderung ❸ verwendet, um eine Aktivität als Vorgänger zu definieren, die Daten verschlüsselt und erst anschließend per Mail verschickt. Die letzte Sicherheitsanforderung formuliert im Gegensatz zu ihrem Gegenstück bei den strukturorientierten Sicherheitsanforderungen zusätzlich die Abhängigkeiten über Aktivitäten. Da diese als logisches Konstrukt den Zugriff von organisatorischen Einheiten auf Datenelemente beschreiben, müssen sie auch zur Spezifikation entsprechender Sicherheitsanforderungen herangezogen werden. So fordert die Sicherheitsanforderung ❹, daß Mitarbeiter außerhalb der Personalabteilung nicht auf Personaldaten zugreifen dürfen, also ein Folgezustand nicht vorhanden sein darf. Dieser Zugriff muß jedoch nicht direkt über eine Aktivität beschrieben sein, sondern kann auch über die verdeckten Kanäle existent sein, d. h. eine Analyse muß diese Art des Informationsflusses berücksichtigen.

3.4.5 Semantische Nebenbedingungen

Auch für die Grammatik zur Beschreibung der Sicherheitsanforderungen werden eine Reihe von semantischen Nebenbedingungen formuliert, die für alle Sicherheitsanforderungen gültig sein müssen:

➊ *Typkonsistenz:* Die in einer Produktion ⟨Sys Ele Id Desc⟩ verwendeten Systemelement– und Systemelementtypkennungen müssen im Rahmen des Systemmodells entsprechend vordefiniert sein.

> ∀ (⟨Sys Ele Id Desc⟩ ::= ⟨System Element Type.id$_1$⟩ : ID = ⟨System Element.id$_2$⟩) gilt:
> ∃ (⟨System Element⟩ ::= ELEMENT ⟨id$_1$⟩ ELEMENT TYPE ⟨System Element Type.id$_2$⟩ ···).

➋ *Attributexistenz und –konsistenz:* Diese Anforderungen fordern zum einen, daß der in der Sicherheitsanforderung spezifizierte Systemelementtyp im Systemmodell existent ist und zum anderen der Attributwert die korrekte Domäne besitzt.

> ∀ (⟨Sys Ele Prop Desc⟩ ::= ⟨System Element Type.id$_1$⟩ : ⟨Attribute Type.id$_2$⟩ ⟨Comp⟩ ⟨Attribute Value⟩), gilt:
> ∃ (⟨System Element Type⟩ ::= ELEMENT TYPE ⟨id$_1$⟩ ATTRIBUTE TYPE ··· ⟨id$_2$⟩ ⟨Attribute Type Domain⟩ ···) mit ⟨Attribute Type Domain⟩
> = „STRING" → ⟨Attribute Value⟩ ∈ ⟨String⟩.
> = „DATE" → ⟨Attribute Value⟩ ∈ ⟨Date⟩.
> = „INTEGER" → ⟨Attribute Value⟩ ∈ ⟨Integer⟩.
> = „ORDINAL VALUE DOMAIN ⟨oid⟩ VALUES ⟨Ordinal Value List⟩" → ⟨Attribute Value⟩ ∈ ⟨Ordinal Value List⟩ := {⟨id$_1$⟩, ···, ⟨id$_n$⟩}, n ≥ 2.

➌ *Typkompatibilität beim Variablenvergleich:* Es dürfen nur gleiche Systemelementtypen miteinander verglichen werden.

> ∀ (⟨Var Comp⟩ ::= (⟨Var Id$_1$⟩ („∧" | „∨") ⟨Var Id$_2$⟩)) mit (((⟨Var Def$_1$⟩ ::= ··· ⟨Var Id$_1$⟩ ∈ ⟨System Element Type.id$_1$⟩ ···) ∧ (⟨Var Def$_2$⟩ ::= ··· ⟨Var Id$_2$⟩ ∈ ⟨System Element Type.id$_2$⟩ ···)) gilt:
> (⟨System Element Type.id$_1$⟩ = ⟨System Element Type.id$_2$⟩).

❹ *Beziehungsvergleich:* Für die innerhalb eines Beziehungsvergleichs verwendeten Systemelementtypen muß ein entsprechender Beziehungstyp definiert sein.

> $\forall$ ($\langle$Rel Comp$\rangle$ ::= ($\langle$Var id$_1\rangle$.$\langle$Relation Type.id$\rangle$.$\langle$Var Id$_2\rangle$)) mit ((($\langle$Var Def$_1\rangle$) ::= ($\cdots$ $\langle$Var Id$_1\rangle$ $\in$ $\langle$System Element Type.id$_1\rangle$ $\cdots$) $\wedge$ ($\langle$Var Def$_2\rangle$ ::= $\cdots$ $\langle$Var Id$_2\rangle$ $\in$ $\langle$System Element Type.id$_2\rangle$ $\cdots$)) gilt:
> $\exists$ ($\langle$Relation Type$\rangle$ ::= $\langle$System Element Type.id$_1\rangle$ $\langle$Relation Type.id$\rangle$ $\langle$System Element Type.id$_2\rangle$).

❺ *Beziehungstypen für die Ablauflogik:* Die Beziehungsvergleiche, die das Symbol „*" zur Kennzeichnung einer transitiven Fortpflanzung verwenden, dürfen nur mit Systemelementtypen spezifiziert werden, die als Aktivitäten gekennzeichnet sind.

> $\forall$ ($\langle$Rel Comp$\rangle$ ::= ($\langle$Var id$_1\rangle$.$\langle$Relation Type.id$\rangle$*.$\langle$Var Id$_2\rangle$)) mit ((($\langle$Var Def$_1\rangle$) ::= ($\cdots$ $\langle$Var Id$_1\rangle$ $\in$ $\langle$System Element Type.id$_1\rangle$ $\cdots$) $\wedge$ ($\langle$Var Def$_2\rangle$ ::= $\cdots$ $\langle$Var Id$_2\rangle$ $\in$ $\langle$System Element Type.id$_2\rangle$ $\cdots$)) gilt:
> $\exists$ (($\langle$Relation Type$\rangle$ ::= $\langle$System Element Type.id$_1\rangle$ $\langle$id$\rangle$ $\langle$System Element Type.id$_2\rangle$) $\vee$ ($\langle$Relation Type$\rangle$ ::= $\langle$System Element Type.id$_2\rangle$ $\langle$id$\rangle$ $\langle$System Element Type.id$_1\rangle$)) mit $\langle$System Element Type.id$_1\rangle$, $\langle$System Element Type.id$_2\rangle$ $\in$ $\langle$Activity List$\rangle$.

3.4.6 Sicherheitsanforderungen im integrierten Vorgehensmodell

Nachdem im vorherigen Abschnitt fünf Typen von Sicherheitsanforderungen identifiziert wurden, bleibt die Frage zu klären, in welcher Form sie in den unterschiedlichen Phasen des integrierten Vorgehensmodells aus Abbildung 3.2 relevant werden. Hierzu müssen die einzelnen Phasen betrachtet und die Verwendbarkeit der Sicherheitsanforderungen in diesen Phasen untersucht werden. Die modellinhärenten Konsistenzbedingungen bleiben von dieser Betrachtung unberührt, da sie im Rahmen der Definition des Systemmodells festgelegt werden und diese Aufgabe vor dem Beginn des integrierten Vorgehensmodells abgeschlossen sein muß. Außerdem können sie als Spezialform der strukturorientierten Sicherheitsanforderungen betrachtet werden.

Auch die Phasen der Informationserhebung und des Betriebes werden hier nicht betrachtet. Zwar können Sicherheitsanforderungen schon im ersten Schritt des Vorgehensmodells berücksichtigt werden, jedoch werden sie dort lediglich informell beschrieben und es ist keine Möglichkeit der Analyse gegeben. In der Betriebsphase dagegen sollten alle Sicherheitsanforderungen bereits umgesetzt sein. Konkret müssen die Phasen der Geschäftsprozeß- und der Workflow-Modellierung betrachtet und dort die Verwendbarkeit der unterschiedlichen Typen der Sicherheitsanforderungen kontrolliert werden.

3.4.6.1 Geschäftsprozeßmodellierung

Systemelementorientierte Sicherheitsanforderungen

In Abschnitt 3.4.3.1 wurde bereits erläutert, daß sich systemelementorientierte Sicherheitsanforderungen auf die Eigenschaften bestimmter Systemelemente beziehen. Auf Ebene der Geschäftsprozeßmodellierung werden ausschließlich Systemelemente zur Beschreibung der Geschäftsprozesse modelliert. Diese sind in Anlehnung an Abbildung 2.1 der Ablaufebene sowie der organisatorischen und logischen Ebene zuzuordnen. Beispiele hierfür sind die Elemente der ereignisgesteuerten Prozeßketten (EPK) aus ARIS. Dort werden Ereignisse, Funktionen, Verknüpfungsoperatoren (z. B. Konjunktion oder Disjunktion) sowie Daten- und Organisationsobjekte verwendet. Die systemelementorientierten Sicherheitsanforderungen können sich somit auch nur auf diese Systemelemente beziehen. Die Anforderungen an die Elemente der Ablaufebene (im Fall der EPK also die Funktionen und Ereignisse) werden innerhalb der aktivitätenorientierten Sicherheitsanforderungen behandelt.

Auf der organisatorischen Ebene können ebenfalls Anforderungen formuliert werden. So wird von Mitarbeitern der Personalabteilung oder der Entwicklungsabteilung eine hohe Vertraulichkeit erwartet, da sie mit sensiblen Daten des Unternehmens arbeiten (Personaldaten bzw. Entwicklungsergebnisse). Derartige Anforderungen können natürlich auch auf den unterschiedlichen Abstraktionsstufen der organisatorischen Ebene, also z. B. auf Rollen oder Abteilungen, übertragen werden. Da die gesamte Organisationsstruktur bereits auf Geschäftsprozeßebene modelliert werden kann, sind die systemelementorientierten Sicherheitsanforderungen für diese Systemelementtypen schon zu diesem Zeitpunkt formulierbar und auch analysierbar.

Ein Beispiel für eine systemelementorientierte Sicherheitsanforderung auf logischer Ebene ist die Forderung nach hoher Vertraulichkeit und Integrität von Personaldaten (siehe Beispiel ❻ aus Abschnitt 3.4.3.1). Die Analyse dieser Anforderungen ist nicht vollständig auf der Geschäftsprozeßebene durchführbar, da auch Bedrohungen auf Systemelemente betrachtet werden müssen, die zu diesem Zeitpunkt der Entwicklung noch nicht vorliegen. So kann beispielsweise eine Bedrohung „Feuer" auf einen Raum wirken und dessen Zerstörung zur Folge haben. Diese Konsequenz überträgt sich jedoch auch auf die in diesem Raum enthaltenen Rechner und auf die Daten, die auf den Festplatten der Rechner gespeichert sind. Da aber auf Geschäftsprozeßebene die technischen Informationen noch nicht vorhanden sind, kann die Analyse nur eingeschränkt vollzogen werden.

Strukturorientierte Sicherheitsanforderungen

Die strukturorientierten Sicherheitsanforderungen analysieren die Existenz von Beziehungen innerhalb des modellierten Anwendungssystems, wobei ausschließlich die statische Systemsicht berücksichtigt wird. Die betroffenen Elemente auf der Ebene der Geschäftsprozeßmodellierung stammen aus der organisatorischen und logischen

Ebene eines Anwendungssystems. Bei der Definition dieses Typs von Sicherheitsanforderungen sind einige Beispiele beschrieben worden, die dies illustrieren. So muß es einen Datenschutzbeauftragten bzw. darf es höchstens einen Mitarbeiter mit Administrationsrechten in einem Anwendungssystem geben. Diese Anforderungen werden an die Beziehungen zwischen Personen, Rollen und Organisationseinheiten formuliert und sind somit bereits auf Geschäftsprozeßebene formulier– und analysierbar. Gleiches gilt für Anforderungen an logische Objekte. So kann die Existenz zweier gleicher geheimer Schlüssel, also einer möglichen Kopie, innerhalb eines Anwendungssystems verboten sein.

Vorstellbar sind sicherlich auch Sicherheitsanforderungen, die bestimmten Personengruppen den Zugriff auf Datenobjekte verweigern, also spezifische Beziehungen zwischen beiden Ebenen untersagen. Da derartige Abhängigkeiten im Anwendungssystem i. allg. nicht direkt auf der Ebene der logischen und organisatorischen Elemente beschrieben werden, sondern dazu die Ablaufebene verwendet wird, werden sie auch im Rahmen der ablauflogikorientierten Sicherheitsanforderungen abgehandelt. Sollte ein Systemmodell jedoch Beziehungen zwischen den Elementen dieser Ebenen gestatten, so können die Anforderungen auch formuliert und im Rahmen der Geschäftsprozeßmodellierung analysiert werden.

Aktivitätenorientierte Sicherheitsanforderungen

Die aktivitätenorientierten Sicherheitsanforderungen überprüfen Eigenschaften von Aktivitäten. Da diese Systemelementtypen bereits auf Geschäftsprozeßebene modelliert werden, können auch die Sicherheitsanforderungen für diese Elemente auf dieser Ebene spezifiziert werden. Wie bereits zuvor angemerkt, bilden Arbeitsabläufe bzw. die sie beschreibenden Aktivitäten eine logische Sicht auf das Anwendungssystem. Somit können zwar Sicherheitsanforderungen an die Aktivitäten gestellt, jedoch ihre Kontrolle lediglich über die als Basisbausteine verwendeten realen Systemelemente realisiert werden. Die Verfügbarkeit einer Aktivität ist von der Verfügbarkeit der benutzten logischen und organisatorischen Objekte abhängig. Eine Beschreibung von aktivitätenorientierten Sicherheitsanforderungen ist somit von einer Beschreibung der systemelementorientierten Sicherheitsanforderungen abhängig. Da dies für organisatorische und logische Elemente gezeigt werden konnte, können auch Anforderungen an die Aktivitäten formuliert werden.

Sicherheitsanforderungen, die sich beispielsweise auf die Vertraulichkeit oder die Integrität von Aktivitäten beziehen, betrachten i. allg. logische Gesichtspunkte. Diese Anforderungen können, wie bereits bei den systemelementorientierten Sicherheitsanforderungen erläutert, eingeschränkt analysiert werden, da die Daten auf indirektem Weg Bedrohungen ausgesetzt sind.

Insgesamt kann festgehalten werden, daß aktivitätenorientierte Sicherheitsanforderungen auf Ebene der Geschäftsprozeßmodellierung formuliert, jedoch nicht vollständig analysiert werden können, da hierzu Informationen zum Anwendungssystem fehlen. Es ist aber zweckmäßig, diese bereits zu einen frühen Zeitpunkt im Rahmen der Entwicklung sicherheitskritische Aspekte zu konkretisieren und in Form entsprechender Sicherheitsanforderungen zu formulieren.

Ablauflogikorientierte Sicherheitsanforderungen

Die ablauflogikorientierten Sicherheitsanforderungen beschreiben spezifische Anforderungen an die Struktur von Arbeitsabläufen. Da auf der Ebene der Geschäftsprozesse bereits alle relevanten Systemelementtypen hierfür zur Verfügung stehen, können die entsprechenden Sicherheitsanforderungen auch auf dieser Ebene formuliert werden. Betrachtet man jedoch die angegebenen Beispiele aus Abschnitt 3.4.4.2, so kann man im Hinblick auf die Analyse diese Art der Sicherheitsanforderungen noch weiter differenzieren.

So fordert das erste Beispiel ein Vier–Augen–Prinzip für alle Vertragsunterschriften. Da die zur Analyse dieser Anforderungen notwendigen Systemelemente und Beziehungen bereits zu dem entsprechenden Zeitpunkt vorhanden sind, kann eine vollständige Analyse vorgenommen werden. Der Grund dafür ist die Tatsache, daß diese Form der Sicherheitsanforderungen ausschließlich den statischen Aufbau von Arbeitsabläufen und der involvierten Systemelementen betrachtet.

Weiterhin bleiben noch Sicherheitsanforderungen wie „Personaldaten dürfen nie an Mitarbeiter außerhalb der Personalabteilung gelangen". Neben der direkten Kontrolle der modellierten Strukturen, d. h. ist eine entsprechende Beziehung zwischen den beiden Systemelementen modelliert, müssen weiterhin die verdeckten Kanäle, also der unberechtigter *indirekte* Zugriffe von Personen auf Daten berücksichtigt werden. So kann in dem angegebenen Beispiel ein Informationsfluß über eine Vielzahl beteiligter Systemelemente hinweg existent sein, der natürlich im Rahmen der Kontrolle erkannt werden muß.

Die Beispiele ❷ und ❸ dagegen beschreiben temporal–logische Aspekte, die ein Arbeitsablauf zu erfüllen hat. So soll er zum einen terminieren und zum anderen für den Fall einer Angebotsverschickung per Mail eine Aktivität „Verschlüsselung" vorher ausführen. Eine einfache Analyse kann die statische Struktur der Arbeitsabläufe dahingehend untersuchen, ob ein entsprechender Ablaufpfad zwischen den entsprechenden Aktivitäten existiert. Unberücksichtigt hierbei bleiben jedoch die internen Verhalten der einzelnen Systemelemente sowie ihr Einfluß auf den Arbeitsablauf. Zusätzlich ist das Problem vorhanden, daß die relevanten Arbeitsabläufe Schleifen enthalten können, deren Durchlaufhäufigkeit i. allg. erst zur Laufzeit bekannt wird. Diese beiden Probleme können mit dem in diesem Buch entwickelten Konzept nicht behandelt werden (siehe hierzu Abschnitt 3.5.4.3).

3.4.6.2   Workflow–Modellierung

Für die Workflow–Ebene sind die Einschränkungen, daß bestimmte Systemelemente noch nicht modelliert wurden, nicht mehr gegeben. Vor allem wird auch eine vollständige Beschreibung der technischen Ebene gefordert, die somit zu einen Gesamtmodell für ein Anwendungssystem beiträgt. Diese Vollständigkeit hat zur Folge, daß alle systemelement– und strukturorientierten Sicherheitsanforderungen, also die gesamte statische Systemsicht, vollständig beschrieben und analysiert werden kann. Darunter ist auch die technische Ebene des Anwendungssystems zu fassen, so daß auf Ebene der Workflow–Modellierung neue Sicherheitsanforderungen der beiden Typen formuliert und kontrolliert werden können.

Gleiches trifft auch für die aktivitätenorientierten Sicherheitsanforderungen zu, die auf der Geschäftsprozeßebene noch eingeschränkt analysierbar waren. Die Tatsache, daß nun alle relevanten Informationen und Propagierungen von Bedrohungen über reale Systemelemente hinweg zu den Aktivitäten modelliert sind, ermöglichen diese Vollständigkeit.

Der letzte Typ von Sicherheitsanforderungen bleibt weiterhin differenziert zu betrachten. Anforderungen, die die statische Struktur der Arbeitsabläufe betrachten bzw. verdeckte Kanäle untersuchen, sind weiterhin vollständig analysierbar, da alle relevanten Informationen vorliegen. Die Probleme mit temporal–logischen Eigenschaften sowie die Kontrolle der Arbeitsablaufkontexte ist nicht realisierbar (siehe Abschnitt 3.5.4.3).

3.4.6.3   Zusammenfassung

Die zuvor skizzierten Einsatzfelder für die vier Typen von Sicherheitsanforderungen sind in der Tabelle 3.4 noch einmal im Überblick zusammengestellt. Dabei bedeutet das Symbol „+“, daß der Sicherheitsanforderungstyp

   ❏ auf der entsprechenden Ebene modelliert und

   ❏ auf dieser Ebene auch vollständig analysiert werden kann.

Eingeklammertes Plus „(+)“ bedeuten, daß der Sicherheitsanforderungstyp

   ❏ zwar auf der Ebene modelliert,

   ❏ jedoch nur eingeschränkt analysiert werden kann.

Das Symbol „–“ dagegen beschreibt die Tatsache, daß eine Sicherheitsanforderung des entsprechenden Typs auf der jeweiligen Ebene nicht formuliert werden kann.

Sicherheitsanforderung		Geschäftsprozeß-modellierung	Workflow-Modellierung
statisch	*systemelementorientiert*		
	Ablaufebene	...	...
	Organisatorische Ebene	+	+
	Logische Ebene	(+)	+
	Technische Ebene	−	+
	strukturorientiert		
	Ablaufebene	−	...
	Organisatorische Ebene	+	+
	Logische Ebene	+	+
	Technische Ebene	...	+
ablauforientiert	*aktivitätenorientiert*		
	Ablaufebene	(+)	+
	Organisatorische Ebene	...	...
	Logische Ebene	...	...
	Technische Ebene	...	...
	ablauflogikorientiert		
	Ablaufebene		
	➡ statischer Aufbau	+	+
	➡ verdeckte Kanäle	(+)	+
	➡ temporal–logisch	...	−
	➡ Arbeitsablaufkontexte	...	−
	Organisatorische Ebene	...	−
	Logische Ebene	...	−
	Technische Ebene	...	−

Tabelle 3.4: Sicherheitsanforderungen im integrierten Vorgehensmodell

Zusammenfassend läßt sich feststellen, daß die unterschiedlichen Typen von Sicherheitsanforderungen in den beiden Phasen des integrierten Vorgehensmodells eine unterschiedliche Bedeutung haben. So können im Rahmen der Geschäftsprozeßmodellierung die Sicherheitsanforderungen auf drei Ebenen des Anwendungssystems (die Ausnahme bildet die technischen Ebene) formuliert werden. Ihre Analyse ist jedoch zum Teil eingeschränkt, da nicht alle relevanten Informationen zum Anwendungssystem vorliegen. Auf Workflow–Ebene besteht zusätzlich die Möglichkeit zur Modellierung von Sicherheitsanforderungen, die auf neu definierten Systemelementen und Systemelementtypen basieren. Außerdem kann die Kontrolle durch die neuen Informationen vollständig durchgeführt werden.

Die Entwicklung eines sicheren Workflow–basierten Anwendungssystem leitet sich daraus ab, daß ein Zusammenspiel dieser unterschiedlichen Aspekte stattfinden muß, d. h. unterschiedliche Sicherheitsanforderungen zu den verschiedenen Zeitpunkten formuliert und analysiert werden müssen.

Alternativ dazu besteht die Möglichkeit, die Analyse sicherheitskritischer Aspekte an das Ende der Modellierungsphase zu stellen und dort eine Gesamtuntersuchung vorzunehmen. Jedoch sind bis dahin bereits alle Entwurfsentscheidungen getroffen worden, die eine Behebung potentieller Risiken negativ beeinflussen würde. Sinnvoll ist dagegen eine möglichst frühe Berücksichtigung dieser Aspekte sowie die Behebung vorhandener Risiken.

3.5   Analyse der Sicherheitsanforderungen

Bei der Analyse von Sicherheitsanforderungen ist zunächst zu unterscheiden, wovon eine Sicherheitsanforderungen abhängt und somit ihre Nicht–Erfüllung beeinflußt werden kann. Abbildung 3.5 zeigt den elementaren Unterschied für die vier Typen von Sicherheitsanforderungen[6], der zu unterschiedlichen Analyseverfahren führen muß.

Die systemelement– und die aktivitätenorientierten Sicherheitsanforderungen werden direkt von externen Einflüssen, den Bedrohungen, beeinträchtigt. Sie führen zu Zustandsveränderungen im System, d. h. die Attributwerte einzelner Systemelemente werden modifiziert. Dies kann dazu führen, daß die Sicherheitsanforderungen ihre Gültigkeit verlieren.

Im Gegensatz dazu spielen für die struktur– und ablauflogikorientierten Sicherheitsanforderungen ausschließlich modellspezifische Aspekte ein Rolle. Konkret ist die Frage zu beantworten: Erfüllen die durch den Entwickler modellierten Strukturen die formulierten Anforderungen? Hierbei sind keine externen Ereignisse zu berücksichtigen, sondern direkt die modellierten Strukturen gegenüber den Anforderungen

---

[6]Die modellinhärenten Konsistenzbedingungen werden weiterhin als Spezialfall der strukturorientierten Sicherheitsanforderungen betrachtet.

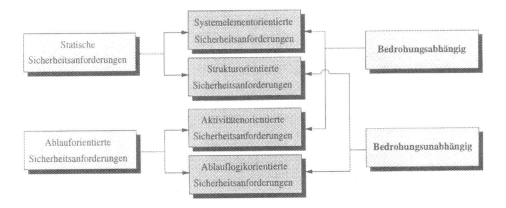

Abbildung 3.5: Beeinträchtigung der Sicherheitsanforderungen

abzugleichen. Dies hat natürlich zur Folge, daß die struktur– und ablauflogikorientierten Sicherheitsanforderungen innerhalb des integrierten Vorgehensmodells die
Phasen der „Bedrohungsidentifikation" und der „Risikoermittlung" nicht benötigen,
sie also einfach überspringen können.

In der Tabelle 3.5 sind für alle vier Typen von Sicherheitsanforderungen die einzelnen
Phasen zusammengefaßt, die sie im Rahmen ihrer Modellierung und Analyse zu
durchlaufen haben.

Phase	statisch		ablauforientiert	
	SEOSA	StOSA	AOSA	ALOSA
Systemmodellierung	+	+	+	+
Sicherheitsanforderungen	+	+	+	+
Bedrohungsidentifikation	+	–	+	–
Risikoermittlung	+	–	+	–
Anforderungen erfüllt?	+	+	+	+
Modifikation	+	+	+	+

Legende: SEOSA = Systemelementorientierte Sicherheitsanforderung,
StOSA = Strukturorientierte Sicherheitsanforderung,
AOSA = Aktivitätenorientierte Sicherheitsanforderung,
ALOSA = Ablauflogikorientierte Sicherheitsanforderung.

Tabelle 3.5: Phasen ↔ Sicherheitsanforderungstypen

Während die Phasen „Systemmodellierung", „Sicherheitsanforderungen" und „Modifikation" für alle Typen von Sicherheitsanforderungen gleich behandelt werden

(Symbol „+"), ist im Rahmen der Phase „Anforderungen erfüllt?" je nach Sicherheitsanforderungstyp unterschiedlich vorzugehen. Während für die systemelement- und aktivitätenorientierten Sicherheitsanforderungen dort ein Soll–Ist–Vergleich der Sicherheitsanforderungen gegenüber den ermittelten Risiken vorgenommen wird, realisieren die struktur- und ablauflogikorientierten Sicherheitsanforderungen dort ihre eigentliche Analyse. Das Symbol „–" kennzeichnet nicht notwendig zu durchlaufende Phasen im integrierten Vorgehensmodell.

Die „Systemmodellierung" und die „Sicherheitsanforderungen" sind in den Abschnitten 3.3 und 3.4 bereits behandelt worden. Im weiteren Verlauf dieses Abschnittes werden die drei folgenden Schritte, also die eigentliche Analyse der Sicherheitsanforderungen gegenüber dem modellierten Anwendungssystem untersucht. Hierzu werden Analyseverfahren für die vier Typen von Sicherheitsanforderungen dargestellt, wobei natürlich Überschneidungen zwischen den einzelnen Vorgehen vorhanden sind. Zunächst werden die bedrohungsabhängigen Verfahren für die systemelement- und aktivitätenorientierten Sicherheitsanforderungen in Abschnitt 3.5.1 und 3.5.2 und anschließend die bedrohungsunabhängigen Verfahren für die struktur- und ablauflogikorientierten Sicherheitsanforderungen in Abschnitt 3.5.3 und 3.5.4 entwickelt.

3.5.1 Systemelementorientierte Sicherheitsanforderungen

3.5.1.1 Risikomodell

Die Analyse der systemelementorientierten Sicherheitsanforderungen beschreibt die Kontrolle externer Ereignisse auf und die daraus resultierenden Probleme für das Anwendungssystem. Als Ausgangsbasis wird ein Risikomodell benötigt [Tho97]. Dessen Aufgabe ist die konzeptuelle Beschreibung der Zusammenhänge von Systemelementen eines Anwendungssystems mit ihren Beziehungen und Sicherheitsmechanismen auf der einen Seite, zu den Bedrohungen und daraus resultierenden Konsequenzen auf der anderen Seite. Konkret muß das Risikomodell Antworten auf folgende Fragen bereitstellen:

❶ Worauf kann eine Bedrohung wirken?

❷ Was bewirkt eine Bedrohung für ein Systemelement?

❸ Was bewirkt eine Konsequenz für ein Systemelement?

❹ Wie schützen Sicherheitsmechanismen die Systemelemente gegen Konsequenzen durch Bedrohungen?

❺ Welche Auswirkungen hat eine Konsequenz für den Rest des Anwendungssystems?

Neben der Berücksichtigung dieser Aspekte ist weiterhin die Erweiterbarkeit des Gesamtansatzes zu betrachten. Für das Risikomodell bedeutet dies, daß es auf Ebene des System–Metamodells angesiedelt werden muß, also ausschließlich die Typebene behandelt. Das entwickelte Risikomodell ist in Abbildung 3.6 dargestellt.

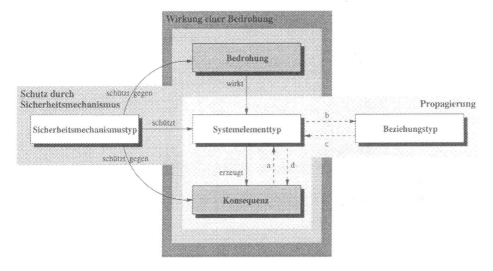

Abbildung 3.6: Risikomodell

Die Basis des Risikomodells bilden die Entitäten des System–Metamodells aus Abbildung 3.3. Die Beantwortung der zuvor skizzierten Fragen wird mittels drei unterschiedlicher Teilaspekte realisiert, die in der Abbildung durch unterschiedliche Graustufen gekennzeichnet sind.

Wirkung einer Bedrohung Zunächst wird die eigentliche *Wirkung* eines externen Ereignisses auf das Anwendungssystem und somit die Fragen ❶-❸ betrachtet. Die Systemelementtypen werden von Bedrohungen beeinflußt, die eine negative Wirkung in Form einer Konsequenz erzeugen, d. h. eine Bedrohung *wirkt* auf einen Systemelementtyp und *erzeugt* eine Konsequenz (siehe Kasten „Wirkung einer Bedrohung" in Abbildung 3.6). So kann die Bedrohung „Feuer" auf den Systemelementtyp „Raum" wirken und die Konsequenz „Zerstörung" erzeugen (vgl. Abbildung 3.7).

Was die Wirkung für ein entsprechendes Systemelement dann konkret bedeutet, muß zusätzlich betrachtet werden. Für einen Raum führt dessen Zerstörung beispielsweise zur Reduzierung seiner Verfügbarkeit. Eine detaillierte Konsequenzuntersuchung ist daher in den Abschnitten 3.5.1.4 und 3.5.1.5 beschrieben.

Schutz durch Sicherheitsmechanismus Sicherheitsmechanismen können die Systemelemente gegen den Einfluß von Bedrohungen sowie deren Konsequenzen schützen und müssen bei der Ermittlung eines Risikos für ein Systemelement ent-

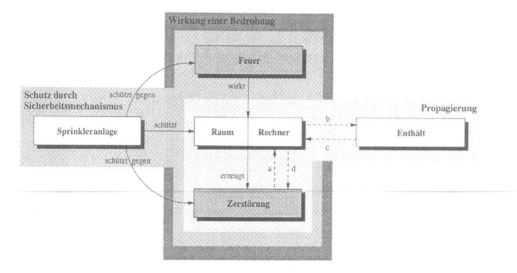

Abbildung 3.7: Beispielentitäten des Risikomodells

sprechend berücksichtigt werden. Im Risikomodell wird dies durch die Beziehung *schützt* von der Entität Sicherheitsmechanismustyp zur Entität Systemelementtyp bestimmt. Die in einem Anwendungssystem modellierte Beziehung kennzeichnet dabei konkret den Schutz vor der Konsequenz, die durch die Bedrohung für das Systemelement entsteht. Im Risikomodell ist dieser Sachverhalt durch die *schützt gegen*–Beziehungen zur Bedrohung und Konsequenz repräsentiert (siehe Kasten „Schutz durch Sicherheitsmechanismus" in Abbildung 3.6). Als Beispiel hierfür ist in Abbildung 3.7 der Sicherheitsmechanismustyp "Sprinkleranlage" angegeben, der den Systemelementtyp „Raum" gegen die Konsequenz „Zerstörung" durch die Bedrohung „Feuer" schützt. Insgesamt wird durch diesen Aspekt die Frage ❹ des Risikomodells behandelt.

Propagierung Der dritte Aspekt und gleichzeitig die Behandlung von Frage ❺ ist die Betrachtung der *Propagierung* einer Konsequenz in dem Anwendungssystem. Hierzu werden die Beziehungstypen herangezogen, um eine sekundäre Konsequenz aus einer primären bzw. einer bereits existenten sekundären Konsequenz herleiten zu können. Eine eingetretene Konsequenz auf einen Systemelementtyp kann zu Folgekonsequenzen für andere Systemelementtypen führen, falls ein entsprechender Beziehungstyp für beide Systemelementtypen existent ist (siehe Kasten „Propagierung" in Abbildung 3.6). So erzeugt die (primäre oder sekundäre) Konsequenz „Zerstörung" eines Systemelementtyps „Raum" die sekundäre Konsequenz „Zerstörung" für den Systemelementtyp „Rechner", da ein Beziehungstyp „Enthält" zwischen diesen beiden Systemelementtypen vorhanden ist (siehe Abbildung 3.7).

Insgesamt beantwortet das dargestellte Risikomodell alle fünf geforderten Fragen. Weiterhin ist es vollständig auf Ebene der Typen spezifiziert und bleibt somit von konkreten Instantiierungen unberührt. So kann sowohl die Definition neuer Systemmodelle sowie die Erweiterbarkeit des für eine Bedrohungs- und Risikoanalyse notwendige Analysewissen vorgenommen werden, ohne das Risikomodell selbst für die neuen Gegebenheiten ändern zu müssen.

3.5.1.2 Analysewissen

Die Erweiterbarkeit der Bedrohungs- und Risikoanalyse basiert darauf, daß einmalig die Vorgehensweise festgelegt wird, jedoch das notwendige Analysewissen für neue Anwendungsdomänen bzw. neuen Erkenntnissen bzgl. Bedrohungen, Konsequenzen oder Sicherheitsmechanismen stetig ergänzt werden kann. Hierzu ist zunächst das im vorherigen Abschnitt skizzierte Risikomodell durch entsprechende Wissensbasen zu erfassen, die durch den Anwender gefüllt werden müssen. In Abbildung 3.8 wird ein Überblick über den Aufbau der relevanten Wissensbasen gegeben. Die drei zuvor skizzierten Aspekte des Risikomodells werden durch entsprechende Wissensbasen abgebildet, wobei auf drei Entitäten des System-Metamodells — Systemelement-, Beziehungs- und Sicherheitsmechanismustyp — zurückgegriffen wird.

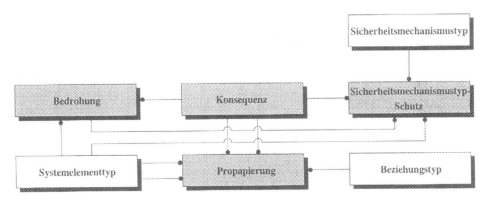

Abbildung 3.8: Wissensbasen des Risikomodells

In der Wissensbasis „Bedrohung" werden die potentiellen Bedrohungen, die in einem Anwendungssystem wirken können, beschrieben. Hierzu wird auf einen entsprechenden Systemelementtyp sowie die sich für diesen Systemelementtyp resultierende Konsequenz verwiesen. Die Konsequenzen werden in einer separaten Wissensbasis „Konsequenz" spezifiziert und um weitere Informationen, die im weiteren Verlauf dieses Abschnitts noch erläutert werden, angereichert.

Der zweite Aspekt des Risikomodells behandelt den Schutz von Systemelement- durch Sicherheitsmechanismustypen. Hierfür wird die Wissensbasis „Sicherheitsmechanismustyp–Schutz" aufgebaut, die eine Entität des System–Metamodells, den Sicherheitsmechanismustyp, berücksichtigt. Konkret wird in dieser Wissensbasis festgelegt, gegen welche (durch eine Bedrohung entstandene) Konsequenz ein bestimmter Sicherheitsmechanismustyp für einen Systemelementtyp einsetzbar ist.

Abschließend muß noch die Propagierung einer Konsequenz im Anwendungssystem betrachtet werden. Auch dieser Sachverhalt wird in einer entsprechenden Wissensbasis „Propagierung" beschrieben. Die Entitäten dieser Wissensbasis legen fest, welche sekundäre Konsequenz für einen Systemelementtyp entstehen kann, wenn eine (primäre oder sekundäre) Konsequenz für einen anderen Systemelementtyp, der einen Beziehungstyp zu diesem besitzt, gewirkt hat. Der Bezug zum System–Metamodell ist hier durch die Entität Beziehungstyp gegeben. Für die zuvor erläuterten Beispiele ist in Abbildung 3.9 deren Repräsentation in den einzelnen Wissensbasen angegeben.

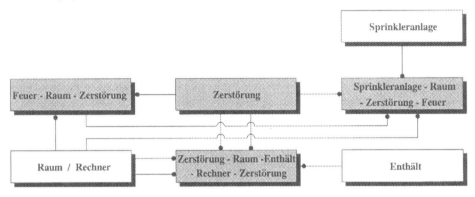

Abbildung 3.9: Beispielextension der Wissensbasen des Risikomodells

Um dem Anwender eine einfache, also intuitive Akquisition des Analysewissens zu ermöglichen, ist zur Repräsentation analog zum System–Metamodell eine sprachliche Notation gewählt worden, die in Form einer EBNF–Grammatik formalisiert wird. Das mit einer eindeutigen Kennung ⟨id⟩ versehene Risikomodell umfaßt dabei genau vier Wissensbasen:

––––––––––––––––––––––––––––– Risk Model –––––––––––––––––––––––––––––

⟨Risk Model⟩   ::= „RISK MODEL" ⟨id⟩
                    ⟨Threat List⟩
                    ⟨Consequence List⟩
                    ⟨Safeguard Type Protection List⟩
                    ⟨Propagation List⟩·

Wissensbasis „Bedrohung"

In dieser Wissensbasis ⟨Threat List⟩ werden potentielle Bedrohungen ⟨Threat⟩ be-schrieben. Sie werden durch eine eindeutige Kennung ⟨id⟩ identifiziert und verweisen auf die primären Konsequenzen ⟨Primary Consequence List⟩), die für einzelne Sy-stemelementtypen entstehen können. Jedes Element dieser Liste ⟨System Element Consequence⟩ benennt den bedrohten Systemelementtyp ⟨System Element Type.id⟩ sowie die für diesen Typ möglichen Konsequenzen ⟨Consequence.id List⟩. Außerdem ist für jede Bedrohung eine Eintrittswahrscheinlichkeit (gekennzeichnet durch das Schlüsselwort „LIKELIHOOD") entweder als kardinaler oder ordinaler Wert angege-ben, der die zu erwartende Häufigkeit des Eintritts dieser Bedrohung beschreibt.

———————————————————————— Threat List ————————————————————————

⟨Threat List⟩   ::= {⟨Threat⟩}$^+$·

⟨Threat⟩   ::= „BEGIN THREAT" ⟨id⟩
                               „PRODUCES" ⟨Primary Consequence List⟩
                               „LIKELIHOOD" (⟨String⟩ | ⟨Integer⟩)
                               „END THREAT"·

⟨Primary Consequence List⟩ ::= {⟨System Element Consequence⟩}$^+$·

⟨System Element Consequence⟩ ::= „CONSEQUENCE" ⟨Consequence.id List⟩
                               „ON" ⟨System Element Type.id⟩·

In Beispiel 3.10 ist die Definition der Bedrohung „Feuer" nach der zuvor angegebenen Syntax beschrieben. Die Bedrohung führt zu einer Zerstörung eines Raums oder eines Rechners und besitzt selbst eine mittlere Eintrittswahrscheinlichkeit.

Beispiel 3.10 (Wissensbasis „Bedrohung")

```
BEGIN THREAT Feuer
   PRODUCES
      CONSEQUENCE Zerstoerung
      ON Raum
      CONSEQUENCES Zerstoerung
      ON Rechner
   LIKELIHOOD mittel
END THREAT
```

Wissensbasis „Konsequenz"

Eine Konsequenz beschreibt den eigentlichen Einfluß (ausgelöst durch eine Bedrohung) für einen Systemelementtyp. In der Wissensbasis ⟨Consequence List⟩ sind alle durch ⟨id⟩ eindeutig identifizierbaren Konsequenzen ⟨Consequence⟩ enthalten. Die Liste ⟨Effect List⟩ beschreibt dann alle Effekte dieser Konsequenz. Ein Effekt ⟨Effect⟩ spezifiziert dann, welche Wirkung er für ein bestimmtes Systemelementattributtyp ⟨Attribute Type.id⟩ eines Systemelementtyps ⟨System Element Type.id⟩ ausübt. Die Stärke dieses Effektes kann ebenfalls entweder kardinal oder ordinal angegeben sein (gekennzeichnet durch das Schlüsselwort „STRENGTH").

Consequence List

⟨Consequence List⟩ ::= {⟨Consequence⟩}⁺·

⟨Consequence⟩   ::= „BEGIN CONSEQUENCE" ⟨id⟩
                         „EFFECTS" ⟨Effect List⟩
                         „END CONSEQUENCE"·

⟨Effect List⟩   ::= {⟨Effect⟩}⁺·

⟨Effect⟩   ::= „ON" ⟨System Element Type.id⟩
                         „ATTRIBUTE" ⟨Attribute Type.id⟩
                         „STRENGTH" (⟨String⟩ | ⟨Integer⟩)·

In Fortführung des Beispiels beschreibt die Wissensbasis „Konsequenz" die konkrete Wirkung der Zerstörung eines Systemelementtyps „Raum" bzw. „Rechner" (siehe Beispiel 3.11). In beiden Fällen wird der Attributtyp „Verfügbarkeit" mit einer entsprechenden Stärke („hoch" und „sehr hoch") beeinflußt.

Beispiel 3.11 (Wissensbasis „Konsequenz")

```
BEGIN CONSEQUENCE Zerstoerung
   EFFECTS
      ON Raum
      ATTRIBUTE Verfuegbarkeit
      STRENGTH hoch
      ON Rechner
      ATTRIBUTE Verfuegbarkeit
      STRENGTH sehr hoch
END CONSEQUENCE
```

Wissensbasis „Sicherheitsmechanismustyp–Schutz"

Ein Sicherheitsmechanismustyp schützt einen Systemelementtyp gegen eine eintretende Konsequenz. Grundsätzlich können sie nach dem Kausalmodell von [Ste93] folgendermaßen unterteilt werden:

❶ **Ursachenbezogene Sicherheitsmechanismen (CAUSE):** Diese Art der Sicherheitsmechanismen bekämpft die Ursache einer Bedrohung und reduziert somit deren Eintrittswahrscheinlichkeit. Ein typisches Beispiel hierfür ist ein Blitzableiter, der die Eintrittswahrscheinlichkeit eines Schadens aufgrund eines Blitzschlags verringert.

❷ **Wirkungsbezogene Sicherheitsmechanismen (EFFECT):** Im Gegensatz dazu bekämpft ein wirkungsbezogener Sicherheitsmechanismus den Effekt einer Bedrohung, also die aus einer Bedrohung heraus resultierende Konsequenz. So kann eine Sprinkleranlage zwar nicht die Wahrscheinlichkeit eines Feuers verringern, jedoch den Schaden, der beim Eintritt einer solchen Bedrohung entsteht, reduzieren.

In der Wissensbasis „Sicherheitsmechanismustyp–Schutz" sind beide Arten von Sicherheitsmechanismen enthalten. Eine Beschreibung der Schutzwirkung eines Sicherheitsmechanismustyps ⟨Safeguard Type Protection⟩ ist durch eine eindeutige Kennung ⟨Safeguard Type.id⟩ identifizierbar.

──────────────────── Safeguard Type Protection List ────────────────────

⟨Safeguard Type Protection List⟩ ::= {⟨Safeguard Type Protection⟩}$^+$·

⟨Safeguard Type Protection⟩ ::= „BEGIN PROTECTION" ⟨Safeguard Type.id⟩
„FIGHTS" („CAUSE" | „EFFECT")
„PROTECTS" ⟨System Element.id⟩
„FROM" ⟨Protection List⟩
„END PROTECTION"·

⟨Protection List⟩ ::= {⟨Protection⟩}$^+$·

⟨Protection⟩ ::= „THREAT" ⟨Threat.id⟩
„CONSEQUENCE" ⟨Consequence.id⟩
„EFFICIENCY" ⟨Efficiency Value⟩·

⟨Efficiency Value⟩ ::= (⟨String⟩ | ⟨Integer⟩)·

Die Art des Sicherheitsmechanismustyps wird durch einen Verweis auf den entsprechenden Typ nach dem Schlüsselwort „FIGHTS" gekennzeichnet. So klassifiziert der Wert „CAUSE" einen Sicherheitsmechanismustyp als ursachenbezogen, während „EFFECT" einen wirkungsbezogenen Sicherheitsmechanismustyp beschreibt. Weiterhin wird der zu schützende Systemelementtyp ⟨System Element.id⟩ sowie eine Liste von Schutzzielen ⟨Protection List⟩ spezifiziert. Ein konkreter Schutz ⟨Protection⟩ besteht aus einem Verweis auf die Bedrohung ⟨Threat.id⟩, die daraus resultierende Konsequenz ⟨Consequence.id⟩ sowie die Stärke des Schutzes (nach Schlüsselwort „EFFICIENCY"). Diese Stärke wird erneut entweder kardinal oder ordinal durch den Wert ⟨Efficiency Value⟩ angegeben.

Für den Sicherheitsmechnismustyp „Sprinkleranlage" ergibt sich demnach die Beschreibung aus Beispiel 3.12. Er wird als wirkungsbezogener Sicherheitsmechanismustyp gekennzeichnet, der den Systemelementtyp „Raum" gegen die Konsequenz „Zerstörung" durch die Bedrohung „Feuer" schützt. Der Grad des Schutzes ist mit „hoch" angegeben.

Beispiel 3.12 (Wissensbasis „Sicherheitsmechanismustyp–Schutz")

```
BEGIN PROTECTION Sprinkleranlage
    FIGHTS EFFECT
    PROTECTS Raum
    FROM
        THREAT Feuer
        CONSEQUENCE Zerstoerung
        EFFICIENCY hoch
END PROTECTION
```

Wissensbasis „Propagierung"

Die letzte notwendige Wissensbasis ⟨Propagation List⟩ betrachtet das Entstehen sekundärer Konsequenzen, d. h. die durch Einfluß einer Konsequenz auf ein Systemelementtyp ausgehenden Folgekonsequenzen für andere Systemelementtypen. Dieser Sachverhalt wird für jede Konsequenz ⟨Consequence.id⟩ separat in Form einer Liste von Propagierungen der jeweiligen Konsequenz angegeben. Jedes Element der Liste ⟨Propagation Element⟩ beginnt mit dem betroffenen Systemelementtyp ⟨System Element Type.id⟩ und beschreibt weiterhin einen relevanten Beziehungstyp ⟨System Relation Type.id⟩ zu anderen Systemelementtypen ⟨System Element Type.id⟩. Für die mögliche Propagierung werden dann die sekundären Konsequenzen ⟨Consequence.id List⟩ spezifiziert. Außerdem wird eine solche Propagierung mit einer Eintrittswahrscheinlichkeit (nach dem Schlüsselwort „LIKELIHOOD") entweder kardinal oder ordinal belegt.

──────────────────────────── Propagation ────────────────────────────

⟨Propagation List⟩   ::= „BEGIN PROPAGATION"
                         {⟨Propagation⟩}$^+$
                         „END PROPAGATION".

⟨Propagation⟩   ::= „CONSEQUENCE" ⟨Consequence.id⟩
                         {⟨Propagation Element⟩}$^+$.

⟨Propagation Element⟩ ::= „RELATION"
                         ⟨System Element Type.id⟩ „."
                         ⟨System Relation Type.id⟩ „."
                         ⟨System Element Type.Id⟩
                         „CONCLUSION" ⟨Consequence.id List⟩
                         „LIKELIHOOD" (⟨String⟩ | ⟨Integer⟩)

──

Die Propagierung im Beispiel 3.13 geht von einer Konsequenz „Zerstörung" aus. Wirkt diese auf einen Systemelementtyp „Raum", so werden mit hoher Wahrscheinlichkeit alle Systemelemente des Typs „Rechner", die über einen Beziehungstyp „Enthält" mit einem Systemelement des Typs „Raum" verbunden sind, ebenfalls zerstört.

Beispiel 3.13 (Wissensbasis „Propagierung")

```
BEGIN PROPAGATION
    CONSEQUENCE Zerstoerung
        RELATION Raum.Enthaelt.Rechner
        CONCLUSION Zerstoerung
        LIKELIHOOD hoch
END PROPAGATION
```

Die dargestellten Angaben können als Wissen dauerhaft in eine Wissensbasis abgelegt und für beliebige Bedrohungs- und Risikoanalysen herangezogen werden.

Semantische Nebenbedingungen

Die semantischen Nebenbedingungen des Risikomodells beziehen sich ausschließlich auf die Listendefinitionen, die in dem Modell definiert sind. Konkret werden folgende Anforderungen an das Risikomodell gestellt:

❶ *Existenz von Kennungen innerhalb einer Listendefinition:* Alle Kennungen einer Liste sind als Kennungen einer entsprechenden Ableitung spezifiziert.

$$\forall \; \langle \text{P.id List} \rangle := \{\langle \text{id}_1 \rangle, \cdots, \langle \text{id}_n \rangle \} \; \text{mit n} \geq 1 \; \text{gilt:}$$
$$\forall \; i \in \{1, \cdots, n | n \geq 1\}: \exists \; (\langle \text{P} \rangle ::= \cdots \langle \text{id}_i \rangle \cdots).$$

❷ *Eindeutigkeit von Kennungen:* Jede Kennung innerhalb einer Liste ist eindeutig.

$$\forall \; \text{id}_i \in \{\langle \text{id}_1 \rangle, \cdots, \langle \text{id}_n \rangle \} \; \text{mit n} \geq 1 \; \text{gilt:} \; \langle \text{id}_i \rangle \neq \langle \text{id}_j \rangle, \; \text{mit j} \neq \text{i}.$$

Der Grund dafür, daß keine weiteren Bedingungen notwendig sind, liegt zum einen darin, daß die Modellierung des Risikomodells in sich keine zwingenden Abhängigkeiten besitzt und zum anderen auch keine direkten Abhängigkeiten zu dem Systemmodell bestehen müssen, für die das Risikomodell zur Analyse angewendet wird. Sicherlich wäre es wünschenswert, daß das Risikomodell sich auf die Elemente des Systemmodells bezieht, für dessen Analyse es eingesetzt wird. So sollten die modellierten Bedrohungen und Konsequenzen sowie der Schutz der Sicherheitsmechanismustypen und die Propagierungen genau die Systemelement-, Attribut- und Beziehungstypen des Systemmodells berücksichtigen, um überhaupt eine Bedrohungs- und Risikoanalyse durchführen zu können. Dies würde beispielsweise folgende semantische Nebenbedingungen erzwingen:

❶ Alle in den Wissensbasen „Bedrohung" und „Konsequenz" enthaltenen Zuordnungen einer Konsequenz für einen Systemelementtyp müssen sich auf Systemelementtypen des Systemmodells beziehen.

❷ Alle in der Wissensbasis enthaltenen Wirkungen müssen auf Attributtypen beschrieben sein, die dem angegebenen Systemelementtyp zugeordnet werden können.

❸ Der von einem Sicherheitsmechanismustyp auf einen Systemelementtyp ausgeübte Schutz darf nur auf Systemelementtypen wirken, für die eine entsprechende Schutzbeziehung im System–Metamodell vorgesehen ist.

❹ Die Propagierung von Konsequenzen darf nur über zulässige Beziehungstypen stattfinden.

Die Instantiierung des Risikomodells erfordert solche Nebenbedingungen nicht, da keine Einschränkung auf das zugrundeliegende Systemmodell gemacht wird. In den Wissensbasen wird das gesammelte Wissen des Risikomodells zusammengefaßt, wobei auch Bedrohungen, Konsequenzen oder Sicherheitsmechanismustypen spezifiziert sein können, die für ein aktuell untersuchtes Anwendungssystem nicht, jedoch für andere Anwendungssystem sehr wohl relevant sind. Dies erzeugt jedoch keine Probleme, da die entsprechenden Komponenten im Rahmen der Analyse nicht berücksichtigt werden.

3.5.1.3   Analyseablauf

Die eigentliche Analyse systemelementorientierter Sicherheitsanforderungen besteht aus einer Reihe von Teilschritten, in denen die in Abschnitt 3.5.1.1 dargestellten des Risikomodells sukzessive behandelt werden. Konkret müssen drei Schritte der Bedrohungs– und Risikoanalyse aus dem integrierten Vorgehensmodell aus Abbildung 3.2 umgesetzt werden. Neben der Identifikation der potentiellen Bedrohungen müssen die daraus resultierenden Risiken ermittelt und abschließend die Kontrolle der Sicherheitsanforderungen erfolgen. In Abbildung 3.10 werden diese drei Schritte veranschaulicht.

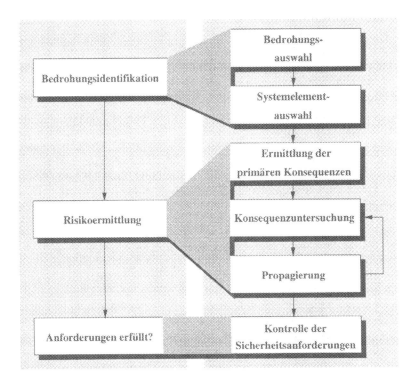

Abbildung 3.10: Ablauf der Analyse

Die Phase der Bedrohungsidentifikation wird in zwei Tätigkeiten aufgebrochen. Zum einen muß eine potentielle Bedrohung aus der Wissensbasis „Bedrohung" ausgewählt und anschließend ein Systemelement bestimmt werden, auf das die ausgewählte Bedrohung wirken soll. Diese beiden Schritte sind nicht automatisiert. Sicherlich wäre eine vollständige Analyse aller in der Wissensbasis „Bedrohung" vorhandenen Bedrohungen gegenüber dem Anwendungssystem möglich, jedoch werden Wissensbasen im Laufe mehrerer Systementwicklungen immer komplexer und viele Bedrohungen sind für ein zu analysierendes Anwendungssystem nicht relevant. Daher sollte dieser Schritt von entsprechenden Sicherheitsexperten durchgeführt werden.

Die Risikoermittlung erhält als Eingabeparameter die ausgewählten Bedrohungen sowie das bedrohte Systemelement. Das angestrebte Ziel ist es nun, die Wirkung der Bedrohung auf das Systemelement und evtl. für weitere Systemelemente des Anwendungssystems zu bestimmen. Dabei werden konkret Modifikationen an den Attributen der Systemelemente vorgenommen, die diese Wirkung der Bedrohung widerspiegeln. Ein Risiko wird demnach nicht durch einen konkreten ordinalen oder kardinalen Wert ermittelt, sondern durch die Modifikation der Systemelementeigenschaften repräsentiert.

Wie in Abbildung 3.10 dargestellt, ist die Risikoermittlung in drei Teilschritte gegliedert. Im ersten Schritt werden die primären Konsequenzen bestimmt, die eine Bedrohung für das Systemelement erzeugt. Anschließend müssen die Wirkung dieser Konsequenzen für das betroffene Systemelement genau betrachtet und die Attributmodifikationen ermittelt werden. Der letzte Schritt ist die Propagierung der primären (und später der sekundären) Konsequenz(en), d. h. es wird untersucht, ob durch den Eintritt einer Konsequenz noch weitere Systemelemente betroffen sind. Die beiden letzten Teilschritte werden solange durchlaufen, bis keine Propagierung mehr möglich ist.

Der Algorithmus RiskAnalysis (t,s) stellt die Risikoermittlung konkret dar (siehe Algorithmus 1). Er wird mit den Eingabeparametern einer Bedrohung t sowie einem Systemelement s initialisiert. Während t ∈ ⟨Threat.id List⟩ ist, gilt für s ∈ ⟨System Element.id List⟩, d. h. t ist die eindeutige Kennung einer Bedrohung des verwendeten Risikomodells und s die eindeutige Kennung eines Systemelementes des zugrundeliegenden Systemmodells. Zur Vereinfachung der Schreibweise werden in der Darstellung der Algorithmen entsprechende Domänenkennzeichnungen mit angegeben. So entspricht SystemElement der Liste ⟨System Element.id List⟩ des Systemmodells. Die ersten beiden Anweisungen repräsentieren die Initialisierungen von Listen, die im weiteren Verlauf des Algorithmus benötigt werden. So werden in der Liste SecCons-List die sekundären Konsequenzen und in TerminationList alle bereits betrachteten Konsequenzen auf Systemelemente verwaltet.

Das Vorgehen beschreibt dann einen mehrfach iterierten Vorgang, in dem jeweils ein aktuell betrachtetes Systemelement analysiert wird. Für dieses wird zunächst die direkte Wirkung der Bedrohung, also die Ermittlung der primären Konsequenz mit der Methode GetPrimaryConsequence bestimmt (siehe Abschnitt 3.5.1.4). Anschließend wird die konkrete Wirkung der Konsequenz auf das Systemelement analysiert (siehe Methode ConsequenceAnalysis aus Abschnitt 3.5.1.5) und abschließend die daraus resultierenden sekundären Konsequenzen mittels GetSecondaryConsequence bestimmt, also die Propagierung durch das Anwendungssystem betrachtet (siehe Abschnitt 3.5.1.7). Für die dort ermittelten sekundären Konsequenzen wird dann ein Zyklus (zur Terminierung siehe Abschnitt 3.5.1.8) begonnen. In diesem wird für

```
procedure RiskAnalysis (t: Threat; s: SystemElement)
  PrimConsList = NIL; SecConsList = NIL;
  TerminationList = NIL; SecConsTempList = NIL;
  {Schritt 1: Ermittlung der primären Konsequenz}
  PrimConsList = GetPrimaryConsequence (t, s);
  for all c IN PrimConsList do
    TerminationList = TerminationList + (s,c);
    {Schritt 2: Eintrittswahrscheinlichkeit der Bedrohung ermitteln}
    l = GetLikelihood (s, t, c)
    {Schritt 3: Konsequenzuntersuchung}
    ConsequenceAnalysis (s, t, c, l);
    {Schritt 4: Propagierung}
    GetSecondaryConsequence (s, c, l, TerminationList, SecConsList);
  end for
  {Sekundäre Konsequenzen untersuchen}
  while SecConsList NOT NIL do
    for all (s, c, l) IN SecConsList do
      TerminationList = TerminationList + (s,c);
      {Schritt 3: Konsequenzuntersuchung}
      ConsequenceAnalysis (s, t, c, l);
    end for
    TempSecConsList = SecConsList; SecConsList = NIL;
    for all (s, c, l) IN SecConsTempList do
      {Schritt 4: Propagierung}
      GetSecondaryConsequence (s, c, l, TerminationList, SecConsList);
    end for
  end while
end procedure
```

Algorithmus 1: Risikoanalyse

jede neu ermittelte Konsequenz ebenfalls die Konsequenzuntersuchung gestartet und anschließend auch deren Propagierung betrachtet.

3.5.1.4 Ermittlung der primären Konsequenz

Der erste Schritt der Risikoermittlung ist einfach durchführbar. Die Bestimmung der primären Konsequenz GetPrimaryConsequence kann unter Verwendung der Wissensbasis „Bedrohung" vorgenommen werden. Ausgehend von einem Systemelement s und einer Bedrohung t können die daraus resultierenden Konsequenzen direkt bestimmt werden. Hierzu wird folgendes zweistufige Verfahren angewendet:

❶ *Bestimmung des Systemelementtyps:* Zunächst wird der Systemelementtyp st des betroffenen Systemelementes s bestimmt:

st $= \exists$ ($\langle$System Element$\rangle$ ::= ELEMENT s ELEMENT TYPE st $\cdots$).

❷ *Bestimmung der Konsequenz:* Anschließend werden die Konsequenzen der Bedrohung t ermittelt, die auf den Systemelementtyp st des Systemelementes s verweisen. Sie werden in der Liste PrimConsList gespeichert, die folgendermaßen ermittelt wird:

PrimConsList $= \{$c$|\exists$ ($\langle$Threat$\rangle$ ::= BEGIN THREAT t PRODUCES $\cdots$ CONSEQUENCE $\cdots$ c $\cdots$ ON st $\cdots$)$\}$.

In der Liste PrimConsList befinden sich dann alle diejenigen Konsequenzen, die von der Bedrohung t ausgehend für das Systemelement s entstehen.

3.5.1.5 Konsequenzuntersuchung

Im nächsten Schritt muß der Einfluß der primären (und später der sekundären) Konsequenz(en) auf ein Systemelement bestimmt werden. Der konkrete Ablauf der Konsequenzuntersuchung ConsequenceAnalysis ist in Abbildung 3.11 dargestellt und im Algorithmus 2 formalisiert. Bei der Abbildung handelt es sich um eine beispielhafte Darstellung, die jedoch alle relevanten Fragestellung innerhalb der Konsequenzuntersuchung beinhaltet.

Die Konsequenzuntersuchung bekommt als Eingabeparameter[7] eine Bedrohung T, ein bedrohtes Systemelement S, eine daraus resultierende primäre Konsequenz C sowie eine Wahrscheinlichkeit P für das Eintreten der Bedrohung (siehe gestrichelten Kasten in Abbildung 3.11). Das Systemelement ist durch zwei Attribute S_a und S_b (Attributtypen a und b) beschrieben und mit drei Sicherheitsmechanismen SM1 bis SM3 verknüpft. Im angegebenen Beispiel symbolisiert der Sicherheitsmechanismus SM1 einen ursachen– und die beiden anderen wirkungsbezogene Sicherheitsmechanismen. Dies wird durch die Angabe der Attribute SM1c (CAUSE) sowie SM2e und SM3e (EFFECT) dargestellt. Die Konsequenz C besitzt ebenfalls drei deskriptive Attribute. So symbolisiert Cp die Eintrittswahrscheinlichkeit der Konsequenz, die im Rahmen der Untersuchung der primären Konsequenz durch die Eintrittswahrscheinlichkeit der Bedrohung T initialisiert wird, d. h. Cp = P. Im weiteren Verlauf der Analyse, also der Betrachtung sekundärer Konsequenzen, wird sie durch vorangehende Schritte ermittelt (siehe Abschnitt 3.5.1.7). Weiterhin ist die Konsequenz

---

[7]Im Algorithmus sind die Parameter durch kleine Buchstaben dargestellt.

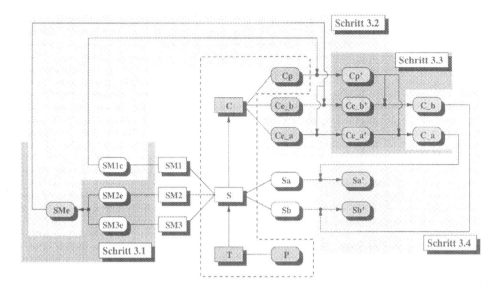

Abbildung 3.11: Konsequenzuntersuchung

mit zwei Effekten spezifiziert, die ihre Wirkung auf bestimmte Attributtypen — in diesem Fall auf die verschiedenen Attributtypen a und b — kennzeichnen.

Der Ablauf der Konsequenzuntersuchung beginnt mit zwei vorbereitenden Aktionen. Zuerst werden mittels der Methode GetSafeguards in der Liste SafeguardList alle für das Systemelement S modellierten Sicherheitsmechanismen (mit ihrem Schutzfaktor) erfaßt, die das Systemelement gegen die primäre Konsequenz C der Bedrohung B schützen. Diese Angaben können aus dem Systemmodell und der Wissensbasis „Bedrohung" entnommen werden. Zweitens werden in der Liste ConsEffectList die potentiellen Effekte der Konsequenz C für das Systemelement S mit der Methode GetConsequenceEffect ermittelt. Dies wird mittels der Wissensbasis „Konsequenzen" realisiert, wobei der Typ des Systemelementes aus dem Systemmodell bestimmt wird und in der Liste die Effekte für jeden Attributtyp des Systemelementtyps festgehalten werden.

Der eigentliche Kern des Analyseablaufs besteht dann aus vier Schritten, die in Abbildung 3.11 durch vier entsprechende Ziffern auch graphisch veranschaulicht sind. Innerhalb der Schritte werden jeweils aufgrund der Eingabedaten konkrete Bewertungen vorgenommen, wobei das in Abschnitt 3.5.1.6 entwickelte unscharfe Bewertungskonzept genutzt wird:

Schritt 3.1 (Wirkung mehrerer Sicherheitsmechanismen)

Ausgehend von dem bedrohten Systemelement ist der Einfluß potentiell vorhandener Sicherheitsmechanismen zu untersuchen. Sind, wie im Beispiel dargestellt, mehrere Sicherheitsmechanismen gleichen Typs an ein Systemelement gekoppelt,

```
procedure ConsequenceAnalysis (t: Threat;
                               s: SystemElement;
                               c: Consequence;
                               p: Likelihood)
{Sicherheitsmechanismen bestimmen}
SafeguardList = GetSafeguards (s, t, c);
{Konsequenzattribute bestimmen}
ConsEffectList = GetConsequenceEffect (c, p, s);

{Schritt 3.1: Wirkung mehrerer Sicherheitsmechanismen}
NewSafeguardList = NIL;
NewSafeguardList = SafeguardEffect (SafeguardList);

{Schritt 3.2: Wirkung der Sicherheitsmechanismen auf die Konsequenz}
NewConsEffectList = NIL;
NewConsEffectList = SafeguardEffectConsequence (ConsEffectList,
                                                NewSafeguardList);

{Schritt 3.3: Attributspezifische Konsequenzwirkung}
ConsEffectList = NIL;
ConsEffectList = ConsequenceEffect (NewConsEffectList);

{Schritt 3.4: Konsequenzwirkung auf das Systemelement}
ConsEffectOnSystemElement (s, ConsEffectList);
end procedure
```

Algorithmus 2: Konsequenzuntersuchung

so muß ihre Gesamtwirkung bestimmt werden. Diese ist natürlich auf die gleiche Konsequenz einer Bedrohung festgelegt, d. h. es werden nur solche Wirkungen von Sicherheitsmechanismen zusammengefaßt, die auch auf die angegebene Konsequenz C der Bedrohung T Einfluß haben. Die Methode SafeguardEffect verwendet die Liste der modellierten Sicherheitsmechanismen SafeguardList als Eingabe und besitzt alle weiteren relevanten Angaben aus der Wissensbasis „Sicherheitsmechanismustyp–Schutz". Als Ergebnis dieses Schrittes werden konkrete Wirkungen von Sicherheitsmechanismen in der Liste NewSafeguardList zurückgeliefert. Im Beispiel wird der Effekt der beiden wirkungsbezogenen Sicherheitsmechanismen SM2e und SM3e zu einer Gesamtwirkung SMe zusammengefaßt.

Schritt 3.2 (Wirkung der Sicherheitsmechanismen auf die Konsequenz)

Im zweiten Schritt wird die konkrete Wirkung der Sicherheitsmechanismen auf die Konsequenz bestimmt. Hierbei ist zu unterscheiden, ob ein Sicherheitsmechanismus die Ursache oder die Wirkung einer Konsequenz bekämpft. In Abbildung

3.11 wirken der ursachenbezogene Sicherheitsmechanismus SM1 auf die Eintrittswahrscheinlichkeit Cp und der Gesamtwirkungsgrad der beiden anderen Sicherheitsmechanismen SMe auf die Wirkungsgrade der einzelnen Attribute der Konsequenz Ce_a und Ce_b. Die Methode SafeguardEffectConsequence wird mit der Liste
der Konsequenzeffekte ConsEffectList sowie der Sicherheitsmechanismen NewSafeguardList aufgerufen. Als Ergebnis dieses Schrittes erhält man für die Konsequenz
C deren modifizierte Wahrscheinlichkeit Cp' sowie die attributspezifischen Wir-
kungsgrade Ce_a' und Ce_b'. Die Ergebnisse werden in die Liste NewConsEffectList
eingetragen.

Schritt 3.3 (Attributspezifische Konsequenzwirkung)

Nachdem die Wirkung der Sicherheitsmechanismen auf die Konsequenz ermittelt wurde, muß der Gesamtwirkungsgrad der Konsequenz auf das Systemelement
bestimmt werden. Dies geschieht für jedes betroffene Attribut separat, also im
Beispiel für die Attribute S_a und S_b. Eine Gesamtwirkung einer Konsequenz
pro Attribut wird durch die Eintrittswahrscheinlichkeit (Cp') und die jeweiligen
Wirkungsstärken (also Ce_a' und Ce_b') definiert. Im Beispiel werden somit mittels der Methode ConsequenceEffect zwei konkrete Konsequenzwirkungen C_a und
C_b für die beiden Attribute in der Liste ConsEffectList eingetragen.

Schritt 3.4 (Konsequenzwirkung auf das Systemelement)

Im letzten Schritt wirkt dann die Konsequenz konkret auf das Systemelement
(Methode ConsEffectOnSystemElement). Die modifizierten Attributwerte S_a' und
S_b' werden ausgehend von den Originalwerten (in dem Fall S_a oder S_b) und
den Konsequenzwirkungen C_a bzw. C_b bestimmt.

Das vierstufige Verfahren zur Konsequenzuntersuchung ermittelt somit für eine —
ausgehend von einer Bedrohung T entstehende — (primären oder später dann sekundären) Konsequenz C auf ein Systemelement S die Veränderungen der Attribute
des Systemelementes. Diese spiegeln dann das entstandene Risiko für ein Anwendungssystem wider.

3.5.1.6   Unscharfes Bewertungskonzept

Fuzzy–Regler–Prinzip

Eine in Abschnitt 1.3 formulierte Anforderung an das Konzept war die Verwendung
sowohl kardinaler als auch ordinaler Beschreibungen, je nachdem, was im Rahmen
der Modellierung angegeben wurde. Die Fuzzy–Logik bietet einen Ansatz, mit dessen
Hilfe sowohl kardinale als auch ordinale Werte zur Beschreibung und Verarbeitung
von Daten verwendet werden können. Außerdem ist die Anpassung bzw. Erweiterung
von Fuzzy–Systemen an Veränderungen des Anwendungskontextes durch die Modifikation der Fuzzy–Mengen und der Auswahl geeigneter Operatoren sehr einfach. Da

in dem entwickelten Ansatz die Erweiterbarkeit sowohl der Modellierung als auch der Analyse einen zentralen Aspekt bildet, basiert das in diesem Buch entwickelte Bewertungskonzept auf der Fuzzy–Logik (siehe Abschnitt 2.4).

Ein Bewertungsschritt startet immer mit ordinalen und/oder kardinalen Eingabewerten (z. B. in Schritt 3.4 einer Konsequenzwirkung und ein betroffenes Systemelementattribut), die entweder aus dem aktuellen Anwendungssystem oder den in Abschnitt 3.5.1.2 dargestellten Wissensbasen stammen. Als Ergebnis wird daraus ein ordinaler oder kardinaler Ausgabewert ermittelt. Solch ein Vorgang wird in der Fuzzy–Logik nach dem sogenannten Fuzzy–Regler–Prinzip durchgeführt. Der *Fuzzy–Regler* (engl. fuzzy controller) ermittelt mit Hilfe von Eingangswerten und einer Wissensbasis (Regelbasis) die Ausgangswerte [KGK95].

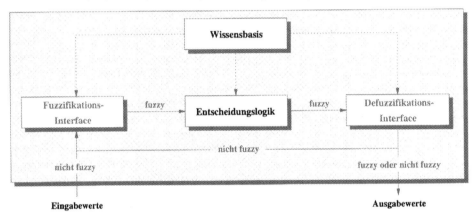

Abbildung 3.12: Architektur eines Fuzzy–Reglers

Der Fuzzy–Regler des unscharfen Bewertungskonzeptes (siehe Abbildung 3.12) ist nach dem klassischen Fuzzy–Regler–Prinzip aufgebaut und besteht konkret aus den folgenden vier Komponenten:

❶ Das *Fuzzifikations–Interface* nimmt einen scharfen Eingabewert auf und wandelt ihn in einen unscharfen Wert um. Hierzu wird der scharfe Wert x_0 in die Fuzzy–Menge $\mathbf{I}_{\{x_0\}}$ über dem Grundbereich X mit

$$\mathbf{I}_{\{x_0\}} = \begin{cases} 1, & \text{falls } x = x_0 \\ 0, & \text{sonst} \end{cases}$$

transformiert. Sicherlich könnten an dieser Stelle auch komplexere Fuzzy–Mengen verwendet werden. Da jedoch der traditionelle Ansatz zu befriedigenden Ergebnissen führt und komplexere Fuzzy–Mengen einen erheblich höheren Rechenaufwand erzeugen, sind diese innerhalb des dargestellten Vorgehens nicht notwendig.

❷ Die *Wissensbasis* beinhaltet die Regelbasen zur Realisierung einer Konsequenzuntersuchung und einer Propagierung der Konsequenz durch das Anwendungssystem. In den Regelbasen wird jeweils der Einfluß zweier Eingabe-
größen auf einem Ausgabewert eines jeden Bewertungsschrittes aus Abbildung
3.11 spezifiziert. Weiterhin werden die gesamten Informationen für die Fuzzi-
und Defuzzifizierung sowie alle nutzbaren Defuzzifizierungsmethoden hier abgelegt.

❸ Die *Entscheidungslogik* beschreibt das eigentliche Rechenwerk des Fuzzy–Reglers. Sie bestimmt aus den Eingangsgrößen unter Verwendung der Wissensbasis
die Ausgangsgrößen eines Bewertungsschrittes.

❹ Das *Defuzzifikations–Interface* transformiert die Ergebnisse der Entscheidungslogik in scharfe Werte, um sie somit für die weiteren Iterationen des Analysevorgehens verwenden zu können. Handelt es sich bei den Ergebnissen bereits
um Endergebnisse, so liefert es auch unscharfe Ausgangswerte. Die Wahl der
Defuzzifizierungsmethode wird durch den Entwickler bzw. dem Sicherheitsexperten vorgenommen, prinzipiell ist das Konzept universell gehalten. Die bei
der Auswahl zu berücksichtigenden Kriterien sind in Abschnitt 2.4 dargestellt.

Die Ergebnisse eines Fuzzy–Regler–Durchlaufs können entweder bereits als Ergebnisse der Analyse und/oder als Eingangswerte einer neuen Iteration betrachtet werden
[Sch98, ST98].

Linguistische Variablen

In den einzelnen Schritten des Analysevorganges werden Regelbasen eingesetzt, in
denen die für einen Bewertungsschritt notwendigen Abhängigkeiten der Eingangsgrößen im Hinblick auf das Ergebnis repräsentieren. Konkret beschreiben sie die
in Abbildung 3.11 dargestellten vier Aspekte einer Konsequenzuntersuchung. Bevor diese Regelbasen definiert werden, muß eine Möglichkeit geschaffen werden, die
Attribute der Systemelemente sowie der Sicherheitsmechanismen, der Bedrohungen
und der Konsequenzen bearbeiten zu können. Es ist daher notwendig, als Domäne
für Attribute die Zuordnung zu einer linguistischen Variablen zu ermöglichen. Diese
beschreibt die möglichen Attributwerte durch Fuzzy–Mengen. So kann beispielsweise das Attribut „Verfügbarkeit" als linguistische Variable mit den fünf möglichen
Werten (sehr niedrig, niedrig, mittel, hoch, sehr hoch) spezifiziert werden, wobei die
einzelnen Variablenwerte jeweils durch eine entsprechende Fuzzy–Menge repräsentiert werden (siehe Abbildung 3.13).

Eine linguistische Variable ⟨Lingu Var⟩ ist somit durch einen eindeutigen Namen ⟨id⟩
und eine Menge von Fuzzy–Mengen ⟨Fuzy Set⟩ gekennzeichnet. Zusätzlich werden
sie mit einer unteren Schranke ⟨Min Value⟩ gekennzeichnet, die angibt, ab wann die
Variable bzgl. einer Defuzzifizierung nicht mehr berücksichtigt werden muß.

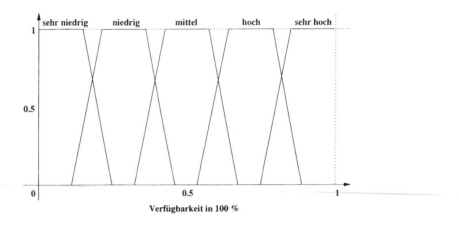

Abbildung 3.13: Attribut „Verfügbarkeit" als linguistische Variable

─────────────────────── Lingu Var ───────────────────────

⟨Lingu Var⟩ ::= „LINGU VAR" ⟨id⟩ {⟨Fuzzy Set⟩}⁺ ⟨Min Value⟩ [⟨Interpretation⟩]·

⟨Fuzzy Set⟩ ::= „FUZZY SET" ⟨id⟩ „POINTS" ⟨Point⟩ ⟨Point⟩ {⟨Point⟩}⁺

⟨Min Value⟩ ::= ⟨Z2O⟩

⟨Point⟩   ::= ⟨Z2O⟩ ⟨Z2O⟩

Dieser ausgezeichnete Wert begrenzt den Wertebereich der linguistischen Variablen nach unten[8]. Dabei handelt es sich um einen Defuzzifizierungswert, der entsteht, wenn der aktuelle Wert von Attributen oder einer Wirkung defuzzifiziert wird. Ist die untere Schranke für ein Attribut eines Systemelementes erreicht, so brauchen keine Konsequenzen für dieses Attribut mehr untersucht werden, da keine Attribut-veränderung mehr stattfinden wird. Für die Eintrittswahrscheinlichkeiten und Wir-kungsgrade der Konsequenzen beschreibt die Erreichung der unteren Schranke den Sachverhalt, daß diese Konsequenz im weiteren Analyseverlauf nicht mehr berück-sichtigt werden muß. Sie ist durch Sicherheitsmechanismen so stark abgeschwächt, daß sie keine Wirkung für das Anwendungssystem mehr ausübt. Diese Schranke wird somit auch als Abbruchkriterium einer Propagierung innerhalb der Analyse benutzt. Der letzte Parameter ⟨Interpretation⟩ verweist auf eine Liste von Schranken, die im Rahmen der Interpretationshilfe benötigt werden (siehe Abschnitt 3.5.1.10).

─────────────────────────

[8]Eine obere Begrenzung ist durch den initialen Wert gegeben, da Konsequenzen von Bedrohungen in diesem Modell immer mindernd auf Werte von Attributen wirken.

Eine Fuzzy–Menge ⟨Fuzzy Set⟩ besteht aus einer eindeutigen Kennung ⟨id⟩ und einer Funktionsbeschreibung. Diese soll den Verlauf der Fuzzy–Menge angeben und in Form einer Polylinie spezifiziert werden. Die Polylinie hat beliebig viele Punkte ⟨Point⟩, mindestens jedoch drei. Ein Punkt wird durch seine x– und y–Koordinate gekennzeichnet, wobei diese durch reelle Zahlen aus dem Bereich zwischen 0 und 1 (Z2O = Zero To One) stammen. Die in Abbildung 3.13 dargestellte linguistische Variable wird in Beispiel 3.14 nach dem vorgegebenen Schema definiert.

Beispiel 3.14 (Definition der linguistischen Variablen „Verfügbarkeit")

```
LINGU VAR Verfuegbarkeit
FUZZY SET sehr niedrig
   POINTS 0 1 0.15 1 0.25 0
FUZZY SET niedrig
   POINTS 0.11 0 0.21 1 0.36 1 0.46 0
FUZZY SET mittel
   POINTS 0.32 0 0.42 1 0.58 1 0.68 0
FUZZY SET hoch
   POINTS 0.53 0 0.63 1 0.80 1 0.90 0
FUZZY SET hoch
   POINTS 0.74 0 0.84 1 1 1
```

Implizit wird durch die Definition einer linguistischen Variablen eine Ordnung für eine entsprechende ordinale Domäne vorgenommen (siehe Abschnitt 3.3.3). So ist in dem Beispiel „Verfügbarkeit" der Wert „hoch" bei einem Vergleich mit anderen Werten der höchste, „sehr niedrig" der geringste Wert.

In Bezug auf das System–Metamodell und das Risikomodell können konkret die ordinalen Domänen als linguistische Variablen und ihre Werte durch entsprechende Fuzzy–Mengen definiert werden. Um eine Anwendbarkeit eines unscharfen Bewertungskonzeptes realisieren zu können, ist es notwendig, für folgende Elemente des System–Metamodells und des Risikomodells linguistische Variablen zu spezifizieren:

❶ **Attribute der betrachteten Systemelementtypen:** Die Konsequenzen können auf Attribute von Systemelementen wirken. Die Domäne der entsprechenden Attributtypen muß entweder als ordinale Domäne — also durch eine linguistische Variable — oder durch einen INTEGER-Wert definiert werden, der dann als kardinale Beschreibung fungiert. Wichtig hierbei ist, daß die INTEGER-Werte ebenfalls aus dem Bereich zwischen 0 und 1 (Z2O) stammen, da sonst keine Vergleichbarkeit und Analysemöglichkeit gegeben ist. Dies hat zur Folge, daß der Anwender die für sicherheitstechnische Untersuchungen relevanten kardinalen Kenngrößen auf das Z2O-Intervall abbilden muß. So wird eine 25%ige Verfügbarkeit durch den Wert 0.25 repräsentiert.

❷ **Eintrittswahrscheinlichkeit einer Konsequenz (Bedrohung):** Die Werte, die eine Eintrittswahrscheinlichkeit einer Bedrohung und anschließend der Konsequenzen beschreiben, müssen ebenfalls als linguistische Variablen spezifiziert werden.

❸ **Effekt einer Konsequenz:** Genauso wie die Eintrittswahrscheinlichkeit so muß auch der Effekt einer Konsequenz durch eine entsprechende linguistische Variable spezifiziert werden.

❹ **Wirkungsgrad eines Sicherheitsmechanismus:** Abschließend bleibt noch der Wirkungsgrad der Sicherheitsmechanismen auf die Konsequenzen zur Beschreibung als linguistische Variable zu nennen.

Insgesamt sind somit alle relevanten linguistischen Variablen definiert. Die Festlegung dieser Variablen muß durch den Entwickler mit Unterstützung des Sicherheitsexperten vorgenommen werden, da diese Rollen die dafür notwendige Kompetenz besitzen. In einem konkreten Anwendungssystem können die Attribute dann beliebig beschrieben werden, also sowohl mit kardinalen als auch mit ordinalen Werten. Es muß hier jedoch nochmals betont werden, daß gerade die ordinalen Domänen für das kombinierte Bewertungskonzept eingeführt wurden und so auch durch den Anwender berücksichtigt werden müssen, d. h. Attribute, die sowohl kardinal also auch ordinal beschrieben werden, sind im Falle der ordinalen Beschreibung durch eine entsprechende ordinale Domäne zu charakterisieren.

Regelbasen

Zur Unterstützung der vier Schritte der Konsequenzuntersuchung (3.1 — 3.4) nach dem Fuzzy–Regler–Prinzip sind verschiedene disjunkte Regelbasen notwendig. Diese bestehen aus Regeln, die vom Entwickler und Sicherheitsexperten festgelegt werden. Eine Regel verbindet mindestens zwei Eingangswerte und erzeugt einen Ausgangswert. Der allgemeine Aufbau einer Regel sieht folgendermaßen aus:

IF   Prämisse 1   AND $\cdots$ AND Prämisse n   THEN   Konklusion

Die Prämisse 1 bis Prämisse n (n $\geq$ 2) sowie die Konklusion sind jeweils Fuzzy–Werte. Zur Durchführung der Konsequenzuntersuchung werden sechs Regelbasen benötigt, die konkret folgende Sachverhalte beschreiben:

Ursachenwirkung mehrerer Sicherheitsmechanismen Wenn gleichzeitig mehrere Sicherheitsmechanismen gegen die Eintrittswahrscheinlichkeit einer durch eine Bedrohung entstandenen Konsequenz für ein Systemelement wirken, so muß zunächst die Gesamtursachenwirkung bestimmt werden. Die Tatsache, daß zwei Sicherheitsmechanismen mit den Wirkungsgraden „mittel" zusammen einen Wirkungsgrad "hoch" erzeugen, sieht in Regelform dann so aus:

```
IF   SM1c = „mittel"   AND   SM2c = „mittel"   THEN   SMc = „hoch"
```

Die Wissensangaben können in einer für mindestens zwei Sicherheitsmechanismen definierten Abhängigkeitstabelle (siehe Tabelle 3.6) abgelegt werden, die im Rahmen der Analyse verwendet wird.

Ursachenwirkung 1	...	Ursachenwirkung n	Gesamtursachenwirkung
mittel	...	mittel	hoch
...	...	...	...

Tabelle 3.6: Wissensbasis „Ursachenwirkung mehrerer Sicherheitsmechanismen"

Effektwirkung mehrerer Sicherheitsmechanismen Der zweiten Schritt untersucht die Wirkung mehrerer Sicherheitsmechanismen auf den Effekt genau einer Konsequenz. Die für ein Systemelement existenten wirkungsbezogenen Sicherheitsmechanismen werden hinsichtlich ihrer Gesamteffektwirkung zusammengefaßt. Das Vorgehen und die Repräsentation in einer Abhängigkeitstabelle entsprechen der zuvor skizzierten Regelbasis. Beide Regelbasen zusammen realisieren den in Abbildung 3.11 und im Algorithmus 2 ausgeführten Schritt 3.1.

Ursachenminderung einer Konsequenz durch Sicherheitsmechanismen

Der ermittelte Gesamtwirkungsgrad für die Ursachenminderung wirkt dann auf die Ursache (also die Eintrittswahrscheinlichkeit) der Konsequenz. Die Tatsache, daß eine Konsequenz mit einer sehr hohen Eintrittswahrscheinlichkeit durch den Wirkungsgrad „hoch" der ursachenbezogenen Sicherheitsmechanismen auf die Wahrscheinlichkeit „niedrig" abgesenkt wird, kann durch folgende Regel ausgedrückt werden:

```
IF   Cp = „sehr hoch"   AND   SMc = „hoch"   THEN   Cp' = „niedrig"
```

Effektminderung einer Konsequenz durch Sicherheitsmechanismen Entsprechend wird der Effekt einer Konsequenz für ein Systemelement durch den Gesamteffekt der wirkungsbezogenen Sicherheitsmechanismen beeinflußt. Die Regeln werden dem vorherigen Beispiel entsprechend angegeben und in einer Abhängigkeitstabelle abgelegt. Hierbei beschreibt jedoch die Prämisse 1 die attributspezifischen Konsequenzminderungen und die Prämisse 2 den wirkungsbezogenen Gesamtwirkungsgrad. Zusammen mit der vorherigen Regelbasis wird diese für die Durchführung von Schritt 2 aus Abbildung 3.11 benötigt. Die Methode SafeguardEffectConsequence aus Algorithmus 2 führt die entsprechenden Modifikationen an den Konsequenzen durch.

Gesamtwirkung einer Konsequenz Aus den beiden Gesamtwirkungen (Ursache und Effekt) wird für die Konsequenz ein Gesamtwirkungsgrad bestimmt. Die Regel, die besagt, daß eine Konsequenz mit einer hohen Wahrscheinlichkeit und hoher Schadenswirkung insgesamt einen sehr hohen Schaden anrichtet, hat folgenden Aufbau:

IF   Cp' = „hoch"   AND   Ce' = „hoch"   THEN   C = „sehr hoch"

Diese Wissensbasis dient der Methode ConsequenceEffect zur attributspezifischen Bestimmung der Konsequenzwirkung in Schritt 3.3.

Gesamtwirkung der Konsequenz für ein Systemelement Abschließend wird in Schritt 2 der Gesamtwirkungsgrad der Konsequenz mit dem aktuellen Zustand des betroffenen Attributes eines Systemelementes untersucht. So kann beispielsweise eine mittlere Wirkung auf ein Attribut mit dem aktuellen Wert „hoch" zu einer Reduzierung des Attributwertes auf „mittel" führen. Die Regel hierfür lautet:

IF   C = „mittel"   AND   Sa = „hoch"   THEN   Sa' = „mittel"

Eine Konsequenzuntersuchung durchläuft unter Verwendung der zuvor skizzierten Regelbasen die vier Teilschritte auf Definition 3.11 und realisiert innerhalb dieser Schritte den Bewertungsvorgang anhand des Fuzzy–Regler–Prinzips.

Beispiel für einen unscharfen Bewertungsschritt

Das Vorgehen der Konsequenzuntersuchung soll abschließend an einem einfachen Beispiel illustriert werden. Das Beispiel bestimmt den Gesamtwirkungsgrad zweier wirkungsbezogener Sicherheitsmechanismen zur Sicherung eines Systemelementes. Dies entspricht dem Schritt 3.1 der Konsequenzuntersuchung aus Abbildung 3.11. Die Ausgangssituation sei folgendermaßen beschrieben:

❏ Die betrachtete linguistische Variable „Wirkungsgrad" ist analog der linguistischen Variable „Verfügbarkeit" wie in Abbildung 3.13 definiert.

❏ Sicherheitsmechanismus SM1 ist mit einem kardinalen Wirkungsgrad $SM1e = 30\%$ spezifiziert.

❏ Sicherheitsmechanismus SM2 besitzt einen Wirkungsgrad $SM2e = $ „hoch".

❏ Die Regelbasis „Effektwirkung mehrerer Sicherheitsmechanismen" enthält drei Regeln:

IF SM1e = „sehr niedrig"   AND SM2e = „niedrig"   THEN SMe = „mittel"
IF SM1e = „niedrig"   AND SM2e = „mittel"   THEN SMe = „hoch"
IF SM1e = „mittel"   AND SM2e = „hoch"   THEN SMe = „sehr hoch"

Die Durchführung von Schritt 3.1 — Methode SafeguardEffect aus Algorithmus 2 — führt nach dem Fuzzy–Regler–Prinzip folgende Aktivitäten durch:

❶ **Fuzzifizierung:** Im ersten Schritt wird der scharfe Wert des Sicherheitsmechanismus SM1 in einen unscharfen Wert umgewandelt.

❷ **Entscheidungslogik:** Innerhalb der Entscheidungslogik werden die vorhandenen Regeln dahingehend kontrolliert, ob sie feuern oder nicht. In Abbildung 3.14 ist dieser Sachverhalt dargestellt. Horizontal sind die drei Regeln angegeben und durch die vertikalen, gestrichelten Linien die beiden aktuellen Werte der Sicherheitsmechanismen gekennzeichnet.

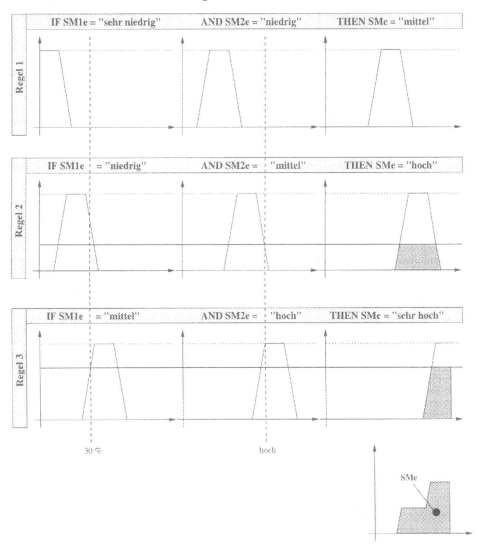

Abbildung 3.14: Beispiel für einen unscharfen Bewertungsvorgang

Es wird direkt ersichtlich, daß lediglich die Regeln 2 und 3 feuern, denn bei
ihnen sind beide Prämissen erfüllt. Für Regel 1 trifft dies nicht zu, denn keine
Fuzzy–Menge der Prämisse wird geschnitten. Die Ergebnisse der beiden feu-
ernden Regeln sind in der letzten Spalte in Form grauer Kästen dargestellt.
Sie werden jeweils dadurch ermittelt, daß die maximale Höhe beider Prämissen vertikal abgetragen wird. Das Gesamtergebnis aller Regeln ist schließlich
rechts unten abgebildet. Es wird durch die Summe beider Regeln bestimmt
und in Form einer Ergebnis–Fuzzy–Menge angegeben.

❸ **Defuzzifizierung:** Insofern das Ergebnis als scharfer Wert benötigt wird,
kann eine Defuzzifizierung vorgenommen werden. In der Abbildung ist dies
durch die Bestimmung des Flächenschwerpunktes (siehe Defuzzifizierungsmethode „Center of Area" (COA) aus Abschnitt 2.4.4) angedeutet.

Das Ergebnis dieses Schrittes kann als Eingangsparameter für die weiteren Arbeits-
schritte der Konsequenzuntersuchung (vgl. Algorithmus 2) verwendet werden.

3.5.1.7 Propagierung

Nach der Konsequenzuntersuchung im Rahmen der Risikoermittlung muß abschließend die Propagierung innerhalb des Anwendungssystems untersucht werden. Für
jedes untersuchte Konsequenz–Systemelement–Paar werden zunächst die zu dem Systemelement in Beziehung stehenden Systemelemente und anschließend potentielle
sekundäre Konsequenzen ermittelt. Für Propagierung muß dann ebenfalls wieder
eine Konsequenzuntersuchung nach Algorithmus 2 durchgeführt werden.

Die Ermittlung einer sekundären Konsequenz ist in Abbildung 3.15 anhand eines
einfachen Beispiels illustriert und in der Methode GetSecondaryConsequence formalisiert (siehe Algorithmus 3).

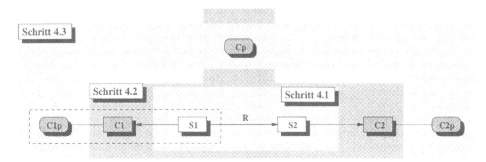

Abbildung 3.15: Propagierung

Den Ausgangspunkt der Propagierung bilden das Systemelement S1 und die darauf wirkende Konsequenz C1 mit ihrer Eintrittswahrscheinlichkeit C1p (siehe gestrichelten Kasten). Die Methode wird zusätzlich mit der Liste von bereits untersuchten Systemelemente-Konsequenz-Paaren tl aufgerufen. Als Ergebnis liefert sie eine Liste von sekundären Konsequenzen scl zurück. In dem Beispiel wäre das die Konsequenz C2 mit ihrer Eintrittswahrscheinlichkeit C2p. Der Ablauf der Propagierung ist in die drei Teilschritte 4.1 — 4.3 gegliedert:

Schritt 4.1 (Systemelemente ermitteln)

Die Propagierung beginnt mit Erfassung der mit dem Systemelement S1 verbundenen Systemelemente. Diese Informationen werden direkt aus dem aktuell modellierten Anwendungssystem heraus extrahiert und in der Liste RelSysEleList zusammengefaßt. In dem Beispiel wird das Systemelement S2, das über die Beziehung *R* mit *S1* verbunden ist, als Ergebnis bestimmt.

Schritt 4.2 (Sekundäre Konsequenzen bestimmen)

Anschließend werden alle in der Liste RelSysEleList befindlichen Systemelemente sukzessive durchlaufen und für diese die sekundären Konsequenzen ermittelt. Unter Verwendung der Wissensbasis „Propagierung" wird im Beispiel die sekundäre Konsequenz C2p sowie die Propagierungswahrscheinlichkeit Cp identifiziert.

Schritt 4.3 (Neue Eintrittswahrscheinlichkeit bestimmen)

Im letzten Schritt wird dann kontrolliert, ob die ermittelten Konsequenz-Systemelement-Kombinationen nicht bereits schon vorher einmal untersucht worden sind, sich also in der Liste tl befinden. Ist dies der Fall, so werden sie ignoriert, ansonsten als sekundäre Konsequenzen neu in die Rückgabeliste scl aufgenommen. Bevor dies geschehen kann, muß noch die konkrete Eintrittswahrscheinlichkeit der sekundären Konsequenz für das Systemelement ermittelt werden. Sie wird durch die Ausgangswahrscheinlichkeit C1pl der Konsequenz und der Propagierungswahrscheinlichkeit Cp beeinflußt. Dieser Vorgang wird ebenfalls nach dem Fuzzy-Regler-Prinzip durchgeführt. Hierzu ist jedoch die neue Regelbasis „Propagierungswahrscheinlichkeit" notwendig, die folgenden Sachverhalt beinhaltet:

Propagierungswahrscheinlichkeit Eine Regel dieser Regelbasis beschreibt den Zusammenhang der Eintrittswahrscheinlichkeit einer Konsequenz mit der Wahrscheinlichkeit ihrer Propagierung, um daraus eine neue Gesamtwahrscheinlichkeit für die Folgekonsequenz zu ermitteln. So kann die Tatsache, daß eine Konsequenz mit einer mittleren Eintritts- und einer sehr hohen Propagierungswahrscheinlichkeit zu einer mittleren Eintrittswahrscheinlichkeit für die Folgekonsequenz führt, durch folgende Regel spezifiziert werden:

IF   C1p = „mittel"   AND   Cp = „sehr hoch"   THEN   C2p = „mittel"

Analog zu den im Rahmen der Konsequenzuntersuchung dargestellten Regelbasen, werden auch die Angaben dieser Regelbasis in einer entsprechenden Abhängigkeitstabelle abgelegt.

```
procedure GetSecondaryConsequence (s: SystemElement;
                                   c: Consequence;
                                   l: Likelihood;
                                   tl: TerminationList;
                                   scl: SecConsList)
  {Schritt 4.1: Verbundene Systemelemente ermitteln}
  RelSysEleList = GetRelatedSystemElement (s);
  for all s' IN RelSysEleList do
    {Schritt 4.2: Sekundäre Konsequenzen bestimmen}
    NewSecConsList = GetPropagation (c, s, s');
    {Ergebnisliste aufbauen}
    for all (s'', c', pl) IN NewSecConsList do
      if (s'', c') NOT IN tl then
        {Schritt 4.3: Neue Eintrittswahrscheinlichkeit bestimmen}
        l' = GetConsequenceLikelihood (c, l, c', pl);
        {In Ergebnisliste eintragen}
        scl = scl + (s'', c', l');
      end if
    end for
  end for
end procedure
```

Algorithmus 3: Propagierung

Nach Abschluß der Propagierung sind in der Liste SecConsList genau diejenigen Konsequenz–Systemelement–Paare enthalten, die innerhalb der Konsequenzuntersuchung weiter bearbeitet werden müssen.

3.5.1.8   Terminierung und Analyse mehrerer Bedrohungen

Die Analyse der systemelementorientierten Sicherheitsanforderungen terminiert aus einem der beiden folgenden Gründe:

❶ Es gibt keine sekundäre Konsequenz mehr, die noch untersucht werden muß.

❷ Alle Konsequenzen haben einen minimalen Wirkungsgrad erreicht.

Der erste Fall tritt genau dann ein, wenn bei der Ermittlung von sekundären Konsequenzen keine neuen gefunden wurden und sich in den aktuellen Konsequenzlisten keine weiteren zu untersuchenden Konsequenzen mehr befinden. Die Terminierung wird dadurch gewährleistet, daß bei der Ermittlung der sekundären Konsequenzen in der Historie TerminationList festgehalten ist, ob ein Systemelement bereits durch eine Konsequenz bedroht wurde. In diesem Fall wird sie nicht mehr weiter berücksichtigt. Somit ist klar, daß bei einer endlichen Anzahl von Systemelementen und Konsequenzen auch nur eine endliche Anzahl von Kombinationen entstehen kann, die eine Terminierung des Analyseverfahrens garantiert.

Im zweiten Fall kann eine Analyse genau dann abgebrochen werden, wenn die noch verbliebenen Konsequenzen keine Wirkungen mehr ausüben, d. h. sie durch Sicherheitsmechanismen soweit abgeschwächt wurden, daß sie keinen Schaden mehr für das Anwendungssystem erzeugen können. Solche Konsequenzen müssen bei der Propagierung nicht mehr berücksichtigt und können aus der jeweilig bearbeiteten Konsequenzliste eliminiert werden. Die Feststellung dieses Sachverhaltes wird über das Attribut ⟨Min Value⟩ der entsprechenden linguistischen Variablen realisiert. Sollte der aktuelle Wert unter dem zugehörigen Mindestwert liegen, so muß die Konsequenz für die weitere Analyse nicht mehr berücksichtigt werden.

Analyse mehrerer Bedrohungen

Sollen im Rahmen der Bedrohungs- und Risikoanalyse mehrere Bedrohungen gegenüber dem Anwendungssystem untersucht werden, so kann zum einem nach dem Zeitpunkt der Bedrohungswirkung und zum anderen nach dem Angriffsziel der Bedrohungen unterschieden werden.

Die erste Differenzierung betrachtet, ob mehrere Bedrohungen zum selben Zeitpunkt (also gleichzeitig) oder sequentiell nacheinander auf das Anwendungssystem wirken. Drittens besteht die Möglichkeit, daß sie zeitlich leicht versetzt, aber überlappend eintreten, d. h. die Konsequenz der ersten Bedrohung ist noch nicht vollständig durch das Anwendungssystem propagiert, bevor bereits eine neue Bedrohung entsteht. Das Angriffsziel einer Bedrohung ist dahingehend zu differenzieren, ob mehrere Bedrohungen ein Systemelement oder unterschiedliche Systemelemente angreifen. Insgesamt ergeben sich somit sechs Kombinationsmöglichkeiten zwischen diesen beiden Aspekten, die in Tabelle 3.7 dargestellt sind.

Betrachtet man zunächst den Fall eines Angriffsziels, so lassen sich folgende Aussagen treffen: Wirken mehrere Bedrohungen gleichzeitig, so kann die Kontrolle der Sicherheitsanforderungen durch die Definition einer entsprechenden Gesamtbedrohung nach dem zuvor skizzierten Analyseverfahren realisiert werden. Dies setzt natürlich voraus, daß entsprechende Wissens- und Regelbasen vorhanden sind. In Tabelle 3.7 ist dieser Fall mit dem Symbol (+) gekennzeichnet, um anzudeuten, daß das Analyseverfahren nur bei zusätzlicher Bereitstellung entsprechenden Analysewissens anwendbar ist. Soll beispielsweise die Konsequenz zweier gleichzeitig eintretender Defekte für einen Rechner untersucht werden, so ist eine entsprechende Bedrohung zu definieren und in die Wissensbasis einzutragen. Sollten sich hierdurch auch neue

		Bedrohungszeitpunkt		
		gleichzeitig	sequentiell	überlappend
Bedrohungsziel	ein	(+)	+	–
	mehrere	–	+	...

Tabelle 3.7: Berücksichtigung mehrerer Bedrohungen

Konsequenzen und Propagierungen ergeben, so müssen auch diese Wissensbasen entsprechend erweitert werden. Bei sequentiell aufeinander folgenden Bedrohungen kann das durch eine erste Bedrohung modifizierte Anwendungssystem einfach durch eine weitere Bedrohung angegriffen und die Sicherheitsanforderungen anschließend kontrolliert werden. Somit wird dieser Fall direkt durch das entwickelte Konzept unterstützt. Die Kontrolle überlappender Bedrohungen auf ein Systemelement führt dazu, daß dieses schon wieder bedroht wird, ohne daß die Wirkung einer vorherigen Bedrohung bereits durch das gesamte Anwendungssystem propagiert wurde. Um für diesen Fall eine korrekte Abarbeitung der Konsequenzen in dem System vornehmen zu können, sind zeitliche Angaben zu den Wirkungs– und Propagierungsgeschwindigkeiten der Bedrohungen bzw. Konsequenzen notwendig. Da diese jedoch in dem entwickelten Risikomodell nicht berücksichtigt werden, ist eine solche Untersuchung nicht möglich.

Wirken dagegen die Bedrohungen auf unterschiedliche Systemelemente, so ist das Analysekonzept bei einem gleichzeitigen bzw. überlappenden Bedrohungszeitpunkt aus dem gleichen Grund, wie zuvor skizziert, nicht anwendbar. Die Kontrolle mehrerer Bedrohungen, die sequentiell wirken, wird jedoch problemlos unterstützt, da Bedrohungen nacheinander, in diesem Fall an unterschiedlichen Systemelementen, analysierbar sind.

3.5.1.9 Kontrolle der Sicherheitsanforderungen

Im letzten Schritt der Analyse systemelementorientierter Sicherheitsanforderungen muß die eigentliche Kontrolle der Sicherheitsanforderungen durchgeführt werden. Der Zustand des Anwendungssystems nach der Wirkung der Bedrohung ist durch modifizierte Systemelementattribute gekennzeichnet, die ihrerseits die entstandenen Schäden repräsentieren. Die Kontrolle einer systemelementorientierten Sicherheitsanforderung wird nach dem in Algorithmus 4 dargestellten Vorgehen durchgeführt.

```
procedure CheckSysEleSecReq (sr: SecurityRequirement)
  {Zerlegen der Sicherheitsanforderung}
  SysEleDesc = GetSysEleDesc (sr);
  SecReqDesc = GetSecReqDesc (sr);
  {Schritt 1: Betroffene Systemelemente kontrollieren}
  if CheckSysEleDesc (SysEleDesc) == OK then
    {Schritt 2: Sicherheitseigenschaft kontrollieren}
    if CheckExpr (SysElePropExpr) == OK then
      return TRUE
    else
      return FALSE
    end if
  else {CheckSysEleDesc (SysEleDesc) ≠ OK}
    return TRUE
  end if
end procedure
```

Algorithmus 4: Kontrolle der systemelementorientierten Sicherheitsanforderung

Als Eingabe erhält die Methode CheckSysEleSecReq eine systemelementorientierte Sicherheitsanforderung sr, deren Gültigkeit gegenüber dem modifizierten Anwendungssystem kontrolliert werden soll. In den ersten beiden vorbereitenden Schritten wird die Sicherheitsanforderung in ihre zwei Bestandteile zerlegt (siehe Abschnitt 3.4.3.1). Die Methode GetSysEleDesc weist der Variablen SysEleDesc die Beschreibung der betroffenen Systemelemente zu, während die Methode GetSecReqDesc die konkrete Sicherheitseigenschaft in die Variable SecReqDesc abspeichert. Anschließend wird ein zweistufiges Verfahren durchlaufen:

Schritt 1 (Betroffene Systemelemente kontrollieren)

Zunächst werden die in der Sicherheitsanforderung spezifizierten betroffenen Systemelemente unter Berücksichtigung der konjunktiven bzw. disjunktiven Verknüpfungen überprüft, d. h. ob die angegebene Systemkonfiguration vorhanden ist oder nicht. Die Methode, die dies leistet, ist mit CheckSysEleDesc gekennzeichnet. Sie erhält als Eingabe die betroffenen Systemelemente und liefert als Ergebnis OK, wenn die Systemkonfiguration existent ist, ansonsten FALSE. Ist die geforderte Systemkonfiguration nicht vorhanden (also CheckSysEleDesc (SysEleDesc) ≠ OK), so gilt die Sicherheitsanforderung als erfüllt (Rückgabewert TRUE), da sie für das modellierte Anwendungssystem nicht relevante Systemelemente behandelt.

Schritt 2 (Sicherheitseigenschaft kontrollieren)

Sind die betroffenen Systemelemente jedoch in der Systemkonfiguration vorhanden (CheckSysEleDesc (SysEleDesc) == OK), so muß im zweiten Teil die geforderte Sicherheitseigenschaft für die Systemelemente kontrolliert werden. Dies realisiert die Methode CheckExpr, die als Eingabe die Beschreibung der Sicherheitseigenschaft SysElePropExpr erhält und im Erfolgsfall den Wert OK zurückliefert. Konkret wird in der Methode der aktuelle Ist–Zustand des Anwendungssystems mit dem geforderten Soll–Zustand der Sicherheitsanforderung verglichen, wobei ebenfalls die konjunktiven bzw. disjunktiven Verknüpfungen beachtet werden. Ist der Soll–Zustand nicht vorhanden, so gilt die Sicherheitsanforderung als nicht erfüllt (Rückgabewert FALSE), ansonsten ist sie gültig (Rückgabewert TRUE).

3.5.1.10   Interpretationshilfe

Neben der Darstellung, welche Sicherheitsanforderungen erfüllt bzw. nicht erfüllt sind, müssen dem Entwickler und dem Sicherheitsexperten zusätzliche Informationen angeboten werden. So sind zum einen die konkrete Wirkungskette, d. h. die Propagierung der Bedrohung durch das Anwendungssystem, und zum anderen die Einzelergebnisse der Wirkungen, also die modifizierten Attribute, von Interesse.

Um eine verbesserte Ergebnisdarstellung zu erreichen, wird eine *Interpretationshilfe* realisiert, mit der die Ergebnisse der Bedrohungs– und Risikoanalyse für die Anwender aufbereitet werden [ST98, Sch98]. Als Ziel wird eine verständliche Darstellung der modifizierten Systemelementattribute angestrebt. Wenn ein solches Attribut durch eine linguistische Variable spezifiziert ist, dann wird sie zunächst defuzzifiziert und die so erhaltenen scharfen Werte unter Verwendung der von dem Benutzer angegebenen Dimension zurückgegeben. Hierbei sind zwei Fälle zu unterscheiden:

❶ Zunächst einmal kann die Ergebnis–Fuzzy–Menge dem Analysesystem bekannt sein, d. h. exakt einer Fuzzy–Menge entsprechen. Diese Art von Ergebnis liegt z. B. dann vor, wenn in allen Durchläufen der Regelbasis jeweils nur eine Regel zu 100 % feuert und alle anderen Regeln nicht feuern. Ist dies der Fall, so muß die Interpretationshilfe lediglich den Wert liefern, der als verbale Beschreibung der Fuzzy–Menge angegeben wurde.

❷ Ist das Ergebnis keine dem System bekannte Fuzzy–Menge, so muß es dem Anwender zunächst möglich sein, die Ergebnis–Fuzzy–Menge ohne weitere Veränderung zu betrachten und zu interpretieren. Um dies für den Betrachter zu erleichtern, wird zusätzlich eine Interpretation der Ergebnisse durch das Analysesystem zur Verfügung gestellt. Ziel der Interpretation ist es, dem Anwender eine natürlichsprachliche, für ihn intuitiv verständliche Formulierung der Analyseergebnisse anzubieten. So weist die Beschreibung *mittel bis ziemlich hoch* (z. B. für das Attribut „Verfügbarkeit") den Anwender darauf hin, daß sich das Analyseergebnis sich zwischen den Werten *mittel* und *hoch* befindet, jedoch eher der Fuzzy–Menge *hoch* zuzuordnen ist.

Zur Ermittlung derartiger Interpretationen werden zunächst die *typischen Werte* und anschließend die *Verbalisierung* eingeführt.

Definition 3.1 (Typischer Wert) Die typischen Werte $\mu_{typ_{df}} = \mu_{typ1_{df}} \cup \mu_{typ2_{df}}$ einer Fuzzy-Menge μ, mit $y = df(\mu)$ als Defuzzifizierungswert und der Defuzzifizierungsmethode df, ist definiert durch die Werte des Grundbereichs X, für die gilt:

❶ $\mu_{typ1_{df}} = \{x \in X | \mu(x) = 1\}$.

❷ $\mu_{typ2_{df}} =$

 ❏ $\{x \in X | x \in [y, min(\mu_{typ1_{df}})]\}$, falls $y < min(\mu_{typ1_{df}})$,

 ❏ $\{x \in X | x \in [max(\mu_{typ1_{df}}), y]\}$, falls $y > max(\mu_{typ1_{df}})$.

 ❏

Für jede Fuzzy–Menge werden diese typischen Werte in Abhängigkeit der Defuzzizifierungsmethode df ermittelt. Die Menge enthält alle diejenigen Werte x des Grundbereichs X, die entweder eine Höhe von 1 haben oder aus dem minimalen Intervall zwischen dem Defuzzifizierungswert y und dem nächstliegenden Wert mit der Höhe 1 stammen. Abbildung 3.16 veranschaulicht zwei Beispiele für die Bestimmung von typischen Werten.

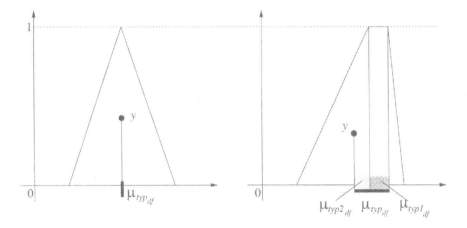

Abbildung 3.16: Typische Werte

Im linken Teil wird die Menge der typischen Werte durch genau einen Wert repräsentiert, da der Defuzzifizierungswert der Fuzzy–Menge $y = df(\mu)$, exakt mit einem Wert der Höhe 1 übereinstimmt. Die rechte Abbildung dagegen beschreibt eine Menge von typischen Werten, die aus der Vereinigung derjenigen Elemente mit der Höhe 1 und dem Intervall zwischen dem Defuzzifizierungswert und dem Minimum der Grundelemente mit der Höhe 1 besteht. Da für die Fuzzy-Mengen innerhalb des hier entwickelten Konzeptes gefordert wird, daß sie normalisiert und fuzzy–konvex sind, also ein Fuzzy–Intervall bilden, besitzen sie alle einen typischen Wert bzw. ein Intervall mit typischen Werten (siehe Abschnitt 2.4.1). Weiterhin wird verlangt, daß sich die Intervalle der typischen Werte einer linguistischen Variablen nicht überdecken.

Definition 3.2 (Überdeckungsfreiheit typischer Werte) Gegeben sei eine linguistische Variable Y, die über die Fuzzy–Mengen $\mu_1, \cdots, \mu_n$ definiert ist. Für die typischen Werte $\mu_{typ_{1_{df}}}, \cdots, \mu_{typ_{n_{df}}}$ gilt:

$$\mu_{typ_{1_{df}}} \cup \cdots \cup \mu_{typ_{n_{df}}} = \emptyset. \qquad\qquad\qquad \square$$

Definition 3.3 (Verbalisierung) Gegeben sei eine linguistische Variable Y, die typischen Werte $p \in \Omega$ der Fuzzy–Menge über Ω, denen die Abbildung M der betrachteten linguistischen Variablen einen natürlichsprachlichen Ausdruck zuweist, und die Menge U, die eine Vereinigung aller in dem Universum enthaltenen natürlichsprachlichen Ausdrücke ist, die von linguistischen Variablen verwendet werden ($U = \bigcup\limits_{T}$).

Die partielle Abbildung

$$Verb : \Omega \to U$$

ist definiert für die Menge

$$TW = \{p \in \Omega | p \text{ ist ein typischer Wert einer Fuzzy–Menge, der } M \text{ einen Ausdruck zuweist}\}$$

und heißt *Verbalisierung* von p. Sie weist einem typischen Wert aus dem Universum Ω die verbale Beschreibung der zugehörigen Fuzzy–Menge zu. $\qquad \square$

Auf Basis der typischen Werte und der Verbalisierung kann jedes Ergebnis eines Bewertungsvorganges für den Anwender in eine natürlichsprachliche Form übersetzt werden. Den Ausgangspunkt hierfür bildet der Ergebniswert x der Defuzzifizierung einer Ergebnis–Fuzzy–Menge. Ein solcher Wert ist in Abbildung 3.17 angegeben.

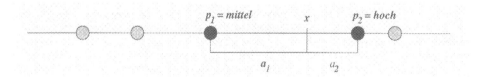

Abbildung 3.17: Verbalisierung

Die durch Punkte dargestellten Positionen stellen typische Werte von Fuzzy–Mengen dar, die zu der linguistischen Variablen der betrachteten Ergebnis–Fuzzy–Menge gehören. Für eine Verbalisierung werden die beiden nächstliegenden typischen Werte betrachtet und ihr Abstand zum Wert x bestimmt (a_1, a_2). Hierbei sind folgende Sonderfälle zu berücksichtigen:

❶ Sollte links bzw. rechts des Wertes x kein typischer Wert gefunden werden, so müssen Sonderwerte angegeben werden. Da die typischerweise zur Definition von linguistischen Variablen verwendeten Fuzzy–Mengen die x–Werte 0 und 1 mit dem y-Wert 1 beschreiben, sollten diese Fälle kaum auftreten.

❷ Ist der Wert x mit einem typischen Wert identisch, so kann direkt die Abbildung $Verb(x)$ zurückgeliefert werden.

Sind eine linke und rechte Begrenzung des Ergebniswertes x vorhanden, so können Schranken α_i spezifiziert werden, durch die eine konkrete natürlichsprachliche Rückgabe beeinflußt wird. Intuitiv soll durch die Verbalisierung die Tatsache zum Ausdruck kommen, daß sich der Ergebniswert x innerhalb der typischen Werte p_1 und p_2 näher an p_1 befindet. Es wird daher der Quotient der Abstände a_1 und a_2 ermittelt, der je nachdem, wo sich x befindet, größer oder kleiner 1 wird. In Tabelle 3.8 ist die Quotientenbildung beschrieben. Um den Quotienten immer größer oder gleich 1 zu halten, wird im Zähler der größere der beiden Abstände verwendet.

Fall	Quotient
$a_1 > a_2$	$\frac{a_1}{a_2}$
$a_1 < a_2$	$\frac{a_2}{a_1}$
$a_1 = a_2$	$\frac{a_1}{a_2}$

Tabelle 3.8: Quotientenbildung

$\frac{a_1}{a_2}$	v_1	v_2
1	-	-
2	-	ziemlich
5	-	sehr
10	-	-

$\frac{a_2}{a_1}$	v_1	v_2
1	-	-
2	ziemlich	-
5	sehr	-
10	-	-

Tabelle 3.9: Schranken der Interpretationshilfe

Die konkreten Schranken werden für den Quotienten definiert, wobei eine Schranke, je nach Quotient durch zwei verbale Beschreibungen (v_1 und v_2) spezifiziert ist (siehe Tabelle 3.9). Die verbalen Beschreibungen einer Schranke gelten für das Intervall von der betrachteten Schranke bis zu ihrem Nachfolger. Ein Wert kleiner als die erste Schranke[9] führt automatisch zur Verwendung der ersten definierten Schranke. Im Gegensatz dazu kennzeichnet die letzte Schranke den Wert, ab dem nur die Verbalisierung des nächstgelegenen typischen Wertes vorgenommen wird. Mit Hilfe dieser

---

[9]Dieser Fall kann auftreten, wenn der Anwender keine Schranke mit dem Wert 1 definiert hat.

Beschreibungen, des Quotienten und der Schranken α_i wird eine Verbalisierung eines Ergebniswertes nach folgendem Schema vorgenommen:

ziemlich mittel bis hoch

Die Verbalisierung ermittelt somit für einen Ergebniswert x die beiden benachbarten typischen Werte p_1 und p_2, bildet daraus den Quotienten und liefert als Ergebnis einen umgangssprachlichen in der zuvor genannten Form zurück. Anhand eines einfachen Beispiels soll diese Verbalisierung verdeutlicht werden:

Beispiel 3.15 (Verbalisierung) *Ausgehend von den Schranken aus Tabelle 3.9 sei ein Ergebniswert $x = 0.5$ gegeben. Die relevanten Fuzzy–Mengen, die den Ergebniswert umschließen, beschreiben Attribute mit den Werten „mittel" und „hoch". Ihre typischen Werte seien mit $p_1 = 0.3$ und $p_2 = 0.9$ ermittelt worden. Die Abstände des Ergebniswertes zu den beiden typischen Werten sind somit*

$$a_1 = 0.5 \text{-} 0.3 = 0.2 \qquad a_2 = 0.9 \text{-} 0.5 = 0.4$$

und als Quotient ergibt sich

$$\frac{a_2}{a_1} = \frac{0.4}{0.2} = 2.$$

Für die Schranken wird somit $v_1 = $ „ziemlich" und $v_2 = $ „-" ermittelt, so daß als Verbalisierung für den Ergebniswert $x = 0.5$ folgender natürlichsprachlicher Ausdruck entsteht:

$$v_1 Verb(p_1) \text{ bis } v_2 Verb(p_2)$$

Konkret wird dem Anwender vermittelt, daß sich das Ergebnis zum einen zwischen den beiden Werten „mittel" und „hoch" befindet, jedoch stärker als „mittel" zu kennzeichnen ist.

Insgesamt bietet die Interpretationshilfe somit eine einfache Unterstützung für den Entwickler und Sicherheitsexperten bei der Kontrolle der Analyseergebnisse. Er kann ausgehend von den nicht erfüllten Sicherheitsanforderungen, den Propagierungen von Bedrohungen durch das Anwendungssystem sowie den exakten, defuzzifizierten Ergebniswerten der Attribute zusätzlich auf eine einfache natürlichsprachliche Präsentation zurückgreifen.

3.5.2 Aktivitätenorientierte Sicherheitsanforderungen

3.5.2.1 Verwendbarkeit des Risikomodells

Die Verwendbarkeit des Risikomodells aus Abschnitt 3.5.1.1 basiert darauf, daß die Propagierungen von Bedrohungen und Konsequenzen über die spezifizierten Beziehungstypen zwischen Systemelementtypen auf Ebene des IT–Systems sowie der organisatorischen Ebene (siehe Abbildung 2.1) angegeben werden können. Dies ist für die Beziehungstypen zur Ablaufebene nicht zwingend gegeben. Es ist zwar sinnvoll, den Ausfall einer Aktivität dahingehend zu untersuchen, ob und wenn ja welche nachfolgenden Aktivitäten ebenfalls davon betroffen sind. Diese Angaben können in den Wissensbasen „Konsequenz" und „Propagierung" wie in Beispiel 3.16 dargestellt, abgelegt und im Rahmen der Bedrohungs– und Risikoanalyse berücksichtigt werden. Voraussetzung dafür ist natürlich, daß entsprechende Systemelement– und Beziehungstypen im Systemmodell existent sind:

Beispiel 3.16 (Aktivitäten in Wissensbasen „Konsequenz" und „Propagierung")

```
BEGIN CONSEQUENCE ausfall
    EFFECTS
        ON Aktivitaet
        ATTRIBUTE Verfuegbarkeit
        STRENGTH hoch
END CONSEQUENCE


BEGIN PROPAGATION
    CONSEQUENCE Ausfall
        RELATION Aktivitaet.Nachfolger.Aktivitaet
        CONCLUSION Ausfall
        LIKELIHOOD hoch
END PROPAGATION
```

Was aber unternimmt man gegen eine Wirkung einer Bedrohung, die den *Verlust der Vertraulichkeit* für eine Aktivität zur Folge hat, wenn die Aktivität beispielsweise Daten benutzt, deren Vertraulichkeit nicht mehr gegeben ist? Die Tatsache, daß die Aktivität von einer Bedrohung betroffen ist, muß nicht unbedingt dazu führen, daß auch nachfolgende Aktivitäten negativ beeinflußt werden. Verwenden die nachfolgenden Aktivitäten die entsprechenden Daten nicht, so bleiben sie davon unberührt. Es ist daher nicht möglich, entsprechende Propagierungen für derartige Wirkungsketten über die Ablauflogik hinweg zu beschreiben. Man kann also festhalten, daß

das vorgestellte Risikomodell nur für die Propagierung innerhalb statischer Systemstrukturen uneingeschränkt genutzt werden kann und für die Verwendung innerhalb
der Ablaufebene einzelne sinnvolle Ergänzungen erlaubt (siehe Beispiel 3.16).

3.5.2.2   Analyseablauf

Trotz der im vorherigen Abschnitt angesprochenen Einschränkungen, soll die Analyse der aktivitätenorientierte Sicherheitsanforderungen vollständig ermöglicht werden. Wie in Abschnitt 3.4.4.1 ausgeführt, überprüft diese Art von Sicherheitsanforderungen die Existenz von Eigenschaften bestimmter Aktivitäten [Jan98]. Da Arbeitsabläufe und Aktivitäten logische Sichten auf ein Anwendungssystem darstellen
und somit nicht als reale (phyische) Systemelemente in einem Anwendungssystem
existent sind, können sie durch externe Ereignisse auch nicht direkt bedroht werden. Lediglich die zu Erfüllung von Arbeitsabläufen und Aktivitäten notwendigen
Systemelemente können bedroht und somit negativ beeinflußt werden. So gibt es für
eine Aktivität „Datenerfassung" keine direkte Bedrohung. Die physischen Systemelemente des Anwendungssystems, die zur Ausführung der Aktivität benötigt werden,
können dagegen als Bedrohungsziele identifiziert werden. So kann der Plattenfehler
eines Rechners beispielsweise zum Ausfall des Rechners und dies wiederum zum Ausfall der Erfassungssoftware führen. Die Konsequenz der physischen Systemelemente
führt für die Aktivitäten und Arbeitsabläufe zum Ausfall.

Obwohl die Systemelemente der Ablaufebene nicht bedroht werden können, ist es für
den Entwickler eines Workflow–basierten Anwendungssystems wichtig zu erfahren,
inwieweit die Arbeitsabläufe und Aktivitäten von den Konsequenzen potentieller
Bedrohungen auf das Anwendungssystem abhängig sind. In Abbildung 3.18 ist diese
Zweiteilung anhand eines Beispiels verdeutlicht. Ein Arbeitsablauf „A" besteht aus
zwei Teilabläufen „A1" und „A2", die sich ihrerseits wiederum aus einer Reihe von
Aktivitäten zusammensetzen. Die Zuordnung der Aktivitäten zu konkreten „realen" Systemelementen ist ebenfalls dargestellt und gekennzeichnet, welche Systemelemente zur Erfüllung einer Aufgabe benötigt werden, z. B. benutzt die Aktivität
„A11" die Systemelemente „S1" und „S2".

Die Analyse der aktivitätenorientierten Sicherheitsanforderungen basiert nun darauf, das Analyseproblem in den Bereich der systemelementorientierten Sicherheitsanforderungen zu verlagern und die dort ermittelten Ergebnisse zur Kontrolle der
aktivitätenorientierten Sicherheitsanforderungen zu verwenden. Somit wird das Analyseverfahren in vier Schritte zerlegt und durch den Algorithmus 5 formalisiert. Als
Eingabe erhält die Methode eine systemelementorientierte Sicherheitsanforderung
sr, deren Gültigkeit gegenüber dem modifizierten Anwendungssystem kontrolliert
werden soll.

In einer vorbereitenden Phase wird analog zu Algorithmus 4 eine Zerlegung der Sicherheitsanforderung in ihre beiden Bestandteile vorgenommen. Die Methode Get-

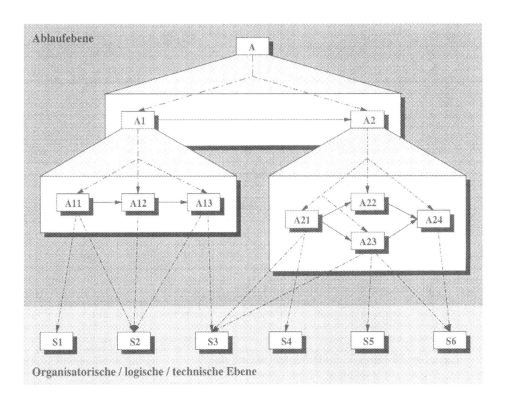

Abbildung 3.18: Transformation

SysEleDesc weist der Variablen SysEleDesc die Beschreibung der betroffenen Systemelemente zu. Sollte durch die Methode festgestellt werden, daß die in der Sicherheitsanforderung spezifizierten Systemelemente nicht im Anwendungssystem vorhanden
sind, so gilt die Sicherheitsanforderung als erfüllt (Rückgabewert TRUE) und das
Analyseverfahren kann beendet werden. Ist dies nicht der Fall, so wird das folgende
vierstufige Verfahren angestoßen:

Schritt 1 (Transformation)

Im ersten Schritt werden die aktivitätenorientierten in systemelementorientierte
Sicherheitsanforderungen transformiert und in der Liste NewSecurityRequirement-
sList abgelegt. Betrachtet man nochmals die Abbildung 3.18, so bedeutet dies, daß
Sicherheitsanforderungen an die Elemente der Ablaufebene auf die Elemente der
statischen Ebene abgebildet werden (gestrichelte Pfeile). Hierbei ist zum einen
die Möglichkeit der Hierarchisierung innerhalb der Ablaufebene (oberer Teil der
Abbildung) sowie die Transformation auf die statische Ebene (unterer Teil der
Abbildung) zu berücksichtigen.

Die Hierarchisierungsmöglichkeiten sind als Teil des Systemmodells in der Ablaufebene spezifiziert, d. h. dort sind alle Beziehungstypen angegeben, die für

```
procedure CheckActOriSecReq(sr: SecurityRequirement)
  {Zerlegen der Sicherheitsanforderung}
  SysEleDesc = GetSysEleDesc (sr);
  {Vorprüfung}
  if CheckSysEleDesc (SysEleDesc) ≠ OK then
    {Sicherheitseigenschaft erfüllt}
    return TRUE
  end if
  {Schritt 1: Transformation}
  NewSecurityRequirementsList = Transformation (sr);
  {Schritt 2: Risikoanalyse}
  while ((t, s) = ChooseThreatAndSysEle ()) ≠ NIL do
    RiskAnalysis (t, s);
  end while
  {Schritt 3: Kontrolle der systemelementorientierten Sicherheitsanforderung}
  ResultList = NIL;
  {Alle systemelementorientierten Sicherheitsanforderungen untersuchen}
  for all sr' IN NewSecurityRequirementsList do
    result = CheckSysEleSecReq (sr');
    ResultList = ResultList + (sr', result);
  end for
  {Schritt 4: Kontrolle der aktivitätenorientierten Sicherheitsanforderung}
  if CheckSecReq (sr, NewSecurityRequirementsList, ResultList) == OK then
    return TRUE
  else
    return FALSE
  end if
end procedure
```

Algorithmus 5: Kontrolle der aktivitätenorientierten Sicherheitsanforderungen

eine Verfeinerung eines Arbeitsablaufes in Teilabläufe bzw. Aktivitäten relevant sind. Da eine Konkretisierung eines Arbeitsablaufes vorgenommen wird, müssen auch alle Sicherheitsanforderungen, die für den Arbeitsablauf gelten sollen, auf die Systemelemente der Hierarchisierung übertragen werden. Für diese Systemelemente werden dann entsprechende Sicherheitsanforderungen formuliert, wobei die konjunktiven und disjunktiven Verknüpfungen innerhalb der Sicherheitsanforderung an dieser Stelle nicht relevant sind, da sie sich auf die Systemelemente und nicht auf die zu gewährleistenden Sicherheitseigenschaften beziehen. Auf das

Beispiel bezogen werden Sicherheitsanforderungen für den Arbeitsablauf „A" über die Teilabläufe „A1" und „A2" hinweg auf die einzelnen Aktivitäten transportiert. Die neuen Anforderungen werden in die Ergebnisliste NewSecurityRequirementsList eingetragen.

Im zweiten Teil ist dann die Verbindung der Ablaufebene zur organisatorischen Ebene und dem IT–System zu betrachten, d. h. welche Sicherheitsanforderungen ergeben sich für die Systemelemente der statischen Ebene aufgrund der Sicherheitsanforderungen der Ablaufebene? Dieser Schritt ist lediglich unter Verwendung zusätzlichen Wissens durchführbar, das die Abhängigkeiten zwischen den Systemelementen der Ablaufebene und der weiteren „statischen" Ebenen beschreibt. Da dieses Wissen nicht direkt aus dem Systemmodell abgeleitet werden kann, wird es in einer entsprechenden Wissensbasis „Transformation" abgelegt, die folgendermaßen aufgebaut ist: Jede Transformation kennzeichnet einen Systemelementtyp ⟨System Element Type.id⟩ als Ausgangspunkt der Transformation sowie eine Liste von Systemelementtypen ⟨System Element Type.id⟩ mit denjenigen Attributtypen ⟨Attribute Type.id List⟩, auf die die Eigenschaft übertragen werden soll.

───────────────────── Transformation ─────────────────────

⟨Transformation⟩ ::= „TRANSFORMATION"
{⟨Transformation Element⟩}$^+$.

⟨Transformation Element⟩ ::= „FROM" ⟨System Element Type.id⟩
{„TO" ⟨System Element Type.id⟩
⟨Attribute Type.id List⟩}$^+$.

───

Im Beispiel 3.17 wird die Übertragung von Sicherheitseigenschaften einer Aktivität auf die konkreten Systemelemente „Rolle", „Software" und „Daten" dargestellt.

Beispiel 3.17 (Wissensbasis „Transformation")

```
TRANSFORMATION
    FROM Aktivitaet
        TO Rolle     Verfuegbarkeit
        TO Software  Verfuegbarkeit
        TO Daten     Vertraulichkeit Integritaet Verfuegbarkeit
```

Der Eintrag für das Systemelement „Daten" besagt demnach, daß alle Sicherheitsanforderungen an die Vertraulichkeit, Integrität und Verfügbarkeit der Aktivität auf die von dieser Aktivität verwendeten Daten übertragen werden.

Für die Spezifikation der Transformationen können auch semantische Nebenbedingungen formuliert werden, die jedoch — analog zu den Wissensbasen aus Abschnitt 3.5.1.2 — keinen zwingenden Charakter haben, da sie unabhängig von einem konkreten Systemmodell angegeben werden können. Wünschenswert sind sicherlich folgende Bedingungen:

❶ Die Kennungen der Systemelemente nach der FROM–Klausel bezeichnen ausschließlich Systemelemente der Ablaufebene.

❷ Die in einer Zuordnungszeile angegebenen Attributtypen müssen sowohl bei dem spezifizierten Systemelement als auch bei dem übergeordneten Element der Ablaufebene vorhanden sein.

Als Ergebnis des Transformationsschrittes erhält man einen Entscheidungsbaum, der darstellt, welche Sicherheitsanforderungen zur Erfüllung anderer Anforderungen notwendig sind. Die Blätter dieses Baumes beschreiben ausschließlich systemelementorientierte Anforderungen, die ebenfalls in der Liste NewSecurityRequirementsList abgespeichert werden.

Schritt 2 (Risikoanalyse)

Der zweite Schritt beschreibt eine Schleife, in der die jeweilige Wirkung einer konkreten Bedrohung auf ein Systemelement untersucht wird. Die eigentliche Analyse entspricht jetzt genau dem Verfahren der systemelementorientierten Sicherheitsanforderungen aus Abschnitt 3.5.1.3. Die Methode ChooseThreatAndSysEle liefert für den Fall, daß eine weitere Bedrohung betrachtet werden soll, ein Bedrohungs–Systemelement–Paar, ansonsten ist ihr Rückgabewert NIL.

Schritt 3 (Kontrolle der systemelementorientierten Sicherheitsanforderungen)

Auf Basis der Ergebnisse des vorherigen Schrittes werden nun die systemelementorientierten Sicherheitsanforderungen gegenüber dem Ist–Zustand des Anwendungssystems abgeglichen. Hierzu werden zunächst alle systemelementorientierten Sicherheitsanforderungen aus der Liste NewSecurityRequirementsList mittels der Methode CheckSysEleSecReq (siehe Algorithmus 4) auf ihre Gültigkeit hin überprüft, und die Ergebnisse in die Liste ResultList abgelegt. Wichtig ist, daß die Berücksichtigung der konjunktiven und disjunktiven Verknüpfungen der Sicherheitseigenschaft durch die Methode CheckSysEleSecReq übernommen wird.

Schritt 4 (Kontrolle der aktivitätenorientierten Sicherheitsanforderung)

Anschließend wird die eigentliche Kontrolle der aktivitätenorientierten Sicherheitsanforderung sr vorgenommen. Dies realisiert die Methode CheckSecReq, der als Eingabeparameter sowohl die Sicherheitsanforderung wie auch die transformierten Sicherheitsanforderungen NewSecurityRequirementsList und die Ergebnisliste ResultList übergeben wird. Die Methode arbeitet invers zu der in der Methode Transformation vorgenommenen Zerlegung der Sicherheitsanforderung sr. Ausgehend von den Ergebnissen der systemelementorientierten Sicherheitsanforderungen und der Wissensbasis „Transformation" können die betroffenen Elemente der

Ablaufebene hinsichtlich ihrer Gültigkeit in Form eines Entscheidungsbaumes bewertet werden. Hierbei werden die konjunktiven und disjunktiven Verknüpfungen der relevanten Systemelemente beachtet.

Mit dem skizzierten Verfahren ist es möglich, die aktivitätenorientierten Sicherheitsanforderungen auf Basis der Analysealgorithmen für systemelementorientierte Sicherheitsanforderungen sowie einer Transformation zwischen den unterschiedlichen Typen von Sicherheitsanforderungen zu analysieren.

3.5.2.3   Beispiel für einen Analyseablauf

Anhand eines Beispiels soll das zuvor skizzierte Vorgehen illustriert werden. Für den Arbeitsablauf in Abbildung 3.18 ist als aktivitätenorientierte Sicherheitsanforderung eine hohe Vertraulichkeit und Integrität des Arbeitsablaufes „A" spezifiziert:

Arbeitsablauf:Name = „A" $\mapsto$ (Vertraulichkeit = „hoch" $\wedge$ Integrität = „hoch")

Nachdem durch die Methode CheckSysEleDesc festgestellt wurde, daß ein Systemelementtyp „Arbeitsablauf" mit der Kennung „A" im Anwendungssystem spezifiziert ist, kann der vierstufige Analyseablauf beginnen:

Schritt 1 (Transformation)

Die Transformation produziert aus der Sicherheitsanforderung unter Verwendung der Beschreibung des Systemmodells folgende „temporäre" Sicherheitsanforderungen:

① Arbeitsablauf: Name = „A1" $\mapsto$
  (Vertraulichkeit = „hoch" $\wedge$ Integrität = „hoch")

② Arbeitsablauf: Name = „A2" $\mapsto$
  (Vertraulichkeit = „hoch" $\wedge$ Integrität = „hoch")

Diese werden ihrerseits in folgende Sicherheitsanforderungen umformuliert:

③ Aktivität: Name = „A11" $\mapsto$
  (Vertraulichkeit = „hoch" $\wedge$ Integrität = „hoch")

④ Aktivität: Name = „A12" $\mapsto$
  (Vertraulichkeit = „hoch" $\wedge$ Integrität = „hoch")

  . . .

⑨ Aktivität: Name = „A24" $\mapsto$
  (Vertraulichkeit = „hoch" $\wedge$ Integrität = „hoch")

Im zweiten Teilschritt werden die Anforderungen nun auf die Systemelemente der statischen Ebene übertragen, wobei das Wissen aus der Wissensbasis „Transformation" genutzt wird. Die exemplarisch betrachtete Aktivität „A11" ist folgendermaßen definiert:

Beispiel 3.18 (Definition der Aktivität „A11")

```
ELEMENT A11
    ELEMENT TYPE aktivitaet
    ATTRIBUTE Rolle     Sachbearbeiter
                Software Textverarbeitung
                Daten    Personaldaten
```

Die Aktivität „A11" wird durch einen Sachbearbeiter durchgeführt, nutzt als Softwarekomponente eine Textverarbeitung und verarbeitet damit Personaldaten. Repräsentiert beispielsweise das Systemelement „S1" aus Abbildung 3.18 das Datenobjekt „Personaldaten", so muß es bei der weiteren Transformation berücksichtigt werden. Unter Verwendung der Wissensbasis „Transformation" ist eine Abbildung hinsichtlich der Eigenschaften „Vertraulichkeit" und „Integrität" notwendig. Als systemelementorientierte Sicherheitsanforderung für diesen Ast des Entscheidungsbaums kann somit folgende Sicherheitsanforderung ermittelt werden:

⑩ Daten: Name = „Personaldaten" ↦
(Vertraulichkeit = „hoch" ∧ Integrität = „hoch"),

In gleicher Art und Weise wird mit allen Bereichen des Entscheidungsbaums verfahren, so daß abschließend eine Menge systemelementorientierter Sicherheitsanforderungen vorhanden ist.

Schritt 2 (Risikoanalyse)

Der zweite Schritt vollzieht nun die eigentliche Bedrohungs– und Risikoanalyse, an dessen Abschluß ein modifiziertes Anwendungssystem steht.

Schritt 3 (Kontrolle der systemelementorientierten Sicherheitsanforderungen)

Im weiteren Verlauf werden zunächst die systemelementorientierten Sicherheitsanforderungen mittels der Methode CheckSecReq kontrolliert. Wenn beispielsweise die Vertraulichkeit der Personaldaten im Ist–Zustand des Anwendungssystem mit „mittel" gekennzeichnet ist, so gilt die dargestellte systemelementorientierte Sicherheitsanforderung ⑩ als nicht erfüllt. Diese Ergebnisse werden in der Liste ResultList abgelegt.

Schritt 4 (Aktivitätenorientierte Sicherheitsanforderung kontrollieren)

Der letzte Schritt kontrolliert dann die eigentliche aktivitätenorientierte Sicherheitsanforderung sr. Da zuvor festgestellt wurde, daß die Vertraulichkeit der Personaldaten nicht mehr gegeben ist, kann daraus geschlossen werden, daß auch die Vertraulichkeit der Aktivität „A11" (also die Sicherheitsanforderung ③) und

dementsprechend auch die des Arbeitsablaufes „A1" (die Sicherheitsanforderung
①) nicht gewährleistet sind. Abschließend kann somit die Ausgangsforderung als
nicht gültig bestimmt werden.

3.5.3   Strukturorientierte Sicherheitsanforderungen

Im Gegensatz zu den systemelementorientierten Sicherheitsanforderungen können
die strukturorientierten Sicherheitsanforderungen direkt aus der Spezifikation des
Anwendungssystems heraus analysiert, d. h. auf ihre Gültigkeit hin überprüft werden. Eine strukturorientierte Sicherheitsanforderung basiert zunächst auf dem Vorhandensein einer bestimmten Anwendungssystemstruktur, die durch den Initiali-
sierungszustand beschrieben wird. Ist dieser Zustand existent, so muß (bzw. muß
nicht) ein geforderter Anwendungssystemzustand definiert sein, damit die Sicherheitsanforderung erfüllt ist. Ein Systemzustand wird dabei durch eine Menge von
Variablendefinitionen, eine Menge von Variablenvergleichen und darauf basierenden
Beziehungsbedingungen beschrieben.

Die Kontrolle einer strukturorientierten Sicherheitsanforderung sr wird durch Algorithmus 6 formalisiert. Er erhält als Eingabeparameter die zu untersuchende Sicherheitsanforderung sr und liefert abschließend für eine erfüllte Sicherheitsanforderung
das Ergebnis Erfüllt bzw. bei Nichterfüllung den Wert Nicht erfüllt zurück. Zu Beginn
wird die Sicherheitsanforderung mittels der Methoden GetStrucDesc und GetStru-
cReq in ihre beiden Bestandteile zerlegt (siehe Abschnitt 3.4.3.2). Die eigentliche
Analyse ist dann in drei Schritte gegliedert:

Schritt 1 (Vorhandenen Systemzustand kontrollieren)

Zunächst wird der vorhandene Systemzustand auf seine Existenz hin überprüft.
Falls der vorhandene Systemzustand mit TRUE gekennzeichnet ist, kann sofort mit
der Kontrolle des geforderten Systemzustandes fortgefahren werden. Ansonsten
wird in der Methode CheckStrucDesc der vorhandene Systemzustand untersucht.

Schritt 2 (Geforderten Systemzustand kontrollieren)

Im zweiten Schritt wird dann — ebenfalls mittels der Methode CheckStrucDesc
— die Existenz des geforderten Systemzustandes kontrolliert. Ist auch dieser vorhanden, so wird dies mit dem Rückgabewert GO bestätigt. In diesem Fall wird
der temporäre Rückgabewert result2 mit TRUE oder FALSE initialisiert.

Schritt 3 (Negation kontrollieren)

Nach Abschluß dieser beiden Schritte muß untersucht werden, ob der geforderte
Systemzustand negiert, d. h. explizit ausgeschlossen wurde. Ist dies der Fall, so
wird das Zwischenergebnis result ebenfalls negiert und in dieser Form als Analyseergebnis zurückgeliefert.

```
procedure CheckStrucOriSecReq (sr: SystemRequirement)
  {Zerlegen der Sicherheitsanforderung}
  StrucDesc = GetStrucDesc (sr);
  StrucReq = GetStrucReq (sr);
  {Schritt 1: Vorhandenen Systemzustand kontrollieren}
  if (StrucDesc == TRUE) or (CheckStrucDesc (StrucDesc) == GO) then
    {Schritt 2: Geforderten Systemzustand kontrollieren}
    if CheckStrucDesc (StrucReq) == GO then
      result2 = TRUE
    else
      result2 = FALSE
    end if
    {Schritt 3: Negation kontrollieren}
    if StrucReq is negated then
      return not(result2)
    else
      return result2
    end if
  else if CheckStrucDesc (StrucDesc) == ExistsError then
    return FALSE
  else {CheckStrucDesc (StrucDesc) == ForallError}
    return TRUE
  end if
end procedure
```

Algorithmus 6: Kontrolle der strukturorientierten Sicherheitsanforderung

Die beiden Schritte der Strukturkontrolle (Schritt 1 und 2) sind in der Methode CheckStrucDesc detaillierter ausgeführt. Diese gliedert sich ebenfalls in drei Teilschritte:

Schritt ⟨1/2⟩.1 (Variablendefinition kontrollieren)

In Abhängigkeit von Existenz- und Allquantor wird überprüft, ob die definierten Systemelemente der Systemspezifikation vorliegen (result = GO). Alle relevanten Systemelementbelegungen, die der Variablendefinition entsprechen, werden in einer Liste gespeichert, um sie in den nachfolgenden Schritten weiter untersuchen zu können. Sind Systemelemente, die in der Sicherheitsanforderung mit Existenzquantor modelliert sind, nicht vorhanden, so ist die Sicherheitsanforderung nicht erfüllt (result = ExistsError), denn der Quantor fordert die Existenz des entsprechenden Systemelementes. Die Sicherheitsanforderung ist dagegen erfüllt (result

```
procedure CheckStrucDesc (sd: StructureDescription)
   {Schritt [1/2].1: Variablendefinitionen kontrollieren}
   if (result = CheckVarDef (sd)) == GO then
      {Schritt [1/2].2: Variablenvergleiche kontrollieren}
      if (result = CheckVarComp (sd)) == GO then
         {Schritt [1/2].3: Beziehungen kontrollieren}
         result = CheckRelComp (sd);
      end if
   end if
   return result
end procedure
```

Algorithmus 7: Strukturkontrolle

= ForallError), wenn die mittels des Allquantors definierten Systemelemente nicht vorhanden und somit der in der Sicherheitsanforderung spezifizierte Zustand nicht vorhanden ist. Für die beiden Quantoren gilt immer, daß der Existenzquantor Vorrang vor dem Allquantor hat, denn durch den Existenzquantor wird ein Zustand für das Anwendungssystem gefordert, während der Allquantor lediglich Systemelemente kennzeichnet, die vorhanden sein können. Werden also Systemelemente mittels Allquantor modelliert und als nicht existent erkannt, gleichzeitig sind mittels Existenzquantor spezifizierte Systemelemente nicht vorhanden, so wird als Ergebnis result = ExistsError zurückgeliefert.

Schritt ⟨1/2⟩.1 (Variablenvergleiche kontrollieren)

Ist die durch die Variablen spezifizierte Konfiguration des Anwendungssystems vorhanden, so wird in Schritt 2 ein Vergleich der Variablen durchgeführt. Hierzu wird die im vorherigen Schritt generierte Liste der relevanten Systemelemente bzgl. der spezifizierten Variablenvergleiche unter Berücksichtigung der disjunktiven und konjunktiven Verknüpfungen untersucht. Diejenigen Systemelementbelegungen, die den Vergleichen nicht genügen, können eliminiert werden. Ist beispielsweise als Variablenvergleich angegeben, daß es zwei unterschiedliche Rechner geben muß, so können alle diejenigen Belegungen aus der Liste entfernt werden, in denen nur gleiche Rechner existieren. Sind nach Abschluß der Vergleiche noch Elemente in der Liste, so wird dies mit dem Rückgabewert GO bestätigt, denn diese Elemente erfüllen die Variablenvergleiche und müssen daher weiter untersucht werden. Ist die Liste dagegen leer, d. h. keine Systemelemente erfüllen die Variablenvergleiche, so müssen erneut die Quantoren der Variablendefinitionen betrachtet werden. Bei Systemelementen, die mittels des Existenzquantors modelliert wurden, gilt die Sicherheitsanforderung aus den unter Schritt [1/2].1 genannten Gründen als nicht erfüllt und es wird ExistsError zurückgeliefert. Sind die relevanten Variablen dagegen mit dem Allquantor modelliert, ist die Sicherheitsanforderung erfüllt, da der Zustand der Sicherheitsanforderung nicht vorliegt (result = ForallError). Sind mehrere unterschiedlich spezifizierte Variablen vorhanden, so gilt wie zuvor, daß der Existenzquantor Vorrang vor dem Allquantor hat.

Schritt ⟨1/2⟩.3 (Beziehungen kontrollieren)

Abschließend wird kontrolliert, ob die in der Liste verbliebenen Systemelementbelegungen auch die in der Sicherheitsanforderung formulierten Beziehungsstrukturen aufweisen. Alle diejenigen Systembelegungen, die den spezifizierten Beziehungen nicht entsprechen, können aus der Liste gestrichen werden. Anschließend wird analog zum Variablenvergleich im vorherigen Schritt verfahren. Ist die Liste nicht leer, so wird die gültige Sicherheitsanforderung mit result = GO bestätigt. Bei einer leeren Liste dagegen wird entsprechend den spezifizierten Quantoren entweder mit ExistsError die Ungültigkeit bzw. mit ForallError die Gültigkeit der Sicherheitsanforderung zurückgemeldet.

Insgesamt liefert die Methode CheckStrucDesc den Wert GO zurück, um die Existenz des jeweiligen Zustandes zu dokumentieren. Für den Fall, daß die Strukturanalyse abgebrochen werden kann, wird für eine gültige Sicherheitsanforderung ForallError und für eine ungültige Sicherheitsanforderung ExistsError geliefert.

Sollte in Schritt 1 von Algorithmus 6 weder StrucDesc == TRUE noch CheckStrucDesc (StrucDesc) == GO erkannt werden, so muß abschließend das Rückgabeergebnis in Abhängigkeit des Ergebnisses von CheckStrucDesc (StrucDesc) festgelegt werden. Sollte die Nicht–Erfüllung durch einen Existenzquantor hervorgerufen werden, so gilt die Sicherheitsanforderung als erfüllt (Rückgabewert TRUE). Sollte ein Allquantor dies bestimmen, so gilt die Sicherheitsanforderung als nicht erfüllt (Rückgabewert FALSE).

3.5.4 Ablauflogikorientierte Sicherheitsanforderungen

Werden neben den statischen Strukturen eines Anwendungssystems auch die Arbeitsabläufe betrachtet, so nennt man die hierfür definierbaren Sicherheitsanforderungen ablauflogikorientiert. Für diesen Typ von Sicherheitsanforderungen kann kein allgemeingültiger Analysealgorithmus angegeben werden, da eine Reihe von Randbedingungen die Analyse beeinflußt, die in den folgenden drei Abschnitten behandelt werden [Tho98, Jan98].

3.5.4.1 Direkt analysierbare Sicherheitsanforderungen

Die einfachste Form der ablauflogikorientierten Sicherheitsanforderungen betrachtet ausschließlich die einzelnen Aktivitäten eines Arbeitsablaufes und deren Abhängigkeiten zu anderen Systemelementen. Abhängigkeiten der Aktivitäten untereinander sind nicht vorhanden, d. h. in der Sicherheitsanforderung sind keine Beziehungen zwischen Systemelementen der Ablaufebene spezifiziert. Eine Beispielanforderung, die dies widerspiegelt, ist durch die Kontrolle des Vier–Augen–Prinzips für alle Vertragsunterschriften gegeben (siehe Sicherheitsanforderung ❶ aus Abschnitt 3.4.4.2). Sie kann direkt gegenüber dem Anwendungssystem kontrolliert und auf ihre Gültigkeit hin untersucht werden. Syntaktisch entsprechen sie somit den strukturorientierten Sicherheitsanforderungen und können als prädikatenlogische Ausdrücke direkt gegenüber dem Anwendungssystem kontrolliert werden. Hierzu kann das in Abschnitt 3.5.3 entwickelte Analyseverfahren verwendet werden.

3.5.4.2 Analyse verdeckter Kanäle

Ein Problem stellt die Analyse *verdeckter Kanäle* dar. So wird in der Sicherheitsanforderung ❹ aus Abschnitt 3.4.4.2 gefordert, daß die Personaldaten nie an Mitarbeiter außerhalb der Personalabteilung gelangen dürfen. Durch die Formulierung dieser Anforderung ist explizit der Zugriff eines Aufgabenträgers auf spezifische Daten ausgeschlossen. Als erstes muß natürlich kontrolliert werden, ob eine direkte Beziehung zwischen einem Mitarbeiter, der nicht der Personalabteilung angehört, und den Personaldaten modelliert ist. Dies könnte wiederum mit dem Verfahren für die strukturorientierten Sicherheitsanforderungen aus Abschnitt 3.5.3 realisiert werden.

Unberücksichtigt davon bleiben jedoch mögliche Datenflüsse, die nicht direkt spezifiziert sind, sondern über verschiedene Aktivitäten hinweg die Daten unterschiedlichen Personen zugänglich machen. In Abbildung 3.19 ist ein solcher verdeckter Kanal dargestellt. Ausgehend von einer Sicherheitsanforderung, die den Zugriff des organisatorischen Elementes „O4" auf das Datenobjekt „D1" untersagt, kann ein solcher Zugriff über andere Systemelemente geschaffen werden. In dem Beispiel sind durch die gestrichelten Linien die konsumierenden Beziehungen (z. B.: Aktivität „A1" konsumiert Daten „D1") und durch die gepunkteten Linien die produzierenden Beziehungen (z. B.: Aktivität „A1" produziert Daten „D2") dargestellt. So ist in dem Arbeitsablauf ein Datenfluß über die Aktivitäten „A1" → „A2" → „A4" → „A5" möglich. Auf diesem Pfad kann ein Zugriff des organisatorischen Systemelementes „O4" auf die Daten „D1" erfolgen.

Der Datenfluß muß nicht auf einen Arbeitsablauf beschränkt bleiben, sondern kann auch über parallele Arbeitsabläufe entstehen. Zwingend notwendig für eine solche Analyse ist eine *vollständige* Datenflußmodellierung. Betrachtet man die Darstellung der ablauflogikorientierten Sicherheitsanforderungen, so sind die Sicherheitsanforderungen zur Betrachtung verdeckter Kanäle folgendermaßen gekennzeichnet:

❶ Die Beschreibung des vorhandenen Systemzustandes bezieht sich ausschließlich auf Systemelemente, die nach Abbildung 2.1 der logischen Ebene des Anwendungssystems zuzuordnen sind.

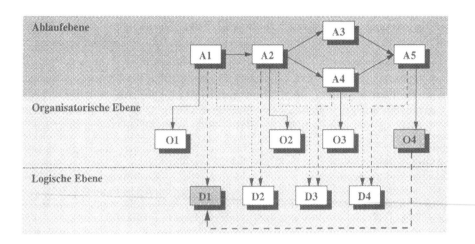

Abbildung 3.19: Verdeckter Kanal

❷ Der geforderte Systemzustand wird immer negiert (¬) beschrieben, also explizit ausgeschlossen.

❸ Die Beschreibung des geforderten Systemzustandes betrachtet ausschließlich Systemelemente, die nach Abbildung 2.1 der organisatorischen Ebene sowie der Ablaufebene des Anwendungssystems zuzuordnen sind.

Liegt eine ablauforientierte Sicherheitsanforderung vor, die genau diesen drei Kriterien genügt, so muß für diese Sicherheitsanforderung eine Kontrolle potentiell verdeckter Kanäle durchgeführt werden. Vor Beginn des Verfahrens müssen aus dem zugrundeliegenden Systemmodell die potentiellen Datenflüsse ermittelt werden. Die Angaben werden in zwei Listen verwaltet, in denen folgende Angaben abgespeichert werden:

❶ ActDataImportList: In dieser Liste werden diejenigen Beziehungen spezifiziert, die einen Konsum — also einen Import — von Daten durch eine Aktivität beschreiben. Ein Eintrag in der Liste beschreibt somit ein Tupel (Systemelement der Ablaufebene, Systemelement der organisatorischen Ebene).

❷ ActDataExportList: Analog werden in der Liste ActDataExportList alle Beziehungen gespeichert, die eine Produktion — also einen Export — von Daten durch eine Aktivität kennzeichnen.

Die Angaben können nicht direkt aus der Definition des Systemmodells extrahiert, sondern müssen durch den Entwickler angegeben werden. Auf Basis dieses Wissens wird ein fünfstufiges Verfahren durchlaufen, das durch Algorithmus 8 formalisiert ist:

```
procedure CheckCoveredChannels (sr: SecurityRequirement)
  {Schritt 1: Direkte Beziehungen kontrollieren}
  if CheckStrucOriSecReq (sr) == Nicht erfüllt then
    return nicht erfüllt
  else
    {Zerlegen der Sicherheitsanforderung}
    StrucDesc = GetStrucDesc (sr);
    StrucReq = GetStrucReq (sr);
    {Schritt 2: Systemelemente der organisatorischen Ebene bestimmen}
    OrgList = GetOrgSysEle (StrucDesc);
    {Schritt 3: Systemelemente der Ablaufebene bestimmen}
    ActList = GetActSysEle (OrgList);
    {Schritt 4: Systemelemente der logischen Ebene bestimmen}
    DataList = GetDataSysEle (StrucReq);
    {Schritt 5: Verdeckte Kanäle ermitteln}
    for all d IN DataList do
      for all a IN ActList do
        if ExistsDataFlow (d, a) then
          {Verdeckten Kanal gefunden}
          return FALSE
        else
          {Kein verdeckter Kanal vorhanden}
          return TRUE
        end if
      end for
    end for
  end if
end procedure
```

Algorithmus 8: Analyse der verdeckten Kanäle

Schritt 1 (Direkte Beziehungen kontrollieren)

Im ersten Schritt wird untersucht, ob es direkte Beziehungsstrukturen im Anwendungssystem gibt, die der Sicherheitsanforderung widersprechen. Hierzu wird die Methode CheckStrucOriSecReq (siehe Algorithmus 6) zur Kontrolle der strukturorientierten Sicherheitsanforderungen benutzt. Sie erhält als Eingabeparameter die zu kontrollierende Sicherheitsanforderung sr. Liefert sie den Wert FALSE zurück, so gilt die Sicherheitsanforderung als nicht erfüllt, da Beziehungsstrukturen im Anwendungssystem ermittelt werden konnten, die in der Sicherheitsanforderung explizit verboten sind. Wird dagegen der Wert TRUE zurückgegeben, so muß anschließend nach verdeckten Kanälen gesucht werden, die durch Check-StrucOriSecReq nicht ermittelt werden können.

Schritt 2 (Systemelemente der organisatorischen Ebene bestimmen)

Nach einer Zerlegung der Sicherheitsanforderung sr in ihre beiden Bestandteile StrucDesc und StrucReq werden zunächst in der Liste OrgList diejenigen Systemelemente der organisatorischen Ebene erfaßt, die im vorhandenen Systemzustand modelliert sind. Dies wird durch die Methode GetOrgSysEle realisiert, die als Eingabeparameter die Beschreibung des vorhandenen Systemzustandes StrucDesc erhält.

Schritt 3 (Systemelemente der Ablaufebene bestimmen)

Im dritten Schritt werden die Beziehungen zwischen den Systemelementen der organisatorischen Ebene und der Ablaufebene betrachtet. Alle Systemelemente der Ablaufebene, die eine Beziehung zu einem oder mehreren Systemelementen aus der Liste OrgList aufweisen, werden in die Liste ActList aufgenommen. Hierzu erhält die Methode GetActSysEle die Liste OrgList als Eingabeparameter.

Schritt 4 (Systemelemente der logischen Ebene bestimmen)

Als nächstes werden alle relevanten logischen Objekte des geforderten Systemzustandes, die in der Sicherheitsanforderung spezifiziert worden sind, in die Liste DataList eingetragen. Diesen Schritt führt die Methode GetDataSysEle durch, die mit der Beschreibung des geforderten Systemzustandes StrucReq initialisiert wird.

Schritt 5 (Verdeckte Kanäle ermitteln)

Auf Basis der Ergebnisse der Schritte 3 und 4 können nun potentiell vorhandene verdeckte Kanäle ermittelt werden. In einer zweistufigen Schleife, in der zum einen die Systemelemente der logischen Ebene und zum anderen die der Ablaufebene durchlaufen werden, wird jeweils ein Tupel (d Systemelement der logischen Ebene, a Systemelement der Ablaufebene) hinsichtlich eines verdeckten Kanals untersucht. Hierzu prüft die Methode ExistsDataFlow, ob in den Arbeitsabläufen des Anwendungssystems ein Pfad — als Repräsentation eines konkreten Arbeitsablaufs — der Form $d_1, a_1, d_2, a_2, \ldots, d_n, a_n$ existiert mit

❶ $d = d_1, a = a_n$,

❷ $(a_i, d_i) \in ActDataImportList, i = 1, \ldots, n$ und

❸ $(a_i, d_{i+1}) \in ActDataExportList, i = 1, \ldots, n - 1$.

Diese Bedingungen beschreiben einen Datenfluß von d bis zur Aktivität a. Konkret wird nach einer Reihenfolge von Aktivitäten a_i gesucht, für die gilt, daß a_i Daten konsumiert, die a_{i-1} produziert, und daß a_i Daten produziert, die a_{i+1} konsumiert. Dabei bleibt zu beachten, daß die Aktivitäten dabei nicht notwendigerweise in einer Nachfolgerbeziehung stehen müssen. Es werden auch verdeckte Kanäle über Arbeitsabläufe hinweg ermittelt.

Das skizzierte Verfahren bietet somit — eine vollständige Datenflußbeschreibung vorausgesetzt — die Möglichkeit verdeckte Kanäle in den Arbeitsabläufen eines Anwendungssystems ermitteln zu können.

3.5.4.3 Unberücksichtigte Aspekte

Transitivität erfordert Berücksichtigung von Zeit

Ein entscheidendes Problem bei der Analyse von ablauflogikorientierten Sicherheitsanforderungen findet sich im Beispiel ❷ aus Abschnitt 3.4.4.2:

❷ Jeder Arbeitsablauf einer Reisekostenabrechnung muß terminieren.

> ($\forall$ a_1 $\in$ Aktivität: Name = „Beginn Reisekostenabrechnung") $\mapsto$ ($\exists$ a_2 $\in$ Aktivität: Name = „Abschluß Reisekostenabrechnung") : (a_1, nachfolger*, a_2)

Es wird der definierte Abschluß eines Arbeitsablaufes gefordert. Ein neuer Aspekt, der in dieser Sicherheitsanforderung zum Tragen kommt, ist die Berücksichtigung *temporal–logischer* Abhängigkeiten. Dieser wird durch die Möglichkeit der Modellierung von transitiven Abhängigkeiten geschaffen, d. h. es werden zeitliche Reihenfolgen zwischen Aktivitäten spezifiziert, ohne die genaue Aktivitätenreihenfolge festzulegen. Mit dem Algorithmus 6 kann ausschließlich die statische Struktur der Arbeitsabläufe untersucht werden. Dabei wird kontrolliert, ob es überhaupt einen Pfad gibt, der diese Anforderung erfüllt. Sollte kein entsprechender Pfad ermittelt werden, so ist die Sicherheitsanforderung definitiv nicht erfüllt. Leider kann die umgekehrte Aussage nicht getroffen werden, d. h. die Existenz eines Pfades erfüllt die Sicherheitsanforderung.

Der Grund hierfür liegt in der nicht vorhandenen Semantik der Systemelement- und Beziehungstypen im System–Metamodell. Um den Anforderungen der Einfachheit und der Erweiterbarkeit des System–Metamodells (siehe Abschnitt 3.3.1) gerecht zu werden sowie eine Anwendbarkeit des Ansatzes auch für Personengruppen zu ermöglichen, für die eine Verwendung formaler Notationen nicht akzeptabel ist, wurde lediglich eine semi–formale Notation gewählt und auf eine formale Semantik für das System–Metamodell verzichtet. So können jederzeit neue Systemelement- und Beziehungstypen in ein Systemmodell integriert werden, jedoch wird ihr Verhalten und somit der mögliche Kontrollfluß eines Arbeitsablaufes nicht konkret spezifiziert.

Anhand eines einfachen Beispiels soll das daraus entstehende Problem illustriert werden (siehe Abbildung 3.20). Es ist ein Arbeitsablauf modelliert, wobei neben einem Systemelementtyp „Aktivität" (symbolisiert durch ein Rechteck) auch ein Verknüpfungsoperator „XOR" (symbolisiert durch einen Kreis) vorhanden ist. Dieser Verknüpfungsoperator kennzeichnet den Sachverhalt, daß nach dem Abschluß der Aktivität „A1" *genau eine* der beiden nachfolgenden Aktivitäten „A2" oder „A3" ausgeführt wird. Es entstehen somit zwei potentiell unterschiedliche Kontrollflüsse eines Arbeitsablaufs.

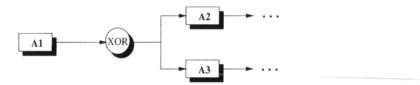

Abbildung 3.20: Beispiel für einen verzweigten Arbeitsablauf

Wird als Verallgemeinerung der zu Beginn dargestellten Sicherheitsanforderung ❷ nun gefordert, daß nach der Aktivität „A1" immer die Aktivität „A2" ausgeführt werden muß, so kann der korrekte Nachweis nicht geführt werden, da nicht eindeutig ist, welcher Ablauf von Aktivitäten durch den Arbeitsablauf realisiert wird. Sollte es keinen Kontrollfluß zwischen den relevanten Aktivitäten geben, so kann mit Hilfe von Algorithmus 6 lediglich die Nicht–Erfüllung der Sicherheitsanforderung festgestellt werden.

Will man trotzdem derartige Sicherheitsanforderungen kontrollieren, so müssen formale Methoden eingesetzt werden, wie sie beispielsweise in [WWKD+97, Rum99] oder [Lec97, LT98] beschrieben sind (siehe Abschnitt 2.3). Diese Ansätze sind dadurch gekennzeichnet, daß sie konkrete Modelle (zum einen die ereignisgesteuerten Prozeßketten und zum anderen das Minimale Metamodell der Workflow Management Coalition) zur Systembeschreibung unterstützen und für diese eine eindeutige Syntax und Semantik definieren. Die Erweiterbarkeit der Ansätze im Hinblick auf die Systemmodellierung ist jedoch nur mit erheblichem Aufwand und dann auch nur von Personengruppen realisierbar, die mit formalen Methoden sehr gut vertraut sind.

Berücksichtigung von Arbeitsablaufkontexten

Ein letztes Problem, das im Rahmen der Analyse von ablauflogikorientierten Sicherheitsanforderungen zu beachten ist, betrifft die Berücksichtigung von Schleifen innerhalb der Arbeitsabläufe. Werden solche Schleifen modelliert, so kann ihre Durchlaufhäufigkeit oft erst zur Laufzeit ermittelt werden, da sie durch den jeweils vorliegenden Arbeitsablaufkontext bestimmt wird.

Betrachtet man einen Arbeitsablauf, in dem Daten erhoben und kontrolliert werden, sowie bei negativer Kontrolle Rückfragen erfolgen, so kann zum Zeitpunkt der

Modellierung nicht definitiv festgelegt werden, wie häufig dieser Zyklus durchlaufen werden muß. Falls das Abbruchkriterium nie erfüllt wird, entsteht sogar eine Endlosscheife.

Zur Analyse von Schleifen ist es ebenfalls zwingend notwendig, die Syntax und Semantik des Systemmodells eindeutig festzulegen und insbesondere die Beziehungen zur Beschreibung des Kontrollflusses mit entsprechenden Bedingungen zu belegen. Auf dieser Basis können dann formale Methoden verwendet werden, die den Zustandsraum durchsuchen und die Kontrolle der Sicherheitsanforderungen realisieren. Eine für eine derartige Fragestellung weiterhin sehr verbreitete Methode bilden *Simulationsverfahren*, mit denen unterschiedliche Arbeitsablaufkontexte simuliert und die Auswirkungen auf die Sicherheitsanforderungen analysiert werden.

Aufgrund der Tatsache, daß in diesem Ansatz aus den zuvor skizzierten Gründen keine formale Fundierung des System–Metamodells realisiert ist, kann neben der Analyse temporal–logischer Eigenschaften auch die Berücksichtigung von Arbeitsablaufkontexten nicht betrachtet werden.

3.6 Modifikation

Die Analyse der Sicherheitsanforderungen kann mit dem Ergebnis abgeschlossen werden, daß alle Sicherheitsanforderungen des Anwendungssystems erfüllt sind. Ist dies der Fall oder werden die noch verbliebenen Restrisiken, also die nicht erfüllten Sicherheitsanforderungen, akzeptiert, so kann die Bedrohungs- und Risikoanalyse beendet werden.

Werden die Restrisiken jedoch nicht akzeptiert, so kann im Rahmen der Modifikation aus Abbildung 3.2 der Versuch unternommen werden, durch unterschiedliche Maßnahmen eine Verbesserung dieser Situation und somit eine Umsetzung der nicht erfüllten Sicherheitsanforderungen zu erreichen. Hierzu werden im folgenden drei unterschiedliche Möglichkeiten diskutiert sowie ein spezifischer Ansatz zur Integration von Sicherheitsmechanismen vorgestellt.

3.6.1 Relaxierung

Eine sehr einfache Form der Modifikation ist die Relaxierung der Sicherheitsanforderungen. Hierunter ist zu verstehen, daß eine nicht erfüllte Sicherheitsanforderung hinsichtlich ihrer Anforderung „aufgelockert" wird. Das damit angestrebte Ziel ist die *Aufweichung* der Sicherheitsanforderung hin zu einem noch akzeptablen Stand. Für die unterschiedlichen Typen von Sicherheitsanforderungen sind folgende Möglichkeiten gegeben:

❑ **Systemelement– und aktivitätenorientierte Sicherheitsanforderungen:** Die Sicherheitsanforderungen, die konkrete Eigenschaften von Systemelementen spezifizieren, können durch Modifikation der Attributwerte für die entsprechenden sicherheitsrelevanten Aspekte relaxiert werden. Betrachtet man beispielsweise eine Sicherheitsanforderung, in der die Verfügbarkeit eines Rechners mit 95 % spezifiziert ist, so kann eine Aufweichung dieser Anforderung lediglich noch eine 90 %ige Verfügbarkeit beschreiben und somit ggf. erfüllt sein. Gleiches gilt auch für die aktivitätenorientierten Anforderungen. Diese Minderung kann natürlich bis zur vollständigen Aufhebung einer Sicherheitsanforderung fortgeführt werden, indem die geforderten Eigenschaften auf einen Minimalwert festgelegt werden. Als Hilfsmittel kann sich der Anwender die Ergebnisse der Bedrohungs– und Risikoanalyse — also den Zustand des Anwendungssystem nach Wirkung der Bedrohungen — betrachten. Dort spiegeln sich die Konsequenzen der Bedrohungen in den modifizierten Systemelementattributen wider. Diese bieten einen Anhaltspunkte für die Relaxierung der entsprechenden Sicherheitsanforderungen.

Eine weitere Form der Relaxierung besteht darin, die Gruppe der betroffenen Systemelemente weiter einzuschränken. Hat man zu Beginn der Analyse eine hohe Verfügbarkeit aller Rechner gefordert und aufgrund der Ergebnisse der Bedrohungs– und Risikoanalyse festgestellt, daß diese Anforderung nicht erfüllt ist, so kann eine Einschränkung der Rechnergruppe auf die wirklich sicherheitskritischen Elemente zu einer Erfüllung der Sicherheitsanforderung beitragen. Beispielsweise werden alle lokalen Arbeitsplätze ausgenommen, da ihre Verfügbarkeit für das Gesamtsystem keine derartig hohe Bedeutung zukommt, wie es zu Beginn der Analyse durch die Gesamtforderung ausgedrückt wurde. Derartige Entscheidungen zeigen, daß die Ergebnisse der Bedrohungs– und Risikoanalyse auch dazu dienen, selbstkritisch die formulierten Sicherheitsanforderungen zu überprüfen und ggf. zu modifizieren.

❑ **Struktur– und ablauflogikorientierte Sicherheitsanforderungen:** Eine Relaxierung dieser Sicherheitsanforderungen ist lediglich durch eine Einschränkung des vorhandenen bzw. des geforderten Systemzustandes möglich. Durch entsprechende Modifikationen der Spezifikation wird ihre Gültigkeit auf eine geringere Gruppe von Systemelementen, die dem geforderten bzw. vorhandenen Systemzustand entsprechen müssen, verringert. Hierzu müssen dem Entwickler und dem Sicherheitsexperten die Strukturen dargestellt werden, die für die Nichterfüllung einer Sicherheitsanforderung verantwortlich sind. Diese Angaben bieten ein Hilfsmittel, die Sicherheitsanforderungen zu relaxieren. Wurde beispielsweise zunächst eine redundante Speicherung aller Datenelemente gefordert, so kann eine Relaxierung auf die sicherheitskritischen Daten (z. B. Personaldaten) zur Gewährleistung einer zuvor nicht erfüllten strukturorientierten Sicherheitsanforderung beitragen.

Das Konzept der Relaxierung von Sicherheitsanforderungen bietet kaum Möglichkeiten zur Automatisierung an, denn alle Entscheidungen müssen durch den Entwickler in Zusammenarbeit mit dem Sicherheitsexperten festgelegt werden. Lediglich eine Hilfestellung in der Form, das die Ergebnisse der Analyseverfahren die Schwachstellen des Anwendungssystem kennzeichnen, bietet hier eine Unterstützung.

3.6.2 Modifikation des Anwendungssystems

Eine zweite Möglichkeit, das Problem nicht erfüllter Sicherheitsanforderungen zu beheben, besteht darin, Modifikationen am Anwendungssystem vorzunehmen. Dieser Schritt beschreibt konkret das Erzeugen bzw. Löschen von Systemelementen und Beziehungen. So kann die Vertraulichkeit der Daten dadurch gewährleistet werden, daß die Zugriffsmöglichkeiten der Aufgabenträger verändert werden. Andererseits können dadurch unbeabsichtigt versteckte Kanäle entstehen, die wiederum anderen Sicherheitsanforderungen widersprechen.

Ein automatisiertes Vorgehen für diesen Schritt gibt es nicht, denn eine nicht erfüllte Sicherheitsanforderungen gibt keine Hinweise auf mögliche Modifikationen. Auch hier ist — analog zum vorherigen Abschnitt — lediglich eine möglichst detaillierte Darstellung der Schwachstellen sinnvoll, die dem Entwickler und dem Sicherheitsexperten erste Ansatzpunkte für Veränderungen geben.

3.6.3 Integration von Sicherheitsmechanismen

Die Integration von Sicherheitsmechanismen bildet die letzte Möglichkeit, um eine Gewährleistung von nicht erfüllten Sicherheitsanforderungen zu erreichen. Diese Form der Modifikation ist lediglich für die systemelement- und aktivitätenorientierten Sicherheitsanforderungen einsetzbar. Strukturelle Anforderungen dagegen können nicht durch entsprechende Sicherheitsmechanismen behoben werden, sondern lediglich durch die im vorherigen Schritt angesprochenen Modifikationen des Anwendungssystems.

Systemelementorientierte Sicherheitsanforderung

Als Ergebnis einer nicht erfüllten systemelementorientierten Sicherheitsanforderung erhält man ein Systemelement bzw. eine Gruppe von Systemelementen, bei denen mindestens ein Ist–Wert eines sicherheitskritischen Attributes nach der Wirkung einer oder mehrere Bedrohungen nicht dem geforderten Soll–Wert der Sicherheitsanforderungen entspricht. Ziel ist es daher, einen Sicherheitsmechanismus zu ermitteln, der diesen Zustand behebt.

Das hierzu vorgeschlagene Vorgehen basiert auf der durch Herrmann und Pernul [HP97b, HP98, HRP99] entwickelten Sicherheitsdiensthierarchie (siehe Abschnitt

2.3). Dort wird ein Konzept zur Realisierung von Verläßlichkeitsanforderungen für Workflow–Management–Systeme geschaffen. Die Sicherheit wird in dem Ansatz nach der Intention der Bedrohungen (z. B. Verlust der Integrität) definiert, wobei nur Maßnahmen zum Schutz gegen beabsichtigte oder unbeabsichtigte Störungen betrachtet werden und Maßnahmen gegen unvorhergesehene Ereignisse unberücksichtigt bleiben. Zunächst werden an die einzelnen Teilprozesse Verläßlichkeitsanforderungen gestellt (z. B. die Vertraulichkeit einer Anwendung ist zu gewährleisten). Zum Zeitpunkt der Realisierung dieses Teilprozesses sucht das Workflow–Management–System dann eine Applikation, die den Teilworkflow inklusive der geforderten Eigenschaft realisiert, wobei alle Applikationen je nach Verläßlichkeitsanforderung einen bestimmten Sicherheitsgrad aufweisen. Gibt es keine solche Applikation, so wird in einer Sicherheitsdiensthierarchie nach geeigneten Sicherheitsdiensten gesucht. Diese sind in Dienste erster und zweiter Art gegliedert, wobei Dienste erster Art genau einem Bedrohungstyp (z. B. Verlust der Vertraulichkeit) und Dienste zweiter Art nur Teile eines Bedrohungstyps beeinflussen. Bedrohungen sind in workflowspezifische und anwendungsunabhängige Bedrohungen untergliedert. Jeder workflowspezifischen Bedrohung ist ein ihr entgegenwirkender Sicherheitsdienst erster Art zugeordnet. Diese können selbst wieder entweder durch Sicherheitsdienste erster Art, die anwendungsunabhängigen Bedrohungen begegnen, oder durch Sicherheitsdienste zweiter Art realisiert werden. Die Sicherheitsdienste werden dann durch konkrete Sicherheitsmechanismen und diese wiederum durch Methoden/Verfahren realisiert (z. B. der Sicherheitsdienst Verschlüsselung wird durch den Sicherheitsmechanismus asymmetrische Verschlüsselung und dieser durch das Verfahren RSA umgesetzt).

Mit dem Ansatz von [HP97b, HP97a] ist ein erweiterbares und modulares Konzept zur Realisierung von Verläßlichkeitsanforderungen vorhanden, das sich den ständigen Modifikationen von Workflows anpassen sowie neu definierte Bedrohungen integrieren kann.

Aus den genannten Gründen kann das Verfahren ebenfalls dazu verwendet werden, den nicht erfüllten systemelementorientierten Sicherheitsanforderungen durch entsprechende Sicherheitsmechanismen entgegenzuwirken. Hierzu ist zunächst der Sicherheitsbegriff zu betrachten, der bei Herrmann und Pernul über die Intention der Bedrohungen definiert ist. So werden als Verläßlichkeitsanforderungen z. B. der Verlust der Vertraulichkeit für einen Teilworkflow beschrieben, wobei Sicherheitsgrade das Maß für die Verläßlichkeitsanforderungen bilden. Diese Verläßlichkeitsanforderungen lassen sich aus den Ergebnissen der Analyse von systemelementorientierten Sicherheitsanforderungen herleiten. Fordert eine systemelementorientierte Sicherheitsanforderung die hohe Vertraulichkeit der Personaldaten, und liegt der Ist–Wert nach der Durchführung der Bedrohungs– und Sicherheitsanalyse bei „niedrig", so läßt sich beispielsweise daraus eine Verläßlichkeitsanforderung ableiten, die lautet: Die Vertraulichkeit der Personaldaten ist mittel. Hierzu ist natürlich die Umsetzung der geforderten Eigenschaft auf einen Sicherheitsgrad notwendig[10]. Diese Festlegung

---

[10]In [HP97b, HP97a] sind die drei Sicherheitsgrade „keine", „mittel" und „hoch" vorgesehen.

des Sicherheitsgrades muß durch den Entwickler mit Unterstützung des Sicherheits-experten erfolgen, da sie das entsprechende Wissen bzgl. der Anwendung und der dafür geforderten Sicherheit besitzen.

Eine Automatisierung des Vorgehens „Auswahl von Sicherheitsmechanismen" könn-te ebenfalls durch ein Fuzzy–Regler–Prinzip realisiert werden. In einer entspre-chenden Regelbasis müßte dann für alle sicherheitsrelevanten Attribute die Um-setzung vom aktuellen Zustand sowie der geforderten Sicherheitsanforderung hin zur Verläßlichkeitsanforderung angegeben sein. Anschließend können aus einer vor-gegebenen Sicherheitsdiensthierarchie die geeigneten Sicherheitsmechanismen nach dem in [HP97b, HP97a] beschriebenen Vorgehen ermittelt werden. Sind keine ent-sprechenden Sicherheitsmechanismen vorhanden, so muß auf die anderen Modifika-tionsmöglichkeiten zurückgegriffen werden.

Aktivitätenorientierte Sicherheitsanforderung

Da die aktivitätenorientierten auf systemelementorientierte Sicherheitsanforderun-gen transformiert werden, können für sie ebenfalls nach dem oben skizzierten Ver-fahren relevante Sicherheitsmechanismen ermittelt werden. Hierbei wird zunächst der in Abschnitt 3.5.2 dargestellte Transformationsansatz durchgeführt und somit eine aktivitätenorientierte Sicherheitsanforderung auf eine Reihe systemelementori-entierter Sicherheitsanforderungen übertragen. Für diese kann das zuvor dargestellte Verfahren zur Auswahl von Sicherheitsmechanismen angewendet, und somit die Ge-samtanforderung erfüllt werden.

Insgesamt bleibt festzustellen, daß die Modifikation im Rahmen der Bedrohungs- und Risikoanalyse nur teilweise automatisierbar ist. Dies war jedoch auch kein an-gestrebtes Ziel dieser Arbeit, die sich primär mit der Modellierung und Analyse von Sicherheitsanforderungen beschäftigt. Die vorgeschlagenen Modifikationsmöglichkei-ten beziehen zum einen sehr stark den Entwickler und den Sicherheitsexperten — respektive ihr Wissen — ein (hierbei sollten diese durch eine möglichst detaillier-te Darstellung der Schwachstellen unterstützt werden) und ermöglichen zum an-deren eine automatisierte Auswahl von Sicherheitsmechanismen für nicht erfüllte systemelement- und aktivitätenorientierte Sicherheitsanforderungen, wobei hier die von Herrmann und Pernul entwickelte Sicherheitsdiensthierarchie als Basistechnolo-gie vorausgesetzt wird.

Kapitel 4

Konzeption und Realisierung von **TRAW**$^\top$

In diesem Kapitel wird das Softwarewerkzeug **TRAW**$^\top$ beschrieben, mit dem das in Kapitel 3 entwickelte Konzept für eine wissensbasierte Bedrohungs– und Risikoanalyse Workflow–basierter Anwendungen (**TRAW**) realisiert, und somit eine in Abschnitt 1.3 formulierte Anforderung erfüllt wird.

Die im Rahmen einer studentischen Projektgruppe sowie verschiedener Diplomarbeiten durchgeführten Studien zu ausgewählten Aspekten von **TRAW** werden hierbei genutzt. So wurde in [GGH⁺95, GGH⁺96] die sicherheitstechnische Analyse von IT–Systemen untersucht, ohne die Arbeitsabläufe selbst zu berücksichtigen. Weiterhin wurde in [Sch98] das unscharfe Bewertungskonzept implementiert und in [Jan98] ein integriertes Vorgehensmodell für die Entwicklung Workflow–basierter Anwendungen realisiert.

Zu Beginn der Darstellung von **TRAW**$^\top$ werden in Abschnitt 4.1 die Anforderungen an das Werkzeug formuliert. Anschließend wird in Abschnitt 4.2 die Architektur des Systems vorgestellt. Die einzelnen Komponenten werden in den nachfolgenden Abschnitten ausgeführt, wobei die Benutzungsoberfläche in Abschnitt 4.3, die Kernfunktionalität in Abschnitt 4.4 und abschließend die Datenhaltung in Abschnitt 4.5 erläutert werden.

4.1 Anforderungen

Natürlich sollte das in diesem Kapitel vorgestellte Softwarewerkzeug möglichst vollständig das im vorherigen Kapitel entwickelte Konzept für eine wissensbasierte

Bedrohungs– und Risikoanalyse Workflow–basierter Anwendungssysteme system-technisch unterstützten. Konkret lassen sich die in Abschnitt 1.3 bereits skizzierten Anforderungen an die Entwicklung des Werkzeugs **TRAW**$^\top$ folgendermaßen konkretisieren und erweitern:

❶ Graphische Benutzungsoberfläche: Da mit dem Werkzeug die Entwicklung von Workflow–basierten Anwendungen unterstützt werden soll, in die unterschiedliche Personengruppen (z. B. der Geschäftsprozeßmodellierer) involviert sind, ist eine graphische Benutzungsoberfläche unabdingbar. Diese hat neben der Modellierung des Anwendungssystems auch die Spezifikation der Sicherheitsanforderungen zu ermöglichen. Im Rahmen der Analyse ist zum einen eine Auswahl potentieller Bedrohungen und davon bedrohter Systemelemente vorzunehmen. Zum anderen ist auch die Darstellung der Analyseergebnisse notwendig, um bei nicht erfüllten Sicherheitsanforderungen die Schwachstellen des Anwendungssystem sichtbar zu machen. Abschließend ist die Wissensakquisition (System– und Risikomodell sowie Regeln des unscharfen Bewertungskonzeptes) über eine graphische Benutzungsoberfläche wünschenswert.

❷ Hoher Automatisierungsgrad: Es soll ein möglichst hoher Automatisierungsgrad angestrebt werden, um den Entwickler und den Sicherheitsexperten von Routinearbeiten zu entlasten. Bei der Vielzahl von Aktivitäten, die durch die beteiligten Personen durchzuführen sind, ist eine Konzentration auf die Kernkompetenzen sinnvoll. Die Hauptaufgabe der Bedrohungs– und Risikoanalyse (z. B. Kontrolle der Sicherheitsanforderungen) sollte durch das Softwarewerkzeug übernommen werden. Hierzu müssen die in Abschnitt 3.5 entwickelten Analyseverfahren möglichst ohne Interaktion durch den Anwender durchgeführt werden.

❸ Handhabbarkeit: Das in Abschnitt 3.2 definierte integrierte Vorgehensmodell ist durch eine Reihe von Phasen gekennzeichnet, die auch zyklisch wiederholt werden können. Die Handhabbarkeit des integrierten Vorgehensmodells fordert, daß das Vorgehen jederzeit durch den Anwender beeinflußt werden kann, d. h. er steuert die Abarbeitung der einzelnen Phasen (siehe Abschnitt 3.2.1). So sollte beispielsweise zu jedem Zeitpunkt die Definition und Analyse von Sicherheitsanforderungen möglich sein. Diese Handhabbarkeit ist auch durch das Werkzeug zu gewährleisten.

❹ Konsistenzsicherung: Neben den modellinhärenten Konsistenzbedingungen aus Abschnitt 3.4.2 muß das Werkzeug die verschiedenen semantischen Nebenbedingungen (siehe Abschnitte 3.3.5 und 3.4.5) selbständig kontrollieren können und den Anwender ggf. auf Integritätsverletzungen hinweisen.

❺ Persistente Datenhaltung: Sowohl die spezifizierten Systemmodelle wie auch die davon abgeleiteten Anwendungssysteme sollen persistent gehalten werden. Weiterhin sind das Analysewissen (Wissens– und Regelbasen) und die für eine Anwendung spezifizierten Sicherheitsanforderungen dauerhaft zu speichern.

❻ Prototypentwicklung: Bei der Entwicklung von **TRAW**$^\top$ muß betont werden, daß es sich dabei um einen Prototypen handelt, der primär darauf abzielt, die Konzepte von **TRAW** evaluieren zu können. Hierzu wird — soweit möglich — auf bereits vorhandene Systeme zurückgegriffen, die Teilfunktionalitäten zur Verfügung stellen. Der Schwerpunkt der Entwicklung soll auf dem Bereich der Bedrohungs– und Risikoanalyseverfahren innerhalb des integrierten Vorgehensmodells liegen und nicht auf die Bereitstellung eines komfortables Modellierungswerkzeug konzentriert sein.

4.2   Systemarchitektur

Die Architektur des Werkzeuges **TRAW**$^\top$ ist in Abbildung 4.1 dargestellt und besteht aus drei aufeinander aufbauenden Schichten, die zunächst kurz vorgestellt und in den Abschnitten 4.3 bis 4.5 detailliert erläutert werden: graphische Benutzungsoberfläche, Funktionalität und Datenhaltung.

Graphische Benutzungsoberfläche

Der Benutzer interagiert mit dem System über eine graphische *Benutzungsoberfläche*, die ihm für die jeweils auszuführenden Tätigkeiten unterschiedliche Komponenten bereitstellt:

❏ **Modellierung:** Diese Komponente erlaubt die Modellierung konkreter Anwendungssysteme, wobei bereits bekannte Sicherheitsmechanismen in den Entwurf integriert werden können. Hierzu können beliebige Sichten definiert und somit die unterschiedlichen Aspekte (z. B. Organisationsstrukturen oder Arbeitsabläufe) einer Anwendung unabhängig voneinander beschrieben werden.

❏ **Spezifikation von Sicherheitsanforderungen:** Die Sicherheitsanforderungen für das jeweilige Anwendungssystem können durch den Sicherheitsexperten *explizit* spezifiziert werden. Während die systemelement– und aktivitätenorientierten Sicherheitsanforderungen als Teil der Systemelementbeschreibung formuliert werden, steht für die Analyse von struktur– und ablauflogikorientierten Sicherheitsanforderungen eine textuelle Eingabekomponente zur Verfügung.

❏ **Bedrohungs– und Risikoanalyse:** Diese Komponente bietet dem Anwender den graphischen Zugang zur eigentlichen Bedrohungs– und Risikoanalyse. Zum

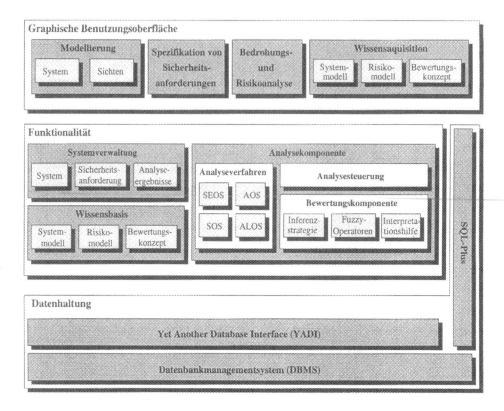

Abbildung 4.1: Architektur von **TRAW**[⊤]

einen werden die durch den Anwender noch durchzuführenden Aktivitäten
innerhalb der Analyse unterstützt (z. B. Auswahl potentieller Bedrohungen
und bedrohter Systemelemente) und zum anderen die Analyseergebnisse dem
Anwender präsentiert, um Risiken und Schwachstellen im Anwendungssystem
betrachten und durch entsprechende Maßnahmen beheben zu können.

❑ **Wissensakquisition:** Um neue Systemmodelle, also neue Systemelementtypen und deren Beziehungen zu anderen Systemelementtypen, festlegen zu
können und um Analysewissen, beispielsweise Erkenntnisse über mögliche Bedrohungen und Sicherheitsmechanismen, für spätere Entwicklungen von Anwendungssystemen nutzbar zu machen, wird eine Wissensakquisitionskompo-
nente angeboten.

Funktionalität

Die gesamte *Funktionalität* des Anwendungssystems ist in der mittleren Schicht der
Systemarchitektur gekapselt, wobei sich diese in drei Teilkomponenten untergliedert:

❑ **Systemverwaltung:** Die Systemverwaltung beinhaltet das sich aktuell in der Entwicklung befindliche Anwendungssystem und steuert die durch den Anwender vorgenommenen Änderungen an diesem. Zusätzlich werden alle für das Anwendungssystem formulierten Sicherheitsanforderungen sowie die aus einer Analyse resultierenden Analyseergebnisse verwaltet.

❑ **Analysekomponente:** Diese Komponente umfaßt die zur Analyse der verschiedenen Typen von Sicherheitsanforderungen notwendigen Verfahren. Weiterhin ist eine Steuerungskomponente vorhanden, mittels derer die unterschiedlichen Typen von Sicherheitsanforderungen sowie die jeweils dafür einsetzbaren Verfahren kontrolliert werden. In der Bewertungskomponente schließlich ist das unscharfe Bewertungskonzept implementiert, das für die Analyse systemelement– und ablauforientierter Sicherheitsanforderungen verwendet werden kann.

❑ **Wissensbasis:** Die persistent gespeicherten Systemmodelle und das Analysewissen bzgl. Risikomodell und Bewertungskonzept werden zur Laufzeit in einer entsprechenden Komponente bereitgestellt und können von den beiden anderen Komponenten direkt genutzt werden.

Datenhaltung

Zur persistenten *Datenhaltung* wird auf der untersten Ebene der Systemarchitektur ein Datenbankmanagementsystem eingesetzt, daß durch die Schnittstelle „Yet Another Database Interface" (YADI) [Fri97] gegenüber den darüberliegenden Schichten von **TRAW**$^\top$ gekapselt ist. Die Benutzungsoberfläche kann zusätzlich mittels SQL–Plus auch direkt auf das Datenbankmanagementsystem zugreifen, um so Modifikationen an den gespeicherten Daten vornehmen zu können.

Fremdsysteme

Zu Beginn der Realisierung von **TRAW**$^\top$ wurde untersucht, ob bereits vorhandene Softwaresysteme genutzt werden können. So wurde für die Entwicklung der graphischen Benutzungsoberflächen zum einen das kommerzielle System ILOG Views in der Version 2.3, ein Hilfsmittel zur Entwicklung von graphischen Benutzungsoberflächen, und zum anderen der Meta–Editor ASSUME (<u>A</u>nalyse und <u>S</u>ynthese von <u>S</u>chemata <u>u</u>nd <u>M</u>odellen durch einen <u>E</u>ditor) [Rit98] ausgewählt, der eine einfache Modellierung von graphbasierten Anwendungen sowie die Festlegung beliebiger Sichten erlaubt. Speziell die Erweiterbarkeit von **TRAW** wird durch ASSUME gut unterstützt, da der Meta–Editor die Definition beliebiger Knotentypen (also Systemelement–, Attribut– und Sicherheitsmechanismustypen) sowie deren Beziehungen (also Beziehungs– und Schütz–Beziehungstypen) ermöglicht, die anschließend direkt instantiiert werden können. Im Kontext des unscharfen Bewertungskonzeptes wurde die Fuzzy–Bibliothek StarFLIP++ [BDD97] eingesetzt, die eine Vielzahl von Fuzzy–Operatoren bereitstellt. Als Datenbankmanagementsystem kommt das DBMS Oracle 7.2 zum Einsatz, wobei zwei separate Datenbankschemata verwaltet werden. Zum einen besitzt der Meta–Editor ASSUME ein eigenes Schema, das berücksichtigt wird, solange die dort verfügbare Funktionalität genutzt wird. Das zweite Schema wird von den mittels ILOG Views realisierten Komponenten genutzt. Die Integration der beiden Schemata wird durch einen entsprechenden Datentransfer vollzogen. Als Programmiersprachen werden C++ als auch BinProlog 5.75 verwendet. Während der Hauptteil des Werkzeugs mit C++ umgesetzt ist, wird für die Analyse der struktur- und ablauflogikorientierten Sicherheitsanforderungen auf das in BinProlog implementierte System ASSUME zurückgegriffen. Eine Transformation in sogenannte Invarianten von ASSUME ermöglicht eine automatische Kontrolle [Jan98].

Insgesamt kann festgehalten werden, daß die Modellierung der Systemelemente (inklusive der Sicherheitsmechanismen) und deren Beziehungen untereinander sowie die Analyse der struktur- und ablauflogikorientierten Sicherheitsanforderungen mit Unterstützung von ASSUME vorgenommen wird. Die detailliertere Systembeschreibung und die Kontrolle der systemelement- und aktivitätenorientierten Sicherheitsanforderungen werden dagegen mit der auf ILOG Views konzipierten Teilkomponente durchgeführt.

Die in Abbildung 4.1 dargestellte Architektur zeigt den geplanten Endzustand des Systems **TRAW**$^\top$, der durch eine Reihe noch zu realisierender Teilimplementierungen zu vervollständigen ist. Die Evaluation der Konzepte aus Kapitel 3 ist jedoch mit dem vorhandenen Prototypen durchführbar.

4.3   Graphische Benutzungsoberfläche

Die Benutzungsoberfläche ist in vier Teilkomponenten gegliedert, die jeweils einen bestimmten Aufgabenaspekt im Rahmen der Entwicklung sicherer Workflow-basierter Anwendungen abdecken.

4.3.1   Modellierungskomponente

Aufbau und Sichten

Die Modellierungskomponente dient dazu, auf Basis eines definierten Systemmodells konkrete Anwendungssysteme zu entwickeln. Hierzu können beliebige Sichten auf das Systemmodell definiert werden, die eine einfache Modellierung erlauben. In Abbildung 4.2 ist die graphische Benutzungsoberfläche dargestellt, die durch den Meta–Editor ASSUME für den Anwender bereitgestellt wird.

Die Oberfläche ist stets zweigeteilt. Im rechten Teil ist ein Modell (*Modellfenster*) und im linken Teil eine konkrete Instantiierung des Modells (*Instanzfenster*) vorhanden. So sind in dem angegebenen Beispiel verschiedene Sichten definiert (z. B.

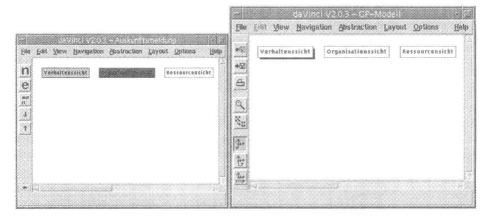

Abbildung 4.2: Modellierungsoberfläche in **TRAW**⊤

Verhaltens–, Organisations– und Ressourcensicht), die bereits – wie im linken Fenster sichtbar — instantiiert wurden. Die Bedienung der Benutzungsoberfläche ist einfach, folgende Optionen sind zunächst möglich:

❶ *Erzeugen von Knoten:* Um ein neuen Knoten — also beispielsweise ein konkretes Systemelement — zu erzeugen, wird im Modellfenster das entsprechende Element selektiert und im Instanzfenster der Button „N" (Node) gedrückt. Das System generiert dann einen neuen Knoten und plaziert ihn im Instanzfenster. Als initiale Kennung erhält der Knoten die Kennung des entsprechenden Elements aus dem Modellfenster.

❷ *Erzeugen von Kanten:* Sollen zwei Objekte miteinander verbunden werden, so werden diese im Instanzfenster selektiert. Ist im Modell für diese Elemente eine Beziehung vorgesehen, so wird diese automatisch im Modellfenster dargestellt. Existieren mehrere unterschiedliche Beziehungen, so wird beliebig eine als Defaultbeziehung ausgewählt. Der Anwender kann dies jedoch im Modellfenster jederzeit ändern und die von ihm gewünschte Beziehung angeben. Durch den Button „E" (Edge) wird die Beziehung dann im Instanzfenster zwischen den beiden Elementen erzeugt und als Kennung der Name der Modellebene verwendet.

❸ *Kennzeichnung:* Kennungen — sowohl für Kanten als auch für Knoten — können durch Selektion des Objektes und anschließend des Buttons „edit" modifiziert werden.

❹ *Hierarchisierung:* Ein wichtiger Aspekt ist die Hierarchisierung der modellierten Graphen. Durch die beiden Buttons „↑" und „↓" kann in einen Knoten hinein bzw. wieder zurück navigiert werden, falls dies im Modell vorgesehen ist.

Die Knoten aus Abbildung 4.2 repräsentieren die Sichten, also Systemelemente und Beziehungen zwischen diesen. In Abbildung 4.3 ist exemplarisch die Konkretisierung der Organisationssicht dargestellt. Im Modellfenster wird hier das entsprechende Modell und im Instanzfenster eine beispielhaft modellierte Organisationsstruktur dargestellt. Das Modell erlaubt die Beschreibung von Organisationseinheiten, in denen Personen beschäftigt sind, die ihrerseits in unterschiedlichen Rollen agieren können. Die Instanz zeigt dann eine konkrete Organisationseinheit mit drei Personen, die in zwei unterschiedlichen Rollen agieren.

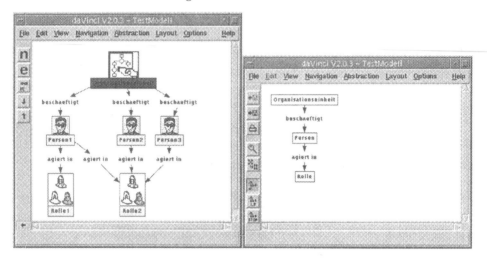

Abbildung 4.3: Beispiel für eine Organisationssicht

Um eine adäquate Modellierung von Anwendungssystemen zu gewährleisten, ist eine Definition unterschiedlichster Sichten auf das System unumgänglich. Mit **TRAW**$^\top$ können beliebige Sichten definiert und anschließend instantiiert werden.

Sicherlich sind nicht in allen Phasen des Vorgehensmodells immer alle Systemelementtypen und somit auch alle Sichten notwendig. Während die Phase der Geschäftsprozeßmodellierung primär betriebswirtschaftliche Aspekte berücksichtigt, werden in der Phase des Workflow–Managements auch technische Aspekte betrachtet. **TRAW**$^\top$ macht jedoch keine Vorgaben, was und wie im Rahmen der Entwicklung modelliert werden soll. Es stellt lediglich einen flexibel erweiterbaren Rahmen zur graphischen Modellierung von Anwendungssystemen sowie eine beliebige Sichtenbildung bereit.

Systemelementbeschreibung

Mit Hilfe des hier dargestellten Vorgehens wird das Anwendungssystem mit seinen Systemelementen und deren strukturellen Beziehungen spezifiziert. Dazu wird der Meta–Editor ASSUME eingesetzt. Für die konkrete Detailbeschreibung einzelner

Systemelemente[1] steht eine zusätzliche graphische Teilkomponente auf Basis von
ILOG View zur Verfügung, in der die kardinalen und ordinalen Bewertungen einzelne
Systemelementeigenschaften durchgeführt werden können.

In Abbildung 4.4 ist die zweite Teilkomponente der Modellierung dargestellt. Sie unterstützt keine Hierarchisierung, so daß alle zuvor modellierten Systemelemente auf
einer graphischen Oberfläche plaziert sind. In der Abbildung sind die verschiedenen
Systemelemente durch unterschiedliche Icons entsprechend ihrer Typen symbolisiert.
Konkret sind von oben herab zunächst eine einfache räumliche Infrastruktur (Räume
und Zugänge), anschließend die technische (Rechner) und dann die logische Ebene
(Software und Daten) dargestellt. Am unteren Rand sind drei miteinander sequentiell verknüpfte Aktivitäten sowie die von ihnen konsumierten und produzierten Daten
und Softwaresysteme modelliert.

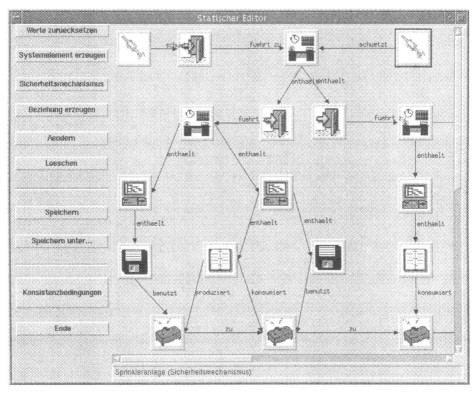

Abbildung 4.4: Modellierung der Systemelementbeschreibungen

Auch hier besteht die Möglichkeit, neue Systemelemente zu generieren, Beziehun-

---

[1]Prinzipiell ist auch mit ASSUME die Detailbeschreibung der Systemelemente durchführbar,
jedoch bietet die zweite Teilkomponente eine komfortablere Schnittstelle für den Anwender sowie
einige zusätzliche Funktionalitäten.

gen zwischen diesen und vorhandenen Systemelementen zu modellieren, aber auch
Systemelemente und Beziehungen zu löschen. Weiterhin kann das gesamte aktuell sich in Bearbeitung befindliche Anwendungssystem persistent gemacht werden.
Durch Selektion eines Systemelementes sowie des Buttons „Ändern" besteht für den
Anwender die Möglichkeit, das Systemelement detaillierter beschreiben zu können
(siehe Abbildung 4.5). Die eindeutige Kennung ist links oben vermerkt und kann
vom Anwender jederzeit geändert werden, wobei **TRAW**$^\top$ die Eindeutigkeit im Gesamtsystem gewährleistet. Darunter ist der Systemelementtyp sowie die konkreten
Eigenschaften des Systemelementes angegeben. Hierbei wird zwischen Soll- und Ist-
werten unterschieden. Sollwerte kennzeichnen den zur Erfüllung einer Sicherheitsanforderung einzuhaltenden Mindestwert (siehe Abschnitt 4.3.2), und die Istwerte
geben einen aktuellen Einblick in den Zustand des Systemelementes. Sollte dieser
durch die Wirkung einer Bedrohung beispielsweise reduziert werden, so ist dies im
Istzustand ablesbar.

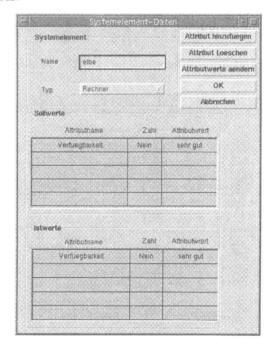

Abbildung 4.5: Beschreibung eines Systemelementes

Der Anwender hat weiterhin die Möglichkeit, neue Attribute hinzuzufügen, vorhandene Attribute zu löschen bzw. zu modifizieren. Für die Erzeugung bzw. Änderung
eines Attributes wird die Benutzungsoberfläche aus Abbildung 4.6 aufgerufen. Hier
kann der Anwender zunächst entscheiden, ob das Attribut kardinal oder ordinal beschrieben werden soll. Je nachdem wird das Feld „Ist Zahl" selektiert oder nicht.
Wird der Wert als Zahl gekennzeichnet, so wird der kardinale Wert berücksichtigt,

ansonsten repräsentiert das Attribut eine linguistische Variable und der Anwender kann dann aus einer Liste den gewünschten Wert für die linguistische Variable auswählen. Ob es sich um ein kardinal oder ordinal beschriebenes Attribut handelt, wird dann bei dem Attribut des Systemelementes in Abbildung 4.5 durch ein „Ja" oder „Nein" gekennzeichnet.

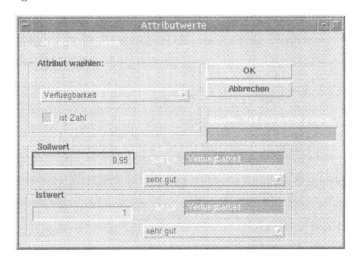

Abbildung 4.6: Beschreibung eines Systemelementattributes

Einen speziellen Systemelementtyp bildet der Sicherheitsmechanismustyp. Es ist in Abbildung 4.4 symbolisch durch ein Kettensymbol identifizierbar und schützt dort einen Zugang und einen Raum. Hierbei handelt es sich um zwei verschiedene Sicherheitsmechanismustypen, die unterschiedliche Systemelementtypen schützen können. Sie werden ebenfalls mit Systemelemente verbunden und stellen somit für diese Elemente einen bestimmten Schutz gegen eintretende Bedrohungen dar.

Insgesamt werden dem Entwickler durch die Modellierungskomponente Möglichkeiten an die Hand gegeben, ein Workflow–basiertes Anwendungssystem graphisch zu modellieren, hierzu verschiedene Sichten zu verwenden und sowohl kardinale als auch ordinale Attributwerte zu verwenden.

4.3.2 Spezifikation von Sicherheitsanforderungen

Der zweite Schritt einer Bedrohungs– und Risikoanalyse sieht die Definition der Sicherheitsanforderungen vor. Für die bedrohungsabhängigen bzw. –unabhängigen Sicherheitsanforderungen werden jeweils unterschiedliche Modellierungsmöglichkeiten angeboten.

Systemelement– und aktivitätenorientierte Sicherheitsanforderungen

Diejenigen Sicherheitsanforderungen, die konkrete Eigenschaften eines Systemelementes betrachten, werden auch direkt bei den betroffenen Systemelementen beschrieben. In Abbildung 4.6 wird dies durch die Definition der Sollwerte eines Systemelementes durchgeführt. Dort ist die Verfügbarkeit des Rechners „elbe" mit 0.95 (also 95 %) spezifiziert. Der aktuelle Istwert liegt bei 1, womit eine Erfüllung der Anforderung noch garantiert ist.

Struktur– und ablauflogikorientierte Sicherheitsanforderungen

Die strukturellen Eigenschaften — sowohl im statischen als auch im dynamischen Bereich einer Anwendung — können durch den Sicherheitsexperten in textueller Form spezifiziert werden. In Abbildung 4.7 ist die ablauflogikorientierte Sicherheitsanforderung ❶ aus Abschnitt 3.4.4.2 textuell dargestellt. Konkret wird gefordert, daß die Aktivität „Vertragsunterschrift" immer nach dem Vier–Augen–Prinzip, also von zwei unterschiedlichen Personen ausgeführt werden muß. In der textuellen Darstellung werden die aussagenlogischen Sonderzeichen „∀", „∃" und „∧" durch die Worte „forall", „exists", und „and" angegeben sowie der Implikationspfeil durch „implies". Das Ungleichheitszeichen wird mittels der Zeichen „\ =" beschrieben. Außerdem kann der Sicherheitsexperte eine informelle Beschreibung der Sicherheitsanforderung einfügen, die durch „/*" und „*/" geklammert ist.

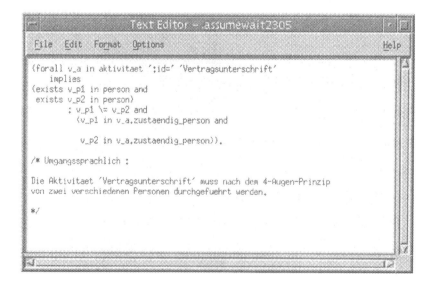

Abbildung 4.7: Spezifikation einer ablauflogikorientierten Sicherheitsanforderung

4.3.3 Bedrohungs– und Risikoanalyse

Die Analysekomponente der graphischen Benutzungsoberfläche bietet dem Sicherheitsexperten zunächst die Möglichkeit, die unterschiedlichen Sicherheitsanforderungen gegenüber dem Anwendungssystem kontrollieren zu lassen. Hierzu wählt er, differenziert nach den unterschiedlichen Typen, eine Sicherheitsanforderung aus und
startet deren Analyse.

Modellinhärente Konsistenzbedingungen

Für die Kontrolle der Konsistenzbedingungen steht in der Oberfläche aus Abbildung
4.4 ein entsprechender Button „Konsistenzbedingungen" zur Verfügung. Seine Selektion führt zur Kontrolle aller für das entsprechende Systemmodell formulierten
Konsistenzbedingungen. Betrachtet man die in Abschnitt 3.4.2 angeführten Beispiele, so sind diese direkt mit einem Systemmodell abgelegt und können gegenüber dem
modellierten Anwendungssystem abgeprüft werden. Abbildung 4.8 zeigt im linken
Fenster in einer Übersicht die erfüllten bzw. nicht erfüllten Konsistenzbedingungen.
Für die nicht erfüllten Bedingungen können detailliertere Informationen abgefragt
werden, die dem Entwickler und dem Sicherheitsexperten diejenigen Systemelemente
aufzeigen, für die eine bestimmte Bedingung nicht erfüllt ist. So sind in der Abbildung drei Konsistenzbedingungen erfüllt, lediglich die Forderung nach einer Speicherung von Datenobjekten ist nicht umgesetzt. Aus der Information im rechten
Fenster erfährt man, daß das Systemelement „d1" (Systemelementtyp „Daten") die
Anforderung nicht erfüllt.

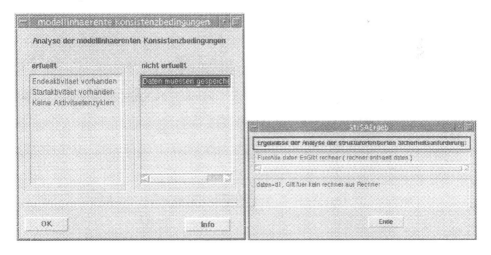

Abbildung 4.8: Modellinhärente Konsistenzbedingungen

Die modellinhärenten Konsistenzbedingungen müssen erfüllt sein, bevor die Analyse
der anderen Typen von Sicherheitsanforderungen durchgeführt werden kann.

Systemelement– und aktivitätenorientierte Sicherheitsanforderungen

Die Analyse von Eigenschaften, die konkrete Systemelemente bzw. Aktivitäten betreffen, startet mit der Ermittlung potentieller Bedrohungen sowie der durch sie bedrohten Systemelemente. Diese werden zunächst durch den Sicherheitsexperten ausgewählt, wobei er selbst entscheidet, welche Bedrohungen er auf das Anwendungssystem wirken läßt, und wann er die Kontrolle der Sicherheitsanforderungen vornimmt. In Abbildung 4.9 ist die Benutzungsoberfläche hierfür abgebildet. Neben einer Auswahlkomponente für potentielle Bedrohungen und Systemelemente muß noch die im Bewertungskonzept verwendete Defuzzifizierungsmethode durch den Sicherheitsexperten spezifiziert werden. Durch den Button „Aktu := Ist" kann das Anwendungssystem jederzeit zurückgesetzt, also die Wirkung bereits untersuchter Bedrohungen zurückgenommen werden, d. h. die Attribute werden mit ihren Ausgangswerten belegt. Hierdurch ist es möglich, verschiedene Bedrohungen und ihre Wirkungen oder auch die Wirkungen von unterschiedlichen Sicherheitsmechanismen sukzessive zu untersuchen.

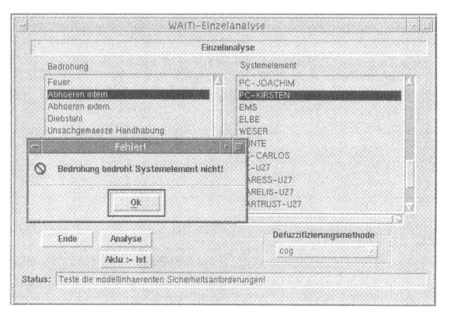

Abbildung 4.9: Auswahl von Bedrohung und Systemelement

In dem Beispiel sollte eine Bedrohung auf ein Systemelement wirken, für das es aus der Wissensbasis heraus keine Wirkungsmöglichkeiten gibt. Auf diesen Sachverhalt wird der Sicherheitsexperte durch entsprechende Hinweise aufmerksam gemacht. Nach Abschluß der Analyse werden die Analyseergebnisse in Abbildung 4.10 dem Sicherheitsexperten graphisch präsentiert. In dem Fenster ist die vollständige Propagierung einer gewählten Bedrohung auf ein Systemelement dargestellt, also auch die sekundären Konsequenzen. Konkret werden alle Veränderungen an den Attributen der betroffenen Systemelemente angezeigt. Eine Zeile enthält dabei jeweils einen Schritt der Konsequenzuntersuchung (siehe Abschnitt 3.5.1.5). Neben dem betrachteten Systemelement werden vorab das Vorgängerelement sowie die Beziehung, über die die Konsequenz propagiert wurde, angegeben. Weiterhin wird die resultierende Konsequenz mit ihrer Eintrittswahrscheinlichkeit und ihrer Wirkungsstärke auf das jeweilige Systemelement genannt. Abschließend sind die ggf. modifizierten Attribute des Systemelementes aufgelistet.

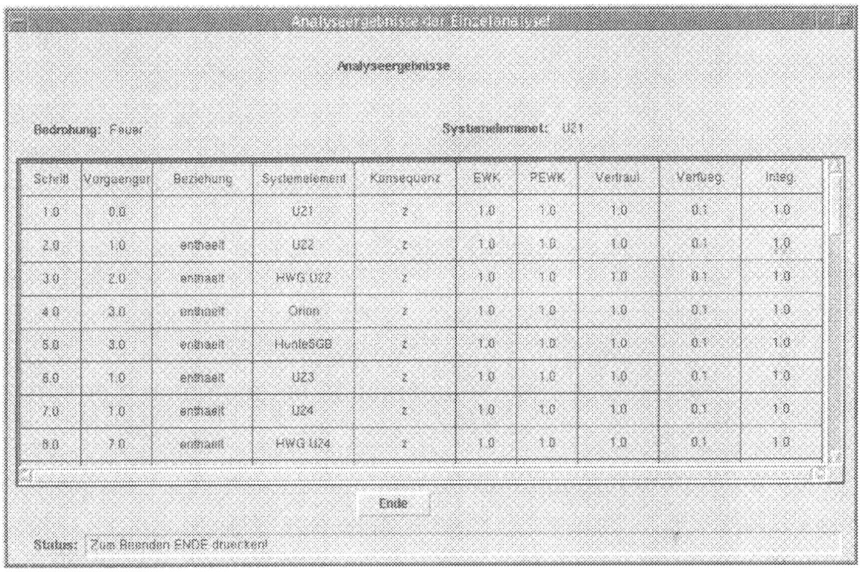

Abbildung 4.10: Analyseergebnis

Insgesamt erhält der Sicherheitsexperte somit einen vollständigen Überblick über die Wirkungen einer Bedrohung auf ein Anwendungssystem.

Struktur– und ablauflogikorientierte Sicherheitsanforderungen

Zur Analyse struktureller Eigenschaften werden dem Sicherheitsexperten in einem Auswahlfenster die von ihm spezifizierten Sicherheitsanforderungen angeboten. Dieser kann eine beliebige Anforderung auswählen und diese gegenüber dem Anwendungssystem kontrollieren. Als Ergebnis wird dem Sicherheitsexperten entweder analog zu den modellinhärenten Sicherheitsanforderungen oder in einem separaten Fenster aus ASSUME die Gültigkeit bzw. Nicht–Gültigkeit angezeigt (siehe Abbildung 4.8). Bei Nicht–Erfüllung wird auf die Schwachstellen in der Struktur bzw. dem Ablauf hingewiesen.

4.3.4 Wissensakquisition

Die dritte Komponente der Benutzungsoberfläche dient der Spezifikation aller relevanten Grundinformationen zur Entwicklung von sicheren Workflow–basierten Anwendungssystemen. Der Entwickler und der Sicherheitsexperte haben dabei die Möglichkeit, direkt auf die Datenbank über eine SQL–Plus–Schnittstelle zugreifen und die Informationen modifizieren, löschen bzw. neu eintragen zu können (siehe Abbildung 4.1). Zusätzlich werden graphische Schnittstellen zur Definition von Systemmodellen, des Risikomodells und des unscharfen Bewertungskonzeptes bereitgestellt.

Systemmodell

Die Definition eines neuen Systemmodells kann zunächst mittels des graphischen Metaeditors ASSUME sehr einfach realisiert werden. Der Entwickler hat hierzu die Möglichkeit, ein neues Systemmodell zu erzeugen und darin die einzelnen Komponenten festzulegen. Konkret bestimmt er genau die Entitäten aus Abbildung 3.3, die ein Systemmodell kennzeichnen: Systemelement–, Attribut–, Beziehungs– und Sicherheitsmechanismustypen sowie Schütz–Beziehungen. Zusätzlich kann er eine Reihe von Sichten auf das Systemmodell festlegen, die im Rahmen der Entwicklung eines konkreten Anwendungssystems genutzt und konkretisiert werden können.

Anhand der Definition von Beziehungstypen soll diese Verfeinerung illustriert werden. In Abbildung 4.11 ist im Modellfenster angegeben, daß die Beziehungstypen zwischen den Systemelementtypen spezifiziert werden können. Im Instanzfenster ist exemplarisch die Definition eines Geschäftsprozesses durch eine Reihe von Aktivitäten sowie die technische Infrastruktur angegeben. Voraussetzung für diese Angaben ist die vorherige Festlegung der entsprechenden Systemelementtypen.

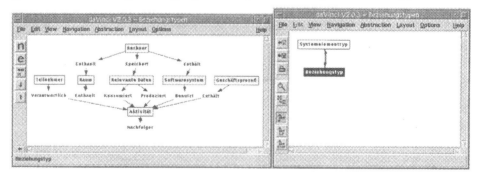

Abbildung 4.11: Definition von Beziehungstypen

Analog wird mit den anderen Elementen des System–Metamodells verfahren. Das in dieser Form graphisch spezifizierte Systemmodell wird in der Datenbank abgespeichert und kann anschließend zur Entwicklung beliebiger Anwendungssysteme verwendet werden.

Risikomodell

Das Risikomodell beschreibt das für die Durchführung einer Bedrohungs- und Risikoanalyse relevante Wissen. Die Beschreibung der relevanten Sachverhalte umfaßt die in Abschnitt 3.5.1.2 eingeführten Elemente: Bedrohungen, Konsequenzen, Propagierungen und Sicherheitsmechanismustypen.

Wissensbasis „Bedrohung" Es können alle relevanten Bedrohungen spezifiziert werden. Eine Bedrohung ist eindeutig gekennzeichnet und wird durch die Elemente aus Abbildung 4.12 festgelegt. Im rechten Teil ist das Modell und im linken Teil eine Beispielinstanz dargestellt. Demnach erzeugt eine Bedrohung eine Konsequenz für einen Systemelementtyp und besitzt weiterhin eine Eintrittswahrscheinlichkeit. Das Beispiel zeigt die Bedrohung „Feuer", die für einen Raum oder einen Rechner mit einer hohen Wahrscheinlichkeit eine Zerstörung hervorrufen kann.

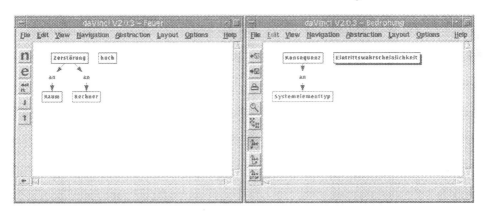

Abbildung 4.12: Wissensbasis „Bedrohung"

Wissensbasis „Konsequenz" Abbildung 4.13 zeigt die Definition und eine Instanz einer Konsequenz für einen Systemelementtyp. Wie an dem Modellfenster zu sehen, wirkt eine Konsequenz auf einen Systemelementtyp und zwar konkret auf einen Attributtyp des Systemelementtyps. Den Grad der Wirkung wird durch die Entität „Stärke" gekennzeichnet. In dem Instanzfenster ist als Beispiel die Konsequenz „Zerstörung" auf die Systemelementtypen „Raum" und „Rechner" angegeben. Sie wirkt konkret auf den Attributtyp „Verfügbarkeit" und zwar mit der Stärke „hoch" auf den Raum bzw. „sehr hoch" auf den Rechner.

Wissensbasis „Propagierung" Neben der direkten Wirkung einer Konsequenz auf einen Systemelementtyp muß auch die Propagierung einer solchen durch das Anwendungssystem spezifiziert werden. Dies geschieht in der Wissensbasis „Propagierung", deren Objekte durch die Benutzungsoberfläche aus Abbildung 4.14 erfaßt werden. So wird in dem Modellfenster die Folgewirkung einer primären oder sekundären Konsequenz auf ein Systemelement beschrieben. Sie erzeugt

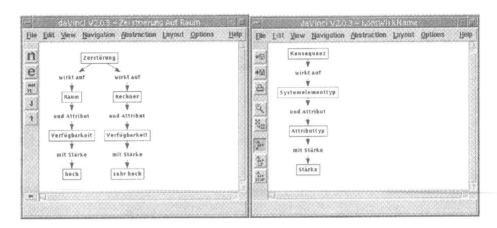

Abbildung 4.13: Wissensbasis „Konsequenz"

für Systemelemente, die über einen definierten Beziehungstyp mit dem Ausgangs-
element verbunden sind, sekundäre Konsequenzen. Es sind also zwei Systemelementtypen zu definieren und nicht, wie die Abbildung vielleicht suggeriert, nur
ein Systemelementtyp. Für eine derartige Propagierung wird dann noch eine Propagierungswahrscheinlichkeit angegeben.

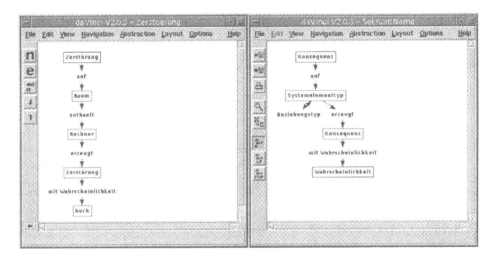

Abbildung 4.14: Wissensbasis „Propagierung"

Die Beispielinstanz zeigt die Fortführung des bisherigen Beispiels. Die Konsequenz
„Zerstörung" auf den Systemelementtyp „Raum" führt zu der sekundären Konsequenz „Zerstörung" der sich im Raum befindlichen „Rechner". Die Wahrscheinlichkeit für diese Propagierung, also die Wahrscheinlichkeit, daß die sekundäre

Konsequenz eintritt, sobald die (primäre oder sekundäre) Ausgangskonsequenz eingetreten ist, wird mit „hoch" spezifiziert.

Wissensbasis „Sicherheitsmechanismustyp–Schutz" In der letzten Wissensbasis ist die Beschreibung des Schutzes von Sicherheitsmechanismustypen für Systemelementtypen enthalten. Abbildung 4.15 stellt im Modellfenster alle relevanten Informationen dar, die einen solchen Schutz kennzeichnen. So schützt ein Sicherheitsmechanismustyp einen Systemelementtyp gegen die Konsequenz, die von einer angegebenen Bedrohung ausgeht. Der Grad des Schutzes wird durch ein entsprechendes Attribut bezeichnet. Außerdem wird die Art des Sicherheitsmechanismustyps angegeben, also ob es sich um einen ursachen– oder wirkungsbezogenen Sicherheitsmechanismus handelt. Für einen Sicherheitsmechanismustyp kann es mehrere Instantiierungen geben, je nachdem, gegen welche Bedrohungen und Konsequenzen sowie gegen welche Systemelemente er einsetzbar ist.

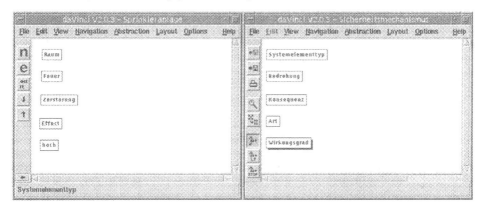

Abbildung 4.15: Wissensbasis „Sicherheitsmechanismustyp–Schutz"

Im Instanzfenster ist der Sicherheitsmechanismustyp „Sprinkleranlage" angegeben, der den Systemelementtyp „Raum" gegen die Konsequenz „Zerstörung" einer Bedrohung „Feuer" schützt. Der Sicherheitsmechanismus wird weiterhin als wirkungsbezogener Mechanismus („EFFECT") mit einem Wirkungsgrad „hoch" spezifiziert.

Unscharfes Bewertungskonzept

Für das unscharfe Bewertungskonzept ist ebenfalls eine Reihe unterschiedlicher Angaben zu spezifizieren. Neben der Spezifikation von Fuzzy–Mengen und linguistischen Variablen müssen die Regeln für den Bewertungsvorgang aus Abschnitt 3.5.1.6 festgelegt werden.

Für die Definition der Regeln ist keine graphische Benutzungsoberfläche vorgesehen, da diese einfach in textueller Form formuliert und in die Datenbank abgespeichert

werden können. Im Gegensatz dazu ist die Spezifikation von Fuzzy–Mengen und linguistischen Variablen graphisch möglich. Dies ist auch sinnvoll, da ihre graphische
im Gegensatz zu einer rein textuellen Repäsentation eine adäquatere Erfassung lin-
guistischer Variablen ermöglicht. In Abbildung 4.16 ist die Oberfläche zur Anzeige
und Modifikation der linguistischen Variablen dargestellt.

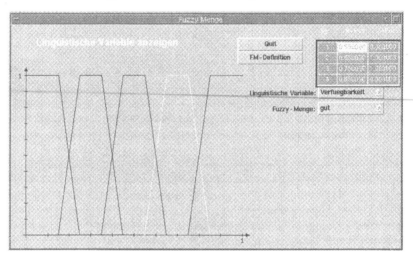

Abbildung 4.16: Linguistische Variable

Im rechten Teil kann der Anwender die linguistische Variable, die er betrachten
bzw. modifizieren möchte, auswählen. In der Abbildung ist die Variable „Verfügbarkeit" selektiert, die durch fünf Fuzzy–Mengen definiert ist. Die durch den Anwender
zusätzlich ausgewählte Fuzzy–Menge wird durch eine Farbveränderung hervorgeho-
ben; im Beispiel ist dies die Fuzzy–Menge „gut". In der Tabelle rechts oben ist dann
die konkrete Definition der ausgewählten Fuzzy–Menge angezeigt. Diese kann durch
den Anwender verändert werden, indem er die entsprechenden Werte selektiert und
modifiziert. Neben der persistenten Speicherung in der Datenbank führt eine solche
Veränderung auch zu einer entsprechenden Anpassung der graphischen Repräsentation.

Semantische Nebenbedingungen

Die im Rahmen der Definition des jeweils genutzten Systemmodells spezifizierten semantischen Nebenbedingungen aus Abschnitt 3.3.5 werden durch das System permanent überwacht. Die Eindeutigkeit von Kennungen für Systemelemente wird durch
die Modellierungskomponente kontrolliert, ggf. doppelt angegebene Kennungen abgelehnt. Die semantischen Nebenbedingungen für die Sicherheitsanforderungen aus
Abschnitt 3.4.5 dagegen werden nicht vollständig bei der Eingabe untersucht. Einfache Bedingungen, wie die Existenz von spezifizierten Attributtypen oder –konsisten-

zen, werden durch die Art der Eingabe, im Falle von systemelement– und aktivitäten-orientierten Sicherheitsanforderungen direkt am betroffenen Element, automatisch abgeprüft. Andere Anforderungen, wie Variablen– oder Beziehungsvergleiche werden jedoch erst in der Analyse auf der Funktionalitätsebene betrachtet.

4.4 Funktionalität

Die zweite Schicht in der Architektur von **TRAW**$^\top$ beinhaltet die vollständige Funktionalität des Systems. Sie interagiert mit der Benutzungsoberfläche, durch die sie zum einen gesteuert und für die sie zum anderen Informationen bereitstellt. An der „unteren" Schnittstelle greift sie auf eine Datenhaltungskomponente zurück. Insgesamt besteht die mittlere Schicht aus drei Teilkomponenten, die in den drei Abschnitten 4.4.1 bis 4.4.3 detaillierter beschrieben werden.

4.4.1 Systemverwaltung

Die Aufgabe der Systemverwaltung besteht in der Bereitstellung des aktuell sich in Bearbeitung befindlichen Anwendungssystems mit den dafür definierten Sicherheitsanforderungen. Gesteuert durch die Modellierungskomponente werden folgende Funktionen realisiert:

❶ *Verbindungsaufbau zur Datenbank:* Da die gesamten Informationen in einer Datenbank gespeichert werden, muß zunächst eine Verbindung zu dieser Datenbank aufgebaut werden. Hierzu hat der Anwender ein Login und ein Paßwort anzugeben, die ihm einen Zugriff auf die Datenbank ermöglichen. Fehlangaben werden dem Anwender angezeigt, und dementsprechend wird keine Verbindung aufgebaut.

❷ *Erzeugen:* Durch die Eingabe einer eindeutigen Kennung kann der Anwender ein neues Anwendungssystem anlegen. Dies wird zunächst ausschließlich im Hauptspeicher verwaltet. Die Eindeutigkeit der Kennung wird durch die Systemverwaltung kontrolliert. Ebenfalls können neue Sicherheitsanforderungen für das Anwendungssystem definiert werden. Mit einem neuen Anwendungssystem ist immer ein existentes Systemmodell verbunden, aus dem heraus das konkrete System modelliert ist.

❸ *Laden:* Sind bereits Anwendungssysteme und Sicherheitsanforderungen in der Datenbank gespeichert, so kann der Anwender diese zusammen mit dem zugehörigen Systemmodell laden. Hierzu werden ihm alle vorhandenen Anwendungen angezeigt, und durch Selektion kann er eine Anwendung wählen, die in den Hauptspeicher geladen wird. Sollte sich dort noch ein bearbeitetes System befinden, so wird der Anwender darauf hingewiesen.

❹ *Speichern:* Der Anwender kann jederzeit das aktuell sich im Hauptspeicher befindliche Anwendungssystem mit seinen Sicherheitsanforderungen in der Datenbank persistent machen.

❺ *Schließen:* Soll ein Anwendungssystem mit seinen Sicherheitsanforderungen
nicht mehr weiter bearbeitet werden, so kann es geschlossen werden. In diesem Fall wird es aus dem Hauptspeicher gelöscht. Hat der Anwender seit der
letzten persistenten Speicherung Änderungen vorgenommen, so wird er darauf
hingewiesen, daß diese Änderungen noch nicht in der Datenbank abgelegt sind.

❻ *Löschen:* Wird ein Anwendungssystem (mit Sicherheitsanforderungen) nicht
mehr benötigt, so kann es sowohl aus dem Hauptspeicher als auch aus der Datenbank dauerhaft gelöscht werden. Die Löschung eines Anwendungssystems
führt nicht zur Löschung des Systemmodells.

Neben der Verwaltung der Anwendungssysteme und Sicherheitsanforderungen müssen noch die Analyseergebnisse betrachtet werden. Für die Analyse systemelement–
und aktivitätenorientierter Sicherheitsanforderungen werden die Analyseergebnisse
zum einen direkt an den jeweiligen Systemelementen (Attribut „Istwert") angegeben. Zusätzlich werden die Wirkungen der Konsequenzen und die Propagierungen
durch das Anwendungssystem verwaltet, um sie über die Analyseschnittstelle dem
Benutzer anzeigen zu können (siehe Abbildung 4.10). Die Analyseergebnisse werden
nicht persistent gespeichert.

4.4.2   Wissensbasis

In der Wissensbasis werden zur Laufzeit alle für die Modellierungs– und Analysekomponente benötigten Informationen gehalten. Die konkrete Aufgabe besteht darin, die Daten aus der Datenbank zu holen und dem Anwender bereitzustellen, um
somit eine verbesserte Laufzeit zu erzielen. Dabei werden drei Informationsquellen
berücksichtigt:

❶ *Systemmodell:* Aus der Datenbank wird ein Systemmodell (siehe Abschnitt
3.3.3) geladen und für die Modellierung des Anwendungssystems sowie der
Sicherheitsanforderungen verwendet.

❷ *Risikomodell:* Für die Analyse der systemelement– und aktivitätenorientierten
Sicherheitsanforderungen werden die Daten des Risikomodells aus der Datenbank gelesen und zur Verfügung gestellt.

❸ *Bewertungskonzept:* Um ein unscharfes Bewertungskonzept im Rahmen der
Bedrohungs– und Risikoanalyse verwenden zu können, müssen zum einen die
Fuzzy–Mengen und linguistischen Variablen sowie die verschiedenen Regelba-
sen aus Abschnitt 3.5.1.6 bereitgestellt werden.

Alle Informationen werden in vordefinierten Datenstrukturen abgelegt und den verschiedenen Komponenten der Benutzungsoberfläche und der Funktionalitätskomponente zur Verfügung gestellt.

4.4.3 Analysekomponente

Die eigentliche Analysekomponente realisiert die verschiedenen Verfahren zur Kontrolle der Sicherheitsanforderungen. Sie wird gesteuert durch die Komponente „Bedrohungs– und Risikoanalyse" der Benutzungsoberfläche und kommuniziert sowohl mit der Systemverwaltung wie auch mit den Wissensbasen der Funktionalitätskomponente. Konkret besteht die Analysekomponente aus drei Teilkomponenten.

Analysesteuerung

Die Steuerungskomponente koordiniert die verschiedenen Analyseverfahren. Je nachdem, welcher Typ von Sicherheitsanforderung untersucht werden soll, ruft sie die entsprechenden Verfahren auf und liefert die Analyseergebnisse entweder direkt an die Benutzungsoberfläche oder an die Systemverwaltung (Modifikation der Systemelementattribute) zurück.

Analyseverfahren

Die Komponente der Analyseverfahren beinhaltet die Realisierungen der in den Abschnitten 3.5.1—3.5.4 entwickelten Analyseverfahren.

Systemelementorientierte Sicherheitsanforderungen (SEOS) Zur Analyse der systemelementorientierten Sicherheitsanforderungen werden durch den Anwender eine Bedrohung sowie ein Systemelement ausgewählt. In der Verfahrenskomponente SEOS sind die Algorithmen 1—4 implementiert. Sie werden durch die Steuerungskomponente kontrolliert und benutzen die Funktionalität der Bewertungskomponente. Diese ermittelt als Ergebnisse modifizierte Attribute, die die Wirkungen der untersuchten Bedrohung auf das Anwendungssystem widerspiegeln. Als Ergebnis liefert SEOS eine Aussage darüber, ob die zu untersuchende systemelementorientierte Sicherheitsanforderung erfüllt ist oder nicht. Das gesamte Verfahren ist in C++ implementiert und wird über die Steuerungskomponente durch den Anwender kontrolliert. Die hierbei aufgebauten Klassenhierarchien entsprechen genau den Strukturen des System–Metamodells sowie des Risikomodells.

Aktivitätenorientierte Sicherheitsanforderungen (AOS) In der Verfahrenskomponente AOS ist der Algorithmus 5 implementiert. Dabei wird die Analyse der systemelementorientierten Sicherheitsanforderungen als Bestandteil aufgerufen. Zusätzlich jedoch wird die zu kontrollierende aktivitätenorientierte Sicherheitsanforderung in eine Reihe systemelementorientierter Sicherheitsanforderungen transformiert, diese werden dann analysiert und abschließend wird eine

Endkontrolle vorgenommen. Die Ergebnisse und die Art der Umsetzung (C++–
Implementierung) entsprechen denen der systemelementorientierten Sicherheitsanforderungen.

Strukturorientierte Sicherheitsanforderungen (SOS) Zur Analyse der struk-
turorientierten Sicherheitsanforderungen werden die Algorithmen 6 und 7 in der
Verfahrenskomponente SOS bereitgestellt. Im Gegensatz zu den beiden vorherigen Komponenten sind sie in Prolog implementiert, da sie direkt die bereits
vorhandene Funktionalität des Meta–Editors ASSUME nutzen. Konkret werden
Verfahren zur Prüfung von Pfadausdrücken in Graphen benötigt, die ASSUME in
Form sogenannter ASSUME–*Invarianten* als Prolog–Prädikate anbietet [Rit98].
Um diese Prädikate nutzen zu können, werden die durch den Anwender formulier-
ten Sicherheitsanforderungen in ASSUME–Invarianten übersetzt, diese gegenüber
dem Anwendungssystem kontrolliert und als Ergebnisse die Erfüllung bzw. Nicht-
Erfüllung der Sicherheitsanforderung zurückgeliefert.

Die Übersetzung ist mittels der Werkzeuge LEX und YACC realisiert, und sie
erlaubt eine automatische Transformation einer strukturorientierten Sicherheitsanforderung in eine ASSUME–Invariante.

Ablauflogikorientierte Sicherheitsanforderungen (ALOS) Die Implementierung von Algorithmus 8 in der Verfahrenskomponente ALOS schafft die Basis für
die Analyse von verdeckten Kanälen. Das Verfahren ist auf die gleiche Art realisiert wie die strukturorientierten Sicherheitsanforderungen, d. h. die durch den
Anwender formulierten Sicherheitsanforderungen werden in ASSUME–Invarianten
übersetzt, die dann direkt auf ihre Gültigkeit hin überprüft werden können.

Bewertungskomponente

Das unscharfe Bewertungskonzept basiert auf der Fuzzy–Technologie. Dabei wird
eine Reihe von Regelbasen eingesetzt, deren Auswertung durch die Fuzzy–Bibliothek
StarFLIP++ [BDD97] durchgeführt wird. Neben der Inferenzstrategie werden die
Fuzzy–Operatoren sowie die Methoden zur Defuzzifizierung genutzt. Konkret werden
die Funktionen zur Bestimmung der Ergebniswerte einer Fuzzy–Regel und die dafür
notwendigen fuzzy–logischen Verknüpfungen aus StarFLIP++ verwendet.

Um die Fuzzy–Bibliothek StarFlip++ innerhalb von **TRAW**$^\top$ einsetzen zu können,
müssen die relevanten Objekte für StarFlip++ vorbereitet werden. So werden die linguistischen Variablen in einen speziellen Typ der Fuzzy–Bibliothek transformiert, der
seinerseits eine Liste von Fuzzy–Mengen enthält. Fehlende, jedoch in StarFLIP++
relevante Werte (z. B. die Farbe einer Fuzzy–Menge), werden mit Defaultwerten
parametrisiert. Konkret wird somit jede Klasse einer linguistischen Variablen aus
TRAW$^\top$ in eine entsprechende Klasse in StarFLIP++ übersetzt. Regeln bestehen
innerhalb von StarFLIP++ aus drei dieser Klassen, wobei die ersten zwei die Prämissen und die dritte Klasse die Konklusion repräsentiert. Als Verknüpfung der Prämissen wird in **TRAW**$^\top$ lediglich die Konjunktion (definiert als Minimum) genutzt.

Die Auswertung einer Regel beginnt mit der Initialisierung der Prämissen mit den scharfen Werten. Anschließend kann StarFLIP++ direkt mit der Auswertung der Regeln beauftragt werden, so daß als Ergebnis die Klassen der Konklusion entstehen. Diese werden durch den Vereinigungsoperator verbunden und ergeben schlußendlich die Ergebnisfunktion. Das Ergebnis kann dann entweder wieder in ein Objekt von **TRAW**$^\top$ überführt oder an die Interpretationshilfe übergeben werden.

Die Interpretationshilfe führt die in Abschnitt 3.5.1.10 dargestellte Verbalisierung der Ergebnis–Fuzzy–Menge durch und übergibt ihre Ergebnisse an die Systemverwaltung, die sie bei den entsprechenden Systemelementen (bei konkret deren Attributen) einträgt. Für den Anwender wird die Interpretation direkt bei dem Attribut angezeigt (siehe Feld „aktueller Wert (Interpretationshilfe)" aus Abbildung 4.6).

4.5 Datenhaltung

Die dritte und tiefste Ebene von **TRAW**$^\top$ bietet die Möglichkeit, alle relevanten Informationen im Rahmen der Entwicklung sicherer Workflow–basierter Anwendungen persistent zu speichern. Als Datenbankmanagementsystem (DBMS) wird das System Oracle 7.2 verwendet, das über eine generische Schnittstelle gegenüber der Funktionalitätsebene gekapselt ist. Die Datenbankschnittstelle YADI (Yet Another Database Interface) definiert eine Klassenbibliothek zur Bereitstellung der Funktionalität des zugrundeliegenden DBMS [Fri97]. Es bietet die Möglichkeit, mittels komfortabler, einfach zu nutzender Methoden, Daten aus der Datenbank zu selektieren, zu löschen, einzutragen oder zu modifizieren.

Das Datenschema von **TRAW**$^\top$ besteht aus zwei Teilen. Zum einen wird für ASSUME ein sehr einfaches Schema eingesetzt, in dem Graphen abgebildet werden können. Es besteht aus sechs Entitäten, wobei zwei für die Knoten und zwei Entitäten für die Kanten relevant sind. Sie enthalten jeweils ein Knoten– bzw. Kantenobjekt (Relationen *Node* und *Edge*) sowie deren graphische Repräsentation (Relationen *GNode* und *GEdge*). Die beiden anderen Entitäten beinhalten alle in ASSUME verwendeten Konstanten (Relation *Const*) sowie die textuell definierten Sicherheitsanforderungen (Relation *Text*). Insgesamt besitzt das Schema von ASSUME keinerlei semantische Informationen hinsichtlich der zugrundeliegenden Anwendung, da es für die Modellierung und Analyse beliebiger Graphstrukturen konzipiert ist.

Das zweite Schema beschreibt konkret den Kontext der Bedrohungs– und Risikoanalyse und bietet die Möglichkeit, alle für eine wissensbasierte Bedrohungs– und Risikoanalyse relevanten Informationen persistent abzuspeichern. Das Schema selbst kann in drei Bereiche untergliedert werden.

❶ **System–Metamodell:** Zunächst können ein Systemmodell und davon abgeleitete Anwendungssysteme abgespeichert werden. In Abbildung 4.17 ist dieser Teil des ER–Schemas abgebildet.

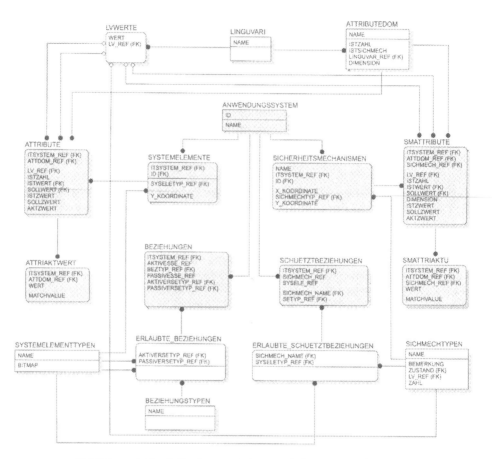

Abbildung 4.17: Teil „System–Metamodell" des ER–Schemas

Die weiß dargestellten Entitäten beschreiben das Systemmodell und die grauen Entitäten ein Anwendungssystem. Die Systemelement– und Sicherheitsmechanismustypen sowie die erlaubten Beziehungen zwischen diesen gekennzeichnen das Systemmodell. Weiterhin werden die Attributtypen einer Domäne zugeordnet, die ihrerseits als linguistische Variablen festgelegt sein können. Ein Anwendungssystem verweist dann auf eine Menge von Systemelementen, Beziehungen, Sicherheitsmechanismen und Schütz–Beziehungen. Die konkrete Beschreibung dieser Objekte, der Systemelemente wie auch der Sicherheitsmechanismen, wird durch Attribute realisiert, die auf die entsprechenden Domänen verweisen und selbst mit konkreten Werten abgespeichert werden.

❷ **Risikomodell:** Der zweite Teil umfaßt das Risikomodell zur Analyse der systemelement– und aktivitätenorientierten Sicherheitsanforderungen. Die entsprechenden Entitäten sind in Abbildung 4.18 grau beschrieben. Konkret wer-

den die drei Aspekte des Risikomodells aus Abbildung 3.6 erfaßt. Zunächst
werden Bedrohungen und die Konsequenzen für Systemelemente sowie deren
konkrete Wirkung für die Attribute von Systemelementen modelliert (siehe
Kasten). Der zweite Aspekt beschreibt die Schutzmöglichkeiten von Sicherheitsmechanismen gegen die Konsequenzen eintretender Bedrohungen (Relation „SICHMECHTYPENWIRK"). Der dritte gibt die Propagierung, also
die Ermittlung der sekundären Konsequenzen in der Relation „SEKUNDAE-
RE_KONSEQUENZEN", an.

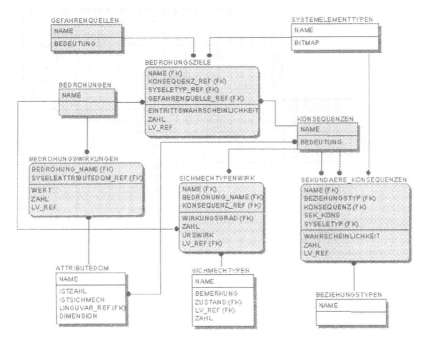

Abbildung 4.18: Teil „Risikomodell" des ER–Schemas

❸ **Bewertungssystem:** Im dritten Teil werden alle relevanten Informationen
zum unscharfen Bewertungskonzept verwaltet (siehe Abbildung 4.19). Konkret
sind dies die fünf Regelbasen für die Konsequenzuntersuchung aus Abschnitt
3.5.1.6 und die Verwaltung der linguistischen Variablen mit der Interpretationshilfe (siehe graue Entitäten).

4.6   Bewertung

Im Hinblick auf die in Abschnitt 4.1 formulierten Anforderungen an das Werkzeug
TRAW$^\top$ läßt sich folgendes Resümee ziehen:

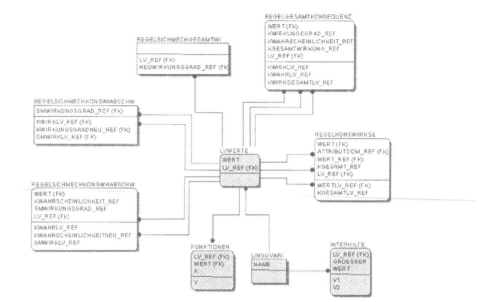

Abbildung 4.19: Teil „Bewertungskonzept" des ER–Schemas

❶ **Graphische Benutzungsoberfläche:** Das Werkzeug bietet im Bereich der
Systemmodellierung eine graphische Benutzungsoberfläche, die eine einfache
Modellierung von Systemmodellen sowie konkreten Anwendungssystemen gestattet. Die bedrohungsabhängigen Sicherheitsanforderungen werden direkt
über die graphische Benutzungsoberfläche beschrieben, während die bedrohungsunabhängigen Sicherheitsanforderungen textuell angegeben werden müssen. Die Analyseergebnisse weisen auf nicht erfüllte Sicherheitsanforderungen
hin und bieten einen guten Überblick über die durchgeführten Analysen und
vorhandenen Schwachstellen im Anwendungssystem. Das gesamte Analysewissen kann ebenfalls über eine graphische Benutzungsoberfläche durch den Entwickler und den Sicherheitsexperten angegeben werden.

❷ **Hoher Automatisierungsgrad:** Mit Ausnahme der Bedrohungsidentifikation und der Systemelementauswahl im Rahmen der bedrohungsabhängigen
Analyse sowie der Modifikation sind alle sonstigen Funktionen vollständig
durch **TRAW**⊤ automatisiert.

❸ **Handbabbarkeit:** Das Werkzeug unterstützt alle Phasen des integrierten
Vorgehensmodells, wobei der Anwender jederzeit die einzelnen Phasen sowie
deren Abarbeitungsreihenfolge beeinflussen kann. Eine gute Handhabbarkeit
sollte jedoch zusätzlich im Rahmen einer detaillierten Evaluierung (siehe Kapitel 5) nachgewiesen werden.

❹ **Konsistenzsicherung:** Die semantischen Nebenbedingungen werden durch das Werkzeug an den entsprechend sinnvollen Stellen im Vorgehensmodell kontrolliert. In Fehlerfällen (z. B. bei modellinhärenten Konsistenzbedingungen) wird der Anwender auf die entsprechenden Schwachstellen hingewiesen.

❺ **Persistente Datenhaltung:** Das gesamte System ist datenbankgestützt, und mit Ausnahme der temporären Analyseergebnisse werden alle sonstigen Angaben persistent abgespeichert.

❻ **Prototypentwicklung:** Der entwickelte Prototyp erlaubt die Evaluation der in Kapitel 3 entwickelten Konzepte, wobei er alle relevanten Phasen des integrierten Vorgehensmodells unterstützt.

Kapitel 5

Anwendungsbeispiel

Das in Kapitel 3 entwickelte Konzept einer wissensbasierten Bedrohungs– und Risikoanalyse Workflow–basierter Anwendungssysteme soll im folgenden anhand eines konkreten Anwendungsszenarios evaluiert werden.

Die Modellierung des Systems wird in Abschnitt 5.1 auf Basis des Minimalen Metamodells der Workflow Management Coalition (siehe Abschnitt 2.2.5.2) vorgenommen, wobei einige Modellerweiterungen notwendig sind. Die Auswahl des Minimalen Metamodells basiert auf der Tatsache, daß es einen geplanten Standard zur Beschreibung von Workflow–basierten Anwendungssystemen darstellt, der von den Mitgliedern der Workflow Management Coalition unterstützt wird und somit eine weite Verbreitung finden sollte.

Als Anwendung wird in Abschnitt 5.2 das Epidemiologische Krebsregister Niedersachsen gewählt, in dem hochsensible Daten von Krebspatienten erfaßt und verarbeitet werden. Hierbei handelt es sich um ein Anwendungssystem, bei dem einerseits eine Entwicklung unter spezieller Betrachtung der Arbeitsabläufe durchzuführen ist und das andererseits eine Vielzahl von Sicherheitsanforderungen für das System zu gewährleisten hat. Diese werden in Abschnitt 5.3 formuliert und anschließend analysiert (siehe Abschnitt 5.5).

5.1 Systemmodell

5.1.1 Minimales Metamodell der Workflow Management Coalition

Als Systemmodell und somit auch als zugrundeliegendes Prozeßverständnis werden das Minimale Metamodell der Workflow Management Coalition und für dessen standardisierte Beschreibung in einem ASCII–Format die Workflow Process Definition

Language (WPDL) verwendet [Coa98]. Da dort ausschließlich die aus Abbildung 2.1 dargestellten Elemente der logischen und organisatorischen Ebene sowie die Aspekte der Ablaufebene beschrieben und alle technischen Aspekte ausklammert werden, sind einige Erweiterungen notwendig, um auch die informationstechnische Infrastruktur einer Anwendung darstellen zu können. Außerdem wird eine Beschränkung auf die relevanten Aspekte des Minimalen Metamodells vorgenommen und eine Vielzahl sonstiger Informationen, z. B. die für die administrativen Zwecke notwendigen Attribute Autor, Version oder Textfonts, vernachlässigt. Der grundlegende Aufbau des Minimalen Metamodells ist in Abbildung 5.1 dargestellt.

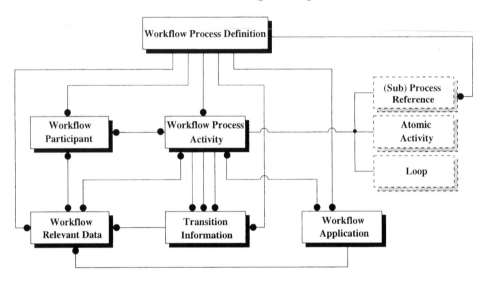

Abbildung 5.1: Minimales Metamodell der Workflow Management Coalition [Coa98]

Eine *Workflow Process Definition*, also die Definition eines Geschäftsprozesses bzw. eines Workflows, umfaßt alle Elemente, die einen Arbeitsablauf kennzeichnen. Sie enthält eine Menge unterschiedlicher Entitäten. Konkret besteht sie aus einer Menge von Aktivitäten (*Workflow Process Activity*), Transitionsbedingungen (*Transition Information*), Teilnehmern (*Workflow Participant*), Anwendungen (*Workflow Application*) und relevanten Daten (*Workflow Relevant Data*).

Workflow Process Activity Eine Workflow Process Definition besteht aus mindestens einer Workflow Process Activity (Aktivität). Diese stellt einen logischen Schritt innerhalb des Arbeitsablaufes dar, der durch eine Reihe von Attributen beispielsweise zur Definition des Kontrollflusses, der Implementierung, der Ausführungskontrolle sowie der Teilnehmerzugehörigkeit beschrieben wird.

Eine Aktivität spezifiziert entweder eine atomare Aktivität (*Atomic Activity*) oder ist selbst wieder ein Teilprozeß (*(Sub) Process Reference*) bzw. eine Schleife (*Loop*). Eine atomare Aktivität bildet einen elementaren, nicht mehr zerlegbaren

Arbeitsschritt innerhalb des Arbeitsablaufes. Eine Teilprozeßdefinition dagegen ist ihrerseits wieder durch eine *Workflow Process Activity* gekennzeichnet, wodurch die Hierarchisierung von Arbeitsabläufen möglich ist. Ist eine Aktivität als Schleife definiert, so wird eine Menge weiterer Aktivitäten solange durchlaufen, bis ein festgelegtes Abbruchkriterium erfüllt ist und im normalen Ablauf nach der Schleifenaktivität fortgefahren werden kann.

Transition Information Die zeitliche Reihenfolge von einzelnen Aktivitäten innerhalb eines Arbeitsprozesses wird durch die *Transition Information* beschrieben. In einer Nachfolgerrelation werden jeweils zwei Aktivitäten spezifiziert, die miteinander verbunden werden sollen. Bei Schleifen ist sogar eine dritte Aktivität relevant, da ausgehend von der Ausgangsaktivität der Beginn und der Abschluß der Schleife gekennzeichnet werden muß. Zusätzlich zu den Aktivitäten können Bedingungen für eine Transition formuliert werden, durch die die weitere Reihenfolge der Aktivitäten gesteuert wird.

Workflow Participant Einer Aktivität ist immer mindestens ein *Workflow Participant* (Teilnehmer) zugeordnet, der für die Durchführung der Aktivität verantwortlich ist. Zusätzlich ist mit jedem Teilnehmer eine Menge von Aktivitäten assoziiert, die durch diesen ausgeführt werden können. Somit beschreibt ein Teilnehmer immer einen Teil des Organisationsmodells und ist durch einen definierten Typ (z. B. Organisationseinheit, Mensch, Rolle oder System) gekennzeichnet.

Workflow Application Für ihre Realisierung benutzt eine Aktivität eine oder mehrere Anwendungen (*Workflow Application*). Dabei wird im Minimalen Metamodell (bzw. in der WPDL) lediglich die Schnittstelle zu der Anwendung spezifiziert, d. h. der Name und die Übergabeparameter werden angegeben.

Workflow Relevant Data Die *Workflow Relevant Data* umfassen alle Informationen, die für eine Ausführung einer Aktivität notwendig sind. Sie können sowohl für die Definition der Transitionsbedingungen, zur Beschreibung von Aktivitäten und Teilnehmern sowie als Parameter von Anwendungen benutzt werden.

Mit dem Minimalen Metamodell und der Workflow Process Definition Language ist somit eine Möglichkeit geschaffen, unabhängig von einem konkreten Workflow Management System eine Anwendung und die darin vorhandenen Arbeitsabläufe zu modellieren.

5.1.2 „Erweitertes" Minimales Metamodell als Systemmodell

Erweiterungen

Um die Unabhängigkeit der Modellierung von der Ausführung erreichen zu können, werden die informationstechnischen Aspekte in der WPDL nicht berücksichtigt, sondern vollständig durch das jeweils zugrundeliegende Workflow–Management–System gekapselt. So wird in der Beschreibung der WPDL explizit gesagt: „WPDL abstracts from the concrete implementation or enviroment (thus these aspects are not of interest at process definition time)" [Coa98]. Da im Rahmen dieses Buches jedoch Sicherheitsanforderungen untersucht werden sollen, die durch Bedrohungen auf die Elemente des informationstechnischen Systems negativ beeinflußt werden, ist diese Einschränkung jedoch nicht akzeptabel. Stattdessen ist eine Erweiterung des Minimalen Metamodells notwendig, die dann eine *vollständige* Spezifikation eines Anwendungssystems ermöglicht, d. h. alle für die Ausführung notwendigen Angaben müssen modelliert werden können.

Das zuvor skizzierte Minimale Metamodell wird daher um eine räumliche Infrastruktur in Form von Räumen und Zugängen sowie eine Hardware– und Softwareplattform für das Anwendungssystem erweitert. Da man die *Workflow Application* als Software interpretieren kann, werden lediglich folgende Entitäten zusätzlich eingeführt:

Room Die bauliche Infrastruktur basiert auf der Definition von Räumen (room). Ein Raum kann selbst Zugänge zu anderen Räumen besitzen. Weiterhin können in einem Raum Rechner und Daten (in Papierform) abgelegt sein sowie Menschen der Organisationssicht sitzen.

Entrance Ein Raum muß einen Zugang (entrance) enthalten, über den er erreicht werden kann.

Computer Die Hardwareplattform eines Anwendungssystems wird durch eine Menge von Rechnern (computer) beschrieben. Sie sind Räumen zugeordnet und können neben relevanten Daten auch Anwendungen speichern.

Network Die Verbindung mehrerer Rechner untereinander wird durch ein Netzwerk (network) realisiert, an das die Rechner angeschlossen sind.

Workflow Participant Die organisatorische Zuordnung zu Aktivitäten wird detaillierter beschrieben und die Definition eines Rollenkonzeptes ermöglicht. Hierzu wird das Unternehmen in verschiedene organisatorische Einheiten (workflow_participant_org_unit) untergliedert, in denen die Mitarbeiter (workflow_participant_staff) in verschiedensten Rollen (workflow_participant_role) agieren können.

Safeguard Der spezifische Systemelementtyp safeguard wird dazu verwendet, Sicherheitsmechanismen innerhalb eines Anwendungssystems zu klassifizieren.

Sicherlich sind weitere Entitäten zur Beschreibung der informationstechnischen Infrastruktur denkbar. So kann ein Rechner detaillierter als Hardwaregruppe mit den Teilkomponenten Rechner, Monitor, Laufwerke, Festplatte oder Drucker ausgeführt werden. Für die Evaluation des Konzeptes spielt diese Verfeinerung jedoch keine Rolle, so daß in Anlehnung an die Abstraktion im Minimalen Metamodell auch die Erweiterungen minimal bleiben sollen.

Systemelementtypen

Im ersten Schritt muß auf Basis des in Abschnitt 3.3.3 definierten System–Meta-modells das zuvor skizzierte „erweiterte" Minimale Metamodell der Workflow Management Coalition in **TRAW** definiert werden. In Beispiel 5.1 sind zunächst alle relevanten Systemelementtypen definiert. Lediglich die Entität *Transistion Information* der WPDL wird nicht als eigener Systemelementtyp abgebildet, da diese Entität durch die Beziehungstypen realisiert werden kann. Die Entität *Workflow Participant* dagegen wird durch vier spezifische Entitäten (···_org_unit, ···_role und ···_staff) spezialisiert. Die Angabe des Systemmodells erfolgt textuell, während die anschließende Entwicklung des Anwendungssystems mittels der graphischen Modellierungskomponente veranschaulicht werden soll. Es muß jedoch betont werden, daß auch die Spezifikation des Systemmodells graphisch erfolgen kann (siehe Abschnitt 4.3.4).

Beispiel 5.1 (Definition der Systemelemente)

```
SYSTEM MODEL advanced_process_model
ELEMENT TYPE workflow_process_definition
ATTRIBUTE TYPE confidentiality INTEGER confidentiality_domain
               integrity       INTEGER integrity_domain
               availibility    INTEGER availibility_domain
ELEMENT TYPE workflow_process_activity
ATTRIBUTE TYPE confidentiality INTEGER confidentiality_domain
               integrity       INTEGER integrity_domain
               availibility    INTEGER availibility_domain
ELEMENT TYPE workflow_participant_staff
ATTRIBUTE TYPE confidentiality INTEGER confidentiality_domain
               integrity       INTEGER integrity_domain
               availibility    INTEGER availibility_domain
ELEMENT TYPE workflow_participant_role
ATTRIBUTE TYPE confidentiality INTEGER confidentiality_domain
               integrity       INTEGER integrity_domain
               availibility    INTEGER availibility_domain
ELEMENT TYPE workflow_participant_org_unit
ATTRIBUTE TYPE confidentiality INTEGER confidentiality_domain
               integrity       INTEGER integrity_domain
               availibility    INTEGER availibility_domain
ELEMENT TYPE workflow_application
ATTRIBUTE TYPE confidentiality INTEGER confidentiality_domain
               integrity       INTEGER integrity_domain
```

```
                      availibility     INTEGER availibility_domain
ELEMENT TYPE workflow_relevant_data
ATTRIBUTE TYPE confidentiality INTEGER confidentiality_domain
                      integrity        INTEGER integrity_domain
                      availibility     INTEGER availibility_domain
ELEMENT TYPE room
ATTRIBUTE TYPE availibility       INTEGER availibility_domain
ELEMENT TYPE entrance
ATTRIBUTE TYPE identifier         STRING
                      availibility     INTEGER availibility_domain
ELEMENT TYPE computer
ATTRIBUTE TYPE confidentiality INTEGER confidentiality_domain
                      integrity        INTEGER integrity_domain
                      availibility     INTEGER availibility_domain
ELEMENT TYPE network
ATTRIBUTE TYPE confidentiality INTEGER confidentiality_domain
                      integrity        INTEGER integrity_domain
                      availibility     INTEGER availibility_domain
```

Die Systemelemente können durch ihre sicherheitsrelevanten Aspekte beschrieben werden. Hierzu werden die drei Attribute confidentiality, integrity und availibility benutzt, mit denen die Vertraulichkeit, Integrität und Verfügbarkeit von Systemelementen spezifiziert werden. Die verwendeten Domänen erlauben für diese Sicherheitsaspekte sowohl die Beschreibung eines kardinalen (Domäne INTEGER) wie auch die eines ordinalen Wertes (Domänen confidentiality_domain, integrity_domain und availibility_domain).

Ordinale Domänen

In bereits bekannten ordinalen Ansätzen werden i. allg. drei oder fünf ordinale Werte zur Beschreibung der Sicherheitseigenschaften von Systemelementen verwendet (z. B. das IT–Sicherheitshandbuch nutzt eine fünfstufige Werteskala [Bun92]). Diese Unterteilungen erlauben eine genügende Differenzierung einer Eigenschaft, ohne dabei zu sehr zu verfeinern und somit eine Zuordnung zu komplizieren. Die ordinalen Domänen des Anwendungsszenarios werden daher, wie in Beispiel 5.2 dargestellt, mit jeweils fünf möglichen Werten angegeben: very_high, high, medium, low und very_low. Zusammen ergeben sie die Definition einer entsprechenden linguistischen Variablen, die aus fünf Fuzzy–Mengen abgeleitet ist. Als Beispiel für die Spezifikation der konkreten Werte — also der Fuzzy–Mengen — ist die linguistische Variable confidentiality_domain in Beispiel 5.2 angegeben. Die anderen linguistischen Variablen werden analog festgelegt.

Beispiel 5.2 (Definition der ordinalen Domänen)

```
ORDINAL VALUE DOMAIN confidentiality_domain
VALUES very_high high medium low very_low
ORDINAL VALUE DOMAIN integrity_domain
VALUES very_high high medium low very_low
ORDINAL VALUE DOMAIN availability_domain
VALUES very_high high medium low very_low

LINGU VAR confidentiality_domain
FUZZY SET very_low
   POINTS 0 1 0.15 1 0.25 0
FUZZY SET low
   POINTS 0.11 0 0.21 1 0.36 1 0.46 0
FUZZY SET medium
   POINTS 0.32 0 0.42 1 0.58 1 0.68 0
FUZZY SET high
   POINTS 0.53 0 0.63 1 0.80 1 0.90 0
FUZZY SET very_high
   POINTS 0.74 0 0.84 1 1 1
/* ... */
```

Beziehungstypen

Im nächsten Schritt werden die Beziehungstypen, also die erlaubten Beziehungen zwischen den einzelnen Systemelementtypen, festgelegt. Zum einen werden die aus dem Minimalen Metamodell bereits bekannten Beziehungstypen und zum anderen die Erweiterungen hierfür berücksichtigt. In Beispiel 5.3 sind alle relevanten Beziehungstypen definiert. Neben der Definition eines Workflows wird ein Reihe von Beziehungen für die Spezifikation einer Aktivität vorgegeben. Die IT–Struktur ist sowohl durch einen baulichen wie auch durch einen Hard– und Softwareanteil gekennzeichnet.

Beispiel 5.3 (Definition der Beziehungstypen)

```
RELATION TYPE
    /* Ablaufbeschreibung */
    workflow_process_definition    is_part_of
    workflow_process_definition
    workflow_process_activity      is_part_of
    workflow_process_definition
```

```
workflow_participant_role        is_part_of
workflow_process_definition
workflow_participant_staff       is_part_of
workflow_process_definition
workflow_participant_org_unit is_part_of
workflow_process_definition
workflow_application             is_part_of
workflow_process_definition
workflow_relevant_data           is_part_of
workflow_process_definition

/* Beschreibung workflow_process_activity */
workflow_process_activity    from_to
workflow_process_activity
workflow_participant_role    performed_by
workflow_process_activity
workflow_application         may_invoke
workflow_process_activity
workflow_relevant_data       may_use
workflow_process_activity

/* Beschreibung workflow_participant */
workflow_participant_org_unit contain
workflow_participant_org_unit
workflow_participant_org_unit contain
workflow_participant_staff
workflow_participant_staff    contain
workflow_participant_role
workflow_participant_role     may_use
workflow_relevant_data

/* Beschreibung workflow_application */
workflow_relevant_data used_by workflow_application

/* Beschreibung bauliche Infrastruktur */
room      contain entrance
entrance to      room
```

```
room      contain workflow_participant_staff

/* Beschreibung Hard- und Software-Infrastruktur */
room      contain    computer
computer contain     workflow_relevant_data
computer contain     workflow_application
computer is_part_of network
network   contain    computer
```

In den ersten vier Gruppen werden Beziehungstypen aus dem Minimalen Metamodell definiert. Die fünfte Gruppe beschreibt die bauliche Infrastruktur, wobei die
Zuordnung von Mitarbeitern zu Räumen mit angegeben ist. In der sechsten Gruppe
wird dann die Hard- und Softwareplattform des Anwendungssystems spezifiziert.

Im Hinblick auf die Bedrohungs- und Risikoanalyse ist bei der Festlegung der Beziehungstypen die Propagierungsrichtung besonders wichtig. So sind der Entwickler und der Sicherheitsexperte daran interessiert, welche Auswirkungen potentielle
Bedrohungen auf die Aktivitäten und Arbeitsabläufe haben. Die Beziehungstypen
werden daher in Anlehnung an den in Abbildung 2.1 dargestellten Aufbau eines
Anwendungssystems immer bottom-up formuliert.

Sicherheitsmechanismustypen

Im letzten Schritt müssen diejenigen Sicherheitsmechanismustypen analog zu Beispiel 3.4 spezifiziert werden, die in ein konkretes Anwendungssystem integriert werden können. Typische im Rahmen des zu entwickelnden Anwendungssystems zu
berücksichtigende Sicherheitsmechanismustypen sind in Beispiel 5.4 angegeben. Neben der Möglichkeit, Daten durch Verschlüsselungsalgorithmen zu schützen, können
Räume mit Bewegungsmeldern und Zugänge mit Sicherheitsschlössern gesichert werden.

Beispiel 5.4 (Sicherheitsmechanismus)

```
SAFEGUARD TYPE encryption
SAFEGUARD RELATION TYPE encryption workflow_relevant_data

SAFEGUARD TYPE motion_detector
SAFEGUARD RELATION TYPE room motion_detector

SAFEGUARD TYPE safety-lock
SAFEGUARD RELATION TYPE entrance safety-lock
```

In Abbildung 5.2 ist das gesamte Systemmodell auf Ebene der Systemelement– und
Beziehungstypen zusammengefaßt. Man sieht im Kern die Entitäten des Minimalen Metamodells und im rechten unteren Teil die Erweiterungen um die informationstechnischen Aspekte. Ausgehend von diesem Systemmodell können weiterhin
beliebige Sichten auf das Systemmodell definiert und zur Entwicklung des Anwendungssystems genutzt werden (siehe Abschnitt 5.2.2). Die Sicherheitsmechanismustypen sind in der Abbildung nicht aufgeführt. Für sie wird in **TRAW**$^\top$ ebenfalls eine
spezielle Sicht angeboten, durch die sie in das Anwendungssystem integriert werden
können.

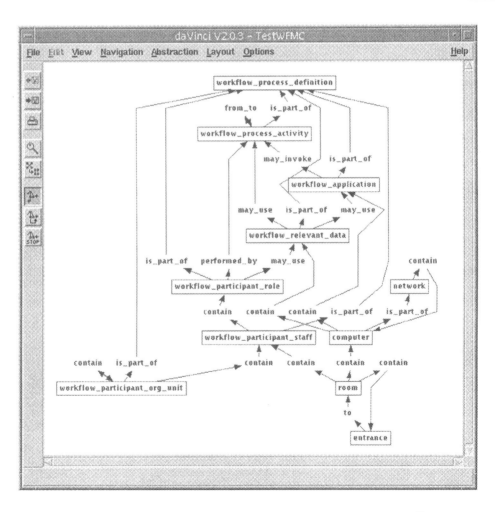

Abbildung 5.2: „Erweitertes" Minimales Metamodell in **TRAW**$^\top$

5.2 Anwendungssystem

Auf Basis des zuvor skizzierten Systemmodells wird im folgenden ein konkretes Anwendungssystem modelliert und hinsichtlich sicherheitskritischer Aspekte analysiert. Bei dem Anwendungsszenario handelt es sich um das Epidemiologische Krebsregister Niedersachsen, ein Informationssystem zur Erfassung und Verarbeitung von Krebsfällen [AT93, AMST96].

5.2.1 Epidemiologisches Krebsregister Niedersachsen

Unter Leitung des Niedersächsischen Ministeriums für Frauen, Arbeit und Soziales (MFAS) beteiligt sich das Oldenburger Forschungs– und Entwicklungsinstitut für Informatik–Werkzeuge und Systeme (OFFIS) an dem Aufbau des Epidemiologischen Krebsregisters Niedersachsen (EKN). Im Rahmen des Projektes *CARLOS* (Cancer Registry Lower–Saxony) wurde in einer Pilotphase in den Jahren 1993/94 die prinzipielle Funktionalität eines Landeskrebsregisters nach dem im verabschiedeten Gesetz über Krebsregister (KRG) [KRG94] festgeschriebenen Konzept der Krebsregistrierung prototypisch nachgewiesen (vgl. [TA94, Tho95, TA95, TAS96]).

Die Hauptaufgaben der Pilotphase waren die Evaluierung eines neuartigen Meldemodells, in dem auf der einen Seite datenschutzrechtliche Anforderungen an ein Informationssystem mit hochsensiblen Daten gewährleistet sein sollten und auf der anderen Seite die möglichst vollständige Erfassung (erwartet werden mindestens 90–95% Vollständigkeit) und somit epidemiologische Auswertbarkeit von Krebsfällen. Das Meldemodell basiert auf einer räumlichen und organisatorischen Trennung des Krebsregisters in zwei Stellen (siehe Abbildung 5.3):

❶ **Vertrauensstelle:** Die Vertrauensstelle erfaßt die personenbezogenen Krebsfälle des Landes im Klartext, sichert die Qualität der Meldungen und anonymisiert die Fälle. Hierzu werden zum einen die personenidentifizierenden Angaben (*PID*) durch ein hybrides Verfahren unter Verwendung eines öffentlichen Schlüssels *PK* verschlüsselt, und daraus den Schlüsseltext *S* erzeugt. Außerdem werden sogenannte Kontrollnummern[1] generiert, in dem die personenidentifizierenden Daten unter Berücksichtigung vordefinierter Standardisierungen in 22 Einzelbestandteile zerlegt und mittels einer Einwegfunktion anonymisiert werden. Zusätzlich werden sie noch symmetrisch verschlüsselt, wobei ein Schlüssel *S-VST* verwendet wird, der ausschließlich der Vertrauensstelle bekannt ist. Als Ergebnis erhält die Vertrauensstelle für eine eingehende Meldung einen Schlüsseltext S, 22 Kontrollnummern $KN_1, \cdots, KN_{22}$ sowie die epidemiologischen Angaben *ED* im Klartext.

---

[1]Der Begriff der Kontrollnummern stammt aus dem Bundeskrebsregistergesetz [KRG94]. Konkret sind darunter Pseudonyme zu verstehen, die nicht auf den Patienten schließen lassen, jedoch für die Identifizierung im Registerstellen–Datenbestand benutzt werden können.

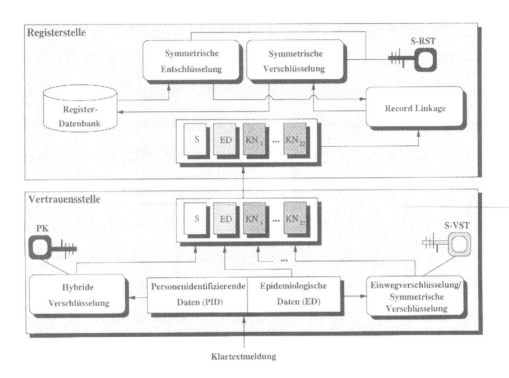

Abbildung 5.3: Standardmeldeweg im EKN

❷ **Registerstelle:** Die Registerstelle erhält die von der Vertrauensstelle anony-
misierten Krebsmeldungen (jeweils in der Form (S, KN_1, $\cdots$, KN_{22}, ED) und
verdichtet diese unter Einbeziehung weiterer Datensätze aus Totenscheinen,
Pathologenmeldungen, u. a. zu einem bevölkerungsbezogenen, epidemiologischen Krebsregister. Die Kontrollnummern sowie eine Reihe von epidemiologischen Daten werden dazu genutzt, die Neumeldungen mit dem bereits vorhandenen Datenbestand mittels eines stochastischen Record–Linkage–Verfahrens
abzugleichen und anschließend die Meldungen — zum Teil interaktiv — in den
Datenbestand zu integrieren. Bevor die Meldungen in die Register–Datenbank
abgelegt werden können, werden die Kontrollnummern zu einen Gesamtblock
zusammengefügt und mit einem symmetrischen Verfahren unter Verwendung
des Schlüssels S-RST nochmals verschlüsselt. Dementsprechend müssen die
Meldungen der Register–Datenbank vor dem Abgleich natürlich auch wieder
mit dem Schlüssel S-RST entschlüsselt werden.

Die Meldungen werden nach erfolgreicher Bearbeitung, spätestens jedoch drei Mona-
te nach Erfassung, in der Vertrauensstelle gelöscht, so daß dauerhaft ausschließlich
ein anonymisierter Datenbestand in der Registerstelle existent ist. Die Schlüssel-
texte dienen dazu, um im Fall speziell genehmigter Studien auf die personeniden-

tifizierenden Angaben zurückgreifen zu können. Dies geschieht dann jeweils in der Vertrauensstelle, die die entsprechenden Meldungen aus der Registerstelle erhält und mittels des extern in der Schlüsselstelle verwalteten geheimen Schlüssels die personenidentifizierenden Daten bestimmt. Eine Empfehlung zur technischen Umsetzung der Verfahrensweisen gemäß KRG ist in [AMST96] zu finden. Darin werden konkrete Verfahren beschrieben, die zur Realisierung des im KRG enthaltenen Meldemodells sowie für die Durchführung eines bundesweiten Abgleichs der Krebsmeldungen (Kontrollnummern, Standardisierung der Erfassungsrichtlinien, Einwegverschlüsselungsverfahren) verwendet werden können.

Innerhalb dieses Anwendungssystems ist eine Vielzahl unterschiedlicher Arbeitsabläufe zu realisieren. Neben dem Standardmeldeweg aus Abbildung 5.3 sind hier vor allen Dingen die Auskunfts- und Widerspruchsbearbeitung von bereits gemeldeten Patienten sowie die Vorbereitung von epidemiologischen Studien zu nennen. Weitere Arbeitsabläufe realisieren den Informationsrückfluß an die meldenden Einrichtungen sowie die Meldung an das Robert Koch–Institut (RKI) zur Durchführung eines Abgleichs aller deutschen Krebsregister untereinander.

Im weiteren Verlauf wird die Auskunftsbearbeitung exemplarisch betrachtet. Die Aufgabe dieses Arbeitsablaufes besteht darin, einem Patienten Auskunft über die von ihm im Krebsregister gespeicherten Daten zu geben. Der Vorgang, der die Auskunftsbearbeitung realisiert, ist in Abbildung 5.4 dargestellt. Die durchgezogenen Linien repräsentieren den Kontrollfluß, die gestrichelten Linien den Datenfluß und die gepunkteten Linien die Zuständigkeit der organisatorischen Einheiten für die einzelnen Aktivitäten.

Im Arbeitsablauf werden zunächst die Angaben des Patienten über den Melder an die Vertrauensstelle gesendet, die diese erfaßt und auf Vollständigkeit kontrolliert. Ist die Auskunftsanfrage nicht vollständig, so wird eine Nachfrage an den Melder geschickt und auf dessen Antwort gewartet. Bei vollständigen Patientendaten werden die Kontrollnummern generiert und an die Registerstelle übermittelt. Diese sucht mittels eines Abgleichs der Kontrollnummern alle potentiellen Meldungen aus dem Register–Datenbestand zusammen und sendet sie zurück an die Vertrauensstelle. Dort werden die verschlüsselten Patientenangaben unter Verwendung eines asymmetrischen Verschlüsselungssystems dechiffriert und anhand der Klartexte eine Abschlußkontrolle vorgenommen. Die zum Patienten gehörigen Daten werden abschließend an den Melder geschickt, der diese wiederum an den Patienten weiterreicht.

5.2.2   EKN im Systemmodell

Bevor die Modellierung des Anwendungssystems vorgenommen wird, sollten die Systemelementtypen, die in einem Vorgehensmodell zur Entwicklung Workflow–basierter Anwendungen eine Rolle spielen, betrachtet werden. Konkret muß die Entwicklung die in Abbildung 3.2 dargestellten Phasen durchlaufen:

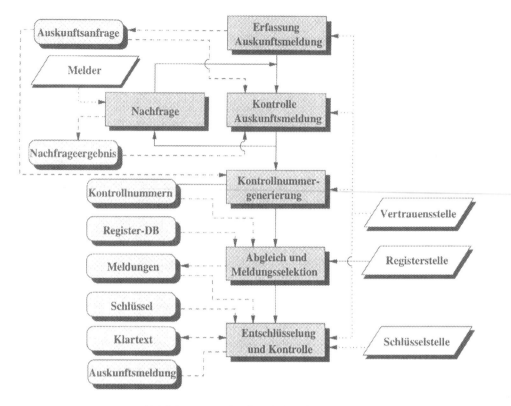

Abbildung 5.4: Auskunftsbearbeitung

❶ **Geschäftsprozeßmodellierung:** Im Rahmen der Geschäftsprozeßmodellierung werden die für das Krebsregister relevanten Arbeitsabläufe in Form von
Geschäftsprozessen erfaßt. Hierzu werden auf dieser Ebene die Arbeitsabläufe,
die für die Aktivitäten notwendigen organisatorischen Zuständigkeiten sowie
notwendige Informationen modelliert. Weiterhin besteht zur Vereinfachung der
Darstellung die Möglichkeit der Hierarchisierung, so daß einzelne Aktivitäten
wieder ganze Teilprozesse beinhalten können.

❷ **Workflow–Modellierung:** Im zweiten Schritt werden die zuvor modellierten
Geschäftsprozesse verfeinert, indem zum einen die Informationen und organisatorischen Zuständigkeiten klar benannt sowie konkrete Anwendungen zur
Erfüllung der Aktivitäten spezifiziert werden. Die Konkretisierung der Anwendungen umfaßt indirekt auch die Beschreibung der informationstechnischen Infrastruktur. Außerdem müssen alle vorhandenen Sicherheitsmechanismen dargestellt werden.

Konkret werden in den beiden Phasen des integrierten Vorgehensmodells die in Tabelle 5.1 beschriebenen Systemelementtypen des „erweiterten" Minimalen Metamodells betrachtet.

Systemelementtyp	Geschäftsprozeß–modellierung	Workflow–Modellierung
workflow_process_definition	+	+
workflow_process_activity	+	+
workflow_participant_staff	(+)	+
workflow_participant_role	(+)	+
workflow_participant_org_unit	(+)	+
workflow_application	–	+
workflow_relevant_data	(+)	+
room	–	+
entrance	–	+
computer	–	+
network	–	+

Tabelle 5.1: Systemelementtypen im integrierten Vorgehensmodell

Dabei steht das Symbol „+" dafür, daß der jeweilige Systemelementtyp in der Phase des Vorgehensmodells vollständig beschrieben werden sollte. Das Symbol „–" dagegen kennzeichnet diejenigen Typen, die nicht berücksichtigt werden und das Symbol „(+)" gibt die Systemelementtypen an, die zwar berücksichtigt, aber i. allg. in der späteren Phase weiter verfeinert werden. So werden auf der Geschäftsprozeßebene erste organisatorische Strukturen beschrieben, diese jedoch im weiteren Verlauf des Vorgehensmodells weiter differenziert (z. B. in Organisationseinheit, Mensch, Rolle).

Mit Hilfe des Werkzeugs **TRAW**$^\top$ besteht nun die Möglichkeit, sowohl den Arbeitsablauf der Auskunftsbearbeitung als auch alle anderen Arbeitsabläufe des Epidemiologischen Krebsregisters Niedersachsen (siehe Abschnitt 5.2.1) zu modellieren und hierbei das in Abschnitt 5.1.2 skizzierte Systemmodell zu verwenden. Da bereits eine Vielzahl relevanter Informationen zum Systemaufbau und den zu realisierenden Arbeitsabläufen aufgrund der gesetzlichen Rahmenbedingungen [KRG94] vorhanden ist sowie in dem Projekt CARLOS (Cancer Registry Lower–Saxony) [AFH+96, AFH+97, ABH+99] erarbeitet wurden, wird die Phase der Geschäftsprozeßmodellierung übersprungen und direkt mit der Workflow–Modellierung begonnen. Dazu können, wie in Abschnitt 4.3.1 angesprochen, beliebige Sichten auf ein Anwendungssystem definiert werden. Auf die textuelle Darstellung soll an dieser

Stelle verzichtet und ausschließlich die graphische Modellierung des Anwendungssystems durch den Entwickler präsentiert werden.

In dem entwickelten Anwendungsszenario werden sechs Sichten benutzt: die Verhaltens-, Organisations-, Informations-, Ressourcen-, Integrations- und Sicherheitsmechanismensicht.

Verhaltenssicht In der Abbildung 5.5 ist die Verhaltenssicht der Auskunftsbearbeitung dargestellt. Dabei wird lediglich die Ablaufkontrolle, d. h. die Reihenfolge der einzelnen Aktivitäten, berücksichtigt. Inhaltlich wird der gleiche Sachverhalt formuliert, wie er in Abbildung 5.4 zu finden ist, da dort bereits alle relevanten Aktivitäten identifiziert wurden. Die Beziehungen sind nicht explizit benannt, sie sind jedoch alle von Beziehungstyp from_to abgeleitet.

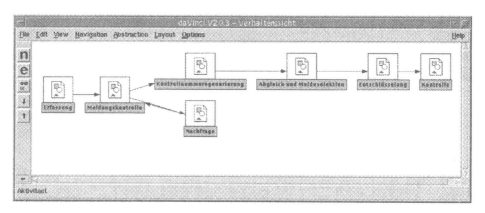

Abbildung 5.5: Verhaltenssicht der Auskunftsbearbeitung

Organisationssicht In der Organisationssicht werden die Organisationseinheiten des Anwendungssystems Krebsregister, also die Register-, die Vertrauens- sowie die Schlüsselstelle erfaßt. Weiterhin können die Melder als eigenständige Organisationseinheit aufgefaßt werden. In den einzelnen Organisationseinheiten sind mehrere Mitarbeiter beschäftigt, die durch ihre Initialen abgekürzt und durch einen Kopf symbolisiert sind (siehe Abbildung 5.6). Diese Mitarbeiter agieren in unterschiedlichen Rollen, die durch drei verschiedene Hüte dargestellt sind. Dabei kann ein Mitarbeiter in mehreren Rollen agieren, aber auch eine Rolle von mehreren Mitarbeitern ausgefüllt werden.

Informationssicht Die dritte Sicht beschreibt die im EKN existenten Informationsobjekte. In Abbildung 5.7 werden sie durch ein entsprechendes Symbol sowie eine Textangabe spezifiziert und weiterhin konkreten Rechnern bzw. Räumen (bei Papierobjekten) zugeordnet, in denen sie abgelegt sind. So sind auf dem Server „Ems" der Registerstelle u. a. der gesamte Register-Datenbestand und die Kontrollnummern abgespeichert.

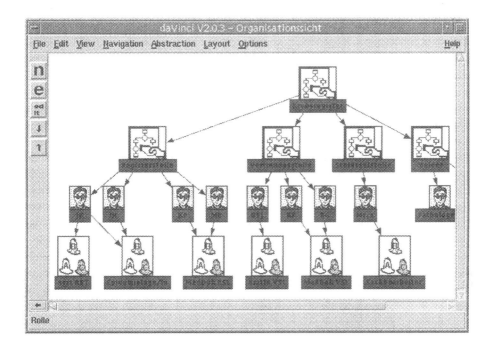

Abbildung 5.6: Organisationssicht der Auskunftsbearbeitung

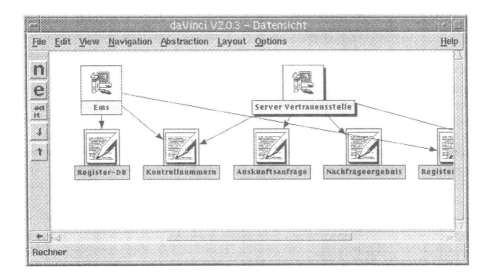

Abbildung 5.7: Informationssicht der Auskunftsbearbeitung

Ressourcensicht Die Beschreibung der informationstechnischen Infrastruktur wird
in der Ressourcensicht angegeben, wobei sowohl die räumlichen wie auch die Hard–
und Softwareobjekte beschrieben werden. In Abbildung 5.8 sind die Räumlichkei-
ten der Registerstelle des Krebsregisters modelliert. Diese bestehen aus den beiden Räumen „U22" und „U23", die jeweils durch einen Zugang erreicht werden
können. In den Räumen befindet sich eine Reihe von Rechnern (z. B. „Ems"), auf
denen wiederum Softwaresysteme (z. B. CARELIS — CARLOS Record Linkage
System) installiert sind.

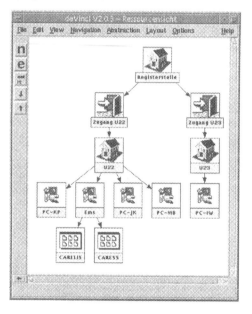

Abbildung 5.8: Ressourcensicht der Auskunftsbearbeitung

Integrationssicht Die fünfte Sicht definiert die jeweiligen Abhängigkeiten der Objekte aus den anderen Sichten. Konkret werden die einzelnen Aktivitäten der Verhaltenssicht betrachtet und deren Beziehungen zu Daten–, Organisations– sowie
Ressourcenobjekten erfaßt. In Abbildung 5.9 sind in der oberen Zeile einige Aktivitäten exemplarisch abgebildet. So wird die Aktivität „Abgleich und Melderse-
lektion" durch die Software „CARELIS" ausgeführt und dabei die Datenobjekte
„Kontrollnummern", „Register–DB" und „Registermeldung" benötigt. Zuständig
für die Ausführung dieser Aktivität ist u. a. eine Medizinische Dokumentarin der
Registerstelle, was durch die Rolle „MedDok RST" symbolisiert ist.

Sicherheitsmechanismensicht In der letzten Sicht werden die Sicherheitsmechanismen in die Anwendung integriert. In Abbildung 5.10 ist die Sicherheitsmechanismensicht der Auskunftsbearbeitung dargestellt. Konkret sind drei Sicherheitsmechanismen modelliert, wobei die Räume „U22" und „U23" mit Bewegungsmel-

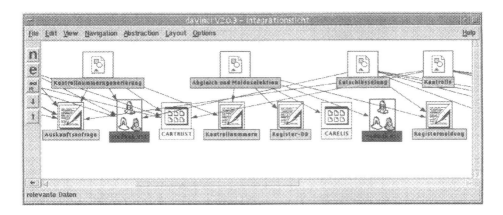

Abbildung 5.9: Integrationssicht der Auskunftsbearbeitung

dern („motion_dectection") und die jeweiligen Zugänge mit Sicherheitsschlössern
(„safety–lock") versehen sind. Als letztes ist spezifiziert, daß die Kontrollnummern
mit einem Verschlüsselungsverfahren („encryption") anonymisiert werden.

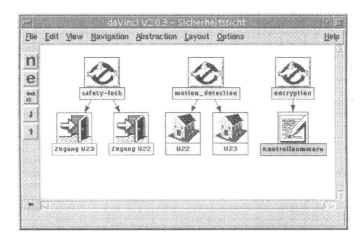

Abbildung 5.10: Sicherheitsmechanismensicht der Auskunftsbearbeitung

Die hier dargestellten Sichten dienen dazu, das Gesamtsystem „Epidemiologisches
Krebsregister Niedersachsen" graphisch bzw. textuell zu modellieren. Die detaillierte Beschreibung der einzelnen Eigenschaften der relevanten Systemelemente, wie sie
in Abschnitt 4.3.1 vorgestellt wurde, soll an dieser Stelle nicht präsentiert werden.
Auch hierzu stehen graphische Benutzungsschnittstellen zur Verfügung, mittels derer der Entwickler und der Sicherheitsexperte eine vollständige Spezifikation des
Anwendungssystems erzeugen.

Für das untersuchte Anwendungsszenario sind insgesamt ca. 220 unterschiedliche Systemelemente modelliert worden, die von den in Tabelle 5.1 dargestellten 11 Systemelementtypen abgeleitet sind. Hierbei muß jedoch betont werden, daß verschiedene Vereinfachungen vorgenommen wurden, die jedoch keinen Einfluß auf die Analyse der Sicherheitsanforderungen des Gesamtsystems haben. So hätten beispielsweise im Hinblick auf die Vollständigkeit ca. 20.000 potentiell meldende Ärzte, ca. 40 pathologische Institute sowie ca. 40 Gesundheitsämter für Niedersachsen spezifiziert werden müssen. Diese wurden jedoch jeweils zu einem Melder zusammengefaßt, der als Akteur in dem Anwendungssystem agiert.

5.3   Sicherheitsanforderungen

Für das Epidemiologische Krebsregister Niedersachsen sind verschiedene Sicherheitsanforderungen relevant, die sich zum einen direkt aus den zugrundeliegenden gesetzlichen Rahmenbedingungen [KRG94], zum anderen durch Anforderungen des Datenschutzes an diese Anwendung ergeben. Bezogen auf die Klassifikation der Sicherheitsanforderungen aus Abschnitt 3.4.1 sollen dies einige Beispiele verdeutlichen.

Modellinhärente Konsistenzbedingungen

Zunächst werden die modellinhärenten Konsistenzbedingungen an das spezifizierte Systemmodell formuliert. Diese müssen von allen Instanzen, also den konkreten Anwendungssystemen, erfüllt werden. Neben den in Abschnitt 3.4.2 beispielhaft aufgezählten modellinhärenten Konsistenzbedingungen, die sicherlich auch auf das erweiterte Minimale Metamodell übertragen werden können, sollten u. a. folgende Anforderungen gelten:

❶ Alle Rechner und Mitarbeiter müssen mindestens einem Raum zugeordnet sein.

$$(\forall \, c \in \text{computer}) \mapsto (\exists \, r \in \text{room}) : (r, \text{contain}, c)$$

$$(\forall \, h \in \text{workflow\_participant\_staff}) \mapsto (\exists \, r \in \text{room}) : (r, \text{contain}, h)$$

❷ Ein Netzwerk muß mindestens zwei Rechner umfassen.

$$(\forall \, n \in \text{network}) \mapsto (\exists \, c_1, c_2 \in \text{computer}) : (c_1 \neq c_2) \land ((n, \text{contain}, c_1) \land (n, \text{contain}, c_2))$$

❸ Jeder Mitarbeiter muß mindestens einer Organisationseinheit zugeordnet sein.

$$(\forall \, h \in \text{workflow\_participant\_staff}) \mapsto (\exists \, o \in \text{workflow\_participant\_org\_unit}) : (o, \text{contain}, h)$$

❹ Ein Mitarbeiter muß in mindestens einer Rolle agieren.

> ($\forall$ h $\in$ workflow_participant_staff) $\mapsto$ ($\exists$ r $\in$ workflow_participant_role) :
> (h, contain, r)

❺ Alle Daten und Anwendungen müssen auf mindestens einem Rechner gespeichert sein.

> ($\forall$ d $\in$ relevant_data) $\mapsto$ ($\exists$ c $\in$ computer) : (c, contain, d)
>
> ($\forall$ a $\in$ workflow_application) $\mapsto$ ($\exists$ c $\in$ computer) : (c, contain, a)

Neben der informellen Beschreibung ist jeweils die syntaktische Darstellung nach Abschnitt 3.4.3.2 angegeben. Dabei werden die modellinhärenten Konsistenzbedingungen analog zu den strukturorientierten Sicherheitsanforderungen spezifiziert.

Systemelementorientierte Sicherheitsanforderungen

Die systemelementorientierten Sicherheitsanforderungen werden für alle Systemelementtypen — außer workflow_process_definition und workflow_process_activity — spezifiziert. Für die Anwendung sind u. a. folgende Sicherheitsanforderungen relevant:

❶ Die medizinischen Dokumentare der Vertrauensstelle müssen eine hohe Vertraulichkeit besitzen.

> workflow_participant_role: ID = „MedDok VST" $\mapsto$ confidentiality = very high

❷ Der Schlüssel für die Entschlüsselung und Kontrolle (*SK*) muß durch eine sehr hohe Vertraulichkeit gekennzeichnet sein.

> workflow_relevant_data: ID = „SK" $\mapsto$ confidentiality = very high

❸ Die Integrität und Vertraulichkeit der Auskunftsanfrage und der Nachfrageergebnisse muß sehr hoch sein.

> (workflow_relevant_data: ID = „Auskunftsanfrage" $\wedge$ workflow_relevant_data: ID = „Nachfrageergebnis") $\mapsto$ (integrity = very high $\wedge$ confidentiality = very high)

❹ Der Server der Registerstelle („Ems") muß eine Verfügbarkeit von mindestens 95% besitzen.

> computer: ID = „Ems" $\mapsto$ availibility $\geq$ 95

Strukturorientierte Sicherheitsanforderungen

Auch die technische und organisatorische Struktur des Anwendungssystems hat bestimmte Anforderungen zu erfüllen. So ist eine institutionelle Trennung in eine Vertrauens- und eine Registerstelle gesetzlich gefordert. Daneben sollen zwei weitere datenschutzrechtlich relevante Anforderungen beispielhaft genannt sein:

❶ Kein Mitarbeiter darf gleichzeitig in Vertrauens- und Registerstelle tätig sein.

> ($\forall$ o_1 $\in$ workflow_participant_org_unit: ID = „Vertrauensstelle")($\forall$ h $\in$ workflow_participant_staff): (o_1, contain, h) $\mapsto$ $\neg$ ($\exists$ o_2 $\in$ workflow_participant _org_unit: ID = „Registerstelle") : (o_2, contain, h)
>
> ($\forall$ o_1 $\in$ workflow_participant_org_unit: ID = „Registerstelle")($\forall$ h $\in$ workflow_participant_staff): (o_1, contain, h) $\mapsto$ $\neg$ ($\exists$ o_2 $\in$ workflow_participant _org_unit: ID = „Vertrauensstelle") : (o_2, contain, h)

❷ Es darf höchstens einen Mitarbeiter mit Administrationsrechten geben.

> ($\forall$ h_1 $\in$ workflow_participant_staff)($\forall$ r $\in$ workflow_participant_role: ID = „Administrator„): (h_1, contain, r) $\mapsto$ $\neg$ ($\exists$ h_2 $\in$ workflow_participant_staff) : (h_2, contain, r)

❸ Es darf kein Netzwerk zwischen den Rechnern der Vertrauens- und der Registerstelle geben.

> ($\forall$ n_1 $\in$ network: ID = „Vertrauensstelle")($\forall$ c $\in$ computer): (n_1, contain, c) $\mapsto$ $\neg$ ($\exists$ n_2 $\in$ network: ID = „Registerstelle") : (n_2, contain, c)
>
> ($\forall$ n_1 $\in$ network: ID = „Registerstelle")($\forall$ c $\in$ computer): (n_1, contain, c) $\mapsto$ $\neg$ ($\exists$ n_2 $\in$ network: ID = „Vertrauensstelle") : (n_2, contain, c)

Aktivitätenorientierte Sicherheitsanforderungen

Im Gegensatz zu den zuvor angegebenen systemelementorientierten betrachten die aktivitätenorientierten Sicherheitsanforderungen verschiedene Aspekte der Systemelementtypen workflow_process_definition und workflow_process_activity. So müssen im Epidemiologischen Krebsregister Niedersachsen folgende Anforderungen dieses Typs erfüllt sein:

❶ Die Auskunftsbearbeitung muß eine Verfügbarkeit von mindestens 50% aufweisen.

> workflow_process_definition: ID = „Vertrauensstelle" $\mapsto$ availibility $\geq$ 50

❷ Die Integrität der Kontrollnummergenerierung muß sehr hoch sein.

> workflow_process_activity: ID = „Kontrollnummergenerierung" ↦ integrity
> = very high

❸ Die Entschlüsselung und Kontrolle muß eine sehr hohe Vertraulichkeit und
Integrität besitzen.

> workflow_process_activity: ID = „Entschlüsselung und Kontrolle" ↦ (con-
> fidentiality = very high ∧ integrity = very high)

Ablauflogikorientierte Sicherheitsanforderungen

Diese letzte Art der Sicherheitsanforderungen beschreibt im Gegensatz zu den strukturorientierten Sicherheitsanforderungen die Eigenschaften, die für konkrete Arbeitsabläufe im Krebsregister gelten müssen. Drei Beispiele sollen dies verdeutlichen:

❶ Die Aktivität „Entschlüsselung und Kontrolle" muß nach dem Vier–Augen–
Prinzip durchgeführt werden.

> ($\forall$ a ∈ workflow_process_activity: ID = „Entschlüsselung und Kontrolle")
> ↦ ($\exists$ h_1 ∈ workflow_participant_staff)($\exists$ h_2 ∈ workflow_participant_staff)($\exists$
> r_1 ∈ workflow_participant_role: ID = „Vertrauensstelle")($\exists$ r_2 ∈ work-
> flow_participant_role: ID = „Schüsselstelle") : (h_1 ≠ h_2) ∧ ((h_1, contain,
> r_1) ∧ (h_2, contain, r_2) ∧ (r_1, performed_by, a) ∧ (r_2, performed_by, a))

❷ Jede Auskunftsbearbeitung muß terminieren.

> ($\forall$ a_1 ∈ workflow_process_activity: ID = „Erfassung") ↦ ($\exists$ a_2 ∈ work-
> flow_process_activity: ID = „Kontrolle") : (a_1, from_to*, a_2)

❸ Mitarbeiter der Registerstelle dürfen nicht an die Auskunftsanfrage gelangen.

> ($\forall$ d ∈ workflow_relevant_data: ID = „Auskunftsanfrage") ↦ ¬ ($\exists$ a ∈
> workflow_process_activity)($\exists$ h ∈ workflow_participant_staff)($\exists$ r ∈ work-
> flow_participant_role: ID = „Registerstelle") : ((h, contain, r) ∧ (r, perfor-
> med_by, a) ∧ (d, may_use, a))

Insgesamt ist eine Vielzahl weiterer Sicherheitsanforderungen für das Epidemiologische Krebsregister Niedersachsen zu spezifizieren, die sich auf andere Arbeitsabläufe
und damit verbundene Strukturen und Systemelemente bzw. Aktivitäten beziehen.

5.4   Analysewissen

Vor Beginn der Analyse der einzelnen Sicherheitsanforderungen muß das Analysewissen in den entsprechenden Wissensbasen zur Verfügung gestellt werden. Hierzu kann zwischen den Wissensbasen des Risikomodells aus Abschnitt 3.5.1.2 sowie
den Regelbasen für das unscharfe Bewertungskonzept aus Abschnitt 3.5.1.6 unterschieden werden. Die Regeln des unscharfen Bewertungskonzeptes ermöglichen eine
Konsequenzuntersuchung nach Abbildung 3.11 und sind nach dem klassischen Regel-
aufbau mit zwei konjunktiv verknüpften Prämissen und einer daraus resultierenden
Konklusion aufgebaut. Im Rahmen des Risikomodells werden vier unterschiedliche
Wissensbasen benötigt:

❶ **Wissensbasis „Bedrohung"**: In dieser Wissensbasis werden die aus der Literatur (z. B. [Bun92, Bun97]) bekannten Bedrohungen für Anwendungssysteme zusammengefaßt. Typische Beispiele sind Diebstahl, Einbruch, Feuer,
   Stromausfall, Softwarefehler, Krankheit oder Spionage. Die Bedrohungen werden nach der in Abschnitt 3.5.1.2 angegebenen Syntax bzw. durch die in Abbildung 4.12 dargestellte graphische Benutzungsoberfläche spezifiziert.

❷ **Wissensbasis „Konsequenz"**: Die Konsequenzen beschreiben die konkreten Wirkungen von Bedrohungen auf Systemelemente. Aus der Literatur (u. a.
   [Ste93, Mos92]) bekannte Konsequenzen, die für die Analyse des Epidemiologischen Krebsregisters Niedersachsen verwendet werden, sind beispielsweise die
   Zerstörung, der Verlust, die Veränderung, der Ausfall, der Abbruch oder die
   unzulässige Nutzung bzw. Kenntnisnahme von Systemelementen. In der Wissensbasis „Konsequenz" wird detailliert beschrieben, mit welcher Stärke eine
   Konsequenz auf die Attributtypen der Systemelementtypen wirkt. Dies kann
   ebenfalls textuell (siehe Abschnitt 3.5.1.2) oder graphisch modelliert werden
   (siehe Abbildung 4.13).

❸ **Wissensbasis „Sicherheitsmechanismustyp–Schutz"**: In dieser Wissensbasis werden alle potentiell nutzbaren Sicherheitsmechanismustypen angegeben sowie ihre Wirkung für die betroffenen Systemelemente spezifiziert. Im
   Epidemiologischen Krebsregister Niedersachsen werden u. a. Sicherheitsschlös-
   ser, Einbruchmeldeanlagen oder auch Datensicherungsschränke sowie krypto-
   graphische Verfahren eingesetzt. Ihre Beschreibung wird ebenfalls, wie in Abschnitt 3.5.1.2 dargestellt, textuell oder mittels der graphischen Benutzungsoberfläche aus Abbildung 4.15 erfaßt.

❹ **Wissensbasis „Propagierung"**: Die letzte Wissensbasis enthält die Propagierung von Konsequenzen durch das Anwendungssystem. In Tabelle 5.2 sind
   einige Propagierungen angegeben, die im Rahmen der Analyse des EKN verwendet werden.

bedrohter Systemelementtyp	Beziehungstyp	Systemelementtyp	Konsequenz				
			Z	V	A	N	K
			führt zu				
wpd	is_part_of	wpd	–	–	A	...	...
wpa	is_part_of	wpd	–	–	A	...	...
wpa	from_to	wpa	–	–	A	–	...
wpr	performed_by	wpa	–	–	A	–	–
wa	may_invoke	wpa	A	V	A	–	–
wrd	may_use	wpa	A	A, V	–	A	–
wpou	contain	wpou	...	...	A	–	...
wpou	contain	wps	...	...	A	–	–
wps	contain	wpr	...	...	A	–	–
wpr	may_use	wrd	...	...	...	–	...
wrd	used_by	wa	A	A, V	–	A	–
room	contain	entrance	Z	...	–	N	K
entrance	to	room	N, K	...	–	N	K
room	contain	wps	A	...	...	–	–
room	contain	computer	Z	...	–	N	K
computer	contain	wrd	Z	–	–	N, K	K
computer	contain	wa	Z	Z, V, A	A	N	K
computer	is_part_of	network	A	A, V	A	N	...
network	contain	computer	A	A, V	A	N	–

Legende: wpd=workflow_process_definition, wpa=workflow_process_activity, wpr=workflow_participant_role, wps=workflow_participant_staff, wpou=workflow_participant_org_unit, wa=workflow_application, wrd=workflow_relevant_data, Z=Zerstörung, V=Veränderung, A=Ausfall, N=Nutzung, K=Kenntnisnahme.

Tabelle 5.2: Propagierung der Konsequenzen

Ausgehend von den Beziehungstypen des verwendeten Systemmetamodells werden fünf Konsequenzen betrachtet. Eine Zeile der Tabelle beschreibt dabei als Ausgangssituation die Wirkung einer (primären oder sekundären) Konsequenz für einen Systemelementtyp. Konkret ist ablesbar, welche sekundären Konsequenzen für diejenigen Systemelementtypen entstehen, die über den entsprechenden Beziehungstyp mit dem Systemelementtyp verbunden sind. Das Symbol „–" kennzeichnet den Sachverhalt, daß eine Konsequenz nicht auf einen Systemelementyp wirken oder die Konsequenz sich nicht über den entsprechenden Beziehungstyp fortpflanzen kann. Neben dem in Tabelle 5.2 dargestellten Sachverhalt wird für jede Propagierung eine Wahrscheinlichkeit angegeben, die besagt, mit welcher Wahrscheinlichkeit die sekundäre Konsequenz zu erwarten ist. So führt beispielsweise die Zerstörung von workflow_relevant_data mit sehr hoher Wahrscheinlichkeit zum Ausfall einer workflow_process_activity.

Zusätzlich zu den Angabe der Propagierung von Konsequenzen aus Tabelle 5.2 wird auch eine Regelbasis (siehe Abschnitt 3.5.1.7) verwendet, die zur Ermittlung der konkreten Eintrittswahrscheinlichkeit für die sekundäre Konsequenz benutzt wird. Diese bestimmt sich aus der Eintrittswahrscheinlichkeit der Ausgangskonsequenz und der zuvor angesprochenen Propagierungswahrscheinlichkeit. In der Regelbasis wird dann dieser Sachverhalt in entsprechenden Regeln spezifiziert.

5.5   Analyse der Sicherheitsanforderungen

Die Hauptaufgabe von **TRAW**$^\top$ besteht dann in der Analyse der spezifizierten Sicherheitsanforderungen gegenüber dem modellierten Workflow–basierten Anwendungssystem. Hierzu sind im Abschnitt 3.5 eine Reihe von Konzepten entwickelt sowie deren Grenzen aufgezeigt worden. An dieser Stelle können natürlich die einzelnen Analysen nicht separat vorgestellt werden. Stattdessen ist in Tabelle 5.3 zusammenfassend dargestellt, mit welchen Konzepten die verschiedenen Typen von Sicherheitsanforderungen kontrolliert werden.

Es wird zunächst klar, daß sich die Anforderungen entweder direkt aus der Spezifikation heraus bzw. auf Basis einer detaillierten Bedrohungs– und Risikoanalyse analysieren lassen. Bis auf zwei Spezialfälle für die ablauflogikorientierten Sicherheitsanforderungen, in denen entweder temporal–logische Aspekte modelliert sind oder die Arbeitsablaufkontexte untersucht werden müssen, stehen für die anderen Typen der Sicherheitsanforderungen entsprechende Analyseverfahren zur Verfügung.

Die Anwendung dieser Verfahren wurde im Rahmen des Epidemiologischen Krebsregisters Niedersachsen evaluiert. Die Laufzeiten der entwickelten Algorithmen waren für das dargestellte Szenario unkritisch und gestatteten eine interaktive Kontrolle der Sicherheitsanforderungen gegenüber dem modellierten Anwendungssystems. Das

Sicherheitsanforderung	Vorgehen	Algorithmen
Modellinhärente Konsistenzbed.	direkt aus Spezifikation	6
Systemelementorientierte	BuRA	1 und 4
Strukturorientierte	direkt aus Spezifikation	6
Aktivitätenorientierte	BuRA	1 und 5
Ablauflogikorientierte		
➙ statischer Aufbau	direkt aus Spezifikation	6
➙ verdeckte Kanäle	direkt aus Spezifikation	8

Tabelle 5.3: Analyseverfahren der Sicherheitsanforderungen

Vorgehen und die Ergebnisrepräsentation sind in Kapitel 4 vorgestellt worden. Bei Nicht–Erfüllung von Sicherheitsanforderungen wurden Umstrukturierungen am oder die Integration von Sicherheitsmechanismen in das bestehende Anwendungssystem vorgenommen. Dieser Vorgang wurde solange wiederholt, bis alle Sicherheitsanforderungen erfüllt werden konnten.

Kapitel 6

Zusammenfassung, Bewertung und Ausblick

6.1 Zusammenfassung

In diesem Buch wurde ein Konzept für eine wissensbasierte Bedrohungs– und Risikoanalyse Workflow–basierter Anwendungssysteme entwickelt. Es trägt die Bezeichnung „KNOWLEDGE BASED THREAT AND RISK ANALYSIS OF WORKFLOW–BASED APPLICATIONS" (**TRAW**). Das zentrale Ziel von **TRAW** war, das Risiko–Management mit der Entwicklung Workflow–basierter Anwendungssysteme zu koppeln, um somit den Aufbau *sicherer* Workflow–basierter Anwendungssysteme unterstützen zu können.

Die Analyse des aktuellen Forschungsgegenstandes in diesen beiden Disziplinen zeigte deutlich, daß einerseits das Risiko–Management keine prozeßorientierte Sichtweise auf das Anwendungssystem berücksichtigt und andererseits die Sicherheit im Rahmen der Entwicklung Workflow–basierter Anwendungssysteme kein angestrebtes Ziel darstellte. Somit erschien es sinnvoll, die Konzepte aus dem Bereich des Risiko–Managements im Rahmen der Workflow–basierten Anwendungsentwicklung nutzbar zu machen.

Als Ausgangspunkt hierzu wurde ein integriertes Vorgehensmodell konzipiert. Integration bedeutet hier, daß zum einen die Phasen der Bedrohungs– und Risikoanalyse in ein Workflow–basiertes Entwicklungsvorgehen integriert und zum anderen die Verwendung eines durchgängigen Systemmodells zur Anwendungsspezifikation unterstützt werden. Für die Modellierung wurde ein System–Metamodell entwickelt, das dem Anwender die Verwendung beliebiger, durch ihn vorgegebener Systemmodelle gestattet. In diesem sind Systemelement– und Beziehungstypen sowie

Sicherheitsmechanismustypen als spezielle Systemelementtypen frei definierbar, wodurch eine Erweiterbarkeit der Modellierung garantiert ist. Von einem Systemmodell können anschließend beliebige Anwendungssysteme als Instanzen abgeleitet werden. Die dynamischen Aspekte einer Anwendung (Arbeitsabläufe bzw. Aktivitäten) werden dabei ebenfalls durch spezielle Systemelement- und Beziehungstypen repräsentiert, so daß eine einheitliche Verwendung des Systemmodells sowohl für Spezifikation der statischen wie auch der dynamischen Teile einer Anwendung gegeben ist.

Zur Beschreibung der Sicherheit eines Anwendungssystems wurde eine Klassifikation von Sicherheitsanforderungen bereitgestellt. Darin können einerseits Anforderungen für die Systemelemente bzw. die Aktivitäten oder Arbeitsabläufe des Anwendungssystems formuliert werden, wobei diese eine konkrete Einhaltung von Eigenschaften der betroffenen Systemelemente kennzeichnen. Andererseits werden strukturelle Anforderungen sowohl an die statische wie auch die dynamische Sicht des Anwendungssystems separat angegeben. Die explizite Formulierung von Sicherheitsanforderungen schafft insgesamt eine transparente Sicht auf Sicherheitsfragen des Anwendungssystems.

Für die verschiedenen Typen von Sicherheitsanforderungen wurden anschließend unterschiedliche Analyseverfahren entwickelt, die eine Kontrolle der Eigenschaften gegenüber der Systemspezifikation erlauben. Im Kern lassen sich die Algorithmen in zwei Hauptkategorien unterteilen:

Bedrohungsabhängige Verfahren Für die eigenschaftsorientierten Anforderungen wurde ein Risikomodell entwickelt, das die Untersuchung der Wirkungen einer Bedrohung auf die statischen Systemelemente eines Anwendungssystems ermöglicht. Hierzu werden die konkreten Wirkungen einer Konsequenz sowie deren Propagierung durch das Anwendungssystem untersucht. Einen entscheidenden Punkt innerhalb des Risikomodells bildet die Verwendbarkeit sowohl kardinaler als auch ordinaler Bewertungen in Form eines unscharfen Bewertungskonzeptes, das auf der Fuzzy-Logik basiert und regelbasiert die Auswirkungen einer Konsequenz für ein Systemelement sowie die Ermittlung einer Folgeeintrittswahrscheinlichkeit im Rahmen der Propagierung ermöglicht. Sowohl das Wissen des Risikomodells wie auch die Fuzzy-Mengen, linguistischen Variablen und Regeln des unscharfen Bewertungskonzeptes werden in einer entsprechenden Wissensbasis abgelegt, um somit die Erweiterbarkeit der Modellierung und der Analyse zu gestatten. Entscheidend dabei ist, daß das Analysewissen auf Ebene des Systemmodells beschrieben und somit für alle Anwendungssysteme verwendbar ist. Für die Darstellung der Analyseergebnisse wurde zusätzlich eine Interpretationshilfe vorgestellt, die dem Anwender eine informelle und somit intuitive Darstellung der Ergebnisse bietet.

Die Analyse der Aktivitäten und Arbeitsabläufe kann das gleiche Verfahren verwenden. Dazu wird die Kontrolle der Sicherheitsanforderungen zunächst durch eine Transformation in statische Anforderungen initialisiert und diese anschließend nach dem zuvor skizzierten Prinzip kontrolliert. Eine aktivitätenorientierte

Sicherheitsanforderung ist immer genau dann erfüllt, wenn ihre statische Zerlegung erfüllt ist.

Bedrohungsunabhängige Verfahren Die strukturellen Sicherheitsanforderungen werden im Gegensatz zu den eigenschaftsorientierten Anforderungen nicht durch externe Ereignisse beeinflußt, sondern können direkt aus der Spezifikation des Anwendungssystems heraus kontrolliert werden. Hierzu wurde ein entsprechender Analysealgorithmus entwickelt, mit dem die statischen Strukturen des Anwendungssystems sowie der darin enthaltenen Arbeitsabläufe untersucht und entsprechende Sicherheitsanforderungen kontrolliert werden können. Einen Speziellfall hierbei spielt die Gewährleistung von Sicherheitsanforderungen, die den Zugriff von Personen auf Daten explizit ausschließen. Ihre Kontrolle erfordert die Analyse der verdeckten Kanäle eines Anwendungssystems. Es wurde daher ein Analysealgorithmus entwickelt, der alle potentiellen Informationsflüsse in einem Anwendungssystem untersucht und somit die verdeckten Kanäle aufzeigt.

Grenzen der bedrohungsabhängigen Verfahren sind durch das zugrundeliegende System–Meta– und das Risikomodell gegeben. Da hier eine einfache Erweiterbarkeit sowie eine breite Anwendbarkeit für unterschiedlichste Personengruppen angestrebt wurde, mußte auf eine formale Spezifikation des Verhaltens der einzelnen Systemelemente sowie deren Beziehungen untereinander verzichtet werden. Dies führt jedoch dazu, daß keine temporal–logischen Eigenschaften bzw. der Einfluß der Arbeitsablaufkontexte betrachtet werden können.

Insgesamt stehen jedoch — mit Ausnahme der Bedrohungsidentifikation und Systemelementauswahl für die bedrohungsabhängigen Verfahren — vollständig automatisierte Analysealgorithmen zur Verfügung, die eine Kontrolle von Sicherheitsanforderungen gegenüber der Spezifikation eines Anwendungssystems ermöglichen.

Für die Behandlung nicht erfüllter Anforderungen wurden verschiedene Möglichkeiten der Modifikation diskutiert. Neben der Akzeptanz der Restrisiken, der Relaxierung von Sicherheitsanforderungen oder der Modifikation der Systemstrukturen wurde ein Verfahren zur Integration von Sicherheitsmechanismen konzipiert, das auf der in [HP97b, HP98, HRP99] entwickelten Sicherheitsdiensthierarchie beruht. Das Verfahren erlaubt die automatisierte Auswahl von Sicherheitsmechanismen zur Kompensation nicht erfüllter systemelement- und aktivitätenorientierter Sicherheitsanforderungen.

Für das gesamte Konzept wurde dann das Werkzeug **TRAW**$^\top$ entwickelt, das alle Phasen des integrierten Vorgehensmodells unterstützt. Dem Anwender wird über eine graphische Benutzungsoberfläche die Möglichkeiten eröffnet, Systemmodelle und davon abgeleitete Anwendungssysteme zu modellieren sowie Sicherheitsanforderungen zu spezifizieren. Weiterhin können die Analyse dieser Sicherheitsanforderungen initialisiert und die Analyseergebnisse betrachtet werden, um somit die Schwachstellen im Anwendungssystem erkennen zu können.

Anhand eines praxisnahen Anwendungsbeispiels wurden das Gesamtkonzept sowie das Softwarewerkzeug **TRAW**$^\top$ evaluiert. Dabei wurde als Systemmodell das Minimale Metamodell der Workflow Management Coalition verwendet, welches um informationstechnische Aspekte erweitert werden mußte. Als Anwendung diente das Epidemiologische Krebsregister Niedersachsen, in dem hochsensible Daten von Krebsfällen erfaßt und verarbeitet werden. Die Anwendung ist u. a. dadurch gekennzeichnet, daß sowohl gesetzlich vorgeschriebene wie auch datenschutzrechtlich geforderte Sicherheitsanforderungen relevant sind. Konkret wurden die Entwicklung des Systemmodells und des Anwendungssystems, die Spezifikation typischer Sicherheitsanforderungen für diese Anwendung und ein Überblick über das verwendete Analysewissen präsentiert.

6.2   Bewertung

Um eine Bewertung des **TRAW**-Ansatzes und des darauf basierenden Werkzeuges **TRAW**$^\top$ vornehmen können, müssen die einzelnen Anforderungen an das Konzept für eine wissensbasierte Bedrohungs- und Risikoanalyse Workflow-basierter Anwendungen aus Abschnitt 1.3 nochmals betrachtet werden:

❏ **Integriertes Vorgehen von System- und Sicherheitsentwurf: TRAW** unterstützt ein solches Vorgehen und erlaubt die Berücksichtigung und Durchsetzung von sicherheitsrelevanten Aspekten im Rahmen eines Workflow-basierten Anwendungssystems (siehe Abschnitt 3.2.4). Sicherlich bleibt einzuräumen, daß bei dem Evaluationsbeispiel kein zweistufiges Vorgehen mit Geschäftsprozeß- und Workflow-Modellierung durchgeführt wurde und die modellierten Aspekte im Kern auf die sicherheitskritischen Aspekte ausgelegt waren. Jedoch konnte gezeigt werden, daß die Integration der Konzepte des Risiko-Managements — konkret der Bedrohungs- und Risikoanalyse — in eine Workflow-basierte Anwendungsentwicklung und dadurch die Durchsetzung von Sicherheitsanforderungen in einer ablauforientierten Sicht der Systementwicklung möglich ist.

❏ **Erweiterbares System- und Risikomodell:** Anhand des Anwendungsszenarios konnte die Erweiterbarkeit des gesamten Konzeptes nachgewiesen werden. So wurde als Systemmodell das Minimale Metamodell der Workflow Management Coalition verwendet, dieses um technische Aspekte erweitert und als konkrete Anwendung das Epidemiologische Krebsregister Niedersachsen instantiiert. Außerdem konnte das Analysewissen jederzeit erweitert bzw. modifiziert werden.

❏ **Explizite Modellierung der Sicherheitsanforderungen:** Durch die Möglichkeit, die Sicherheitsanforderungen gegenüber dem Anwendungssystem ex-

plizit modellieren und dann auch kontrollieren zu können, wird eine Dokumentation der Sicherheit von Anwendungen direkt unterstützt. Dies erlaubt
eine vereinfachte Kommunikation mit anderen Gruppen, z. B. mit dem Datenschutzbeauftragten, der Unternehmensführung oder auch den Mitarbeitern,
die mit dem Anwendungssystem arbeiten müssen. Außerdem hat das Beispiel
des Epidemiologischen Krebsregisters Niedersachsen die Notwendigkeit unterschiedlicher Typen von Sicherheitsanforderungen unterstrichen, mit denen jeweils verschiedene Sicherheitsaspekte spezifiziert werden konnten.

❏ **Automatische Analyseverfahren:** Die Analyse der Sicherheitsanforderungen konnte fast vollständig automatisiert werden. Mit Ausnahme der Bedrohungsidentifikation und der Ermittlung des betroffenen Systemelementes ist
die Analyse ohne jegliche Benutzerinteraktion durchführbar. Die Tatsache, daß
nicht nur die Erfüllung bzw. Nicht–Erfüllung der Sicherheitsanforderungen,
sondern auch die vollständigen Wirkungen einer Bedrohung auf ein Anwendungssystem dargestellt werden, erlaubt dem Entwickler und dem Sicherheitsexperten eine vereinfachte Ermittlung von Schwachstellen. Dies zeigte auch
das Anwendungsszenario, in dem Propagierungsketten sowie die Modifikationen von Attributen betroffener Systemelemente detailliert auswertbar waren.
Das Angebot einer Interpretationshilfe bot eine weitere Unterstützung bei der
Bewertung der Analyseergebnisse.

❏ **Kombiniertes Bewertungskonzept:** Mit seinem unscharfen Bewertungskonzept erlaubt der Ansatz sowohl die Verwendung von kardinalen als auch
ordinalen Werten für die Attribute der Systemelemente. Dabei ist die flexible
Verwendung nicht auf Systemelementtypen eingeschränkt. Daß diese kombinierte Verwendung sinnvoll ist, konnte im Rahmen der Evaluierung gezeigt
werden. Während eine Vielzahl von technischen Angaben durch eindeutige
Werte gekennzeichnet werden konnte, war die Nutzung von ordinalen Werten
speziell im Bereich der Eigenschaften Vertraulichkeit und Integrität sinnvoll.

❏ **Durchgängige Werkzeugunterstützung:** Mit dem Werkzeug **TRAW**$^\top$ wurde ein System zur Verfügung vorgestellt, mit dem das gesamte Konzept von
TRAW unterstützt wird (siehe Abschnitt 4.6). Hierbei konnte auf bereits vorhandene Systeme und deren existente Funktionalität zurückgegriffen werden.
Es bleibt zu betonen, daß es sich um eine Prototypentwicklung handelt, die
ausschließlich zur Evaluation der Konzepte und nicht auf eine benutzerfreund-
liche Anwendungsentwicklung abzielte.

❏ **Evaluation:** Das Konzept wurde anhand eines Anwendungsszenarios aus dem
Gesundheitswesen evaluiert, wobei zur Systemmodellierung ein in Zukunft
möglicherweise relevanter Standard zur Systemmodellierung Workflow–basierter Anwendungen verwendet wurde. Die Anwendung zeichnete sich auf der
einen Seite durch ihre sicherheitstechnische Relevanz aus und bot auf der anderen Seite vorhandene Systembeschreibungen, die eine einfache Modellierung

des Anwendungssystems und der darin enthaltenen Sicherheitsanforderungen erlaubten. Insgesamt konnte gezeigt werden, daß mit **TRAW** ein hinsichtlich der Modellierung und Analyse von Anwendungssystemen erweiterbares Konzept zur Verfügung steht, das es gestattet, unterschiedliche in der Praxis gebräuchliche Typen von Sicherheitsanforderungen zu berücksichtigen.

Es kann somit festgehalten werden, daß mit **TRAW** ein Konzept und mit **TRAW**$^\top$ ein Softwarewerkzeug entstanden sind, mit denen die Entwicklung *sicherer* Workflow–basierter Anwendungen deutlich verbessert wird.

6.3 Ausblick

Natürlich konnten innerhalb dieses Buches nicht alle Fragen und Probleme im Rahmen der Entwicklung sicherer Workflow–basierter Anwendungen beantwortet werden. Zum Abschluß sollen daher einige mögliche Erweiterungen vorgestellt werden, wobei neben dem vorgestellten Konzept und dem prototypisch entwickelten Softwarewerkzeug auch die Evaluierung betrachtet wird:

Konzept

Das **TRAW**–Konzept ist der Schwerpunkt möglicher Erweiterungen. Konkret sind u. a. folgende Ansatzpunkte denkbar:

❏ **Bedrohung von Sicherheitsmechanismen:** Im Risikomodell wird bisher nicht berücksichtigt, inwieweit Sicherheitsmechanismen selbst wieder zu einer Bedrohung für ein Anwendungssystem werden können. So schützt zwar eine Sprinkleranlage einen Raum gegen Feuer, jedoch erzeugt sie gleichzeitig eine Bedrohung durch das eingesetzte Wasser. Zwar kann im aktuellen Konzept dieser Sachverhalt durch eine entsprechende Bedrohung für das Anwendungssystem spezifiziert werden, jedoch wäre eine direkte Berücksichtigung innerhalb des Analysevorgehens wünschenswert.

❏ **Bedrohungen für Sicherheitsmechanismen:** Das Risikomodell untersucht zur Zeit nicht den Zustand eines Sicherheitsmechanismus. Dieser könnte analog zu den Systemelementtypen betrachtet werden. Dazu müßte er um ein spezielles Attribut „Zustand" erweitert werden, das dann durch Konsequenzen negativ beeinträchtigt werden kann. Das entsprechende Wissen müßte in einer neuen Regelbasis abgelegt werden, die aus dem lokalen Zustand eines Sicherheitsmechanismus und seinem Effekt gegen eine Bedrohung einen aktuellen Effekt bestimmt.

❏ **Simulation oder formale Methoden:** Im Rahmen von Kapitel 3.5.4.3 wurden die Grenzen der Analyse ablauflogikorientierter Sicherheitsanforderungen diskutiert. Die Berücksichtigung temporal–logischer Aspekte sowie die Abhängigkeit in unterschiedlichen Arbeitsablaufkontexten kann auf Basis formaler Methoden bzw. durch Simulationstechniken unterstützt werden.

❏ **Modifikation:** Die Modifikation wurde im Rahmen dieses Buches nur am Rande bearbeitet, da der Schwerpunkt auf der Modellierung und Analyse lag. Es ist jedoch wünschenswert, die Auswahl geeigneter Sicherheitsmechanismen bzw. Möglichkeiten zur Umstrukturierung des Anwendungssystems ebenfalls automatisiert, zumindest systemtechnisch unterstützt, durchführen zu können.

Werkzeugunterstützung

Wie bereits angesprochen, stellt das Softwarewerkzeug **TRAW**$^\top$ lediglich eine Prototypentwicklung zur Evaluation des entwickelten Konzeptes dar. Folgende Erweiterungen sind denkbar:

❏ **Benutzungsoberfläche:** Die Vorteile der unterschiedlichen Modellierungskomponenten, also die Möglichkeit der einfachen Hierarchisierung einerseits und die komfortable Beschreibung der Systemelemente andererseits, sollten in einer gemeinsamen graphischen Benutzungsoberfläche zusammengefaßt werden.

❏ **Vollständige Integration aller Teilkomponenten:** Die Verwendung einer Reihe vorhandener Werkzeuge erzeugt natürlich eine Reihe von Schnittstellen, so daß der Anwender z. Z. verschiedene Transformationen selbst anstoßen muß. Es wäre daher sinnvoll, eine vollständige Integration aller Teilkomponenten vorzunehmen, um dem Anwender ein geschlossenes Gesamtsystem bereitstellen zu können.

❏ **Graphische Modellierung von Sicherheitsanforderungen:** Die Spezifikation der struktur– und ablauflogikorientierten Sicherheitsanforderungen muß bisher textuell durchgeführt werden. Eine Unterstützung mit graphischen Mitteln wäre hier wünschenswert.

❏ **Transformation zur Ausführung:** Um das modellierte und hinsichtlich Sicherheitsanforderungen kontrollierte Anwendungssystem auch zur Ausführung bringen zu können, sollte eine Transformation in eine entsprechende Sprache (z. B. WPDL) realisiert werden, wobei jedoch die Möglichkeit der Erweiterbarkeit hinsichtlich der Modellierung berücksichtigt werden muß.

Evaluation

Die Evaluation des Konzeptes und des Werkzeuges wurde anhand des Epidemiologischen Krebsregisters Niedersachsen vorgenommen. Sinnvoll wäre die Evaluation bzgl. weiterer Anwendungsszenarien, um die Konzepte in der Praxis noch detaillierter testen und ggf. aus den gesammelten Erfahrungen neue Hinweise für Weiterentwicklungen gewinnen zu können.

Abkürzungsverzeichnis

ACID	Atomic, Consistent, Isolated, Durable
ALE	Annual Loss Expectancy
ALMO$T	A Language for Modelling $ecure Business Transactions
ALRAM	Automated LRAM
API	Application Programming Interface
APL	A Programming Language
APSAD	L'Assemblée Plénière des Sociétés d'Assurances Domages
ARIS	Architektur integrierter Informationssysteme
ASSUME	Analyse und Synthese von Schemata und Modellen durch einen Editor
BOR	Business Object Repository
BPR	Business Process Reengineering
BuRA	Bedrohungs– und Risikoanalyse
CARLOS	Cancer Registry Lower–Saxony
CCS	Calculus of Communicating Systems
CCTA	Central Computer and Telecommunications Agency
CLUSIF	Club de la Sécurité Informatique Français
COA	Center of Area
COM	Center of Maximum
COMMANDOS	Construction and Management of Distributed Open Systems
CoP	Code of Practice for Informations Security Management
CORMAN	Coordination Manager
CRAMM	The CCTA Risk Analysis and Management Methodology
CSE	Communications Security Establishment
CTL	Computational Tree Logic
CWB–NC	Concurrency Workbench of North Carolina

DBMS	Datenbankmanagementsystem
EBNF	Erweiterte Backus–Naur–Form
EKN	Epidemiologisches Krebsregister Niedersachsen
EPK	Ereignisgesteuerte Prozeßkette
FDL	FlowMark Definition Language
FIPS	Federal Information Processing Standards
FOG	Formalisierung von Geschäftsprozessen mit CCS
FRA	Fuzzy Risk Analyser
GMITS	Guidelines for Management of IT–Security
GPOSS	Geschäftsprozeß–orientiertes Simulationssystem
IBM	International Business Machines
IEC	International Electrotechnical Commission
ISO	International Organisation for Standardization
IT	Informationstechnik
JTC	Joint Technical Commitee
KEEPER	Knowledge Engeneering applied to the Evaluation of Potential Enviromental Risks
KOS	Konzeptionelles Objektschema
LAVA	Los Alamos Vulnerability/Risk Assessment System
LEU	LION Entwicklungsumgebung
LEX	Lexical Analyser
LLNL	Lawrence Livermore National Laboratory
LRAM	Livermore Risk Analysis Methodology
MARION	Mèthodologie d'Analyse des Risques Informatiques et d'Optimisation par Niveau
MAPLESS	Mixed Paradigm APL–based Expert System Shell
MAX	Maximum–Prinzip
MENTOR	Middleware for Enterprise–wide Workflow Management
MFAS	Ministerium für Frauen, Arbeit und Soziales
MOM	Mean of Maximum
MSL	MOBILE Script Language
MTBF	Mean Time Between Failure
NBS	National Bureau of Standards
NCSC	National Computer Security Center
NIST	National Institute of Standards and Technology
OFFIS	Oldenburger Forschungs– und Entwicklungsinstitut für

	Informatik–Werkzeuge und –Systeme
OMT	Object Modeling Technique
REMO	Referenzmodelle für sichere informationstechnische Systeme
RiskMa	Risk Management Tool
RKI	Robert Koch–Institut
SIMSI	Simulation von Informationssicherheit
SOF	System Observation Facility
SOM	Semantisches Objektmodell
SQUALE	Safety and Quality Evaluation for Dependable System
TRAW	Knowledge Based Threat and Risk Analysis of Workflow–Based Applications
UBS	Union Bank of Switzerland
V–Modell	Vorgehensmodell
VOS	Vorgangsobjektschemata
WADL	Workflow Acitivty Description Language
WAMO	Workflow Activity Model
WAPI	Workflow–Application Programming Interface
WfMC	Workflow Management Coalition
WFMS	Workflow–Management–System
WPDL	Workflow Process Definition Language
YACC	Yet Another Compiler Compiler
YADI	Yet Another Database Interface

Literaturverzeichnis

[AA92]   E. Amann und H. Atzmüller. IT–Sicherheit — Was ist das? *Daten-schutz und Datensicherheit*, 6:286–292, 1992.

[AAEAM97]   G. Alonso, D. Agrawal, A. El Abbadi und C. Mohan. Functionality and Limitations of Current Workflow Management Systems. *IEEE–Expert (Special Issue on Cooperative Information Systems)*, 1997.

[ABH⁺99]   H.-J. Appelrath, M. Beyer, H. Hinrichs, J. Kieschke, K. Panienski, M. Rhode, A. Scharnofske, W. Thoben, I. Wellmann, F. Wietek und L. Zachewitz. CARLOS (Cancer Registry Lower-Saxony): Tätigkeits-bericht für den Zeitraum 1.1.–31.12.1998. Technischer Bericht, OF-FIS, Oldenburg, März 1999.

[Ade97]   M. Ader. Seven Workflow Engines Reviewed. *Document World*, 2(3):19–26, Juni 1997.

[AFH⁺96]   H.-J. Appelrath, J. Friebe, H. Hinrichs, V. Kamp, J. Rettig, W. Tho-ben und F. Wietek. CARLOS (Cancer Registry Lower-Saxony): Tätigkeitsbericht für den Zeitraum 1.1.–31.12.1996. Technischer Be-richt, OFFIS, Oldenburg, Dezember 1996.

[AFH⁺97]   H.-J. Appelrath, J. Friebe, E. Hinrichs, H. Hinrichs, I. Hoting, J. Kieschke, K. Panienski, J. Rettig, A. Scharnofske, W. Thoben und F. Wietek. CARLOS (Cancer Registry Lower-Saxony): Tätigkeitsbe-richt für den Zeitraum 1.1.–31.12.1997. Technischer Bericht, OFFIS, Oldenburg, Dezember 1997.

[AG96]   SAP AG. SAP Business Workflow: Funktionen im Detail. Technischer Bericht, 1996.

[AKA⁺94]   G. Alonso, M. Kamath, D. Agrawal, A. El Abbadi, R. Günthör und C. Mohan. Failure Handling in Large Scale Workflow Management Systems. Research Report RJ9913, IBM Almaden Research Center, November 1994.

[ALK94]   A. Anderson, D. Longley und L. F. Kwok. Security Modelling for Organisations. In: *2nd ACM Conference on Computer and Communications Security (CCS'94)*, S. 241–250, New York, 1994.

[Amb93]   M. Amberg. *Konzeption eines Software-Architekturmodells für die objektorientierte Entwicklung betrieblicher Anwendungssysteme.* Dissertation, Universität Bamberg, April 1993.

[Amb95]   M. Amberg. Ableitung von Spezifikationen für Workflow-Managementsysteme aus Geschäftsprozeßmodellen. *Informationssystem–Architekturen*, 2(2):76–78, Dezember 1995.

[Amb96]   M. Amberg. Transformation von Geschäftsprozeßmodellen des SOM–Ansatzes in workflow–orientierte Anwendungssysteme. In: J. Becker und M. Rosemann, Herausgeber, *Workflowmanagement: State-of-the-Art aus Sicht von Theorie und Praxis*, Nummer 47 in Arbeitsberichte des Instituts für Wirtschaftsinformatik der Universität Münster, S. 46–56, April 1996.

[AMST96]   H.-J. Appelrath, J. Michaelis, I. Schmidtmann und W. Thoben. Empfehlung an die Bundesländer zur technischen Umsetzung der Verfahrensweisen gemäß Gesetz über Krebsregister (KRG). *Informatik, Biometrie und Epidemiologie in Medizin und Biologie*, 27(2):101–110, Februar 1996.

[AS94]   K. R. Abbot und S. K. Sarin. Experiences with Workflow Management: Issues for the next Generation. In: *Computer Supported Cooperative Work (CSCW'94)*, San Jose, 1994.

[AT93]   H.-J. Appelrath und W. Thoben. Das Niedersächsische Krebsregister. *Einblicke — Wissenschaft und Forschung an der Carl von Ossietzky Universität Oldenburg*, 18(10):14–18, 1993.

[Atz92]   H. Atzmüller. Ein Immunsystem für Informationssysteme: Einblicke in das Forschungsprojekt REMO. *Elektronik*, 14:60–67, 1992.

[Atz94]   H. Atzmüller. REMO: Entwicklung sicherer IT–Systeme. In: Bundesamt für Sicherheit in der Informationstechnik (BSI), Herausgeber, *IT-Sicherheit: eine neue Qualitätsdimension*, 3. Deutscher IT-Sicherheitskongreß, S. 273–284, Bonn, 1994. SecuMedia–Verlag.

[Bal89]   R. Balter. Construction and Management of Distributed Office Systems: Archivements and Future Trends. In: Commission of the European Communities, Herausgeber, *Proceedings of the 6th Annnual ESPRIT Conference*, S. 47–58, Brüssel, 1989.

[Bar89]   E. Baratte. Marion A. P.: A Method for Measuring and Improving Security in E. D. P. Systems: Two Years of Experience. In: A. Grissonnanche, Herausgeber, *Security and Protection in Informations Systems*, 4th IFIP TC 11 International Conference on Computer Security (IFIP/SEC'86), S. 323–324, Monte Carlo (Monaco), Dezember 1989. Elsevier Science Publishers B. V. (North–Holland).

[Bas88]   R. L. Baskerville. *Designing Information System Security*, R. Boland und R. Hischheim, Herausgeber. Information Systems Series. John Wiley & Sons, New York, 1988.

[Bas89]   R. L. Baskerville. Logical Controls Specification: an Approach to Information Systems Security. In: H. K. Klein und K. Kumar, Herausgeber, *Systems Developement for Human Progress*, S. 241–256, Amsterdam, 1989. Elsevier Science Publisher B. V. (North-Holland).

[Bas93]   R. L. Baskerville. Information Systems Security Design Methods: Implications for Information Systems Development. *ACM Computing Survey*, 25(4):376–414, 1993.

[Bas96]   R. L. Baskerville. A Taxonomy for Analyzing Hazards to Information Systems. In: S. K. Katsikas und D. Gritzalis, Herausgeber, *Information Systems Security: Facing the Information Society of the 21st Century*, 12th IFIP TC 11 International Information Security Conference (IFIP/SEC'96), S. 167–176, Island of Samos (Griechenland), Mai 1996. Chapman & Hall.

[BDD97]   M. Bonner, F. Döll und J. u. a. Dorn. StarFlipp++ Version 1.0: A Reusable Iterative Optimization Library for Combinatorial Problems with Fuzzy Constraints. Technischer Bericht DBAI–TR–97–11, Institut für Informationssysteme, Technische Universität Wien, Juni 1997.

[BE95]   H. A. S. Booysen und J. H. P. Eloff. A Methodology for the Development of Secure Application Systems. In: J. H. P. Eloff und S. H. von Solms, Herausgeber, *Information Security: the Next Decade*, 11th IFIP TC 11 International Conference on Information Security (IFIP/SEC'95), S. 255–269, Cape Town, Mai 1995. Chapman & Hall.

[Bec96]   M. Becker. Workflow–Management: Szenarien und Potentiale. In: H. Österle und P. Vogler, Herausgeber, *Praxis des Workflow-Managements: Grundlagen, Vorgehen, Beispiele*, Wirtschaftsinformatik / Business Computing, S. 319–341, Braunschweig, 1996. Vieweg Verlag.

[Bet90]   T. Beth. Zur Sicherheit der Informationstechnik. *Informatik-Spektrum*, 13(4):204–215, 1990.

[BG93]   H. Bandemer und S. Gottwald. *Einführung in Fuzzy–Methoden*, Akademie Verlag, Berlin, 4. Auflage, 1993.

[Bib77]   K. J. Biba. Integrity Considerations for Secure Computer Systems. Technischer Bericht MTR–3153, NTS AD A039324, MITRE Cooperation, Bedford, April 1977.

[Bis93]   J. Biskup. Sicherheit von IT-Systemen als „sogar wenn — sonst nichts — Eigenschaft". In: G. Weck und P. Horster, Herausgeber, *Verläßliche Informationssysteme (VIS'93)*, Band 16 von *DuD–Fachbeiträge*, S. 239–254, München, 1993. Vieweg Verlag.

[Bit90]   P. Bitterli. Netzwerksicherheit: Über die Risiken von komplexen Kommunikationssystemen. *Sicherheit der Informatik (Spezialheft Wirtschaftsinformatik)*, 5:241–246, 1990.

[BJ88]   D. A. Bonyun und G. Jones. An Expert Systems Approach to the Modelling of Risks in Dynamic Enviroments. In: Troy et al. [TKP⁺88], S. 203–224.

[BJ89]   D. A. Bonyun und G. Jones. A Knowledge Based Method of Managing Risks in Dynamic Enviroments. In: Kuchta et al. [KPK⁺89]. Kapitel 7.

[BJ95]   C. Bußler und S. Jablonski. Scalability and Extensibility through Modularity: Architecture of the Mobile Workflow System. In: S. Rahm und M. Jarke, Herausgeber, *Proceedings of the 5th Workshop on Information Technologies and Systems (WITS'95)*, S. 98–107, Amsterdam, Dezember 1995.

[BJ96]   C. Bußler und S. Jablonski. Die Architektur des modularen Workflow–Management–Systems MOBILE. In: Vossen und Becker [VB96], Kapitel 21, S. 369–388.

[BK93]   W. Bandler und L. Kohout. Fuzzy Powersets and Fuzzy Implication Operators. In: *Readings in Fuzzy Sets for Intelligent Systems*. Morgan Kaufmann, 1993.

[BL75]   D. E. Bell und L. LaPadula. Secure Computer Systems: Unified Exposition and MULTICS Interpretation. Technischer Bericht MTR–2997, ESD–TR–75–306, MITRE Cooperation, Bedford, Juli 1975.

[Bö88]   B. W. Böhm. Applying Process Programming to the Spiral Model. In: *4th International Software Process Workshop*, 1988.

[Bon87]   D. A. Bonyun. The Use of Expert Systems in Threat Analysis. In: *5th Worldwide Congress on Computer and Communications Security and Protection (SECURICOM'87)*, S. 79–82, Paris, 1987.

[BP95]   U. Blöcher und A. Pfau. Auswahlstrategien für Sicherheitsmechanismen zur Erfüllung von Sicherheitsanforderungen. *Datenschutz und Datensicherheit*, 5:284–292, 1995.

[Bri89]   A. Brignone. Fuzzy Sets: An Answer to the Evaluation of Secure Systems. In: A. Grissonnanche, Herausgeber, *Security and Protection in Informations Systems*, 4th IFIP TC 11 International Conference on Computer Security (IFIP/SEC'86), S. 143–151, Monte Carlo (Monaco), Dezember 1989. Elsevier Science Publishers B. V. (North-Holland).

[BS95]   M. Böhm und W. Schulz. Grundlagen von Workflow–Management–Systemen. *Wissenschaftliche Beiträge zur Informatik*, 8(2):50–65, 1995.

[Bun90a]   Bundesamt für Sicherheit in der Informationstechnik (BSI). *IT-Evaluationshandbuch: Handbuch für die Prüfung der Sicherheit von Systemen der Informationstechnik (IT)*, Bundesanzeiger–Verlag. Zentralstelle für Sicherheit in der Informationstechnik im Auftrag der Bundesregierung (ZSI), Köln, 1. Auflage, Februar 1990.

[Bun90b]   Bundesbeauftragter für den Datenschutz. Bundesdatenschutzgesetz (BDSG). *Bundesgesetzblatt*, S. 2954, Dezember 1990.

[Bun92]   Bundesamt für Sicherheit in der Informationstechnik (BSI). *IT-Sicherheitshandbuch: Handbuch für die sichere Anwendung der Informationstechnik. Version 1.0*, Nummer BSI 7105. Bonn, März 1992.

[Bun97]   Bundesamt für Sicherheit in der Informationstechnik (BSI). *IT-Grundschutzhandbuch: Maßnahmenempfehlungen für den mittleren Schutzbedarf*, Band 3 von *Schriftenreihe zur IT-Sicherheit*, Bundesanzeiger–Verlag, Bonn, Juli 1997.

[BV96]   J. Becker und G. Vossen. Geschäftsprozeßmodellierung und Workflow–Management: Eine Einführung. In: Vossen und Becker [VB96], Kapitel 1, S. 17–26.

[Car97]   S. Carlsen. *Conceptual Modeling and Composition of Flexible Workflow Models*. Dissertation, Department of Computer and Information Science, Norwegian University of Science and Technology, Dezember 1997.

[Cen93]   Canadian System Security Centre. The Canadian Trusted Compu-
            ter Product Evaluation Criteria. Technischer Bericht Version 3.0e,
            Government of Canada, Januar 1993.

[CES86]   E. M. Clarke, E. A. Emerson und A. P. Sistla. Automatic Verification
            of Finite–State Concurrent Systems using Temporal Logic Specifica-
            tions. *ACM Transactions on Programming Languages and Systems*,
            8(2):244–263, April 1986.

[CFT91]   M. Collins, W. Ford und B. Thuraisingham. Security Constraint Pro-
            cessing During the Update Operations in a Multilevel Secure Database
            Management System. In: *7th Annual Computer Security Applications
            Conference (ACSAC'91)*, S. 23–32, San Antonio (Texas), Dezember
            1991. IEEE Computer Society Press.

[CKO97]   B. Curtis, M. I. Kellner und J. Over. Process Modelling. *Communi-
            cations of the ACM*, 35(9):75–90, 1997.

[Coa96]   Workflow Management Coalition. Terminology & Glossary. Docu-
            ment Number WfMC–TC–1011 (Document Status — Issue 2.0), Juni
            1996.

[Coa98]   Workflow Management Coalition. Interface 1: Process Definition In-
            terchange Process Modell. Document Number WfMC–TC–1016–P
            (Document Status — 7.05 Beta), August 1998.

[Con96]   The SEISMED Consortium. *Studies in Health Technology and In-
            formatics, Data Security for Health Care*, IOS Press, Amsterdam,
            1996.

[Con97a]   SQUALE Consortium. SQUALE: Analysis of Security, Safety, Qua-
            lity Standards and Code of Practice. ACTS95/AC097 ASSQS–1.0,
            November 1997.

[Con97b]   SQUALE Consortium. SQUALE: Definition of Draft Criteria for
            the Assessment of Dependable Systems (Draft 2). ACTS95/AC097
            DPCRIT–D2.0, Januar 1997.

[CoP95]   Code of Practice for Information Security Management (CoP). Tech-
            nischer Bericht BS 7799:1995, British Standards Institution (BSI),
            1995.

[CPS93]   R. Cleaveland, J. Parrow und B. Steffen. The Concurrency Work-
            bench: A Semantics–Based Tool for the Verification of Concurrent
            Systems. *ACM Transactions on Programming Languages and Sy-
            stems*, 15(1):36–72, Januar 1993.

[CW87]   D. D. Clark und D. R. Wilson. A Comparison of Commercial and Mi-
             litary Computer Security Policies. In: *IEEE Computer Society Sym-
             posium on Research in Security and Privacy*, S. 184–194, Oakland,
             1987. IEEE Computer Society Press.

[Dav93]   T. H. Davenport. *Process Innovation: Reengineering Work through
             Information Technology*, Harvard Business School Press, Boston,
             1993.

[Dei97]   W. Deiters. Prozeßmodelle als Grundlage für ein systematisches Ma-
             nagement von Geschäftsprozessen. *Informatik Forschung und Ent-
             wicklung*, 12(2):52–60, Mai 1997.

[Dep85]   Department of Defense, Herausgeber. *Trusted Computer System Eva-
             luation Criteria*, Department of Defense, Herausgeber. CSC–STD–
             001–83, DOD 5200.28–STD. Washington D.C., 1985.

[Deu96]   Deutsches Institut für Normung e. V. (DIN). *Geschäftsprozeßmodel-
             lierung und Workflow-Management: Forschungs- und Entwicklungs-
             bedarf im Rahmen der Entwicklungsbegleitenden Normung (EBN)*,
             Nummer 50 in DIN–Fachbeiträge. Beuth Verlag, Berlin, 1. Auflage,
             1996.

[DGS95]   W. Deiters, V. Gruhn und R. Striemer. Der FUNSOFT–Ansatz
             zum integrierten Geschäftsprozeßmanagement. *Wirtschaftsinforma-
             tik*, 37(5):459–466, Oktober 1995.

[DGW94]   W. Deiters, V. Gruhn und H. Weber. Software Process Evolution
             in MELMAC. In: D. E. Cooke, Herausgeber, *The Impact of CASE
             Technology on Software Processes*, S. 301–326, Singapore, 1994. World
             Scientific Publications.

[DHR93]   D. Driankov, H. Hellendoorn und M. Reinfrank. *An Introduction to
             Fuzzy Control*, Springer–Verlag, Berlin, 1993.

[DIR94]   Information Ressources Security and Risk Managment: Policy, Stan-
             dards, and Guidelines. Technischer Bericht, Texas Department of
             Information Resource (DIR), Austin (Texas), Juni 1994.

[DLS96]   W. Deiters, F. Lindert und R. Schiprowski. A Transaction Concept
             for FUNSOFT Nets. In: S. Jablonski, H. Groiss, R. Kaschek und
             W. Liebhart, Herausgeber, *Geschäftsprozeßmodellierung und Work-
             flowsysteme*, Band 2 von *Proceedings-Reihe der Informatik'96*, Kla-
             genfurt, September 1996.

[dRE95]   W. G. de Ru und J. H. P. Eloff. Reinforcing Password Authentifi-
             cation with Typing Biometrics. In: H. P. Eloff und S. H. von Solms,

Herausgeber, *Information Security: the Next Decade*, 11th IFIP TC 11 International Information Security Conference (IFIP/SEC'95), Cape Town, Mai 1995. Chapman & Hall.

[dRE96]   W. G. de Ru und J. H. P. Eloff. Risk Analysis Modelling with the Use of Fuzzy Logic. *Computers & Security*, 15(3):239–248, 1996.

[DS95]   W. Deiters und R. Striemer. Ein Paradigmenwechsel in Informationstechnologie und Organisation. In: F. Schweiggert und Stickel E., Herausgeber, *Informationstechnologie und Organisation: Planung, Wirtschaftlichkeit und Qualität.* Teubner–Verlag, 1995.

[DT94]   A. Dörig und H. Tomaschett. Methodische Informatik-Sicherheitsanalyse und Maßnahmenplanung mit MARION. In: G. Cyranek und K. Bauknecht, Herausgeber, *Sicherheitsrisiko Informationstechnik: Analysen, Empfehlungen, Maßnahmen in Staat und Wirtschaft*, Band 19 von *DuD–Fachbeiträge*, S. 127–138, Rüschlikon, 1994. Vieweg Verlag.

[EB91]   J. H. P. Eloff und K. P. Badenhorst. Information Security Risk Analysis and Risk Management: which Approach? In: *Information Systems Security: Requirements & Practices*, 14th National Computer Security Conference, S. 313–327, Washington D. C., Oktober 1991.

[ED95]   L. Ekenberg und M. Danielson. Handling Imprecise Information in Risk Management. In: J. H. P. Eloff und S. H. von Solms, Herausgeber, *Information Security: the Next Decade*, 11th IFIP TC 11 International Conference on Information Security (IFIP/SEC'95), S. 357–368, Cape Town, Mai 1995. Chapman & Hall.

[EGL98]   J. Eder, H. Groiss und W. Liebhart. The Workflow Management System Panta Rhei. In: A. Dogac, L. Kalinichenko, T. Öszu und A. Sheth, Herausgeber, *Workflow Management Systems and Interoperability*, Istanbul, August 1998. Springer–Verlag.

[EL94]   J. Eder und W. Liebhart. A Transaction–Oriented Workflow Activity Model. In: S. Kuru, M. U. Calglayan, E. Gelebe, H. L. Akin und C. Ersoy, Herausgeber, *9th International Symposium on Computer and Information Sciences (ISCIS IX)*, S. 9–16, Antalya, November 1994.

[EL95]   J. Eder und W. Liebhart. The Workflow Activity Model WAMO. In: S. Laufmann, S. Spaccapietra und T. Yokoi, Herausgeber, *3rd International Conference on Cooperative Information System (CoopIS'95)*, S. 87–98, Wien, Mai 1995.

[EL96]   J. Eder und W. Liebhart. Workflow Recovery. In: *1st IFCIS International Conference on Cooperative Information Systems (CoopIS'96)*, S. 124–134, Brüssel, Juni 1996. IEEE Computer Society Press.

[EL97]   J. Eder und W. Liebhart. Workflow Transactions. In: P. Lawrence, Herausgeber, *Workflow Handbook 97: Handbook of the Workflow Management Coalition WfMC*, S. 195–202. Wiley & Sons, 1997.

[EOO95]   L. Ekenberg, S. Oberoi und I. Orci. A Cost Model for Managing information Security Hazards. *Computer & Security*, 14(8):707–717, 1995.

[Erz94]   M. Erzberger. Analyse von Meta–Datenmodellen für den Entwurf eines IT–Risiko–Management-Repository. In: K. Bauknecht und S. Teufel, Herausgeber, *Sicherheit in Informationssystemen (SIS'94)*, S. 201–219, Zürich, 1994. vdf Hochschulverlag.

[Est96a]   Communication Security Establishment. Guide to Certification and Accreditation of Information Technology Systems. Technischer Bericht, Government of Canada, Ottawa, 1996.

[Est96b]   Communication Security Establishment. Guide to Risk Assessment and Safeguard Selection for Information Technology Systems. Technischer Bericht, Government of Canada, Ottawa, 1996.

[Est96c]   Communication Security Establishment. A Guide to Security Risk Management for Information Technology Systems. Technischer Bericht, Government of Canada, Ottawa, 1996.

[Far91]   B. Farquhar. One Approach to Risk Assessment. *Computer & Security*, 10(1):21–23, 1991.

[FFKK93]   O. Fries, A. Fritsch, V. Kessler und B. Klein. *Sicherheitsmechanismen: Bausteine zur Entwicklung sicherer Systeme*, Band 2 von *Sicherheit in der Informationstechnik: REMO–Arbeitsberichte*, H. Pohl und G. Weck, Herausgeber. Oldenbourg Verlag, München, 1993.

[FG93a]   R. Focardi und R. Gorrieri. A Classification of Security Properties (Extended Abstract). Technischer Bericht UBLCS–93–21, Laboratory for Computer Science, University of Bologna, Oktober 1993.

[FG93b]   R. Focardi und R. Gorrieri. An Information Flow Security Property for CCS. In: B. Bloom, Herausgeber, *2nd North American Process Algebra Workshop (NAPAW'93)*, Nummer TR–93/1369, Ithaca (New York), August 1993.

[FG95]   R. Focardi und R. Gorrieri. A Classification of Security Properties
             for Process Algebras. *Journal of Computer Security*, 3(1):5–33, 1995.

[Fic92]   J. Fichtner. Risk Management für IT–Systeme: Übersicht über
             vorhandene Methoden und Werkzeuge. In: H. Lippold und
             P. Schmitz, Herausgeber, *Sicherheit in netzgestützten Informations-
             systemen*, BIFOA–Kongresses SECUNET'92, S. 309–329, Köln, 1992.
             Vieweg Verlag.

[FIP79]   Guideline for Automatic Data Processing Risk Analysis. FIPS
             PUB 65, U. S. Department of Commerce. National Bureau of Stan-
             dard, August 1979.

[FM95]   O. K. Ferstl und T. Mannmeusel. Gestaltung betrieblicher
             Geschäftsprozesse. *Wirtschaftsinformatik*, 37(5):446–458, Oktober
             1995.

[Fri93]   O. Fries. Implementierung sicherer Systeme. *Datenschutz und Daten-
             sicherheit*, 3:154–158, 1993.

[Fri97]   J. Friebe. Yet Another Database Interface (YADI). Technischer Be-
             richt, OFFIS, Oldenburg, November 1997.

[FS93a]   O. K. Ferstl und E. J. Sinz. Geschäftsprozeßmodellierung. *Wirt-
             schaftsinformatik*, 35(6):589–592, 1993.

[FS93b]   O. K. Ferstl und E. J. Sinz. *Grundlagen der Wirtschaftsinformatik*,
             Oldenbourg Verlag, 1. Auflage, 1993.

[FS95]   O. K. Ferstl und E. J. Sinz. Der Ansatz des Semantischen Objektmo-
             dells (SOM) zur Modellierung von Geschäftsprozessen. *Wirtschafts-
             informatik*, 37(3):209–220, Juli 1995.

[FS96]   O. K. Ferstl und E. J. Sinz. Geschäftsprozeßmodellierung im Rahmen
             des Semantischen Objektmodells. In: Vossen und Becker [VB96], Ka-
             pitel 3, S. 47–61.

[GGH⁺95]   M. Grawunder, R. Grupe, M. Hinrichs, H. Janssen, J. Lechtenbörger,
             F. Oldenettel, F. Olm, V. Plate, A. Schönberg, S. Weidlich, L. Zache-
             witz, V. Kamp und W. Thoben. Zwischenbericht der Projektgruppe
             Umwelt–Informationssysteme. Interner Bericht IS 23 – Teil A + B,
             Abteilung Informationssysteme, Fachbereich Informatik, Universität
             Oldenburg, Dezember 1995.

[GGH⁺96]   M. Grawunder, R. Grupe, M. Hinrichs, H. Janssen, J. Lechtenbörger,
             F. Oldenettel, F. Olm, V. Plate, A. Schönberg, S. Weidlich, L. Za-
             chewitz, V. Kamp und W. Thoben. Endbericht der Projektgrup-
             pe Umwelt-Informationssysteme: AG „Sichere IT-Systeme". Interner

Bericht IS 26, Abteilung Informationssysteme, Fachbereich Informatik, Universität Oldenburg, Juli 1996.

[GHS95]   D. Georgakopoulos, M. Hornick und A. Sheth. An Overview of Workflow Management: From Process Modeling to Workflow Automation Infrastructure. *Distributed and Parallel Databases*, (3):119–153, 1995.

[GK94]   V. Gruhn und J. Kramer. Simulation von FUNSOFT–Netzen. In: J. Desel, A. Oberweis und W. Reisig, Herausgeber, *Workshop Algorithmen und Werkzeuge für Petrinetze*, Nummer 309 in Forschungsberichte des Instituts für angewandte Informatik und Formale Beschreibungsverfahren der Universität Karlsruhe, S. 27–32, Berlin, Oktober 1994.

[GKKP95]   D. Gritzalis, I. Kantzavelou, S. Katsika und A. Patel. A Classification on Health Information Systems Security Flaws. In: J. H. P. Eloff und S. H. von Solms, Herausgeber, *Information Security: the Next Decade*, 11th IFIP TC 11 International Conference on Information Security (IFIP/SEC'95), S. 453–464, Cape Town, Mai 1995. Chapman & Hall.

[GM82]   J. A. Goguen und J. Meseguer. Security Policy and Security Models. In: *IEEE Computer Society Symposium on Research in Security and Privacy*, S. 11–20, Oakland, April 1982. IEEE Computer Society Press.

[Gri94a]   R. Grimm. Das REMO–Projekt. In: K. Bauknecht und S. Teufel, Herausgeber, *Sicherheit in Informationssystemen (SIS'94)*, S. 175–184, Zürich, 1994. vdf Hochschulverlag.

[Gri94b]   R. Grimm. *Sicherheit für offene Kommunikation: Verbindliche Telekooperation*, Band 4 von *Sicherheit in der Informations– und Kommunikationstechnik*, P. Horster, Herausgeber. BI–Wissenschaftsverlag, Mannheim, 1994.

[Gru91]   V. Gruhn. *Validation and Verification of Software Process Models.* Dissertation, Universität Dortmund, Juni 1991.

[GS95]   J. Galler und A.-W. Scheer. Workflow–Projekte: Vom Geschäftsprozeßmodell zur unternehmensspezifischen Workflow–Anwendung. *Information Management*, 10(1):20–27, 1995.

[Gua87]   S. B. Guarro. Principles and Procedures of the LRAM Approach to Information System Risk Analysis and Management. *Computer & Security*, 4(8):299–302, 1987.

[Gua88]   S. B. Guarro. Analytical and Decision Models of the Livermore Risk Analysis Methodology (LRAM). In: Troy et al. [TKP+88], S. 49–72.

[Har91]   H. J. Harrington. *Business Process Improvement*, McGraw–Hill, New
             York, 1991.

[HBvSR96]   S. Halliday, K. Badenhorst und von Solms R. A Business Approach
             to effective Information Technology Risk Analysis and Management.
             Information Management & Computer Security, 4(1):19–31, 1996.

[HC94]   M. Hammer und J. Champy. *Business Reengineering: Die Radikalkur
             für das Unternehmen*, Campus–Verlag, Frankfurt, 1994.

[HM99]   C. Hastedt-Marckwardt. Workflow–Management–Systeme: Ein Bei-
             trag der IT zur Geschäftsprozeß–Orientierung & Optimierung —
             Grundlagen, Standards und Trends. *Informatik Spektrum*, 22(2):99–
             109, 1999.

[HMD78]   L. J. Hoffman, E. H. Michaelman und Clements D. SECURATE:
             Security Evaluation and Analysis Using Fuzzy Metrics. In: S. P. Ghosh
             und L .Y. Liu, Herausgeber, *National Computer Conference*, S. 531–
             540, Anaheim (California), Juni 1978.

[HMS93]   S. Herda, S. Mund und A. Steinacker. *Szenarien zur Sicherheit infor-
             mationstechnischer Systeme*, Band 1 von *Sicherheit in der Informa-
             tionstechnik: REMO–Arbeitsberichte*, H. Pohl und G. Weck, Heraus-
             geber. Oldenbourg Verlag, München, 1993.

[Hol94]   D. Hollingsworth. The Workflow Reference Model. Document Num-
             ber TC00–1003 (Document Status — Issue 1.1), Workflow Manage-
             ment Coalition, November 1994.

[Hos93]   H. H. Hosmer. Security is Fuzzy! Applying Fuzzy Logic to the Multi-
             policy Paradigm. In: *ACM SIGSAC New Security Paradigms Work-
             shop*, S. 175–184, Little Compton R. I., 1993.

[Hos96]   H. H. Hosmer. New Security Paradigms: Orthodoxy and Heresy. In:
             S. K. Katsikas und D. Gritzalis, Herausgeber, *Information Systems
             Security: Facing the Information Society of the 21st Century*, 12th
             International Information Security Conference (IFIP/SEC'96), S. 61–
             73. Chapman & Hall, Mai 1996.

[HP97a]   G. Herrmann und G. Pernul. A General Framework for Security and
             Integrity in Interorganizational Workflows. In: *10th International Bled
             Electronic Commerce Conference*, S. 300–315, Bled, Juni 1997.

[HP97b]   G. Herrmann und G. Pernul. Zur Bedeutung von interorganisationel-
             len Workflows. *Wirtschaftsinformatik*, 39(3):217–224, 1997.

[HP98]   G. Herrmann und G. Pernul. Towards Security Semantics in Workflow Security. In: *31st Annual Haiwaii International Conference on System Sciences (HICSS'98)*, Kona (Hawaii), Januar 1998. IEEE Computer Society Press.

[HR98]   G. Herrmann und A. W. Röhm. ALMO$T: Eine Modellierungsmethode für sichere elektronische Geschäftstransaktionen. In: *Sicherheit und Electronic Commerce (WSSEC'98)*, Essen, Oktober 1998. Vieweg Verlag.

[HRP99]   G. Herrmann, A. Röhm und G. Pernul. Sichere Geschäftstransaktionen auf Elektronischen Mäkrten. In: A.-W. Scheer und M. Nüttgens, Herausgeber, *Electronic Buisiness Engeneering*, 4. Internationale Tagung Wirtschaftsinformatik (WI'99), S. 187–208, Saarbrücken, März 1999. Physica–Verlag.

[HS97]   A. Hawes und A. Steinacker. Combining Assessment Techniques from Security and Safety to Assure IT System Dependability: The SQUALE Approach. In: G. Müller, K. Rannenberg, Reitenspieß M. und H. Stiegler, Herausgeber, *Verläßliche IT–Systeme: Zwischen Key Escrow und elektronischem Geld*, DuD–Fachbeiträge, S. 255–268, Freiburg, Juli 1997. Vieweg Verlag.

[HSW96]   R. Holten, R. Striemer und M. Weske. Darstellung und Vergleich von Vorgehensmodellen zur Entwicklung von Workflow–Anwendungen. ISST–Bericht 34, Institut für Software– und Systemtechnik, Frauenhofer–Gesellschaft, Juli 1996.

[IEC96a] ISO / IEC. Information Technology: Guidelines for the Management of IT Security (Part 1: Concepts and Models for IT Security). Technischer Bericht 13335–1, Dezember 1996.

[IEC96b] ISO / IEC. Information Technology: Guidelines for the Management of IT Security (Part 3: Techniques for the Management of IT Security). Technischer Bericht 13335–3, 1996.

[IEC97]   ISO / IEC. Information Technology: Guidelines for the Management of IT Security (Part 2: Managing and Planning IT Security). Technischer Bericht 13335–2, 1997.

[ITS91]   *Kriterien für die Bewertung der Sicherheit von Systemen der Informationstechnik (ITSEC)*, Vorläufige Form der harmonisierten Kriterien, Version 1.2. Bundesanzeiger–Verlag, Köln, Juni 1991.

[Jab95]   S. Jablonski. Workflow–Management–Systeme: Motivation, Modellierung, Architektur. *Informatik–Spektrum*, 18(1):13–24, 1995.

[Jab97]   S. Jablonski. Architektur von Workflow–Management–Systemen. *Informatik Forschung und Entwicklung*, 12:72–81, 1997.

[Jac88a]   J. Jacob. Security Specification. In: *IEEE Computer Society Symposium on Research in Security and Privacy*, S. 14–23, Oakland, April 1988. IEEE Computer Society Press.

[Jac88b]   R. V. Jacobsen. IST/RAMP and CRITI-CALC: Risk Management Tools. In: Troy et al. [TKP$^+$88], S. 73–87.

[Jae96]   P. Jaeschke. Geschäftsprozeßmodellierung mit INCOME. In: Vossen und Becker [VB96], Kapitel 8, S. 141–162.

[Jan98]   H. Janssen. Integration der Bedrohungs– und Risikoanalyse in ein Vorgehensmodell für Geschäftsprozeßmodellierung und Workflow–Management. Diplomarbeit, Abteilung Informationssysteme, Fachbereich Informatik, Universität Oldenburg, März 1998.

[JB96]   S. Jablonski und C. Bußler. *Workflow Management: Modeling Concepts, Architecture and Implementation*, International Thomson Computer Press, London, 1996.

[JBS97]   S. Jablonski, M. Böhm und W. Schulze, Herausgeber. *Workflow Management: Entwicklung von Anwendungen und Systemen — Facetten einer neuen Technologie*. dpunkt–Verlag, Heidelberg, 1997.

[KAGM96]   M. Kamath, G. Alonso, R. Günthör und C. Mohan. Providing High Availibility in Very Large Workflow Management Systems. In: P. M. G. Apers, M. Bouzeghoub und G. Gardarin, Herausgeber, *Advances in Database Technology: 5th International Conference on Extending Database Technology (EDBT'96)*, Nummer 1057 in Lecture Notes in Computer Science, S. 427–442, Avignon, März 1996. Springer–Verlag.

[Ker91]   H. Kersten. *Einführung in die Computersicherheit*, Band Schriftenreihe von *Sicherheit in der Informationstechnik*, H. Pohl und G. Weck, Herausgeber. Oldenbourg Verlag, München, 1991.

[Ker95]   H. Kersten. *Sicherheit in der Informationstechnik: Einführung in Probleme, Konzepte und Lösungen*, H. Pohl und G. Weck, Herausgeber. Sicherheit in der Informationstechnik. Oldenbourg Verlag, München, 1995. 2. völlig überarbeitete Auflage.

[KGK95]   R. Kruse, J. Gebhardt und F. Klawonn. *Fuzzy–Systeme*, Teubner–Verlag, Stuttgart, 1995.

[KH98]   D. Karagiannis und M. Heidenfeld. Modellierung, Analyse und Eva-
          luation sicherer Geschäftsprozesse: Ein Implementierungsansatz für
          Security Workflows. In: K. Bauknecht, A. Büllesbach, H. Pohl und
          S. Teufel, Herausgeber, *Sicherheit in Informationssystemen (SIS'98)*,
          S. 223–246, Stuttgart, März 1998. vdf Hochschulverlag.

[KL94]   H. Kersten und D. Loevenich. Vertrauenswürdige Softwaresysteme —
          Entwicklungsmethoden, Vorgehensmodelle, Sicherheitskriterien und
          Qualitätsstandards. In: G. Pernul, Herausgeber, *Post–Workshop Pro-
          ceedings der Fachtagung IT–Sicherheit'94*, Band 75 von *Schriftenreihe
          der Österreichischen Computer–Gesellschaft*, S. 93–123, Wien, Sep-
          tember 1994. Oldenbourg Verlag.

[Kon98]   P. Konrad. *Geschäftsprozeß–orientierte Simulation der Informations-
          sicherheit: Entwicklung und empirische Evaluierung eines Systems zur
          Unterstützung des Sicherheitsmanagements*, Band 20 von *Wirtschafts-
          informatik*, D. Seibt, U. Derigs und W. Mellis, Herausgeber. Josef
          Euler Verlag, Lohmar, 1998.

[KPK⁺89] M. Kuchta, S. Pinsky, S. Katzke, D. Bonyun, I. Gilbert und A. Hens-
          ley, Herausgeber. *2nd Computer Security Risk Management Model
          Builders Workshop*, Ottawa (Canada), Juni 1989.

[KR96]   M. Kamath und K. Ramamritham. Correctness Issues in Workflow
          Management. *Distributed Systems Engeneering (DSE) Journal: Spe-
          cial Issue on Workflow Management Systems*, 3(4), Dezember 1996.

[Kra89]   H. Krallmann. *EDV–Sicherheitsmanagement: Integrierte Sicherheits-
          konzepte für betriebliche Informations- und Kommunikationssysteme*,
          Erich Schmidt–Verlag, Berlin, 1989.

[KRG94]   Gesetz über Krebsregister (Krebsregistergesetz KRG). *Bundesgesetz-
          blatt*, 79:3351–3355, November 1994.

[LA94]   F. Leymann und W. Altenhuber. Managing Business Processes as an
          Information Ressource. *IBM Systems Journal*, 33(2):326–348, 1994.

[Lam83]   L. Lamport. Specifying Concurrent Program Modules. *ACM Tran-
          sactions on Programming Languages and Systems*, 5:190–222, 1983.

[Lam85]   J.-M. Lamére. La Sécurité Informatique: Approche Méthodologique.
          Technischer Bericht, Dunod, Paris, 1985.

[Lam94]   U. Lampe.   Erfahrungen mit dem IT–Sicherheitshandbuch in
          Behörden. In: Bundesamt für Sicherheit in der Informationstech-
          nik (BSI), Herausgeber, *IT–Sicherheit: eine neue Qualitätsdimen-
          sion*, 3. Deutscher IT–Sicherheitskongreß, S. 491–497, Bonn, 1994.
          SecuMedia–Verlag.

[Lau94]   B. Lau. A General View on Security. In: G. Pernul, Herausgeber, *Post–Workshop Proceedings der Fachtagung IT–Sicherheit'94*, Band 75 von *Schriftenreihe Österreichische Computer Gesellschaft*, S. 145–164, Wien, September 1994. Oldenbourg Verlag.

[LBMC94]   C. E. Landwehr, A. R. Bull, J. P. McDermott und W. S. Choi. A Taxonomy of Computer Program Security Flaws, with Examples. *ACM Computing Surveys*, 26(3):211–254, September 1994.

[LE96]   L. Labuschagne und J. H. P. Eloff. Activating Dynamic Countermeasures to Reduce Risk. In: S. K. Katsikas und D. Gritzalis, Herausgeber, *Information Systems Security: Facing the Information Society of the 21st Century*, 12th IFIP TC 11 International Information Security Conference (IFIP/SEC'96), S. 187–196, Island of Samos (Griechenland), Mai 1996. Chapman & Hall.

[Lec97]   J. Lechtenbörger. Geschäftsprozeßmodellierung unter der Verwendung der Prozeßalgebra CCS. Diplomarbeit, Abteilung Informationssysteme, Fachbereich Informatik, Universität Oldenburg, Juli 1997.

[Lip93]   H. Lippold. Erstellung eines Sicherheitskonzeptes: Grundlagen, Stärken des IT–Sicherheitshandbuches, Verbesserungsvorschläge und weitere Empfehlungen. In: H. Lippold, P. Schmitz und D. Seibt, Herausgeber, *Sicherheit in netzgestützten Informationssystemen*, BIFOA–Kongreß SECUNET'93, S. 1–19, Köln, 1993. Vieweg Verlag.

[LR94]   F. Leymann und D. Roller. Business Process Management with Flow-Mark. In: *39th IEEE Computer Society International Conference (COMPCON'94)*, S. 230–233, San Francisco, Februar 1994. IEEE Computer Society Press.

[LSW97]   P. Langner, C. Schneider und J. Wehler. Prozeßmodellierung mit ereignisgesteuerten Prozeßketten (EPKs) und Petri-Netzen. *Wirtschaftsinformatik*, 39(5):479–489, Oktober 1997.

[LT98]   J. Lechtenbörger und W. Thoben. Sicherheitsanalyse von Geschäftsprozessen unter Verwendung der Prozeßalgebra CCS. In: A. Röhm, D. Fox, R. Grimm und D. Schoder, Herausgeber, *Sicherheit und Electronic Commerce — Konzepte, Modelle und technische Möglichkeiten (WS SEC'98)*, S. 163–180, Essen, Oktober 1998. Vieweg Verlag.

[MAA⁺95]   C. Mohan, D. Agrawal, G. Alonso, A. El Abbadi, R. Günthör und M. Kamath. Exotica: A Project on Advanced Transaction Management and Workflow Systems. *ACM SIGOIS Bulletin (Special Issue on Business Process Management Systems: Concepts, Methods and Technology)*, 16(1):45–50, August 1995.

[MAG⁺95] C. Mohan, G. Alonso, R. Günthör, M. Kamath und B. Reinwald. An Overview of the Exotica Project on Workflow Management Systems. In: *6th International Workshop on High Performance Transaction Systems (HPTS'95)*, Asiliomar (Califonia), September 1995.

[Mar73] J. Martin. *Security, Accurancy and Privacy in Computer Systems*, Prentice–Hall, Englewood Cliffs [u.a], 1973.

[Mar94] R. T. Marshak. Workflow White Paper: An Overview over Workflow Software. In: *Workflow'94*, San Jose, 1994.

[Mar97] R. T. Marshak. Workflow: Applying Automation to Group Processes. In: D. Coleman, Herausgeber, *Groupware: Collabarative Strategies for Coporate LANs and Intranets*, Kapitel 6, S. 143–181. Prentice–Hall, Englewood Cliffs [u.a], 1997.

[May88] H. N. Mayerfeld. Definition and Identification of Assets as The Basis for Risk Management. In: Troy et al. [TKP⁺88], S. 21–34.

[MC87] R. H. Moses und R. Clark. Risk Analysis and Management in Practice for the UK Government: the CCTA Risk Analysis and Management Methodolgy: CRAMM. In: *10th National Computer Security Conference: Computer Security: from Principles to Practices*, S. 103–107, Ft. George G. Meade, September 1987.

[McC88] D. McCullough. Noninterference and the Composability of Security Properties. In: *IEEE Computer Society Symposium on Research in Security and Privacy*, S. 177–186, Oakland, April 1988. IEEE Computer Society Press.

[Mei91] H. Meitner. Modellierung und Analyse von Ausfallrisiken in verteilten Informationssystemen. In: H. Lippold, P. Schmitz und H. Kersten, Herausgeber, *Sicherheit in Informationssystemen*, Gemeinsamer Kongreß SECUNET' 91 (des BIFOA) und 2. Deutsche Konferenz über Computersicherheit (des BSI), S. 75–87, Köln, 1991. Vieweg Verlag.

[Mei95] H. Meitner. *Verfahren zur Verbesserung der Ausfallsicherheit verteilter Informationssysteme*. Dissertation, Springer–Verlag, Berlin, 1995.

[Mer96] P. Mertens. Process Focus Considered Harmful? *Wirtschaftsinformatik*, 38(4):446–447, Juli 1996.

[MG88] R. H. Moses und I. Glover. The CCTA Risk Analysis and Management Methodology (CRAMM): Risk Management Model. In: Troy et al. [TKP⁺88], S. 243–262.

[MG89]   R. H. Moses und I. Glover. The CCTA Risk Analysis and Management
             Methodology (CRAMM): Risk Management Model. In: Kuchta et al.
             [KPK+89]. Kapitel 6.

[Mil89]   R. Milner. *Communication and Concurrency*, Prentice–Hall, Engle-
             wood Cliffs [u.a], 1989.

[MIL96]   Standard Practice for System Safety Program Requirements. Techni-
             scher Bericht MIL–STD–882D, Department of Defense (DoD), Januar
             1996.

[MKL91]   A. Mosleh, S. Katzke und N. Lynch, Herausgeber. *4th Internatio-
             nal Computer Security Risk Management Model Builders Workshop*,
             Gaithersburg, August 1991.

[MMFP90]   H. Meitner, M. Medina, E. Finn und C. Persy. Security Facilities in
             Distributed Systems. In: H. Lippold und P. Schmitz, Herausgeber,
             Sicherheit in netzgestützten Informationssystemen, BIFOA–Kongreß
             SECUNET'90, S. 357–371, Köln, 1990. Vieweg Verlag.

[MMSW93]   A. Mayer, B. Mechler, A. Schlindwein und R. Wolke. *Fuzzy Lo-
             gic: Einführung und Leitfaden zur praktischen Anwendung*, Addison-
             Wesley, 1993.

[MNT97]   O. Morger, U. Nitsche und S. Teufel. Datenschutz als Qualitätskriteri-
             um für Krankenhausinformationssysteme. In: R. Muche, G. Bücherle,
             D. Harder und W. Gaus, Herausgeber, *Medizinische Informatik, Bio-
             metrie und Epidemiologie (GMDS '97)*, S. 172–176, Ulm, September
             1997. MMV Medizin Verlag.

[Mos91]   R. H. Moses. A Framework for Information Technology (IT): Compu-
             ter and Communications — Security Risk Analysis and Management
             — and how CRAMM matches against it. In: Mosleh [MKL91], S.
             105–135.

[Mos92]   R. H. Moses. *Risk Analysis and Management*, S. 227–263. Compu-
             ter Security Reference Handbook. Butterworth Heinemann, Oxford,
             1992.

[MSK+95]   J. A. Miller, A. P. Smith, K. J. Kochut, X. Wang und A. Murugan.
             Simulation Modeling within Workflow Technology. Technischer Be-
             richt, Department of Computer Science/LSDIS Lab, The University
             of Georgia, 1995.

[MSR88]   A. Marmor-Squires und P. Rougeau. Issues in Process Models and In-
             tegrated Enviroments for Trusted System Development. In: *Computer*

Security: Into the Future, 11th National Computer Security Conference, S. 109–113, Gaithersburgh, Oktober 1988.

[MT88] H. N. Mayerfeld und E. F. Troy. Knowledge–Based Modeling of System Usage for Risk Management. In: *Computer Security: Into the Future*, 11th National Computer Security Conference, S. 53–58, Gaithersburgh, Oktober 1988.

[Mun93] S. Mund. Sicherheitsanforderungen — Sicherheitsmaßnahmen. In: G. Weck und P. Horster, Herausgeber, *Verläßliche Informationssysteme (VIS'93)*, Band 16 von *DuD-Fachbeiträge*, S. 225–238, München, 1993. Vieweg Verlag.

[Mun94] S. Mund. Entwicklung sicherer IT–Systeme. *Datenschutz und Datensicherheit*, 3:134–140, 1994.

[Neu95] N. Neuscheler. *Ein integrierter Ansatz zur Analyse und Bewertung von Geschäftsprozessen*. Dissertation, Universität Karlsruhe, 1995.

[NK96] D. Nauck und R. Kruse. Fuzzy–Systeme und Soft Computing. In: J. Biethahn, A. Hönerloh, J. Kuhl und V. Nissen, Herausgeber, *Fuzzy Set–Theorie in betriebswirtschaftlichen Anwendungen*, S. 3–21. Verlag Vahlen, München, 1996.

[Obe96] A. Oberweis. *Modellierung und Ausführung von Workflows mit Petri-Netzen*, Reihe Wirtschaftsinformatik. Teubner Verlag, Stuttgart, Leipzig, 1996.

[Opp92] R. Oppliger. *Computersicherheit: Eine Einführung*, Vieweg Verlag, Braunschweig, 1992.

[Ös95] H. Österle. *Business Engineering: Prozeß und Systementwicklung*, Springer–Verlag, Berlin, 1995.

[Pal92] R. Palm. Sliding Mode Fuzzy Control. In: *Proceedings IEEE International Conference on Fuzzy Systems*, S. 519–526, San Diego, 1992.

[Par89] D. B. Parker. Consequential Loss from Computer Crime. In: A. Grissonnanche, Herausgeber, *Security and Protection in Informations Systems*, 4th IFIP TC 11 International Conference on Computer Security (IFIP/SEC'86), S. 375–379, Monte Carlo (Monaco), Dezember 1989. Elsevier Science Publishers B. V. (North–Holland).

[Par95] D. B. Parker. A New Framework for Information Security to Avoid Informations Anarchy. In: J. H. P. Eloff und S. H. von Solms, Herausgeber, *Information Security: the Next Decade*, 11th IFIP TC 11 International Conference on Information Security (IFIP/SEC'95), S. 155–164, Cape Town, Mai 1995. Chapman & Hall.

[Per92]   G. Pernul. Security Constraint Processing During Multilevel Secure
             Database Design. In: *8th Annual Computer Security Applications
             Conference (ACSAC'92)*, S. 75–84, San Antonio (Texas), November
             1992. IEEE Computer Society Press.

[Pfl97]   C. P. Pfleeger. *Security in Computing*, Prentice–Hall, Englewood
             Cliffs [u.a], 2. Auflage, 1997.

[PK95]   G. Pernul und L. Kochne. Semantische Objektmodellierung anwen-
             dungsorientierter Informationssysteme vom Standpunkt des Sicher-
             heitsmanagements. In: W. König, Herausgeber, *Wettbewerbsfähig-
             keit, Innovation, Wirtschaftlichkeit*, Wirtschaftsinformatik (WI'95),
             S. 169–184, Heidelberg, 1995. Physica–Verlag.

[Pon96]   M. Pongratz. Verfahren zur Risikoanalyse in der Informatik–Revision.
             In: K. Bauknecht, D. Karagiannis und S. Teufel, Herausgeber, *Sicher-
             heit in Informationssystemen (SIS'96)*, S. 229–249, Wien, März 1996.
             vdf Hochschulverlag.

[Por92]   M. E. Porter. *Wettbewerbsstrategien (Competitive Strategy): Metho-
             den zur Analyse von Branchen und Konkurenten*, Frankfurt, 7. Auf-
             lage, 1992.

[PQ94]   G. Pernul und G. Quirchmayr. Organizing MLS Databases from a
             Data Modeling Point of View. In: *10th Annual Computer Security
             Applications Conference (ACSAC'94)*, S. 96–105, Orlando (Florida),
             1994. IEEE Computer Society Press.

[PWT93a]   G. Pernul, W. Winiwarter und A. M. Tjoa. The Deductive Filter Ap-
             proach to MLS Database Prototyping. In: *9th Annual Computer Secu-
             rity Applications Conference (ACSAC'93)*, Orlando (Florida), 1993.
             IEEE Computer Society Press.

[PWT93b]   G. Pernul, W. Winiwarter und A. M. Tjoa. The Entity–Relationsship
             Model for Multilevel Security. In: R. Elmasri, V. Kouramajian und
             B. Thalheim, Herausgeber, *12th International Conference on the
             Entity–Releationship Approach (ER'93)*, Nummer 823 in Lecture No-
             tes in Computer Science, S. 166–177, Dallas (Texas), Dezember 1993.
             Springer–Verlag.

[RBP+91]   J. Rumbaugh, M. Blaha, W. Premerlani, F. Eddy und Lorensen
             W. *Object–Oriented Modeling and Design*, Prentice–Hall, Englewood
             Cliffs [u.a], 1991.

[Rei85]   W. Reisig. *Petri Nets: An Introduction*, Springer–Verlag, 1985.

[Rei91]   M. Reitenspieß. Verfügbarkeit – eine tragende Säule sicherer Syste-
            me. In: A. Pfitzmann und E. Raubold, Herausgeber, *Verläßliche In-
            formationssysteme (VIS'91)*, Band 271 von *Informatik–Fachberichte*,
            S. 22–44, Darmstadt, 1991. Springer–Verlag.

[Rei93]   B. Reinwald. *Workflow–Management in verteilten Systemen*,
            Teubner–Texte zur Informatik. Teubner–Verlag, Stuttgart, 1993.

[Rit98]   J. Ritter. Der Meta–Editor ASSUME (Version 0.2). Technischer
            Bericht, OFFIS, Oldenburg, Januar 1998.

[Rol96]   D. Roller. Verifikation von Workflows IBM FlowMark. In: Vossen und
            Becker [VB96], Kapitel 20, S. 353–368.

[Ros94]   M. Rosemann. Beschreibung und Gestaltung der Produktion auf Basis
            Grundsätze ordnungsmäßiger Prozeßmodellierung. In: IDG, Heraus-
            geber, *Reegnineeging-Kongreß*, S. 52–86, 1994.

[RS95]   U. Rosenbaum und J. Sauerbrey. Bedrohungs- und Risikoanalysen
            bei der Entwicklung sicherer IT–Systeme. *Datenschutz und Datensi-
            cherheit*, 1:28–34, 1995.

[Rum97]   F. J. Rump. Analysis of Business Process Descriptions. In: J. Pokorný,
            Herausgeber, *17th Annual Database Conference (DATASEM'97)*, Br-
            no, Oktober 1997.

[Rum99]   F. Rump. *Durchgängiges Management von Geschäftsprozessen auf
            Basis ereignisgesteuerter Prozeßketten*. Dissertation, Abteilung In-
            formationssysteme, Fachbereich Informatik, Universität Oldenburg,
            Februar 1999.

[SB92]   I. Schaumüller-Bichl. *Sicherheitsmanagment: Risikobewältigung in in-
            formationstechnologischen Systemen*, Band 1 von *Sicherheit in der
            Informations- und Kommunikationstechnik*, P. Horster, Herausgeber.
            BI–Wissenschaftsverlag, Mannheim, 1992.

[Sch92a]   A.-W. Scheer. *Architektur integrierter Informationssysteme: Grund-
            lagen der Unternehmensmodellierung*, Springer–Verlag, Berlin, Hei-
            delberg, 2. Auflage, 1992.

[Sch92b]   J. Schlette. Risikoanalyse für PC-/LAN–Umgebungen. *Datenschutz
            und Datensicherheit*, 3:136–144, 1992.

[Sch94a]   K. J. Schmucker. *Fuzzy Sets, Natural Language Computations, and
            Risk Management*, Computer Science Press, 1994.

[Sch94b]   H. Schneider. Produktempfehlung für den Bereich der materiellen Sicherheit. In: Bundesamt für Sicherheit in der Informationstechnik (BSI), Herausgeber, *IT-Sicherheit: eine neue Qualitätsdimension*, 3. Deutscher IT–Sicherheitskongreß, S. 29–36, Bonn, 1994. SecuMedia-Verlag.

[Sch95]   A.-W. Scheer. *Wirtschaftsinformatik: Referenzmodelle für industrielle Geschäftsprozesse*, Springer-Verlag, Berlin, Heidelberg, 6. Auflage, 1995.

[Sch96]   A.-W. Scheer. ARIS–Toolset: Von Forschungs-Prototypen zum Produkt. *Informatik-Spektrum*, 19(2):71–78, April 1996.

[Sch98]   A. Schönberg. Ein unscharfes Bewertungssystem für die Bedrohungs- und Risikoanalyse von IT–Systemen. Diplomarbeit, Abteilung Informationssysteme, Fachbereich Informatik, Universität Oldenburg, Februar 1998.

[SGJ+96]   A. Sheth, D. Georgakopoulos, S. M M. Joosten, M. Rusinkiewicz, W. Scacchi, J. Wileden und A. Wolf. Report from the NSF Workshop on Workflow and Process Automation in Information Systems. *Sigmod Record*, 25(4):55–67, 1996.

[SGT+90]   S. Smith, T. Gilbert, I. Troy, F. Eugene, S. Katzke und P. Anderson, Herausgeber. *3rd International Computer Security Risk Management Model Builders Workshop*, Santa Fe (New Mexico), August 1990.

[SHW97]   R. Striemer, R. Holten und M. Weske. Beschreibung und Analyse von Vorgehensmodellen zur Entwicklung von betrieblichen Workflow–Anwendungen. In: S. Montenegro, R. Kneuper und G. Müller-Luschnat, Herausgeber, *4. Workshop „Vorgehensmodelle: Einführung, betrieblicher Einsatz, Werkzeug-Unterstützung und Migration"*, Nummer 311 in GMD–Studien, S. 53–61, Berlin–Adlershof, März 1997. GMD–Forschungszentrum Informationstechnik.

[Sil94]   B. Silver. Automating the Business Enviroment. In: T. E. White und I. Fischer, Herausgeber, *New Tools for New Times: The Workflow Paradigm*, Alameda, 1994. Future Strategies Inc.

[SJ96]   A.-W. Scheer und W. Jost. Geschäftsprozeßmodellierung innerhalb einer Unternehmensarchitektur. In: Vossen und Becker [VB96], Kapitel 2, S. 29–46.

[SKLG93]   D. Stelzer, P. Konrad, H. Lippold und H. A. Gartner. Das IT–Sicherheitshandbuch des BSI: Darstellung, Kritik und Verbesserungsvorschläge. *Datenschutz und Datensicherheit*, 6:338–350, 1993.

[Smi88]   A. R. Smith. LAVA: A General Model for the Risk Management of ADP Systems. In: Troy et al. [TKP$^+$88], S. 145–162.

[Smi89a]   S. T. Smith. LAVA and Classical Risk Analysis. In: Kuchta et al. [KPK$^+$89]. Kapitel 4.

[Smi89b]   S. T. Smith. LAVA's Dynamic Threat Analysis. In: *Information Systems Security: Solutions for Today — Concepts for Tomorrow*, 12th National Computer Security Conference, S. 483–494, Baltimore, Oktober 1989.

[Smi90a]   G. W. Smith. Modeling Security–Relevant Semantics. In: *IEEE Computer Society Symposium on Research in Security and Privacy*, S. 384–391, Oakland, 1990. IEEE Computer Society Press.

[Smi90b]   G. W. Smith. A Taxonomy of Security–Relevant Knowledge. In: *Information Systems Security: Standards — the Key to the Future*, 13th National Computer Security Conference, S. 776–787, Washington D.C., Oktober 1990.

[Smi90c]   G. W. Smith. The Semantic Data Model for Security: Representing the Security Semantics of an Application. In: *6th International Conference on Data Engineering (ICDE'90)*, S. 322–329. IEEE Computer Society Press, 1990.

[Smi93]   S. T. Smith. The Filter Model of Information Security: A Conceptual Model for Education and Training. In: E. G. Dougall, Herausgeber, *Computer Security*, 9th IFIP TC 11 International Conference on Information Security (IFIP/SEC'93), S. 75–89, Toronto (Kanada), Mai 1993.

[SNZ95]   A.-W. Scheer, M. Nüttgens und V. Zimmermann. Rahmenkonzept für ein integriertes Geschäftsprozeßmanagement. *Wirtschaftsinformatik*, 37(5):426–434, Oktober 1995.

[Som97]   I. Sommerville. *Software Engineering*, Addison–Wesley, Wokingham, 1997.

[SP91]   A. Steinacker und B. Pertzsch. Sicherheitsanforderungen: Der Schlüssel zur Sicherheit. In: T. Beth, Herausgeber, *DATASAFE*, S. 119–128, Karlsruhe, 1991. VDE–Verlag.

[Spi93]   M. Spies. *Unsicheres Wissen: Wahrscheinlichkeit, Fuzzy–Logik, neuronale Netze und menschliches Denken*, Spektrum — Akademischer Verlag, 1993.

[ST98]   A. Schönberg und W. Thoben. Ein unscharfes Bewertungssystem für
            die Bedrohungs- und Risikoanalyse Workflow-basierter Anwendun-
            gen. In: A. Röhm, D. Fox, R. Grimm und D. Schoder, Herausgeber,
            Sicherheit und Electronic Commerce — Konzepte, Modelle und tech-
            nische Möglichkeiten (WS SEC'98), S. 47–62, Essen, Oktober 1998.
            Vieweg Verlag.

[Ste93]   D. Stelzer. *Sicherheitsstrategien in der Informationsverarbeitung: ein*
            wissensbasiertes, objektorientiertes System für die Risikoanalyse. Dis-
            sertation, Deutscher Universitäts–Verlag, 1993.

[Ste94]   D. Stelzer. Risikoanalyse: Konzepte, Methoden und Werkzeuge. In:
            K. Bauknecht und S. Teufel, Herausgeber, *Sicherheit in Informati-*
            onssystemen (SIS'94), S. 185–200, Zürich, 1994. vdf Hochschulverlag.

[Str91a]   H. Strack. Formale Modellierung + Spezifikation + Verifikation = Si-
            cherheit ? In: T. Beth, Herausgeber, *DATASAFE*, S. 139–163, Karls-
            ruhe, 1991. VDE Verlag.

[Str91b]   C. Strauß.   *Informatik-Sicherheitsmanagement*,   Teubner-Verlag,
            Stuttgart, 1991.

[Sut86]   D. Sutherland. A Model of Information. In: *Computer Security: for*
            Today and Tomorrow, 9th National Computer Security Conference,
            S. 175–183, Gaithersburgh, September 1986.

[TA94]   W. Thoben und H.-J. Appelrath. Verschlüsselung und Datensatz-
            abgleich in einem epidemiologischen Krebsregister am Beispiel von
            CARLOS. In: J. Dudeck, U. Altmann, U. Dalbert und W. Wächter,
            Herausgeber, *Qualitätssicherung in der Onkologie: Konzepte — Kon-*
            troversen — Konsequenzen, 8. Informationstagung Tumordokumen-
            tation, S. 538–540, Neu–Ulm, 1994. Verlag der Ferber'schen Univer-
            sitätsbuchhandlung.

[TA95]   W. Thoben und H.-J. Appelrath. Verschlüsselung personenbezoge-
            ner und Abgleich anonymisierter Daten durch Kontrollnummern. In:
            H. H. Brüggemann und W. Gerhardt, Herausgeber, *Verläßliche IT-*
            Systeme (VIS'95), Band 22 von *DuD–Fachbeiträge*, S. 193–206, Ro-
            stock, 1995. Vieweg Verlag.

[TAS96]   W. Thoben, H.-J. Appelrath und S. Sauer. Record Linkage of Anony-
            mous Data by Control Numbers. In: W. Gaul und D. Pfeifer, Her-
            ausgeber, *From Data to Knowledge: Theoretical and Practical Aspects*
            of Classification, Data Analysis and Knowledge Organisation, S. 412–
            419, Oldenburg, 1996. Springer–Verlag.

[TCN96]   A. Taudes, P. Cilek und M. Natter. Ein Ansatz zur Optimierung von Geschäftsprozessen. In: Vossen und Becker [VB96], Kapitel 10, S. 177–190.

[Tho94]   S. Thorne. A New Vision for IT–Security in the 90s. In: K. Bauknecht und S. Teufel, Herausgeber, *Sicherheit in Informationssystemen (SIS'94)*, S. 1–6, Zürich, 1994. vdf Hochschulverlag.

[Tho95]   W. Thoben. Standardverfahren für Chiffrierung und Record Linkage nach dem Gesetz über Krebsregister (KRG). *Das Gesundheitswesen*, 8–9:521, 1995.

[Tho97]   W. Thoben. Sicherheitsanforderungen im Rahmen der Bedrohungs- und Risikoanalyse von IT–Systemen. In: K. R. Dittrich und A. Geppert, Herausgeber, *Datenbanksysteme in Büro, Technik und Wissenschaft (BTW'97)*, S. 279–298, Ulm, März 1997. Springer–Verlag.

[Tho98]   W. Thoben. Sicherheit für Workflow–basierte Anwendungen. In: K. Bauknecht, A. Büllesbach, H. Pohl und S. Teufel, Herausgeber, *Sicherheit in Informationssystemen (SIS'98)*, S. 201–222, Stuttgart, März 1998. vdf Hochschulverlag.

[TKP+88]   E. F. Troy, S. Katzke, S. Pinsky, I. Isaac und D. Gifford, Herausgeber. *Computer Security Risk Management Model Builders Workshop*, Denver (Colorado), Mai 1988.

[Tro88]   E. F. Troy. Introduction and Statement of Purpose. In: Troy et al. [TKP+88], S. 1–2.

[TSMB95]   S. Teufel, C. Sauter, T. Mühlherr und K. Bauknecht. *Computerunterstützung für die Gruppenarbeit*, Addison–Wesley, Bonn, Juni 1995.

[TW89]   P. Terry und S. Wiseman. A New Security Policy Model. In: *IEEE Computer Society Symposium on Research in Security and Privacy*, S. 215–228, Oakland, 1989. IEEE Computer Society Press.

[Tza94]   S. G. Tzafestas. Fuzzy Systems and Fuzzy Expert Control: An Overview. *The Knowledge Enginnering Review*, 9(3), 1994.

[VB96]   G. Vossen und J. Becker. *Geschäftsprozeßmodellierung und Workflow–Management*, Informatik Lehrbuch–Reihe. International Thomson Publishing, Bonn, 1996.

[vdAvH95]   W. M. P. van der Aalst und K. M. van Hee. Framework for Business Process Redesign. In: J. R. Callahan, Herausgeber, *4th Workshop on Enabling Technologies: Infrastructure for Collaborative Enterprises (WETICE 95)*, S. 36–45. IEEE Computer Society Press, April 1995.

[vdAvH96]   W. M. P. van der Aalst und K. M. van Hee. Business Process Re-
            design: A Petri–Net–based Approach. *Computer in Industries*, 29(1–
            2):15–26, 1996.

[Vog96]   P. Vogler. Chancen und Risiken von Workflow–Management. In:
            H. Österle und P. Vogler, Herausgeber, *Praxis des Workflow–
            Managements: Grundlagen, Vorgehen, Beispiele*, Wirtschaftsinforma-
            tik / Business Computing, S. 343–362, Braunschweig, 1996. Vieweg
            Verlag.

[Vol97]   M. Volkmer. *Entwicklung objektorientierter Analysemodelle für In-
            formationssysteme auf Grundlage von Prozeßmodellen*. Dissertation,
            Technische Hochschule Aachen, 1997.

[Voß91]   R. Voßbein. Risiko–Management in der Informationsverabeitung.
            Kommunikations– und EDV–Sicherheit (KES), 5:297–301, 1991.

[Voß94a]   R. Voßbein. Schwachstellen versus Risikoanalyse: Gangbare Alternati-
            ve? In: G. Pernul, Herausgeber, *Post–Workshop Proceedings der Fach-
            tagung IT–Sicherheit'94*, Band 75 von *Schriftenreihe der Österreichi-
            schen Computer-Gesellschaft*, S. 202–207, Wien, September 1994. Ol-
            denbourg Verlag.

[Voß94b]   R. Voßbein. Schwachstellenanalyse: Ersatz oder Ergänzung der Risi-
            koanalyse. *Kommunikations– und EDV–Sicherheit (KES)*, 1:34–40,
            1994. SecuMedia–Verlag.

[Voß94c]   R. Voßbein. Schwachstellenanalyse versus Risikoanalyse – erstzuneh-
            mende Alternative? In: Bundesamt für Sicherheit in der Informati-
            onstechnik (BSI), Herausgeber, *IT–Sicherheit: eine neue Qualitätsdi-
            mension*, 3. Deutscher IT–Sicherheitskongreß, S. 338–344, Bonn, 1994.
            SecuMedia–Verlag.

[VPL95]   J. Veijalainen, O. Pihlajamaa und A. Lehtola. Research Issues in
            Workflow Systems. In: *ERCIM Workshop Report „Database Issues
            and Infrastructure in Cooperative Information Systems"*, S. 43–61,
            August 1995.

[vS94]   D. von Stockar. Informationssicherheit: Bedeutung und Durchset-
            zung von Sicherheitsstandards im Unternehmen. In: G. Cyranek
            und K. Bauknecht, Herausgeber, *Sicherheitsrisiko Informationstech-
            nik: Analysen, Empfehlungen, Maßnahmen in Staat und Wirtschaft*,
            Band 19 von *DuD–Fachbeiträge*, S. 75–96, Rüschlikon, 1994. Vieweg
            Verlag.

[vSvSC93]   R. von Solms, S. H. von Solms und J. M. Carrol. A Process Approach to Information Security Management. In: E. G. Dougall, Herausgeber, *Computer Security*, 9th IFIP TC 11 International Conference on Information Security (IFIP/SEC'93), S. 385–399, Toronto (Kanada), Mai 1993.

[Wä95]   H. Wächter. Flexible Geschäftsprozesse mit SAP Business Workflow 3.0. *Informationssystem-Architekturen*, 2(2):73–75, Dezember 1995.

[Wah95]   G. Wahlgren. An Object–Oriented Approach to an IT Risk Management System. In: J. H. P. Eloff und S. H. von Solms, Herausgeber, *Information Security: the Next Decade*, 11th IFIP TC 11 International Conference on Information Security (IFIP/SEC'95), S. 79–86, Cape Town, Mai 1995. Chapman & Hall.

[Wal88]   D. Walker. Bisimulation and Divergence in CCS. In: *3rd Annual Symposium on Logic in Computer Science*, S. 186–192. Computer Society Press, 1988.

[WC92]   G. Wahlgren und J. Carroll. General System Theoretic Model of InfoSecMan. In: *Workshop on Information Security Management*, IFIP Working Group 11.1, Singapur, Mai 1992.

[Wie94]   B. Wiegmann. Erfahrungen mit Risikoanalysen nach einer unternehmensspezifisch angepaßten Vorgehensweise. In: Bundesamt für Sicherheit in der Informationstechnik (BSI), Herausgeber, *IT-Sicherheit: eine neue Qualitätsdimension*, 3. Deutscher IT–Sicherheitskongreß, S. 511–520, Bonn, 1994. SecuMedia–Verlag.

[WJ90]   J. T. Witthold und D. M. Johnson. Information Flow in Nondeterministic Systems. In: *IEEE Computer Society Symposium on Research in Security and Privacy*, S. 144–161, Oakland, April 1990. IEEE Computer Society Press.

[WKDM+95]   D. Wodtke, A. Kotz-Dittrich, P. Muth, M. Sinnwell und G. Weikum. MENTOR: Entwurf einer Workflow–Management–Umgebung basierend auf State– und Activitycharts. In: G. Lausen, Herausgeber, *Datenbanksysteme in Büro, Technik und Wissenschaft (BTW'95)*, S. 71–90, Dresden, März 1995. Springer–Verlag.

[Won92]   K. Wong. Providing Security in New Systems: Current and Future Practice. *Datenschutz und Datensicherheit*, 5:244–249, 1992.

[WWKD+97]   G. Weikum, D. Wodtke, A. Kotz-Dittrich, P. Muth und J. Weißenfeld. Spezifikation, Verifikation und verteilte Ausführung von Workflows in MENTOR. *Informatik Forschung und Entwicklung*, 12(2):61–71, 1997.

[WWW96]   D. Wodtke, J. Weißenfels und A. Weikum, G. Kotz-Dittrich. The
          MENTOR Project: Steps Towards Enterprise–Wide Workflow Mana-
          gement. In: *12th IEEE International Conference on Data Engineering
          (ICDE'96)*, New Orleans, März 1996.

[You89]   E. Yourdon. *Modern Structured Design*, Englewood Cliffs, New York,
          1989.

[Zad65]   L. A. Zadeh. Fuzzy Sets. In: *Information and Control*, Band 8, S.
          338–353. Academic Press, 1965.

[Zad75]   L. A. Zadeh. The Concept of a Linguistic Variable and its Application
          to Approximate Reasoning. In: *Information Science*, Band 8, S. 301–
          357. Academic Press, 1975.

[Zen89]   Zentralstelle für Sicherheit in der Informationstechnik (ZSI). *IT–
          Sicherheitskriterien: Kriterien für die Bewertung der Sicherheit von
          Systemen der Informationstechnik (IT), 1. Fassung*, Bundesanzeiger-
          Verlag, Köln, Januar 1989.

[ZR96]   O. Zukunft und F. Rump. From Business Process Modelling to Work-
          flow Management: An Integrated Approach. In: B. Scholz-Reiter und
          E. Stickel, Herausgeber, *Business Process Modelling*, S. 3–22, Cottbus,
          Oktober 1996. Springer–Verlag.

Glossar

In diesem Glossar sind die wichtigsten Begriffe des Buches aufgeführt und erläutert. Gegebenenfalls wird zur vollständigen Begriffsbedeutung die Akronyme in eckigen Klammern mit angegeben. *Kursiv* gestellte Begriffe verweisen auf andere Einträge im Glossar.

Ablaufebene

Die Menge aller *Systemelemente*, *Attribute* und *Beziehungen*, mit denen die *Arbeitsabläufe* eines *Anwendungssystems* beschrieben werden.

Ablauflogikorientierte Sicherheitsanforderung

Eine *Sicherheitsanforderung*, die die Einhaltung von strukturellen Eigenschaften für die *Arbeitsabläufe* eines *Anwendungssystems* spezifiziert.

Ablauforientierte Sicherheitsanforderung

Die Menge aller *aktivitätenorientierten* und *ablauflogikorientierten Sicherheitsanforderungen*.

Aggregation

Die Ermittlung des Gesamteffektes aller *Regeln*, die im Rahmen der *Fuzzifizierung* gefeuert haben.

Aktivität

Die Beschreibung eines logischen Arbeitsschrittes innerhalb eines *Geschäftsprozesses*.

Aktivitätenorientierte Sicherheitsanforderung

Eine *Sicherheitsanforderung*, die die Einhaltung von Eigenschaften (gekennzeichnet durch die *Attribute*) für die *Arbeitsabläufe* oder einzelner bzw. Gruppen von *Aktivitäten* eines *Anwendungssystems* spezifiziert, sich also ausschließlich auf die *Systemelemente* die *Ablaufebene* bezieht.

Annual Loss Expectancy [ALE]

Der erste bekannte Ansatz für ein *kardinales Bewertungskonzept*. Er bildet einen statistischen Erwartungswert, der sich aus der Multiplikation der erwarteten *Schadenshöhe* mit der geschätzten *Schadenswahrscheinlichkeit* ergibt.

Anwendungssystem

Setzt sich zusammen aus dem zugrundeliegenden *IT–System* sowie einer darauf aufbauenden *organisatorischen Ebene* und der *Ablaufebene*. Die Modellierung
enthält die von einem *Systemmodell* abgeleitete Menge von *Systemelementen*, *Attributen*, *Beziehungen*, *Sicherheitsmechanismen* und *Schütz–Beziehungen*

Applikation

Ein Computerprogramm, das zur Automatisierung einer *Aktivität* eingesetzt wird.

Arbeitsablauf

Eine koordinierte (parallele und / oder serielle) Menge von *Aktivitäten*, die zur
Erreichung eines gemeinsamen Ziels, also einer *Aufgabe*, miteinander verknüpft
sind.

ASSUME

Ein generischer Grapheditor, der in **TRAW**$^\top$ verwendet wird, um auf Basis des
System–Metamodells konkrete *Systemmodelle* und daraus den strukturellen Aufbau eines *Anwendungssystems* zu modellieren. Weiterhin werden die *Wissens-
und *Regelbasen* des Analysekonzeptes damit erfaßt.

Attribut

Eine von einem *Attributtyp* abgeleitete reale Eigenschaft eines *Systemelementes*
in einem *Anwendungssystem*.

Attributtyp

Die Kennzeichnung einer Eigenschaft eines *Systemelementtyps* in einem *Systemmodell*.

Aufgabe

Die Definition eines Ziels und der zur seiner Erreichung notwendigen Angaben,
also relevanten Objekten, Mitteln, Lösungsvorschriften und weiteren Randbedingungen.

Aufgabenträger

Die Bearbeitung einer *Aufgabe* wird durch einen Aufgabenträger durchgeführt.
Dabei wird zwischen personellen und nicht–personellen (maschinellen) Aufgabenträgern unterschieden.

Bedrohung

Ein von einer *Gefahrenquelle* ausgehender Umstand oder Ereignis, der einem *Anwendungssystem* schaden kann, also die *Sicherheit* des *Anwendungssystems* negativ beeinflußt.

Bedrohungsanalyse

Das Ermitteln, Analysieren, Dokumentieren von *Bedrohungen* für ein *Anwendungssystem*.

Bedrohungs– und Risikoanalyse [BuRA]
Die sequentielle Ausführung einer *Bedrohungsanalyse* und einer anschließenden *Risikoanalyse.*

Bedrohungsquelle
Der Ausgangspunkt einer *Bedrohung.*

Bedrohungstyp
Die *Konsequenz* einer *Bedrohung*, also der negative Einfluß.

Bedrohungszeitpunkt
Der Zeitpunkt im Rahmen eines *integrierten Vorgehensmodells*, in der eine *Bedrohung* eintritt.

Bedrohungsziel
Der Teil eines *Anwendungssystems*, auf den eine *Bedrohung* wirkt.

Betrieb
Die Ausführung, Steuerung und Kontrolle der modellierten *Workflows.*

Bewertungskonzept
Die Beschreibung der Wirkung einer *Konsequenz* auf einen *Attributtyp* und der *Prpagierung* der *Konsequenz* in einem *Systemmodell.*

Beziehung
Eine von einem *Beziehungstyp* abgeleitete reale Verbindung zwischen zwei *Systemelementen* in einem *Anwendungssystem.*

Beziehungstyp
Die Kennzeichnung einer Verbindung zweier *Systemelementtypen* in einem *Systemmodell.*

Business Process Reengineering [BPR]
siehe *Geschäftsprozeßoptimierung.*

Cancer Registry Lower–Saxony [CARLOS]
Das Pilotprojekt des Niedersächsischen Ministeriums für Frauen, Arbeit und Soziales (MFAS) zum Aufbau des *Epidemiologischen Krebsregister Niedersachsen* in Zusammenarbeit mit OFFIS und weiterer krebsregistrierender Einrichtungen in Niedersachsen.

Daten
Eine Menge von *Systemelementtypen*, mit denen die Informationen in einem *Anwendungssystem* repräsentiert werden.

Datenbankmanagementsystem [DBMS]
Ein aus einer Speicherungs– und Verwaltungskomponente bestehendes Programm.

Die Speicherungskomponente erlaubt, Daten und ihre Beziehungen abzulegen. Die Verwaltungskomponente stellt Funktionen und Sprachmittel zur Pflege und Verwaltung der Daten zur Verfügung.

Defuzzifizierung
Die Transformation eines durch eine *linguistische Variable* gegebenen *unscharfen Wertes* in einen *scharfen Wert*.

Epidemiologisches Krebsregister Niedersachsen [EKN]
Ein Register, das flächendeckend und möglichst vollständig alle Krebsfälle des Bundeslandes Niedersachsen erfaßt, dokumentiert und der weiteren Forschung bereitstellt.

Erweiterte Backus–Naur–Form [EBNF]
Ein Formalismus zur Definition kontextfreier Grammatiken, der zur Definition des *System–Metamodells* und des *Risikomodells* verwendet wird.

Fuzzifizierung
Die Transformation eines *scharfen Wertes* in einen *unscharfen Wert* einer *linguistischen Variablen*.

Fuzzy–Controller
siehe *Fuzzy–Regler*.

Fuzzy–Logik
Die Theorie der Betrachtung *unscharfer Mengen*.

Fuzzy–Menge
Eine Menge, in der die jeweiligen Elemente eine graduelle Zugehörigkeit zu der Menge aufweisen.

Fuzzy–Regler
Eine Einheit, die einen Eingangsdatenstrom durch *Fuzzifizierung* in *linguistische Werte* umwandelt. Durch eine *Regelbasis* und eine darauf arbeitende *Inferenzstrategie* zieht sie Schlußfolgerungen, die durch *Defuzzifizierung* in einen Ausgangsdatenstrom transformiert werden.

Gefahr
siehe *Bedrohung*.

Gefahrenquelle siehe *Bedrohungsquelle*.

Geschäftsprozeß
Eine inhaltlich abgeschlossene zeitliche und sachlogische Abfolge von *Aktivitäten*, die zur Realisierung eines betriebswirtschaftlich relevanten Unternehmensziels notwendig sind und dabei auf die Unternehmensressourcen zurückgreifen.

Geschäftsprozeßinstanz
Eine konkrete (singuläre) Instanz eines *Geschäftsprozesses*.

Geschäftsprozeß–Management
Die Kombination der *Geschäftsprozeßmodellierung* und des *Workflow–Managements*, also die Modellierung, Analyse und Ausführung von *Geschäftsprozessen*. Konkret umfaßt es die Phasen der *Informationserhebung*, der *Geschäftsprozeßmodellierung*, der *Workflow–Modellierung* und des *Betriebs*.

Geschäftsprozeßmodell
Eine Beschreibungssprache für *Geschäftsprozesse*.

Geschäftsprozeßmodellierer
Eine *Rolle* im *integrierten Vorgehensmodell*, bei deren Personen die betriebswirtschaftlichen Kenntnisse im Vordergrund stehen und die Fähigkeit vorliegt, *Geschäftsprozesse* auf Basis eines *Geschäftsprozeßmodells* zu beschreiben.

Geschäftsprozeßmodellierung
Die Erfassung von *Geschäftsprozessen* eines Unternehmens in einer (meist) informalen, für den Fachexperten verständlichen Sprache (dem *Geschäftsprozeßmodell*) mit dem Ziel ihrer Analyse oder Optimierung.

Geschäftsprozeßoptimierung
Ein Verfahren zur Optimierung von *Geschäftsprozessen*. Man unterscheidet hierbei zwischen einer radikalen Neudefinition und einer inkrementellen Verbesserung der *Geschäftsprozesse*.

Geschäftsprozeßschema
Das nach den Regeln eines *Geschäftsprozeßmodells* verfaßte Abbild eines *Geschäftsprozesses*.

Hardware
Eine Menge von *Systemelementtypen*, mit denen die EDV–technischen Komponenten innerhalb eines *Anwendungssystems* repräsentiert werden.

Inferenzstrategie
Die Durchführung der Problemlösung durch den *Fuzzy–Regler* unter Verwendung der *Regelbasis*. Sie ist in die drei Schritte *Fuzzifizierung*, *Aggregation* und *Defuzzifizierung* untergliedert.

Information
siehe *Daten*.

Informationserhebung
Erfassung der Informationen über das *Anwendungssystem* und der *Arbeitsabläufe*.

Informationstechnisches System
Setzt sich zusammen aus der *technischen* und der *logischen Ebene.*

Infrastruktur
Eine Menge von *Systemelementtypen*, mit denen die baulichen Komponenten eines *Anwendungssystems* repräsentiert werden.

Integriertes Geschäftsprozeß–Management
Ein *Geschäftsprozeß-Management*, bei dem durchgängig ein *Systemmodell* zur Entwicklung des *Anwendungssystems* verwendet wird.

Integriertes Vorgehensmodell
Ein *Vorgehensmodell*, das eine Integration in zweierlei Hinsicht unterstützt:

❏ **Systemmodell:** Es wird genau ein *Systemmodell* zur Entwicklung des *Anwendungssystems* verwendet.

❏ **Phasen:** Die Phasen der *Bedrohungs- und Risikoanalyse* werden in das Vorgehen des *Geschäftsprozeß-Managements* integriert.

Integrität
Die Eigenschaft eines *Systemelements* in einem *Anwendungssystem*, die besagt, daß nur zulässige Veränderungen an dem *Systemelement* durchgeführt werden. Eine *Information* ist integer, wenn an ihr nur zulässige Veränderungen vorgenommen werden.

Interpretationshilfe
Ein Konzept in *Knowledge Based Threat and Risk Analysis of Workflow–Based Applications*, um die Ergebnisse der *Bedrohungs- und Risikoanalyse* von *systemelementorientierten* und *aktivitätenorientierten Sicherheitsanforderungen* für den *Sicherheitsexperten* intuitiv darstellen zu können.

IT–System
siehe *Informationstechnisches System.*

Kardinales Bewertungskonzept
Ein *Bewertungskonzept*, bei dem ausschließlich reelle Zahlen und somit exakt berechnete *Werte* verwendet werden.

Knowledge Based Threat and Risk Analysis of Workflow–Based Applications
Der Titel des in diesem Buch entwickelten Konzeptes für eine wissensbasierte *Bedrohungs- und Risikoanalyse Workflow-basierter Anwendungssysteme* (kurz **TRAW**).

Konsequenz
Eine Kenngröße, mit der der Effekt einer konkreten *Bedrohung* festgelegt wird.

Linguistische Variable

Das in der *Fuzzy–Logik* eingeführte Konzept zur Beschreibung komplexer oder schlecht strukturierter Sachverhalte, die mittels konventioneller quantitativer Methoden nur unzureichend dargestellt werden können. Ihre Ausprägungen sind Worte oder Ausdrücke einer natürlichen oder künstlichen Sprache und stellen somit eine spezielle Form *unscharfer Mengen* dar.

Logische Ebene

Die Menge aller *Systemelemente*, *Attribute* und *Beziehungen*, mit denen die *Daten* und die *Software* eines *Anwendungssystems* beschrieben werden.

Logischer Fehler

siehe *semantischer Fehler*.

Metamodell

Der konzeptionelle Rahmen zur Beschreibung von *Modellen*.

Minimales Metamodell

Ein von der *Workflow Management Coalition* entworfenes *Metamodell* zur Beschreibung von *Geschäftsprozessen*.

Modell

Eine vereinfachende, zweckgebundene Darstellung eines Ausschnittes der realen Welt.

Modellinhärente Konsistenzbedingungen

Eine *Sicherheitsanforderung*, die die Einhaltung von strukturellen Eigenschaften für ein *Systemmodell* spezifiziert, d. h. alle von dem *Systemmodell* abgeleiteten *Anwendungssysteme* haben diese Bedingungen zu erfüllen. Sie bilden eine Spezialform der *strukturorientierten Sicherheitsanforderungen*.

Modifikation

Die zur Gewährleistung nicht erfüllter *Sicherheitsanforderungen* durchgeführten Maßnahmen. Folgende Möglichkeiten sind gegeben: Integration von *Sicherheitsmechanismen*, Festlegung neuer *Sicherheitsanforderungen*, *Relaxierung* von *Sicherheitsanforderungen* oder Änderungen im *Anwendungssystem*.

Ordinales Bewertungskonzept

Ein *Bewertungskonzept*, bei dem ausschließlich Ordinalskalen verwendet werden, die lediglich Größenordnungen oder verbale Einteilungen enthalten.

Organisatorische Ebene

Die Menge aller *Systemelemente*, *Attribute* und *Beziehungen*, mit denen die Organisationsstruktur eines Unternehmens in einem *Anwendungssystem* beschrieben wird.

Primäre Konsequenz

Eine *Konsequenz* für ein *Systemelement*, die direkt durch die Wirkung einer *Bedrohung* entsteht.

Propagierung

Die Ermittlung einer *sekundären Konsequenz* für ein *Systemelement*, die durch eine (*primäre* oder *sekundäre*) *Konsequenz* auf ein *Systemelement* resultiert, das eine *Beziehung* zu dem erstgenannten *Systemelement* besitzt.

Prozeß

siehe *Arbeitsablauf*.

Regel

Das Element einer *Regelbasis*. Die linke Seite besteht aus einer Menge ggf. durch Operatoren verknüpfter Merkmalsausprägungen (IF–Teil), während die rechte Seite aus einer einzelnen Merkmalsausprägung oder –zuweisung besteht (THEN–Teil).

Relaxierung

Die Abschwächung einer *Sicherheitsanforderung* für ein *Anwendungssystems*.

Restrisiko

Das nach Abschluß der *Bedrohungs– und Risikoanalyse* verbleibende, durch den *Sicherheitsexperten* akzeptierte *Risiko*.

Risiko

Das Maß für die Gefährdung, die von einer *Bedrohung* auf ein *Systemelement* ausgeht, das eine *Schwachstelle* aufweist. Berechnet wird es durch die *Schadenswahrscheinlichkeit* und der zu erwartenden *Schadenshöhe* der *Bedrohung*.

Risikoanalyse

Das Ermitteln, Analysieren, Dokumentieren und Beheben von *Risiken* für ein *Anwendungssystem*.

Risiko–Management

Die methodische Identifizierung und Bewältigung von *Risiken*.

Risikomodell

Das für die Durchführung einer *Bedrohungs– und Risikoanalyse* verwendete *Modell* zur Ermittlung der aus einer *Bedrohung* heraus resultierenden *Risiken* für ein *Anwendungssystem*.

Rolle

Eine Menge von Personen, die eine bestimmte betriebliche Funktion ausüben.

Scharfe Menge

Eine Menge von Elementen, die mit der Zugehörigkeit 1 zu der Menge gehören. Alle anderen Elemente des Grundbereichs gehören nicht zu der Menge.

Schaden
siehe *Konsequenz.*

Schadenshöhe
Die Einheit, die den negativen Einfluß einer *Konsequenz* für ein *Systemelement* kennzeichnet.

Schadenswahrscheinlichkeit
Die Eintrittswahrscheinlichkeit eines *Schadens.*

Scharfer Wert
Ein Element einer *scharfen Menge.*

Schütz–Beziehung
Eine von einem *Schütz–Beziehungstyp* abgeleitete reale Verbindung zwischen einem *Sicherheitsmechanismus* und einem *Systemelement* in einem *Anwendungssystem.*

Schütz–Beziehungstyp
Die Kennzeichnung einer möglichen Verbindung eines *Sicherheitsmechanismustyps* mit einem *Systemelementtyp* im *Systemmodell.*

Schwachstelle
Ein *Systemelement* in einem *Anwendungssystem*, auf das eine *Bedrohung* einwirken kann.

Schwachstellenanalyse
Das Ermitteln, Analysieren, Dokumentieren und Beheben von *Schwachstellen* für ein *Anwendungssystem.*

Sekundäre Konsequenz
Eine *Konsequenz* für ein *Systemelement*, die aus einer vorherigen *Konsequenz* für ein anderes *Systemelement* entsteht, das mit dem erstgenannten Systemelement in *Beziehung* steht.

Semantischer Fehler
Eine *Konsequenz* für ein *Systemelement*, die nicht auf die *Systemelemente* des *IT–Systems*, sondern auf nicht berücksichtigte Ausnahmesituationen zurückzuführen ist.

Sicherheit
Ein System gilt genau dann als sicher, wenn alle für das System definierten *Sicherheitsanforderungen* nach Analyse aller als bedeutsam erachteten *Bedrohungen* und der daraus resultierenden *Risiken* erfüllt sind bzw. das verbleibende *Restrisiko* tragbar ist.

Sicherheitsanforderung

Ein Teil der allgemeinen Anforderungen für ein *Anwendungssystem*. Sie beschreibt eine Anforderung in puncto *Sicherheit*, durch deren Nichterfüllung schützenswerte Güter bedroht sind. In diesem Buch werden drei Gruppen von Sicherheitsanforderungen unterschieden: *modellinhärente Konsistenzbedingungen, statische* und *ablauforientierte Sicherheitsanforderungen.*

Sicherheitsexperte

Eine *Rolle*, in der Personen mit sicherheitstechnischen Kenntnissen agieren und für die Durchführung der *Bedrohungs– und Risikoanalyse* zuständig sind.

Sicherheitsmechanismus

Eine von einem *Sicherheitsmechanismustyp* abgeleitete reale Komponente eines *Anwendungssystems.*

Sicherheitsmechanismustyp

Die Kennzeichnung einer Komponente in einem *Systemmodell*, die *Systemelementtypen* gegen eine oder mehrere *Konsequenzen* einer oder mehrerer *Bedrohungen* schützt.

Sicherheitsmodell

Die Menge aller Regeln, die zur Gewährleistung der *Sicherheitspolitik* für ein *Anwendungssystem* relevant sind.

Sicherheitspolitik

Die umfassende Beschreibung aller Aspekte der *Sicherheit*, die für ein *Anwendungssystem* gelten sollen.

Software

Eine Menge von *Systemelementtypen*, mit denen die Systeme, die Funktionen zur Erledigung elementarer *Aufgaben* bereitstellen, innerhalb eines *Anwendungssystems* repräsentiert werden.

Statische Sicherheitsanforderung

Die Menge aller *systemelementorientierten* und *strukturorientierten Sicherheitsanforderungen.*

Strukturorientierte Sicherheitsanforderung

Eine *Sicherheitsanforderung*, die die Einhaltung von strukturellen Eigenschaften für die statischen *Systemelemente* eines *Anwendungssystems* spezifiziert, sich also ausschließlich auf die *Systemelemente* des *IT–Systems* und der *organisatorischen Ebene* bezieht.

Systemelement

Eine von einem *Systemelementtyp* abgeleitete reale Komponente eines *Anwendungssystems.*

Systemelementorientierte Sicherheitsanforderung
Eine *Sicherheitsanforderung*, die die Einhaltung von Eigenschaften (gekennzeichnet durch die *Attribute*) für die statischen *Systemelemente* eines *Anwendungssystems* spezifiziert, sich also ausschließlich auf die *Systemelemente* des *IT-Systems* und der *organisatorischen Ebene* bezieht.

Systemelementtyp
Die Kennzeichnung für eine Gruppe von Komponenten in einem *Systemmodell*.

Systemfehler
Eine *Konsequenz*, die primär durch die *Systemelemente* des *IT-Systems* bedingt ist.

System–Metamodell
Der konzeptionelle Rahmen zur Beschreibung von *Systemmodellen*.

Systemmodell
Ein von einem *System-Metamodell* abgeleitetes *Modell* zur Beschreibung einer Menge von *Anwendungssystemen*. Es beschreibt alle *Systemelementtypen*, *Attributtypen*, *Beziehungsstypen*, *Sicherheitsmechanismustypen Schütz-Beziehungstypen*, die in einem abgeleiteten *Anwendungssystem* vorhanden sein können.

Technische Ebene
Die Menge aller *Systemelemente*, *Attribute* und *Beziehungen*, mit denen die *Infrastruktur* und die *Hardware* eines *Anwendungssystems* beschrieben werden.

Transition
Eine *Beziehung* zwischen zwei *Aktivitäten*. Sie kann zu diesem Zweck eine Bedingung definieren, die erfüllt sein muß, um eine *Aktivität* zu beginnen.

TRAW
siehe *Knowledge Based Threat and Risk Analysis of Workflow–Based Applications*.

TRAW$^\top$
Der Titel des in diesem Buch entwickelten Werkzeuges zur Unterstützung des Konzeptes *Knowledge Based Threat and Risk Analysis of Workflow–Based Applications*.

Unscharfe Menge
siehe *Fuzzy-Menge*.

Unscharfer Wert
Ein Element einer *scharfen Menge*.

Unscharfes Bewertungskonzept
Eine Kombination des *kardinalen* und des *ordinalen Bewertungskonzeptes* auf Basis der *Fuzzy-Logik*.

Ursache
siehe *Gefahrenquelle*.

Verdeckter Kanal
Ein Informationsfluß, der einer Person den Zugriff auf *Daten* gestattet, obwohl er durch eine *aktivitätenorientierte Sicherheitsanforderung* für das *Anwendungssystem* explizit ausgeschlossen ist.

Verfügbarkeit
Die Eigenschaft eines *Systemelementes* in einem *Anwendungssystem*, die besagt, daß die durch das *Systemelement* bestimmten Dienstleistungen in zugesicherter Form und Qualität in einem zugesicherten Zeitraum erbracht werden.

Vertraulichkeit
Die Eigenschaft eines *Systemelementes* in einem *Anwendungssystem*, die besagt, daß es nur berechtigten *Systemelementen* der *organisatorischen Ebene* zur Kenntnis gelangt.

Vorgehensmodell
Eine Beschreibung eines ingenieursmäßigen Vorgehens bei der Entwicklung eines *Anwendungssystems*. Ein Vorgehensmodell legt z. B. Entwicklungsphasen, durchzuführende Aufgaben, Teilprodukte und Fertigstellungskriterien fest.

Wert
Ein *Systemelement*, das nach der Wirkung einer *Bedrohung* einen *Schaden* produziert.

Wissen
Daten mit impliziten oder expliziten Angaben über ihre Verwendung zur Lösung von Problemen.

Wissensakquisition
Die Erfassung von *Wissen* in einer *Wissensbasis*.

Wissensbasiertes System
Ein Programm zur Lösung von Problemen, bei dem programmtechnisch Problemlösungsmethoden und *Wissen* getrennt sind, was sich in Änderungsfreundlichkeit durch Austausch des *Wissens* bei unveränderter Problemlösungsmethode und Erklärungsfähigkeit durch Angabe des zur Herleitung einer Problemlösung benutzten *Wissens* auswirkt.

Wissensbasis
Der Teil eines *wissensbasierten Systems*, in dem das *Wissen* abgelegt ist.

Wissensrepräsentation
Ein formales Gerüst zur Kodierung von *Wissen*, mit dem Verfahren zur Interpretation des *Wissens* assoziiert sind.

Workflow
Ein formal beschriebener *Geschäftsprozeß*, um die Koordination, Kontrolle und Kommunikation der *Aktivitäten* des *Geschäftsprozesses* automatisiert durchführen zu können.

Workflow–Administrator
Eine *Rolle*, deren Personen für den Betrieb und die Wartung eines *Workflow-Management-System* verantwortlich sind und entsprechende Kenntnisse über die Administration des Systems besitzen.

Workflow–basiertes Anwendungssystem
Ein Klasse von Anwendungssystemen, bei denen im Rahmen der *integrierten Vorgehensmodells* die *Arbeitsabläufe*, die durch das *Anwendungssystem* unterstützt werden sollen, im Mittelpunkt der Betrachtung stehen.

Workflow–Bearbeiter
Eine *Rolle*, deren Personen vorhandene *Workflows* bearbeiten und hierbei durch das *Workflow-Management-System* gesteuert und kontrolliert werden.

Workflow–Instanz
Eine konkrete (singuläre) Ausprägung eines *Workflow-Schemas*, die einen Teil eines *Workflows* repräsentiert.

Workflow–Management
Die Verwaltung von *Workflows*, die die Modellierung, die Analyse, die Ausführung und die Steuerung von *Workflows* umfaßt.

Workflow Management Coalition [WfMC]
Ein Zusammenschluß von Forschungseinrichtungen und Herstellern diverser *Workflow-Management-Systeme*, der versucht, Standards auf dem Gebiet des *Workflow-Managements* zu schaffen.

Workflow–Management–System [WfMS]
Ein Softwaresystem, dessen Aufgabe in der aktiven Unterstützung der als *Workflows* modellierten *Geschäftsprozesse* durch Information, Überwachung, Steuerung und Kontrolle sowie Assistenz und Planung besteht, wobei der Steuerungs- und Kontrollaspekt im aktuellen Entwicklungsstand dominiert. Die Steuerung der *Workflows* erfolgt nach den Vorgaben einer Ablaufspezifikation, des *Workflow-Schemas*.

Workflow–Modell
Ein Beschreibungs- und Entwurfsinstrument für *Workflows*. Es dient der Erzeugung von *Workflow-Schemata*.

Workflow–Modellierer
Eine *Rolle*, deren Personen über genaue Kenntnisse bzgl. eines einzusetzenden

Workflow–Management–Systems verfügen und die Fähigkeit besitzen, ausführbare *Workflows* zu spezifizieren und *Applikationen* zu integrieren.

Workflow–Modellierung
Die Darstellung der *Workflows* eines Unternehmens in einer formalen Sprache.

Workflow–Schema
Eine abstrakte Darstellung eines *Workflows*, die das Ergebnis der *Workflow–Modellierung* ist. Es ist in einer *Workflow–Sprache* formuliert und dient der Kommunikation mit dem *Workflow–Management–System*.

Workflow–Sprache
siehe *Workflow–Modell*.

Workflow Process Definition Language [WPDL]
Eine *Workflow–Sprache* in einem anwendungsunabhängigen Format, die von der *Workflow Management Coalition* entworfen wurde.

Stichwortverzeichnis

Bei den nachfolgenden Stichwörtern kennzeichnen fett gedruckte Seitenzahlen die Stellen, an denen der zugehörige Begriff oder Name eingeführt, erläutert oder definiert wird. Kursive Seitenzahlen verweisen auf das Glossar.